高等学校教改教材

中西

饮食文化比较

ZHONGXI YINSHI WENHUA BIJIAO

主编／杜　莉

编写／杜　莉　高海薇　孙俊秀　李云云

四川科学技术出版社

·成都·

图书在版编目（CIP）数据

中西饮食文化比较 / 杜莉主编. —成都:四川科学技术出版社, 2020.6

ISBN 978-7-5364-9825-9

Ⅰ.①中… Ⅱ.①杜… Ⅲ.①饮食－文化－对比研究－中国、西方国家 Ⅳ.①TS971.2

中国版本图书馆CIP数据核字(2020)第088261号

中西饮食文化比较

主　编　杜　莉

出 品 人　钱丹凝

责任编辑　刘涌泉

封面设计　墨创文化

责任出版　欧晓春

出版发行　四川科学技术出版社

　　　　　成都市槐树街2号　邮政编码 610031

　　　　　官方微博：http：//e.weibo.com/sckjcbs

　　　　　官方微信公众号：sckjcbs

　　　　　传真：028-87734035

成品尺寸　170 mm × 240 mm

　　　　　印张 21.25　字数 350 千　插页1

印　　刷　四川机投印务有限公司

版　　次　2020年6月第1版

印　　次　2020年6月第1次印刷

定　　价　46.00元

ISBN 978-7-5364-9825-9

邮购：四川省成都市槐树街2号　邮政编码：610031

电话：028-87734035　电子信箱：sckjcbs@163.com

前言
QIANYAN

　　中国古语说"民以食为天"。西方也有名言："世界上没有生命，便没有一切，而所有的生命都需要营养。""一个民族的命运决定于他们的饮食方式。"饮食，是人类生存和提高身体素质的首要物质基础，也是社会发展的前提。而人类在长期的饮食品生产与消费过程中创造并积累了大量的物质财富和精神财富，这就是人类的饮食文化。

　　中国和西方饮食文化都是人类饮食文化的一部分，源远流长、丰富多彩。但是，两者有什么异同？各自的优势和劣势是什么？哪些应该传承弘扬？哪些可以借鉴创新、互为所用？为此，我们尝试着撰写《中西饮食文化比较》一书，希望有所回应。本书是四川省哲学社会科学重点研究基地——川菜发展研究中心的科研项目成果，由六章构成，包括绪论、中西饮食文化遗产比较、中西饮食民俗与礼仪比较、中西饮食科学与历史比较、中西馔肴文化比较和中西饮品文化比较。其中，杜莉教授制定全书大纲，撰写第一至四章并负责全书的统稿工作，高海薇教授撰写第五章，孙俊秀教授、李云云教授撰写第六章。其间，得到熊四智教授、卢一教授和英国扶霞·邓洛普 (Fusia Dunlop) 女士、美国李雷雷女士等的大力支持，并参考吸收了国内外学者相关论述，在此深表感谢！需要指出的是，中国和西方饮食文化都博大精深，除直接涉及饮食生活外，还涉及政治、经济、文化、历史等方面，有共性，也有个性。易丹《触摸欧洲》言，"如果用望远镜来看欧洲，那么欧洲的色彩就显得相对统一"，但是，如果用放大镜甚至显微镜来观察，就会发现"这幅巨大的拼贴画中间包含了无数千差万别的细节"。因此，本书在阐述西方饮食文化时常常是力图抓住能反映其主要方面特征、与中国相比突显其个性的东西，即采用点面结合等方法，选取最有代表性的意、法、英、美等国作为主要对象进行比较研究，发现其个性和共性，并以此为基础，归纳总结出中国与西方饮食文化在主要方面的特点与魅力，为促进中西饮食文化的吸收借鉴与发展做出一定贡献。本书在 2007 年出版后，不仅受到有关专家学者和饮食文化爱好者的好评，还逐渐成为一些高等院校烹饪食品和旅游相关专业的教材。

进入 21 世纪 10 年代中期以来，中国经济逐渐由高速增长阶段转向高质量发展阶段，与世界各国的文化交流更加频繁，西方饮食更多地进入中国，在中国餐饮市场的占比逐渐增大，中国人对美好生活的需求也日益增长，不再满足于吃饱，更加追求吃得好，吃得健康，吃得有文化、有品位。学习和了解中国和西方饮食文化不仅是烹饪食品类、旅游类专业学生的要求，而且成为人们科学饮食、提高饮食文化修养、促进文化交流和餐饮旅游发展的重要途径，因此也有越来越多的高等院校开设出"中西饮食文化"课程来作为专业基础课、选修课或通识课。为顺应这一时代发展的新需求，我们以 2007 年出版的《中西饮食文化比较》为基础，既保留原有特色，又注重时代需求和当前高等教育教学改革需要，结合十余年的教学实践与信息反馈，主要从两个方面进行了较大修订与完善：一是内容上的更新、补充与删减、调整。如在第四章更新了"食物结构的现状与改革"内容，补充了《"健康中国"2030 规划纲要》及《健康中国行动（2019—2030年）》的相关内容；在第五章、第六章对中西馔肴及饮品制作和鉴赏进行适当调整，并对较为庞杂的内容删繁就简，更加清晰明了。二是编撰模块上的丰富、完善。强调以学生为本位，每章开头设置学习目标、学习内容和重点及难点、本章导读，每章结尾设置本章特别提示、本章检测、拓展学习和教学参考建议等，环环相扣，尤其在拓展学习环节精选了内容相关又进一步延展的著作，丰富饮食文化内涵和信息量，有助于教师讲授和学生对知识的学习与理解运用并将知识转化为能力。

《中西饮食文化比较》作为高等院校烹饪食品类、酒店管理、旅游管理等专业课教材，经过此次修订，内容更加完善，论述更加清晰，能更好展示中国和西方各自独特的饮食文化，力图提升相关专业学生和广大读者的专业综合素质与文化修养，扬长避短、兼收并蓄，以国际化视野和语言讲好中国饮食文化故事，更好地促进中西饮食文化交流与餐饮旅游发展。由此，我们衷心希望广大师生、读者提出宝贵意见和建议，以便今后进一步修订完善。

编者

2020 年 2 月

目 录

MULU

第三章 中西饮食民俗与礼仪比较

第四章　中西饮食科学与历史比较

第五章　中西馔肴文化比较

第六章　中西饮品文化比较

第一章

绪　论

学习目标

1. 了解饮食、烹饪与文化、饮食文化涉及的关键词。

2. 掌握烹饪的含义、特性、类别与饮食文化的含义，中国和西方饮食文化的含义及特点。

学习内容和重点及难点

1. 本章的教学内容主要包括四组关键词的内涵与特点等，即饮食与烹饪、文化与饮食文化、中西与中西文化、中国饮食文化与西方饮食文化。

2. 学习重点及难点是饮食、烹饪、文化的含义及关系，烹饪的特性与类别，手工烹饪与机器烹饪的关系，中西饮食文化的含义及特点。

本章导读

中国有句名言：民以食为天。饮食，是人类生存和提高身体素质的首要物质基础，也是社会发展的前提。在人类早期的野蛮时代，与其他动物一样，饮与食只是他们的天然本能。但是，当人类开始用火熟食，进入文明时代，尤其是用陶器开始真正烹饪的时候，饮食品就已成为自身智慧和技艺的创造，与动物有了本质的区别，具有了文化属性。由此，人类饮食的历史成为人类适应自然、征服与改造自然以求得自身生存和发展的历史，而在这历史过程中便逐渐形成了人类的饮食文化。中国和西方饮食文化都是人类饮食文化的一部分，也是各自文化的一部分，源远流长，丰富多彩。在系统、深入学习中西饮食文化之前，应当了解四个方面的关键词：饮食与烹饪、文化与饮食文化、中国与西方、中国文化与西方文化。

第一节 烹饪与饮食文化

一、饮食与烹饪

> 饮食与烹饪，虽然各有不同，但从历史渊源与关联度看是密不可分的，因为有烹饪的产生，人类的食物才从本质上区别于其他动物的食物，饮食才有了文化的属性，才创造出灿烂与辉煌。

（一）饮食

"饮食"一词，在中国，既可作名词也可作动词，作名词时是指各种饮品和食物，作动词时则是指喝什么、怎么喝以及吃什么、怎么吃。在西方国家，"饮食"一词的写法不一样，但含义却非常相近：在法语中，"饮食"作为名词，写作"nourriture"，有哺乳、食物、膳食、（精神）食粮等含义；作为动词，写作"nourrir"，有供给养料、供给食物、喂养、赡养、抚养、培养等含义。在英语中，"饮食"一词则常常写作"diet"，作为名词，有饮食品、食物、规定的饮食等含义；作为动词，有进食、节食等含义。

综观人类的饮食历史，不管有多么漫长，大致分为两个阶段：一是自然饮食状态，一是调制饮食状态。前者即"茹毛饮血"的原始饮食，直接食用生冷的食物原料；后者则是指用火以后的烹饪饮食，先将食物原料加工制熟后再食用。

（二）烹饪

1.烹饪的含义

"烹饪"一词，在中国古代最早的含义是用火熟食，《周易》"鼎"卦言：

"以木巽火，亨饪也。"木指燃料，巽指风，亨同"烹"。这句话的意思是：鼎下的燃料在风作用下燃烧，使鼎内的食物原料发生变化，由生食变为熟食。现代工具书的解释也很简洁。《辞源》言：烹饪就是"煮熟食物"；《现代汉语词典》言：烹饪是"做菜做饭"。"烹饪"一词，在法语中，作为名词，写作"cuisine"，有厨房、烹调、菜肴等含义；作为动词，写作"cuisiner"，有做菜、烧煮等含义。在英语中，"烹饪"一词，一是直接受法语影响写作"cuisine"，作为名词，意思是烹饪、烹饪法；二是写作"cook"或"cookery"，"cook"作为名词，有厨师之义，作为动词则有烹调、做菜、烧煮等含义，而"cookery"则通常只作为名词，意思是烹饪学、烹饪术。可见，在西方国家，"烹饪"作为动词时，通俗含义就是"煮熟食物"或"做饭做菜"，与中国现代工具书的解释大致一样。正是因为有了烹饪，人类的食物才从本质上区别于其他动物的食物，饮食才有文化可言。

随着时代的高速发展，社会生活和科技的日益提升，烹饪的内涵和外延也在不断扩大。如今，"烹饪"的含义是：人类为了满足生理需要和心理需要，将可食原料用适当方法加工成具有安全、营养和美感等基本特质的食用成品的活动。烹饪水平是人类文明的标志之一。

2. 烹饪的形式

烹饪作为食品加工活动，由于烹饪工具、能源和加工方式等的不同，主要分为两种类别的形式，即手工烹饪和机器烹饪。

手工烹饪，又称为传统烹饪，是以事厨者的手工制作为主的食品加工活动。它至少具有三个突出的特点：一是手工化。在整个食品加工过程中，无论是家庭还是餐厅、酒楼，无论规模大小、档次高低，即使有一些机器作为辅助工具，仍然是以家庭主妇和专业厨师等事厨者的手工劳动为主。二是多样化。由于地理、物产和人们的饮食习俗、口味爱好等因素的不同，事厨者选择当地多种多样的特产原料，进行多种多样的切割、搭配，采用相同或不同的烹饪方法和调味方法，必然制作出丰富多彩的饮食品种。三是个性化。食品的手工制作虽然有一定的格局与规范，有一定的模式和要求，但是在实际加工制作过程中往往受到事厨者各自的文化、科学、艺术等综合素质与制作技能高低的影响和制约，表现出明显的个性特征、个人风格，有时甚至不可避免地带有较大的随意性。正是这些特点，使手工烹饪能够对人们不断变化的食品需要做出迅速而灵活的反应，能够向人们提供成千上万的菜点，最大限度地满足人们的生理尤其是心理需要。

机器烹饪，又称为现代烹饪，是与传统烹饪相对的、以机器制作为主的食品加工活动，习惯上也常称为工业烹饪、烹饪工业或食品工业。机器烹饪是随着生产力和生产技术的发展，逐渐出现食品生产作坊和工厂，用机器生产食品而产生的。就其本质而言，机器是手工的延续，作坊、工厂的食品生产也是食品加工活动，而且是从手工烹饪脱胎而来的，与手工烹饪没有根本区别。但是，机器烹饪又有一些显著的特点：一是机械化。其食品加工方式是使用各种半机械、机械乃至智能化的机器进行生产，同时加工场所大多是拥有各种机器、设备的车间和工厂，如当今的中央厨房、食品加工配送中心等。二是规模化。在整个食品加工过程中，由于使用的是各种机器，生产加工出来的食品数量是大规模、大批量的，只有生产加工出数以千计或万计、成批的食品，才能确保机器烹饪的持续高效。三是标准化。用机器进行大规模生产，其突出特点和首要条件是必须设计和制订出一定的标准，并且严格按照标准进行生产加工，用机器进行大规模的食品生产也毫不例外。正是这些特点，使机器烹饪不仅极大地减轻了事厨者繁重的体力劳动，确保了大批量的食品品质更加稳定，而且能够提供方便快捷、安全营养的食品，满足人们快节奏生活条件下的新需要尤其是生理需要。随着时间推移和社会发展，机器烹饪将会得到极大的发展，在整个烹饪中占据越来越重要的地位，但是它不可能在短时间内取代手工烹饪，相反，会长期与手工烹饪并存下去。

二、文化与饮食文化

（一）文化

1. 文化的含义

"文化"一词的含义广泛而复杂，全世界的学者给它下了一百至数百种定义。从字源上看，英语和法语的"文化"一词都是"culture"，来源于拉丁文的"cultura"。拉丁文的"cultura"有耕种、居住、练习、注意和敬神等多种含义；英语和法语的"culture"最初都表示物质性的栽培、种植等，后来逐渐引申出神明祭拜等含义，中世纪以后才逐渐转化为对人性情的陶冶、品德的教养等。到 19 世纪后期时，"文化"已经作为一个内涵丰富、外延广泛的多维概念被大量研究，出现了许多定义。美国人类学家克鲁伯（A.L.Kroeber）和克罗孔（Clyde Kluckhohn）在合著的书籍《文化，关于概念和定义的检讨》（Culture，a Critical Review of Concepts and Definitions）中，罗列了从 1871 年到 1951 年 80 年间关于文化的定义至少有 164 种。有的学者将这些定义按照内容概括、归纳出 6 组类型，即记述的定义、历史的定义、规范性的定义、心理的定义、结构的定义、发生的定义等，显得有些繁杂。有的学者则按照内涵大小和层次进行概括、归纳，比较简洁、清晰，指出人们对文化的理解主要有三个层次：第一层次，认为文化是指人类所创造的一切物质财富和精神财富的总和。美国人类学家穆勒来埃尔 (LT.Miiller-lyer) 指出，"文化是包括知识、能力、习惯、生活以及物质上与精神上的种种进步与成绩。换句话说，就是人类入世以来所有的努力与结果"。中国近代著名学者梁漱溟先生在《中国文化要义》中则说："文化之本义，应在经济、政治，乃至一切无所不包。"《苏联大百科全书》言，文化"是社会和人在历史一定的发展水平，它表现为人们进行生活和活动的一种类和形式，以及人们所创造的物质和精神财富"。这种对文化的理解是基于人类与一般动物、人类社会与自然界有本质区别而言的，文化的内涵非常宽泛，常被称作"广义文化"。第二层次，认为文化是指人类在精神方面的创造及成果，主要包括文学、艺术、宗教等意识形态领域的精神财富。英国人类学家泰勒（Tylor）先后给文化下了两个经典性的定义："文化是一个复杂的总体，包括知识、艺术、宗教、神话、法律、风俗，以及其他社会现象。"文化"是一种复杂丛结之全体。这种复杂丛结的全体包括知识、信仰、艺术、法律、道德、风俗以及任何其他人所获得的才能和习惯"。美国社会学家丹尼尔·贝尔则在《后工业社会的来临》中说："我想文化应定义为有知觉的人对人类面临的一些有关存在意识的根本问题所作的各种回答。" 这种对文化的理解是排除了物质财富而专指精神财富的，文化的内涵已经缩小，常被称作"狭义文化"。第三层次，认为文化仅仅是以文学、艺术、音乐、戏剧等为主的艺术文化，是人类"更高雅、更令人心旷神怡的那一部分生活方式"。这种对文化的理解是沿袭了生活中人们对文化的直观理解，大大地缩小了文化的范围，不能涵盖文化的主要内容。

无论人们对文化的论述有怎样的不同，文化的基本意义却大致统一，即文化是由人所创造、为人所特有的东西，是人类在适应和改造自然的过程中发挥主观能动性创造出的财富和成果，有广义和狭义之分。广义的文化，是指人类社会历史实践过程中所创造的物质财富和精神财富的总和。狭义的文化，是指社会的意识形态以及相适应的制度和组织结构。本书则主要按照广义的文化内涵进行阐述。

2. 文化的分类及与饮食、烹饪的关系

文化，尤其是广义的文化有着十分丰富的内涵，形成了包含多层次、多方面内容的完整体系，分类方式多种多样。其中，主要的分类方式是：以时间顺序为依据，分为史前文化、古代文化、近现代文化、当代文化等。以地域或国家为依据，分为世界文化、东方文化、西方文化，中国文化、法国文化、美国文化等。以存在形式为依据，分为物质文化、精神文化、制度文化、行为文化、心态文化等。以具体事物为依据，分为饮食文化、服饰文化、民居文化、器物文化等。以强弱态势为依据，分为强势（主流）文化、弱势（非主流）文化、亚文化等。此外，还有从其他角度来区分的，如宗教文化与世俗文化，本土文化与外来文化，城市文化与乡土文化，先进文化与落后文化，等等。

饮食、烹饪都是人类创造的物质财富和精神财富之一，而且是人类生存和发展必不可少的，必然是人类文化的一个重要组成部分，同时不仅拥有物质文化内涵，也拥有精神文化内涵。中国近代著名学者梁启超在其《中国文化史目录》一书中列有 28 篇，几乎涉及中国人生活的全部内容，其中就包括独立的"饮食篇"。对此，西方人也有相同或相似的认识。

（二）饮食文化

饮食文化作为人类文化的一个重要组成部分，其含义也有狭义和广义之分。狭义的饮食文化，是基于饮食与烹饪具有相同之处的，与烹饪文化相对应。一般说来，烹饪文化是指人们在长期的饮食品的生产加工过程中创造和积累的物质财富和精神财富的总和，是关于人类食物做什么、怎么做、为什么做的学问，涉及食物原料、烹饪工具、烹饪技艺等。因此，狭义的饮食文化，是指人们在长期的饮食品的消费过程中创造和积累的物质财富和精神财富的总和，是关于人类吃什么、怎么吃、为什么吃的学问，涉及饮食品种、饮食器具、饮食习俗、饮食服务等。简言之，烹饪文化是在生产加工饮食品的过程中产生的，是一种生产文化；而狭义的饮食文化是在消费饮食品的过程中产生的，是一种消费文化。但是，饮食品的生产和消费是紧密相连的，没有烹饪生产，就没有饮食消费，烹饪和烹饪文化是饮食与饮食文化的前提，饮食文化是由烹饪文化派生而来，因此，将饮食品的生产和消费联系起来，人们在习惯上常常用广义的饮食文化加以概括和阐述。具体而言，广义的饮食文化，包含烹饪文化和狭义的饮食文化的内容，是指人们在长期的饮食品生产与消费实践过程中，所创造并积累的物质财富和精神财富的总和。本书采用的就是广义的饮食文化概念。

第二节　中西与中西饮食文化

一、中西与中西文化

（一）中国与西方

1. 中国

中国，是中华民族文化的摇篮，是屹立在世界东方的一个大国，有着悠久历史和辽阔疆域。它在历史上虽然地理边境有所不同，但始终以黄河、长江流域为中心，无论在地理上还是文化上都有相对确定的含义。

"中国"作为一个地理概念，其内涵经历了一个不断扩展的过程。在周朝，"中国"特指京师。《诗经·民劳》言："惠此中国，以绥四方。"《毛传》解释道："中国，京师也。四方，诸夏也。"春秋时期，"中国"一词开始泛指整个中原地区。当时居住在黄河流域的人，自认为居天下的中央，称"中土"或"中国"，而将周边地区及其习俗不同的人称为"四方"或"四夷"。《史记·吴太伯世家》载："自太伯作吴，五世而武王克殷，封其后为二：其一虞，在中国；其一吴，在夷蛮。"秦朝时，建立起史称"中国"的历史上第一个大一统国家，"中国"一词开始指国家，其地域颇为广大，北起河套、阴山山脉与辽河下游流域，南到广东地区和今越南东北，西起陇山、川西高原与云贵高原，东到大海。此后，中国在历代王朝时的疆域基本上呈现逐渐扩大和巩固的趋势，到清朝统一全国后，当时的中国已有1 000多万平方公里，北接西伯利亚，南至南海诸岛，西起巴尔喀什湖、帕米尔高原，东到库页岛，奠定了今日中国疆域的基础。但是，鸦片战争以后，由于帝国主义入侵和清朝政府腐败无能，又使一些国土沦丧。中华人民共和国成立以后，中国政府与许多邻国签订边界条约，使中国的疆域最终确定，其陆地领土面积为960万平方公里，领海约470万平方公里。如今，中国是指中华人民共和国，中国文化是指在这个地域内创造的文化。

2.西方

西方，作为一个方位名词出现在日常语言中，是有特定意义的，通常指太阳落山的地方，与太阳出来的地方即"东方"相对应。但是，当"西方"作为一个概念运用在关于民族、文化等方面时，却有不同理解，具有多重含义和不确定性。

首先，"西方"作为一个地理概念，是与"东方"相对而言的，它的含义通常是指西半球或欧洲。德国人马勒茨克（Gerhard Maletzke）在《跨文化交流》（Intercultural Communication）中指出："很久以来，人们形成了一种不成文的一致观念，认为欧洲就是西方，而东方则是指与之相连接的位于东边的地区。"英国谚语说："极东便是西。"而欧洲，从世界地理学角度看有比较明确的边界。它从属于欧亚大陆，是亚洲向西端的延伸部分，濒临北冰洋和大西洋，隔地中海与非洲相望，东部以乌拉尔山、乌拉尔河、里海、高加索山脉、博斯普鲁斯海峡、达达尼尔海峡为界，与亚洲分开。西方，在英语中也写作"occidental"，与"orient（东方）"相对，可直译为"西洋"。但是，对于中国人而言，不同时期的"西洋"即"西方"在地理上也有不同的含义。元朝时将"南海"或"南中国海"以西（约自东经 110°）的海洋、沿海地区乃至印度、非洲东部都称为"西洋"；明末清初以后，则仅仅把大西洋两岸的国家称为"西洋"。

其次，"西方"也常常作为一个文化概念，同样与"东方"相对，但它的含义则是不能够完全确定的。姜守明等人在《西方文化史》中指出，西方本身是一个发展的概念，它既有时空上的变化含义，又有文化史上的指向意义，就历史学上的文化意义而言，"古代的西方是指以希腊罗马文化所代表的文明区域，中世纪的西方是指基督教信仰所及地区，所谓的'基督教大世界'；近代以来，西方特指天主教势力和新教势力直接统治下的欧美地区。在现代国际政治中，'西方'概念更偏重于历史文化含义，主要指工业发达国家，不但包括欧洲和北美的工业发达国家，也可以包括澳洲的澳大利亚、新西兰，亚洲的日本、新加坡等国"。本书则从文化的角度，采用通常意义上的含义，"西方"指欧洲和北美国家。

（二）中国文化与西方文化

1. 中国文化与西方文化的含义

中国文化，是指中国人在其社会历史发展过程中所创造的物质财富和精神财富的总和。从内容上看，主要包括儒家文化、道家文化、佛家文化。其中，儒家文化在中国文化中长期居于统治地位。

西方文化，是指西方人在其社会历史发展过程中所创造的物质财富和精神财富的总和。从地域上看，主要包括有着同种文化渊源的欧洲文化和 18 世纪以后的北美文化。从内容上看，主要包括古代希腊罗马文化、中世纪基督教文化、近代文艺复兴文化和启蒙文化、现代人文主义和科学主义文化。其中，古希腊罗马文化是西方文化之源。

2. 中国文化与西方文化的形成

英国著名历史学家汤因比在《历史研究》一书中，解释世界各民族文化的产生、发展及特点时，提出了"挑战与回应"理论。他认为，每个民族的文化就是该民族对其所生存的环境所作挑战的一种回应，即每个民族的生存环境对其文化的产生与发展有着重大的影响。中国文化和西方文化都是深受各自的自然地理环境和社会、经济、生产方式等人文地理环境影响而形成的。

（1）中国文化的形成

中国文化产生于中国大地。中国位于欧亚大陆的东部，主要以黄河、长江流域为中心，东临太平洋，南接印度洋，西南是横断山脉和"世界屋脊"青藏高原，西北是帕米尔高原、天山山脉和戈壁沙漠。中国不仅自古疆域辽阔，而且有着优越的地理位置、众多山川湖泊和良好的气候条件，土地肥沃、水源丰富、气候温暖，十分有利于农作物和其他植物的生长，农业生产条件良好，因此，中国在很早就进入了农业社会，成为世界上最古老的农业文明发祥地之一，并且始终坚持"以农立国"的农业经济。而在历史上的农业经济中，人们的生活环境相对固定、封闭，常常是以家庭为单位进行农业生产和消费，男耕女织的劳动分工将小农业与小手工业结合起来，于是，自给自足成为农业经济的主要形式。这种自给自足的农业经济缺乏戡天役物的精神，却具有浓厚的封闭性、内向性、和合性，也具有比较强的等级性和整体性。由于地理上天然的障碍、相对封闭性和农业经济、生活特性的双重影响，在此基础上产生的中国文化也就有了相对的封闭性、内向性、和合性、等级性以及整体性等特征。古代中国人在自己的土地上从事农业生产活动时，常常以反省内求的方式，探究人的内心和主观世界，从而产生出一系列关于如何"正心、诚意、修身、养性"的伦理道德观念与规范，也就产生了伦理道德学说。因此中国文化便也具有强烈的伦理道德性。

（2）西方文化的形成

西方文化主要包括欧洲文化和18世纪以后的北美文化。由于后者源于前者，可以说西方文化产生于欧洲。

欧洲位于欧亚大陆的西部，西临大西洋，南接地中海，东南有黑海、里海，北临波罗的海、北冰洋，东部以乌拉尔山、乌拉尔河、高加索山脉、博斯普鲁斯海峡等与亚洲相邻。在欧洲，土地面积狭小，平原少，山地、丘陵多，许多地方土地贫瘠，使得其农业生产条件较差，古代欧洲人曾长时间过着游牧狩猎生活；但是，欧洲有着漫长而曲折的海岸线，拥有众多的天然优良港湾，非常适宜于发展海洋贸易、海洋运输，古代欧洲人很早就开始了海洋贸易、海洋运输等商品经济。因此，在古代的欧洲，商品生产与交换是其经济的主要特色。恩格斯曾经指出，简单的商品经济是天然的平等派。商品经济不仅有着与生俱来的开放性、外向性、竞争性特征，也具有平等性、民主性，于是，在这种经济基础上产生的欧洲文化也就具有了开放性、外向性、竞争性、平等性、民主性等特征。而古代欧洲人在向外部世界寻求贸易、运输等活动时，必须要客观、真实、清晰地了解和认识外部世界，对寻求过程和结果进行知性计算、逻辑分析，这样就产生了自然科学，而欧洲文化也便有了自然科学性。

3. 中国文化与西方文化的基本精神与特点

关于中国文化和西方文化的特点与基本精神，国内外学者有许多研究，而且常常是把中国文化和西方文化置于人类文化的大系统中进行研究，尤其关注中国文化与西方文化之间的差异。因为这两种文化从根源上截然不同、最有特点。但在进行中西方文化比较时，大多是将中国封建文化与西方近代文化相比，也有的是从中西方文化的民族差异进行比较。

（1）中国文化的基本精神与特点

从总体而言，中国文化是以人为中心和主体的"三才文化"。所谓三才，指的是天、地、人。《说文解字》言："三，数名，天地人之道也。"《老子》说："道生一，一生二，二生三。"而在天、地、人中，人又处于天地之间的中心位置，且为一小天地。其基本精神是注重整体思维，强调平衡和谐，崇尚群体利益和自强不息，主要表现在三个方面：

第一，在哲学思想方面，崇尚"天人合一"。认为宇宙是气的宇宙，这种气是无、是虚空，却又充满生化创造功能，能衍生出有、生出万物，有无相生，有与无、实体与虚空是气的两种形态，有机结合、密不可分，因此在人与自然的关系上认为人与自然也是合和、不可分离的，主张"天人合一"。

第二，在思维模式方面，提倡直觉思维、感性思维以及内向思维。所谓直觉思维，就是在探讨客观对象时，主体在进行充分的思想准备的前提下，不经过有意识的逻辑思维、不对客观对象进行分解研究和定量分析，而突然发生认识上的质变与飞跃，直接获得某种质的和整体的结论。它不仅具有直接性、简单性，而且具有间接性、复杂性，既能单刀直入、简洁明了，又能直入底蕴、揭示本质，但是也具有模糊性和不精确性。

第三，在行为方式方面，注重群体利益、平衡和谐与人治等。对群体利益的看重是直觉思维的必然结果。因为直觉思维的特点是从整体上把握事物，把整体放在首位，忽视个体，体现在对待人的价值上则必然是重视群体利益、忽视个人价值与利益，强调国家、集体利益高于个人利益，注重个体的义务和责任。孔子主张"礼之用，和为贵"，平衡和谐成为中国人追求的重要目标，也深刻地影响着中国社会的各个方面。在建筑上，有和谐对称的四合院；在对外关系上强调"和平共处"；在日常生活中提倡"和气生财""家和万事兴"；在饮食烹饪上讲究"五味调和百味鲜"，等等。对人治的倡导早在先秦时期就已开始，以孔孟为代表的儒家是典型的"人治"论者，主张"贤人政治"。他们认为，政治是个人道德的扩大，政治的好坏取决于统治者尤其是最高统治者个人的好坏。《礼记·中庸》指出，"为政在人"，"其人存则其政举，其人亡则其政息"。荀子对人与法的相互关系进行了分析，强调人对法起着决定作用，指出，"有治人，无治法"，"法不能独立，类不能自行，得其人则存，失其人则亡"（《荀子·君道》）。这种人治论在封建社会中始终占据主导地位，影响十分深远。

（2）西方文化的基本精神与特点

归纳起来，西方文化的基本精神可以概括为八个字：科学、民主、公平、法治。它主要并具体地表现为以下三个方面：

首先，在哲学思想方面，崇尚"天人相分"。认为宇宙是实体的宇宙，构成宇宙的实体与虚空是相互对立的，因此在人与自然的关系上认为人与自然也是对立、分离的，主张"天人相分"或"主客二分"。

其次，在思维模式方面，提倡分析思维、逻辑思维以及外向思维。所谓分析思维，是在探讨客观对象时，常常将对象分解为各个组成部分，然后对各个部分进行细致入微的精确研究，注重定量分析，力求获得逻辑严密、数据精确的结论。

再次，在行为方式方面，注重个体利益、对立斗争和法治等。对个体利益的看重是分析思维的必然结果。因为分析思维将对象分解为各个部分加以研究，突出了部分、个体并把它们置于首要地位，体现在对待人的价值上则必然是重视个人价值、个人利益和权利，注重自我设计、发展与超越，张扬个性。西方辩证法的奠基人赫拉克利特认为，统一是由斗争产生出来的。他特别强调对立和斗争的意义，指出："战争是万物之父，也是万物之王。它使一些人成为神，使一些人成为人，使一些人成为奴隶，使一些人成为自由人""战争是普遍的，正义就是斗争，一切都是通过斗争和必然性产生的"。对法治的崇尚早在古希腊就已开始。亚里士多德在其《政治学》中认为，法治是同民主的或多数人的政治分不开的，"法治高于人治"。到近代，"法律面前人人平等"成为资产阶级法治的基本原则。

对于西方文化的形成与特点，德国人马勒茨克（Gerhard Maletzke）在《跨文化交流》中引用 O.Weggl 撰写的《Die Asiaten》一书也做过概括性的描述："'西方的基本价值'受到了四种文化遗产的影响，即希腊的思想、罗马的法的观念、日耳曼的社会观念以及基督教的信仰，这些基本价值经历了文艺复兴、宗教改革、启蒙运动而发展成为现代的具有科学性的价值。特别是在与亚洲相比时，西方的特别之处在于：强调个性，把握今生今世，注重理性、社会契约思想，以法律为准绳、注重成效。让亚洲人最感到陌生的是西方人的个性，这种个性最初起源于基督教的信仰前提，即人与上帝的个人联系以及人应根据自己的良知来独立地作出决定。后来这种个性又经历了文艺复兴、人文主义以及启蒙运动的认知理论的发展而在西方深深地扎下根来。"同时还说："在将'西方的'和'东方的'思想进行的长期比较中，人们总结出了以下一些典型特征：西方是分析性、逻辑性和唯物的，东方是综合的、凭直觉的和强调精神的；西方是客观、积极和动感的，东方是主观、被动和静观的；西方是重理智的，东方是重情感的。"

二、中国与西方饮食文化

（一）中国与西方饮食文化的含义

中国饮食文化，就是指中华民族在长期的饮食品的生产与消费实践过程中，所创造并积累的物质财富和精神财富的总和。

所谓西方饮食文化，是指西方人在长期的饮食品的生产与消费实践过程中，所创造并积累的物质财富和精神财富的总和。

（二）中国与西方饮食文化的特点

中国历史悠久，是世界四大文明古国之一，历来又非常重视饮食，"民以食为天"的思想根深蒂固，因此中华民族创造出了光辉灿烂而又特色鲜明的中国饮食文化。西方在悠久的历史发展过程中也创造出独具特色的饮食文化，在世界范围内享有极高的声誉。它们各自的不同特点主要表现在以下五个方面。

1. 饮食历史

中国的饮食历史悠久而辉煌。它起源于人类早期的用火熟食，历经了新石器时代的孕育萌芽时期、夏商周的初步形成时期、秦汉到唐宋的蓬勃发展时期，在明清成熟、定型，然后进入近现代繁荣创新时期。而在每个时期，中国的饮食不论是在物质上还是精神上，尤其是在炊餐器具、食物原料、烹饪技法、饮食成品、饮食著述等方面都有自己独特之处，并对世界饮食产生了一定影响。

西方的饮食历史起伏多变、各主要国家的饮食烹饪发展极不平衡。在古代，西方饮食发展中最杰出的是意大利菜。它直接源于古希腊和古罗马，是西餐中历史最悠久的风味流派，也可以说是西餐的鼻祖，在 16 世纪末以前都十分兴盛，并且凭借着自身古朴的风格成为古代西餐中当之无愧的领导者。在近代，西方饮食发展中取得举世瞩目辉煌成就的是法国菜。它深受意大利烹饪的影响，但又结合自身优势发展壮大，形成法国特色，成为 17 世纪到 19 世纪西餐的绝对统治者，可以称作西餐的"国王"。在现代，虽然意大利菜、法国菜仍然兴盛、繁荣，但让人耳目一新、感受到强烈震撼的却是英国菜和美国菜。它们虽然受到意大利菜和法国菜的影响，但最终与当地饮食特点有机结合，特别是运用现代科学技术和思想，使传统的烹饪方式、烹饪工具发生质的变化，拥有了自己的烹饪风格，成为现代西方饮食最重要的代表之一。其中，美国菜更是在 20 世纪中叶时逐渐与意大利菜和法国菜抗衡而部分地成为西餐潮流的领导者，可以说是真正的新贵。

2. 饮食科学

中国的饮食科学内容比较丰富，其核心是独特的饮食思想以及受其影响形成的食物结构。在饮食思想上，由于中国哲学讲究气与有无相生，在文化精神和思维模式上形成了天人合一、强调整体功能、注重模糊等特色，使得中国人在饮食科学上产生了独特观念，即天人相应的生态观念、食治养生的营养观念与五味调和的美食观念，强调饮食与自然的和谐统一、食用养生与审美欣赏的和谐统一，讲究饮食品的色、香、味、形、器与养协调之美，既满足人的生理需求，也满足人的心理需求。从这些饮食思想出发，中国人选择了"五谷为养，五果为助，五畜为益，五菜为充"的食物结构，即以素食为主、肉食为辅。长期的历史实践证明，这个结构是比较科学与合理的，是有益于人体健康的。虽然随着时间的推移和时代变化，它已有所改革变化，但仍将长期存在下去，并且更加合理、完善。

西方的饮食科学内容十分丰富，但它的核心主要是独特的饮食思想和科学技术与管理。在饮食思想上，由于西方哲学讲究实体与虚空的分离与对立，在文化精神和思维模式上形成了天人分离、强调形式结构、注重明晰等特色，使得西方人在饮食科学上产生了独特观念，即天人相分的生态观、合理均衡的营养观、个性突出的美食观，强调人的饮食选择只需适合人作为独立体的需要，按照人体各部分对各种营养素的需要来均衡，恰当地配搭食物的种类和数量，并且通过对食物原料的烹饪加工，突显各种原料特有的美味，重在满足人的生理需要。在饮食科学技术与管理上，最突出、最值得称道的特点是西方烹饪的标准化与产业化。它非常强调在食物加工生产过程中系统、精确和理性，严格按照一系列标准，利用先进机械加工，制作质量稳定的食物，并进行有效的大规模经营。正是由于食物制作的标准化、产品质量稳定，大量利用机器实现工业化生产，再加上规模化、连锁化经营，使西方烹饪有了惊天动地的变化与发展。

3.饮食制作技艺

自从孔子提出"食不厌精，脍不厌细"后，中国人在饮食品的制作上就十分注重精益求精、追求完美，因此无论在馔肴还是茶酒的制作上都表现出精湛的技艺。仅以馔肴制作技艺为例，在原料使用上用料广博、物尽其用，注重辨证施食，讲究荤素搭配、性味搭配、时序搭配；在刀工上讲究切割精工、刀法多样，常常是基本刀法与混合刀法并重，切割的原料形态多为丝、丁、片、条等小巧型，有利于满足快速成菜和造型美化等需要；在制熟上用火精妙、烹法多样，常用并且善用以液体为介质传热的烹饪方法，如炒、爆、蒸等；在调味上注重精巧与多变，十分重视加热过程中的调味，特别强调味型的丰富与层次；在馔肴造型与美化方面，十分强调意境美，装盘讲究繁复、秀丽，常刻意通过细致入微的拼摆、雕刻来装饰、点缀馔肴，同时非常重视美食与美名、美食与美器、美食与美境的配合。

西方人在饮食品的制作上也精益求精、追求完美，同样表现出精湛的技艺，但是他们在每个工艺环节上的追求却与中国人不同。以馔肴制作技艺为例，西方人在原料使用上非常精细，常根据原料的不同部位、品质特点选择使用不同的烹制方法；在刀工上讲究简洁，多用基本刀法，少用混合刀法，原料的基本形态较简单，主菜形状多为大块、厚片；在制熟上，擅长使用以空气和固体为传热介质的烹饪方法，如烤、铁板、铁扒等；在调味上强调加热后的浇味，常单独制作少司来调味，也多用香料、酒、乳制品来调味；在馔肴的造型与美化方面，强调图案美，装盘讲究简约、实用，简洁大方且自然、随意，盘中之物绝大多数可以食用，集装饰与食用于一身，很少为装饰而装饰，同时也重视美食与美名、美食与美器、美食与美境的配合。

4. 饮食品种

中国幅员辽阔，历代厨师创造了数以万计的馔肴和饮品。在馔肴方面，许多菜点是在不同社会背景中孕育出来的，如果从馔肴的产生历史和饮食对象等角度进行梳理、划分，可以分为民间菜、宫廷菜、官府菜、寺观菜、民族菜、市肆菜等不同类别的菜。如果从地域来看，由于自然条件、物产、人们生活习惯、经济文化发展状况的不同，中国各地又形成了众多的地方风味流派，其中，最著名和最具代表性的为四川菜、山东菜、江苏菜、广东菜、北京菜和上海菜等。这些著名的地方风味菜大都有独特的发展历史、精湛的烹饪技艺，甚至还有种种优美动人的传说或典故。而其他的地方风味流派也有不同的地方特色和烹饪艺术风格。在饮品方面，中国茶叶品类繁多，仅仅根据制造方法的不同，就分为绿茶、红茶、乌龙茶（即青茶）、白茶、黄茶和黑茶六大类，每一类都有许多著名品种；中国的酒，按照日常生活习惯则分为白酒、黄酒、果酒、药酒和啤酒五大类，每一类中也有众多的著名品种。

西方是一个多国家、多民族的区域，西方人尤其是职业厨师和家庭主妇在漫长时间里也创造出了各种各样的馔肴和饮品。在馔肴方面，如从产生的历史和饮食对象等角度进行梳理、划分，也分为民间菜、宫廷菜、民族菜、市肆菜等。如从地域来看，由于自然条件、物产、人们生活习惯、经济文化发展状况的不同，西方各国则形成了各自不同的风味流派，其中，最著名和最具代表性的有意大利菜、法国菜、英国菜、美国菜、德国菜、俄罗斯菜等。而在各个国家中，不同地区和历史阶段也有不同的地方风味菜，并且大多具有浓郁的地方特色和不同的烹饪艺术风格。在饮品方面，主要有酒和咖啡。仅以酒为例，西方的酒品类众多，可以按照生产工艺、生产原料以及产地、颜色、含糖量、状态、饮用方式进行不同的分类，如果按照生产工艺则分为酿造酒、蒸馏酒、混配酒等。其中，酿造酒的著名品种有葡萄酒、啤酒等；蒸馏酒的著名品种有白兰地、朗姆酒、威士忌、金酒、伏特加等；混配酒的著名品种有开胃酒、甜食酒、利口酒等。此外，鸡尾酒也是突显西方特色的酒品。

5. 饮食民俗

饮食民俗，即民间饮食风俗，是广大民众从古至今在饮食品的生产与消费过程中形成的行为传承和风尚，简称食俗，可以分为日常食俗、节日食俗、生婚寿丧食俗、社交食俗、民族食俗、宗教食俗，等等。中国地域辽阔，民族众多，因而拥有多姿多彩的饮食民俗。其中，在日常食俗方面，汉族的食品是以素食为主、肉食为辅，饮品主要是茶和酒，而少数民族却各不相同，但在进餐方式上，无论汉族还是少数民族大多采用合餐制，即多人共食一菜或几道菜，具有团聚、共享、热闹等优点；在节日食俗方面，汉族的节日基本上是源于岁时节令，以吃喝为主，祈求幸福，少数民族则有自己的节日及相应的食品；在人生礼俗方面，中国各族人民的共同特点是以饮食成礼，祝愿健康长寿；在社交礼俗方面，中国各族人民也有共同特点，那就是在行为准则上注重长幼有序、尊重长者。

在西方，各个国家、民族虽然大多有同源的文化传统，但各有独特之处，因此西方的民俗包括饮食民俗也是比较丰富多彩的。在日常食俗方面，西方人主要以肉食为主、素食为辅，饮品主要是咖啡和酒，在进餐方式上主要是分餐，即每人只吃自己的那一份菜点，具有独立、卫生等特点；在节日食俗方面，西方的宗教色彩浓厚；在人生礼俗方面，受独特思想观念和价值取向即幸福观的直接影响，西方人大多以宗教成礼，祝愿健康快乐；在社交礼俗方面，受独特的文化传统、社会风尚、道德心理等因素的影响，西方社交礼俗最主要的特点是在行为准则上非常推崇"女士优先"、尊重妇女，同时偏重于自律。

总之，中西饮食文化都有丰富的内涵和特点，除了涉及烹饪与饮食生活直接相关的内容，还涉及各自的政治、经济、历史、文化等方面，因此，在学习了解中西饮食文化时，应当与中西方政治、经济、历史、文化相联系，尤其应当与中国和西方的经济、餐饮业实际密切结合，学以致用，为中国和西方饮食烹饪的进一步发展做出贡献。

本章特别提示

本章主要叙述了中西饮食文化涉及的四组关键词的内涵与特点等，不仅重点阐述了饮食、烹饪、文化的含义及关系和烹饪的特性与类别，还概括性地阐述了中西文化及其饮食文化的含义和特点，使学生和读者了解烹饪的要义和目的、中西饮食文化的独特之处，为从事餐饮业、制作满足人民美好生活需要的饮食品奠定思想基础。

本章检测

1. 饮食、烹饪、文化的含义及关系是什么？

2. 手工烹饪与机器烹饪的特点及关系是什么？

3. 中国和西方文化及其饮食文化的异同有哪些？

拓展学习

1.（德）马勒茨克. 跨文化交流 [M]. 北京大学出版社，2001.

2.（日）中山时子. 中国饮食文化 [M]. 中国社会科学出版社，1992.

3. 启良. 西方文化概论 [M]. 花城出版社，2000.

4. 彭兆荣. 饮食人类学〔M〕. 北京大学出版社，2013.

教学参考建议

1. 本章教学要求

通过本章的教学，要求学生深刻领会烹饪的含义、特性，正确认识饮食、烹饪、文化的关系和手工烹饪与机器烹饪的关系，把握中西饮食文化的特点，以便在从事餐饮业工作中回归初心，根据中西饮食文化特点和需求，制作出安全、营养、美味的饮食品。

2. 课时分配与教学方式

本章共 2 学时，采取理论讲授的教学方式。

第二章

中西饮食文化
遗产比较

学习目标

1. 了解烹饪典籍、饮食文献、饮馔语言的含义与类别。

2. 掌握中西烹饪典籍、饮食文献的特点及成因、主要内容，熟悉行业性饮馔语言。

3. 运用中西饮馔语言的相关知识进行饮食品名称的创意设计。

学习内容和重点及难点

1. 本章的教学内容主要包括三个方面，即中西烹饪典籍、中西饮食文献、中西饮馔语言。

2. 学习重点和难点是中西重要烹饪典籍、饮食文献的特点及成因和中西行业性饮馔语言的运用。

本章导读

人类在长期历史实践过程中创造、积累并遗留下来了丰富多彩的文化遗产。饮食文化遗产就是其中的重要组成部分。它是人类在饮食品的生产和消费过程中创造、积累并遗留下来的精神财富，主要包括专门记载和论述饮食烹饪之事的烹饪典籍，涉及饮食烹饪之事的有关文献，用饮食烹饪之事来表达某种事物、现象和进行社会交往的口头与书面的饮馔语言，反映饮食烹饪之事的出土文物，以及饮食思想与哲理、饮食民俗等。本章仅从烹饪典籍、饮食文献、饮馔语言等方面对中国与西方的饮食文化遗产进行阐述。

第一节　中西烹饪典籍

烹饪典籍，这里主要是指专门记载和论述饮食烹饪之事的著作，也可称为饮食典籍。由于烹饪是人类为满足生理与心理需要，把可食原料用适当方法加工成食用成品的活动，成品必须具有安全、营养和美感的特性，因而人类在创造食用成品的时候不仅需要运用技术，还需要运用社会科学和自然科学知识，把这些技术和科学知识总结记载下来并进行论述，于是出现了内容丰富的烹饪典籍。大致而言，烹饪典籍可以分为四大类，即烹饪技术类、饮食文化与艺术类、饮食烹饪科学类和综合类。

一、中西烹饪典籍的特点

从古至今，中国和西方国家都积累了丰富多彩的烹饪典籍，其数量众多，很难准确统计、逐一阅读和研究，并且随近现代日益频繁的交流，中西烹饪典籍所记载和论述的范围也越来越趋于相同或相似。但是，若从各种烹饪典籍最早出现的时间、作者以及内容特色等方面来看，中西烹饪典籍仍然有各自的特点。

（一）中国烹饪典籍的特点

1. 早期烹饪典籍的作者绝大多数是文人学士

就各种烹饪典籍最早出现的时间和作者而言，中国的烹饪典籍大多出自文人学士，极少出自厨师之手，而且对中国饮食烹饪有极大影响的烹饪典籍几乎全部是由文人学士撰写的。这主要是由各自不同的社会地位和文化素养造成的。

在中国历史上，尤其是封建社会，虽然"民以食为天"的观点深入人心，但人们更重视的是美食成品，而忽视了美食制作者。历代的封建统治者把脑力劳动者视为君子，把体力劳动者视为小人，厨师的社会地位极为低下，加之儒家倡导"万般皆下品，唯有读书高"，把各种科学技术当作雕虫小技、奇技淫巧，认为"小人能之"、君子不为，朝廷还把儒家经典作为学习内容和考试依据，实行"学而优则仕"的取士制度，凡是读过书的人都遵循孔孟之道，一心追求仕途名利，羞于事厨，极少有人心甘情愿地当厨师。因此，中国历史上的厨师大多是为生活所迫从事这个职业的，缺乏文化修养，许多人几乎不识字，只会制作却难以用文字表达清楚，有关菜点的制法和烹饪技术要领常常靠师徒间的口授手传和为徒者的自身领悟获得并代代相传；而古代的文人学士则在完成常规工作之余，或由于个人兴趣、爱好，或为了养老奉亲、辅政治国的需要，或出于仕途失意后的消遣等原因，承担起了收集、记载饮食烹饪之事并编撰成烹饪典籍的额外工作。如唐韦巨源的《烧尾宴食单》、宋陈直的《养老奉亲书》、明朱棣的《救荒本草》、清袁枚的《随园食单》等皆出于以上原因。从中国古代流传至今的百余种食谱中，没有一本出自厨师之手，皆为文人学士所作。直到 20 世纪中叶以后，由于国家和政府的重视，厨师地位逐渐提高，使得人们思想观念发生变化，加之基础教育的普及并有了培训厨师的机构和学校，才出现了具有一定文化素养的厨师和专门从事饮食烹饪研究的学者，才比较普遍地出现了厨师撰写的食谱和内容丰富的烹饪典籍。

2. 烹饪典籍的内容是技术实践多、系统理论少

就烹饪典籍的内容构成而言，中国烹饪典籍的重点是技术与具体经验的记载、总结叙述，菜谱众多，少有科学与系统理论的分析、论述，技术实践与系统理论在比例上较为悬殊。究其原因，主要是中国的文化传统、思维方式和治学原则等因素造成的。

在中国，构成中国文化主体的儒家、道家、佛家文化都注重直觉思维。这种思维方式强调以感性为主，在探讨事物和现象时，主要是通过对大量材料感性的整体思考而领悟出规律，不是通过对材料理性的具体分析而推导出规律，讲究、崇尚顿悟、渐悟和只可意会、不可言传。受此影响，中国饮食烹饪在历史上虽然取得巨大成就，但长期停留于经验阶段，"言其所当然而不复强求其所以然"（清阮元《畴人传》）。另外，从秦汉罢黜百家、独尊儒术开始，孔子提倡的"述而不作"就成为无数文人学士共同遵循的治学原则，他们崇古薄今、崇尚权威、重人文轻自然、重考据轻创造，对饮食烹饪的关注和研究也大多集中在对烹饪技术与制作经验的直接记录、归纳、整理上，极少加以提炼并上升到理论，进行科学而系统地分析、论述，而厨师由于文化素养低下，也难以把具体的烹饪技术经验上升到理论的高度。因此，在清代以前流传至今的大量古代烹饪典籍中，几乎没有关于烹饪技术系统理论的书籍，直到清代中叶，文学家、美食家袁枚才比较系统地总结前人和当时人的烹饪经验，比较系统地阐述了烹饪技术理论问题，写出理论与实践相结合的著述《随园食单》。

（二）西方烹饪典籍的特点

1. 早期烹饪典籍的作者多数是厨师

西方早期的烹饪典籍大致出于厨师、学者和其他职业者之手。其中，厨师撰写的、具有重要意义的烹饪典籍较多。这主要是由于西方厨师的社会地位和文化素养决定的。

在西方国家，人们不轻视技术，相比之下，也不轻视美食的制作者，厨师有一定的社会地位。从最早的希腊、罗马开始到后来的意大利、法国、英国，许多宫廷和贵族之家都曾用重金礼聘国内外技艺高超的面包师、烹调师，并使他们受到一定尊敬。如古罗马的全盛时期，贵族们以高贵精美的酒食和标新立异的烹调术为荣，一位统帅卢古鲁斯每年用十余万塞斯特齐（古罗马银币）聘请厨师，其中一位叫安东尼的名厨还因烹饪技艺高超而得到一座城市作为赏赐。在近现代的法国，名厨常家喻户晓、深受尊敬。法国国家烹调艺术委员会主席由名厨阿兰·桑德朗担任；名厨保尔·鲍居斯被称为法国烹调的"教皇"，成为第一批国家级和国际级明星之一，获得总统授予的勋章。此外，许多厨师也受过或多或少的教育，能够读书写字，而一些著名的厨师为更好地制作精美的菜点，还拥有较高的文化艺术修养。早在 14 世纪末，法国国王查理五世的首席厨师泰勒文 (Taillevent) 口授了一本名为《食品》(Le Viandier) 的烹饪书籍，英王查理二世时期的特级厨师们于 1390 年编写了记载古代英国烹饪的《烹饪技术要素》一书，此后更出现了许多由厨师撰写的食谱。至今，法国几乎所有名厨都出版过一本或更多的菜谱。

2. 烹饪典籍的内容是技术实践与理论并重

西方烹饪典籍的内容构成，不仅有较多的技术与具体经验的记载、总结叙述，也有一定数量的科学与系统理论的分析、论述，二者相互兼顾，在比例上没有太大的差距，即技术实践经验与理论并重。这主要是由于西方的文化传统、思维方式和治学原则等因素造成的。

在西方国家，由古希腊、古罗马文化发展而来的西方文化注重分析思维。这种思维方式强调以理性为主，在探讨事物和现象时常常将它们分解为许多组成部分，并对每个组成部分进行细致入微的研究和严密的逻辑思考，从而推导出规律，讲究精确分析和逻辑推理。受此影响，西方饮食烹饪虽然在总体上取得的成就不如中国那么巨大、辉煌，技艺水平不似中国那么高超，但讲究知其然，也知其所以然，建立起了众多的相关学科，如烹饪营养学、烹饪化学、烹饪卫生学等。另外，西方文化注重创造、发明，人们以自立学说或创造、发明为最高的治学原则，有一种大无畏的精神，正如恩格斯在《反杜林论》所说："他们不承认任何外界的权威，不管这种权威是什么样的……一切都必须在理性的法庭面前为自己的存在做辩护或者放弃存在的权利。"对于饮食烹饪，人们不但注重对烹饪技术与制作经验的直接记录、归纳、整理，而且注重提炼、升华到理论高度，进行科学而系统的分析、论述。因此，西方国家的一些烹饪典籍，不仅记载了菜点的制法，而且论述了烹饪技术要领或规律，成为各国饮食烹饪历史发展重要阶段的标志。如在法国，17世纪拉瓦伦（Francois De La Varenne）的《法国厨师》(Le Cuisinier Francois) 等书的相继出版，使法国烹饪从实践走上理论，并标志着法国烹饪与意大利烹饪彻底分道扬镳。

二、中国主要的烹饪典籍

（一）烹饪技术类

中国的烹饪技术典籍包括两个方面，即技术实践类和技术理论类。在这类典籍中，清代以前的著作主要是技术实践类作品，大多由文人学士撰写，也有少量的女子之作，到清代中叶以后才开始有了关于烹饪技术理论的系统性论述。而厨师之作则是在中华人民共和国成立以后尤其是改革开放以后才逐渐出现的。

1. 烹饪技术实践类

在中国，烹饪技术实践类典籍主要有食谱、酒谱、茶谱等。仅以食谱而言，食谱也称菜谱，在古时则常称作食经、食单等，主要记载菜点的制作方法。目前可知的最早的食谱是晋代何曾的《安平公食单》，其次是唐代韦巨源的《烧尾宴食单》。明代王志坚的《表异录》言："何曾有《安平公食单》，韦巨源有《烧尾宴食单》。"何曾是晋武帝时的太尉，封安平公，性豪奢，尤其喜欢饮食，因而写有食单，但遗憾的是，食单已亡佚。唐代韦巨源在晋升为尚书令时向唐中宗献了"烧尾宴"，也写下食单，虽已亡佚，但部分内容被《清异录》转载下来，其中记录了一些菜点的用料及制作方法。宋代至清代，食谱不断增多，出现了重点突出的各种类型的食谱百余种。其中，有指导家庭主妇进行烹饪的家庭食谱，如宋代吴氏的《中馈录》、清代曾懿的《中馈录》、清代顾仲的《养小录》；有制作蔬食为主的食谱，如宋代林洪的《山家清供》、清代薛宝辰的《素食说略》；有记载地方风味为主的食谱，如元代倪瓒的《云林堂饮食制度集》、清代李化楠的《醒园录》、清代童岳荐的《调鼎集》；也有综合性的食谱，如元代韩奕的《易牙遗意》、明代宋诩的《宋氏养生部》、清代朱彝尊的《食宪鸿秘》。这些典籍都出自文人学士乃至平常女子之手，较详细地记载了宋代及元明清各代的菜点制作方法。到现代，食谱已异常繁多，分类更加细致。这时，不但有传统类型的食谱，还增加了按原料、技法、季节、人群等进行分类的食谱，如《豆腐菜谱》《鳝鱼菜谱》《花卉菜肴》《食品雕刻》《家常泡菜》《创新菜》以及四季食谱、保健食谱、婴幼儿食谱、老人食谱、学生食谱等，并且许多食谱已是由烹饪制作者自己写成。其中，影响最大、最具权威性的食谱仍然是以文人学士记录为主的，不同的是，这些文人学士大多是在饮食烹饪业中工作的人。如大型地方风味食谱《中国名菜谱》和《中国名菜集锦》、大型综合性食谱《中国菜肴大典》的编撰等均是如此。

2. 烹饪技术理论类

烹饪技术理论典籍主要指记载和论述烹饪技术理论的书籍。在这类典籍中，有专门论述烹饪技术理论的，但更多的是将烹饪技术理论与实践结合起来论述。目前可知的中国最早的烹饪技术理论典籍是唐代的《砍脍书》，专门论述刀工技艺，可惜已经失传。而在整个中国烹饪历史上比较系统地论述烹饪技术理论且保存至今的古代书籍仅有清代袁枚的《随园食单》。袁枚是乾隆年间著名的文学家和美食家，在所写《随园食单》的须知单和戒单中总结前人烹饪经验，从正反两方面较为全面而系统地阐述了烹饪技术各个环节中包含的理论问题，在其中的海鲜单、特牲单、江鲜单、羽族单等十余种菜单中记载了包括宫廷菜、官府菜、市肆菜、民间菜、民族菜、地方菜、寺院菜在内的三百余种菜点的制法。可以说，《随园食单》是技术理论与具体实践紧密结合的书籍，也是中国古代历史上唯一一本较为系统的烹饪技术理论书籍，深受人们的重视和称道。到了近现代尤其是现代，中国才出现了较多的烹饪技术理论书籍。如罗长松主编的《中国烹调工艺学》、陈叔华的《中国烹饪工艺学》、陈文卿主编的《面点工艺学》、龙青蓉等的《川菜制作技术》、邵建华主编的《粤菜烹调技术》、李刚主编的《烹饪刀工述要》、季鸿昆的《烹饪学基本原理》等。可喜的是，这些书籍的大部分作者已经是专门从事烹饪教学或研究的教师及研究者。

（二）饮食文化与艺术类

这类烹饪典籍是指系统记载、研究、论述有关饮食文化与艺术的专门典籍，主要涉及各种社会科学知识在饮食烹饪运用中所产生的新内容，包括烹饪历史、烹饪艺术、烹饪文学、烹饪美学与哲学、饮食民俗等方面。中国的饮食文化从古至今都非常兴旺发达，但是饮食文化与艺术类的烹饪典籍在古代却比较少见，到近现代才比较丰富而系统。

中国人历来崇尚"民以食为天"，十分重视饮食，不但对饮食烹饪之事发表见解、吟诗作文加以歌咏、记录，还常常以饮食来阐述国家政治、文学艺术方面的道理。中国古代的饮食文化十分发达，相关的饮食观点、诗文数量繁多，内容丰富，但是，却常常是零星地散见在各种典籍之中，专门记载和论述饮食烹饪的饮食文化与艺术类典籍相对较少，并且集中在烹饪历史方面。目前可知的仅有元代佚名的《馔史》、宋伯仁的《酒小史》，明代冯时化的《酒史》、陆树声的《茶寮记》等。这些典籍主要记载和叙述了菜点饮料的部分历史、轶事、食用方法等。到了近现代，不少文人学者才编撰出较多的内容丰富且系统的饮食文化典籍。在饮食烹饪历史方面，既有全面的，也有分时代、分地域、分菜点类别的，如曾纵野《中国饮馔史》、章仪民等《淮扬饮食文化史》、黎虎《汉唐饮食文化史》、徐海荣《中国饮食史》、王学泰《中国饮食文化史》和邱庞同的《中国面点史》《中国菜肴史》以及赵荣光主编的《中国饮食文化专题史》、季鸿昆

《中国饮食科学技术史稿》等；在饮食烹饪美学与哲学方面，有纪晓峰《烹饪美学》、杨东涛等《中国饮食美学》、杨铭铎《饮食美学及其餐饮产品创新》、白玮《中国美食哲学》等；在烹饪艺术方面则着重于烹饪艺术的创作方法，有周明扬的《烹饪工艺美术及菜肴造型》、朱福海等的《中国烹饪实用美术图案》等；在饮食文学方面，有自己创作的，也有对历代散见的烹饪文学作品收集、整理的，如梁实秋《雅舍谈吃》、熊四智主编的《历代饮食诗文大典》、汪曾祺选编的《知味集》以及蔡澜、赵珩、石光华等的相关文集。此外，近年来，相关人士还利用现代传媒手段摄制了较多的饮食类纪录片，其中最著名的是陈晓卿执导的《舌尖上的中国》。

（三）饮食烹饪科学类

饮食烹饪科学类典籍是指记载和论述有关饮食烹饪科学的专门典籍，主要涉及各种自然科学的基础理论在饮食烹饪运用中所产生的新内容，包括烹饪原料学、烹饪营养学、食疗养生学、食品卫生学、食品化学、食品微生物学等方面。相对于中国古代异常丰富、发达的饮食烹饪文化而言，中国饮食烹饪科学则显得单调、滞后。古代的饮食烹饪科学类典籍主要集中在食疗养生学和烹饪原料学上，几乎没有比较系统的食品卫生学、食品化学和微生物学等，直到近现代因西方科学尤其是烹饪科学的传入和借鉴才得以改观。

1. 食疗养生类

在古代，中国的科学家缺乏独立的人格和政治地位，"大都是一些为宫廷服务的官吏和幕僚，他们的发明创造的动机和目的，都是为了求得别人的满足和欢心，从而达到自己的升迁"（唐任伍《中华文化中的世界精神》），而大多数中国人在思想观念上都重实用、轻理论，并且有医食相通的传统，认为饮食最大的、最实际的作用是养生健身，科学家们便倾心于食疗养生的研究，以获得人们尤其是皇帝、王公贵族的满足和欢心，因此中国烹饪科学典籍中大量的是食疗养生类著作。如唐代孙思邈的《千金食治》、孟诜的《食疗本草》，五代陈士良的《食性本草》，元代吴瑞的《日用本草》、忽思慧的《饮膳正要》，明代汪颖的《食物本草》、宁原的《食鉴本草》，清代费伯雄的《本草饮食谱》，等等。其中，最著名的是忽思慧的《饮膳正要》。忽思慧是元代宫廷的饮膳太医，他根据自己管理元代宫廷饮膳十余年的经验，并大量吸收汉族历代宫廷医食同源的经验，结合少数民族的饮食习惯，制定出馔肴法度，写成了这样一本营养卫生与烹饪调和相结合的食疗学著作。

2. 食物原料及其他类

在古代，中国人对烹饪原料的研究也是以医食相通传统为基础，主要研究和论述原料的功效，目的仍然是为养生健身服务，因此也有比较多的烹饪原料类典籍。其中，最引人注目的典籍是元明之际贾铭的《饮食须知》和清代王士雄的《随息居饮食谱》。贾铭是百岁老人，他在书中记载原料的性味、功能及相互配搭的利弊。王士雄则精通医术，在书中从中国医学的角度系统地叙述了日常食物原料的性味及功能。到了近现代，随着西方现代科学大规模进入，中国在不断地吸收借鉴之下又出现了许多内容新颖的饮食烹饪科学典籍。如在食品化学方面，有黄梅丽的《食品化学》《食品色香味化学》，陈文生的《烹饪基础化学》，丁耐克的《食品风味化学》。此外，许多学者还编撰出版了《烹饪营养学》《烹饪卫生学》《食品微生物》等一系列书籍。

（四）综合类

它是集饮食烹饪技术、文化、科学于一身的专门书籍，主要包括类书、百科全书、辞典等。中国古代的综合类烹饪典籍较少，但到了现代则数量大增。

在中国古代，综合类烹饪典籍较少，在菜点上几乎没有，而在茶酒方面最具价值的有唐代陆羽的《茶经》和清代郎廷极的《胜饮篇》。陆羽被尊为茶圣，他所写的《茶经》从茶的本源说起，叙述了采茶、制茶、煮茶、饮茶的方法和当时著名的茶叶产地，还记载了唐和唐以前的有关茶事、风俗等，是世界上第一部关于茶叶的专门著作。郎廷极是清代官吏，不善饮却喜看人饮，并留心收集历代有关酒的资料写成《胜饮篇》。书中既有酒的制法、产地、名称、功效，也有饮酒的时间、地点、韵事、德量，还有关于酒的著述、名言、政令等，俨然是一部酒的小型类书。

到了近现代尤其是现代，涌现出众多的综合类烹饪典籍。在百科全书方面，最具权威性的是《中国烹饪百科全书》，它是中国迄今为止唯一的一部烹饪百科全书；在辞典方面，最有影响力的是萧凡主编的《中国烹饪辞典》、林正秋的

《中国饮食大辞典》以及《川菜烹饪事典》《齐鲁烹饪大典》等。此外，综合类烹饪典籍中还有学术性、实用性较强、内容系统而全面的书籍，如任百尊主编的《中国食经》、陈宗懋主编的《中国茶经》、朱宝镛等主编的《中国酒经》。这些书籍的出现大大地促进了对中国烹饪技术、文化、科学等方面的研究，使得中国烹饪在内涵上更加丰富和完善，进而有力地推动了中国烹饪的蓬勃发展。

三、西方主要的烹饪典籍

（一）烹饪技术类

西方的烹饪技术典籍包括两个方面，即技术实践类和技术理论类。在这类典籍中，有大量的厨师之作，也有其他人的著作，尤其是女性作家占了较大比例，而且很早就出现了关于烹饪技术理论的论述。

1. 烹饪技术实践类

西方的烹饪技术实践类典籍也包括食谱、酒谱及饮料谱等。仅以食谱而言，厨师是重要的写作者。早在 14 世纪末，法国国王查理五世的首席厨师泰勒文就口授了名为《食品》的烹调书。书中介绍了中世纪的许多菜肴和面包制法，是法国中世纪烹调的结晶，也是中世纪最好的一本烹调书。到 16 — 17 世纪，英国也出现了第一位写食谱的职业厨师，名叫罗伯特·梅（Robert May）。他于 1660 年撰写、出版了烹饪书籍《手艺精湛的厨师》（*The Accomplisht Cook*）。他一生都生活在贵族圈中，也深受外国烹饪的影响，因此在书中大量写的是他热心制作的富有寓意的"精品"菜肴制作方法，只少量地介绍了英国简单的菜肴制法。18 世纪，英国的职业厨师依·史密斯 (E.Smith) 夫人十分重视英国自身的口味和菜肴，在 1727 年撰写了名为《精通烹饪的家庭主妇》（*The Compleat Housewife*）的菜谱，不仅记载了具有王室风格的配方，而且简化了一些菜肴的制作方法。而伦敦酒家的厨师约翰·法利（John Farley）也于 1783 年写下《伦敦烹饪术》（*The London Art of Cookery*）一书。这是一本记载 18 世纪伦敦菜点风貌的综合性食谱，尽管其中大多数菜肴的制作方法是从其他作者的书中摘抄而来。19 世纪以后，厨师写作的食谱日益增多，令人目不暇接。而最引人注目的是法国著名烹饪大师卡莱姆、埃斯科非耶、蒙塔内、于德、弗郎卡特利、索耶尔等写作出版的菜谱，并为职业厨师提供对法国古典和新式烹饪进行详细说明的烹饪书籍。其中，安东尼·卡莱姆（Antonin Careme，公元 1783—1833 年），不仅厨艺高超，也勇于创新、勤于笔耕，撰写出版了《别出心裁的糕饼师傅》《法国大饭店老板》《巴黎皇家糕饼师傅》《十九世纪的烹饪艺术》等多部烹饪著作，仅在《十九世纪的烹饪艺术》一书中就记载了法国的 186 种菜肴和其他国家的菜肴 103 种。同时，他所设计的高高耸立的白色厨师帽沿用至今。烹饪大师埃斯科非耶（Auguste Escoffier, 公元 1847—1935 年）是泰勒文 (Taillevent) 和卡莱姆（Careme）的真正继承者，同时又善于开拓创新，几乎开创了 19 世纪末至 20 世纪初法国烹饪的一个新时代。1903 年，他与人合作撰写《烹饪指南》一书较多地整理、记录了至今仍广泛应用的古典菜肴，很快成为当时各国职业厨师的必备之书。此外，他还撰写出版了《伊壁鸠鲁的记事本》《食谱》《鳕鱼》《我的料理》等著作。

除了厨师（包括女性厨师）外，普通妇女尤其是女性作家在食谱的写作中占有重要地位。如在英国，汉纳·格拉斯（Hannah Glasse）女士于 1747 年写作出版了《简易菜肴烹饪法》（*The Art of Cookery, Made Plain and Easy*），主要介绍大众菜肴的制法，成为第一本畅销了 100 年的烹饪书。在美国，爱米拉·西蒙（Amelia Simmons）女士于 1796 年写作出版了第一本美国烹饪书——《美国的烹饪》（*American Cookery*）。这是一本美国人专门为美国读者编写的烹饪书，第一次大量地记载了美国生产的原料、常用烹饪方法和菜点制法，因此，在美国烹饪史上占有特殊的地位，甚至被人称作是"第二个美国独立宣言"。这本书不断被重印，逐渐占领了美国的烹饪书市场，打破了英国烹饪书曾经对美国市场的垄断。到 1824 年，玛丽·伦道夫（Mary Randolph）女士则撰写出版了美国第一本地区性烹饪书《弗吉尼亚家庭主妇》（*The Virginia Housewife*）。可以说，到 19 世纪中期，绝大多数的美国烹饪书都是由女性撰写的。这种趋势或多或少地延续至今。

此外，还有包括学者、律师等在内的许多人也写出了极有影响的食谱。如在英国，格维斯·马卡姆（Gervase Markham0 于 1615 年出版了《英国家庭主妇》（*The English Housewife*）一书，对鼓励和发展英国的民族烹饪传统做出了重大贡献。1843 年，一位名叫威廉（William Hughes）的律师，对鱼有着狂热的嗜好，便以皮斯卡特（Piscator）为笔名撰写出版了《鱼：怎样选择，怎样装饰》（*Fish:How to Choose and How to Dress*）。这是英国出版的第一本专门讲述如何做鱼的烹饪书。而肯尼·赫伯特（Kenney Herbert）上校在 19 世纪 90 年代撰写了一套系列烹饪丛书，以《50 顿早餐》（*Fifty Breakfasts*）开始，以《50 顿晚餐》（*Fifty Dinners*）结束。

到近现代尤其是现代，西方的食谱品类异常繁多，不胜枚举。如在美国，由于 19 世纪末、20 世纪初巨大的移民浪潮，使得世界上各种流派的烹饪汇集在这里，一些烹饪书引用美国的配方，用新移民者的本国语言介绍美国食物的烹饪方法；另外一些烹饪书用英语介绍新移民祖居国家的食物及其制作方法，并作适当改动以满足美国人的口味需要。1920 年以来，美国厨师能够很容易地找到记载了世界上大多数国家菜肴制法的各种书籍，每年都有上千种烹饪书籍出版。其中，常常按不同的标准进行分类介绍：有综合介绍西方菜点制法的，如英国杰妮·赖特等人的《西餐技艺》丛书，共分 6 册，即《鱼类和贝类》《馅饼、蛋糕、饼干》《肉类》《蔬菜和沙拉》《水果和甜点》《家禽和蛋》；有单独介绍一类食品的，如英国西尔维娅·考沃德的《结婚蛋糕制作》、美国阿曼德拉的《面包师手册》等；有按国家介绍其名菜点的，如法国斯托科姐妹的《法国菜点之苑》等；还有按年龄分类的食谱，如法国勃郎弟·玛尔伽台的《幼儿食谱》等。

2. 烹饪技术理论类

西方的烹饪技术理论典籍通常是实践与理论相结合的，并且出现较早。在 1390 年，英王查理二世时期的特级厨师们就写下《烹饪技术要素》一书，介绍了古代英国菜点的制法，也总结出一些烹饪的规律。1651 年，法国人拉瓦伦（Francois De La Varenne）出版《法国厨师》（*Le Cuisinier Francois*）一书。拉瓦伦曾在法国国王亨利四世的厨房里接受培训，逐渐成为国王的御厨和法国最伟大的厨师之一。他撰写的这本书介绍了各种调味料的使用方法，强调用原料本身的原汁调味，流露出在烹调上使用更现代方法的迹象，为法国菜带来了新面貌，从而使法国烹饪开始从实践走上理论，并逐渐形成法国特色，成为法国烹饪与意大利烹饪彻底分道扬镳的标志。在美国，凯瑟琳·毕切尔于 1846 年撰写出版《烹饪配方》一书，论述菜肴的配搭方法和烹饪技巧，开创了美国烹饪的新篇章。不久，美国开始了烹饪技术的学校教育。1874 年，朱莉特·可森（Juliet Corson）女士创立纽约烹饪学校；1879 年，赫伯（Herber）女士创立波士顿烹饪学校，其讲授内容既有烹饪技术实践也有理论。1896 年，范妮·法姆（Fannie Farmer）女士撰写的《波士顿烹饪学校烹饪手册》（*Boston Cooking-School Cook Book*）一书出版。它内容简洁明了、配方科学合理，是烹饪实践与理论相结合的优秀图书，被翻译成多种文字，并多次修订、重印，成为美国销量最好、最有影响力的烹饪书。

20 世纪以后，西方烹饪技术理论书籍不断增加，各国都有专门介绍和论述本国烹饪的书籍。如英国人莉齐·博里德的《英国烹饪》，不但有英国基本的烹调方法，也有英国各类菜点的制法；法国罗吉奥·普依莱的《法国基础料理教本》是法国的烹饪技术实践与理论结合的书籍；美国人弗里兰·格雷夫斯的《美国烹饪》则从科学与食品、食物与食品的制备、食品保藏、食品控制等更广的范围介绍食品制备的基本原理和方法。美国烹饪学院（The Culinary Institute Of America）组织编写了系列烹饪书籍《专业烹饪》《专业酒水》《专业烘焙》《宴会设计实务》《特色餐饮服务》等，详细阐述了西方菜肴、点心、酒水、宴会及其服务的相关理论和实际操作方法，不仅具有很高的理论价值，而且有很强的实际指导作用。意大利、法国也有自己的烹饪技术实践与理论相结合的书籍。此外，美国阿尔滨等的《菜单设计与制作》，美国路易舍蒂·贝沙勒的《掌握法国烹饪艺术》，以及《意大利面食制作要诀》《蔬菜要诀》《烧烤要诀》等都是具有较强实践性与理论性的烹饪书籍。

（二）饮食文化与艺术类

相对而言，西方的饮食文化不如中国那么兴旺发达，但西方的饮食文化典籍却较为系统，内容涉及较广，且有自己的特点。

1. 饮食历史类

西方人常常从不同的角度对西方烹饪历史进行研究、总结，其中具有突出特色的烹饪历史类典籍包括三个方面：第一，以各个国家饮食烹饪为主的历史。西方各国无论历史是否悠久，都有叙述本国烹饪历史的书籍，如在仅有两百余年历史的美国，Gerry Schremp 撰写了一本《美国烹饪历史》，把不到 300 年的美国烹饪历史分为十个时期，从形成原因、饮食风情、菜点制作等多个方面详细地加以叙述。意大利、法国、英国则更有厚厚的烹饪历史书籍。第二，以原料的选择、加工为主的历史。如美国人马克·科尔兰斯基 (Mark Kurlansky) 撰写了《盐》和《鳕鱼》（*A Biography of the Fish That Changed the World*）等书。在《鳕鱼》中介绍了有关鳕鱼的传奇故事、人物和战争，记述了鳕鱼的营养价值和在各个历史时期制作的佳肴，指出鳕鱼在世界历史发展中占有不为人知的一席之地。英国人休·约翰逊（Hugh Johnson）是英国著名的葡萄酒评论家，被认为是世界上首屈一指的葡萄酒史权威。他撰写的《酒的故事》(*Story of Wine*) 一书，通过大量的数据和文献资料、轶闻掌故以及精美的图片，追溯了葡萄酒曲折复杂而又妙趣横生的历史，从中可以了解古代西方的酒宴、14 世纪欧洲葡萄酒的海运路线以及橡木酒桶、香槟的发明与使用，等等。此外，英国人希维尔布希 (Wolfgang Schivelbusch) 则撰写出版了《味觉乐园——看香料、咖啡、烟草、酒如何创造人间的私密天堂》一书，介绍香料、咖啡、烟草、酒在西方国家是如何被使用和看重的，也探讨了这些"享乐物品"是如何影响近现代人类历史的。第三，以菜单或厨师为主的历史。这也是西方饮食历史中最有特色且引人注目的一个方面。法国人菲利普（Philippe Mordacq）编撰出版插图本的菜单历史书《菜单》（*Le Menu*），收录了在西方各国博物馆等处珍藏的 18—20 世纪的各种菜单，并且进行了详细的分析与论述，从中可以看到丰富多彩的菜单内容和形式，也可以了解西方人很早就重视菜单的设计与制作。法国人罗伯逊（Robuchon）撰写出版了《烹饪与厨师历史》（*Histoire de la Cuisine et des Cuisiniers*）一书。该书记载了西方从公元前到 20 世纪末各个阶段的贡献突出而又著名的厨师，并且大部分名厨都有长短不同的传记，是十分珍贵、有重要意义的烹饪历史典籍，从中可见西方人对美食创造者的重视。

2. 饮食美学与哲学类

西方烹饪典籍常常极为深刻地分析和论述了饮食美学与哲学问题。如 1825 年，法国人布里亚·萨瓦兰（Brillat Savarin）写作出版了《味觉的生理学》一书。在书中，他阐述了饮食美感产生的原因等，并且指出美食不仅是一种感官享受，更隐含了人类对一切知识泉源的探索与省思。他认为，"美食餐会"所带来的喜悦与满足是一种沉思的喜悦与满足，不但要求化学般严格的烹调步骤，还需要足够敏感的心灵以选择吃饭的地点、对象，才能享受最极致的喜悦。这本书及其思想观点产生了较大的影响，使得他被誉为法国美食主义的奠基人。又如，当今美国人卡罗琳·考斯梅尔（Carolyn Korsmeyer）撰写出版《味觉》（*Making Sense of Taste*）一书，副标题为"食物与哲学"。该书从感官等级出发，介绍了趣味哲学、味觉科学、味觉的文化意义、味觉与视觉的关系，以及味觉在文学艺术中的种种表现，从生理学、心理学、哲学等角度探讨了味觉与趣味即食物与文化的关系，指出饮食作为一种活动对于人们的意义远远不止是带来快感，也不只是提供人们必需的营养，还是待人接物、节日庆典、宗教仪式及公民活动的重要组成部分。

3. 烹饪艺术类

西方人不仅重视烹饪艺术的创造，而且注重对烹饪艺术的鉴赏和传播，因此西方的烹饪艺术类典籍主要包括两个方面：第一，关于烹饪艺术创造的典籍。美食需要美好的环境来配合、烘托，美食是通过烹饪加工创造的，而美的环境则是通过器皿、餐桌装饰和室内进餐环境的设计、装饰创造的。美国人克里斯·乔丹（Chris Jordan）撰写出版的《餐巾折叠法》，就具体地介绍了餐巾折叠的诀窍和基本折叠方法，意在使餐桌更富有艺术性和美感，给每一个就餐者增添几分温馨与愉悦。美国人马丁·佩格勒则撰写出版了《主题餐厅设计》《咖啡厅设计》《娱乐餐饮空间设计》等书，详细介绍了餐厅、咖啡厅、酒吧等餐饮场所的设计方法、原则，并记载和分析了许多具备强烈艺术气息的餐饮环境实例，具有很高的操作性和实用性。第二，关于烹饪艺术鉴赏与传播的典籍。如法国葡萄酒权威米歇尔·爱德华兹（Michael Edwards）撰写出版了《红葡萄酒鉴赏手册》（*The Wine Companion*）。该手册不仅介绍了红葡萄酒的历史、复杂的酿造过程和顶级红葡萄酒的生产过程，还介绍了不同地域的葡萄品种、所有重要而著名的葡萄酒品种，尤其是介绍世界著名的葡萄酒品种时每一篇都有专业试酒点评以及作者对各种款型和年份的个人意见，是一本红葡萄酒的综合鉴赏指南。与这本书一起作为《鉴赏与品味系列》丛书出版的还有许多，如《白葡萄酒鉴赏手册》《香槟鉴赏手册》《威士忌鉴赏手册》《干邑鉴赏手册》《啤酒鉴赏手册》《巧克力鉴赏手册》《干酪鉴赏手册》《咖啡鉴赏手册》《茶鉴赏手册》《雪茄鉴赏手册》等。这些书的作者都是相应的专家，分别记载和阐述了白葡萄酒、香槟、威士忌、干邑、啤酒、巧克力、干酪、咖啡、茶和雪茄的历史、品种、酿造、品质、品评方法，使人们能够从不同角度鉴别和欣赏它们。在法国，有一类特殊的典籍叫美食指南。这类书籍不仅向人们介绍美馔佳肴，而且鉴赏、评价菜点的优劣，具有监督饮食制作、指导食客品评的作用。其中，影响最大、最权威的是法国知名轮胎制造商米其林公司编撰出版的《米其林美食指南》。它诞生于 1900 年，主要介绍全法国餐馆，并根据菜肴质量、餐馆服务等情况授予 1~3 星级，为美食爱好者指出了方向和方法，"是所有喜爱把美食和旅行结合在一起的人的圣经"。《米其林美食指南》自创始起至今已 100 余年，其星级评定和编撰出版已扩大至许多国家的城市，如美国纽约和中国香港、澳门、北京等，一直遵循五项原则和承诺，即匿名造访、独立客观、精挑细选、每年更新、标准一致。这五项也正是该美食指南的核心价值。此外，西方人也利用现代传媒手段摄制了较多的饮食类影片，其中最著名的是由克劳德·茨迪（Claude Zidi）执导、路易·德·菲耐斯（Louis de Fun è s）等主演的《美食家》。

（三）饮食烹饪科学类

西方的饮食烹饪科学典籍非常繁多，而最集中的是营养学方面的典籍。

1. 烹饪营养类

仅以营养学而言，它是一门研究食物与人体健康关系的综合性学科，与饮食烹饪紧密相关，其目的是通过合理膳食来增强人的体质，提高抵抗力，延长寿命，因此从诞生之初，西方人就开始微观、具体、深入地分析与研究食物中存在的各种营养成分及其含量、对人体的作用等问题，写下众多营养学著作，逐渐建立起内容丰富的学科体系。它既包括研究人体营养需要的理论部分，如基础营养学、实验营养学、营养生理学等，也包括实践性极强的应用部分，如公共营养学、临床病人营养学、儿童营养学、老人营养学、运动营养学和烹饪营养学等。烹饪营养学则主要是运用营养学的基础理论、基本原理和基本实验技能研究饮食烹饪过程中的营养问题以及对人体健康的影响，并研究如何通过合理的烹饪手段提供平衡膳食来满足人体的生理需要。西方各国都有关于营养学与烹饪营养学的书籍，有的注重全面阐述理论，有的重在普及、运用。如英国人托马斯 (Thomas Tryon) 在 1691 年编写出版《健康之路》（*The Ways to Health*）一书，探讨了饮食与人体营养健康的关系，告诫人们要注意"肉、酒、空气、锻炼"。美国有关饮食与营养、健康的书籍更多，有南希·牛金特的《食品与营养》、里切西尔的《加工食品的营养价值手册》以及阿德勒·戴维斯的《吃的营养科学观》，还有詹姆斯·约瑟夫的《有色食物吃出健康》、安德鲁·韦尔的《怎样吃才健康》、巴里·西尔斯的《食无禁忌》、威斯顿（Waston）的《哲学家的食谱——如何减轻体重 改变世界》。其中，《吃的营养科学观》以通俗易懂的语言介绍了现代营养学新的知识和观念，告诫人们注重日常饮食中的合理营养以确保健康，因此成为营养学领域的经典著作和畅销许多国家的食物营养与健康指南。

2. 其他类

除了烹饪营养学之外，西方在烹饪卫生学、烹饪化学、食品微生物学等方面也有不少典籍，如法国人费兰多的《食品中的有害物质》，英国人赖利的《食品的金属污染》，属于烹饪卫生学方面的书籍；而美国患斯特勒的《淀粉的化学与工艺学》，法国卑诺的《葡萄酒科学与工艺》等，则与烹饪化学、食品微生物学密切相关。但是，西方国家的烹饪科学典籍中极少有专门的烹饪原料学典籍，而有关烹饪原料特性、用法等的介绍常常包含在烹饪技术类书籍之中。如今，美国的阿兰·赫希 (Alan Hirsch) 还撰写了《吃食品 定性格》（*What Flavor is Your Personality ?*）一书，在对白领人群食品情调的调查基础上，探讨了嗅觉、味觉与人的性格之间的关系，指出喜好不同食物的人具有不同的性格，主张"对食物的选择能提供我们认识自身个性的见识"。

（四）综合类

以目前所知而言，西方国家的综合类烹饪典籍为数相对不多。其中，内容较为广泛、影响较大的是百科全书式的烹饪书和部分叙事著作。如 19 世纪时，英国人马萨尔 (Marshall) 撰写、出版了《实用烹饪术百科全书：一部所有有志于烹饪艺术和餐桌服务者的完全字典》（*The Encyclopaedia Of Practical Cookery: A Complete Dictionary of All Pertaining to the Art of Cookery and Table Service*），全书分为 24 个部分，记载和论述了烹饪方法、菜点品种等多个方面的内容。法国蒙塔内 (Prosper Montagn) 与戈特沙尔克博士 (Cottschalk) 合作编辑出版了《美食百科全书》，是一部经典的法国烹饪重要参考书。到 20 世纪以后，英国人阿兰·大卫德森（Alan Davidson）编写出版了更加全面的《牛津食物指南》（*The Oxford Companion to Food*）。该书以词条的形式，比较全面而简明地记载和叙述了世界各国的饮食风貌、历史、部分名人，介绍了各种原料的性质、烹饪方法、食用历史和世界各地著名菜点、饮料等的制作方法以及相关的营养、卫生等，可以说是一本以辞典形式出现的烹饪百科全书。他还写了《牛津酒水指南》（*The Oxford Companion to Wine*）。而英国人蒂利娅·史密斯（Delia Smith）的《英国食物》（*Food In England*）则全面记载和叙述了英国的食物原料、烹饪方法、菜肴品种、饮食历史、进餐方式，等等，是了解和研究英国饮食烹饪技术、文化与科学总体状况的重要典籍。美国也有类似的全面记载和叙述本国饮食烹饪技术、文化与科学的典籍。除了百科全书式的烹饪书外，还有部分具有综合意义的叙事著作。如沃特斯（W.G.Waters）夫人编撰出版的《厨师的十日谈》（*The Cook's Decameron*），以类似日记体的格式记叙了19世纪欧洲上流社会人士对烹饪的探讨与实践，同时记载了200多道意大利菜肴及其制法。它是了解19世纪西方饮食文化的重要参考资料，被列为19世纪八大经典烹饪书之一。

第二节　中西饮食文献

饮食文献是指涉及饮食烹饪之事的相关文献与资料。中国和西方饮食文献广泛存在于它们的自然科学、社会科学等相关文献之中，数量巨大，内容丰富，难以全面、细致地论述。这里仅按其所涉及的内容，分为哲学宗教、文学艺术、道德法规等类别对中国和西方的饮食文献进行阐述。

一、中西哲学宗教类

（一）中西哲学宗教类饮食文献的特点

1. 中国哲学宗教类饮食文献的特点

在中国，哲学、宗教典籍中涉及饮食烹饪的文献较多，其内容也较为丰富多样。究其原因，主要是与中国哲学、宗教总体特点和思想观念密切关联的。

首先，从哲学上看，长期以来，中国哲学具有很强的世俗性和伦理性。张岱年先生指出："中国封建时代的哲学主要是同经学结合，而不是同神学结合……道教、佛教学说中反映了不少哲学思想，构成了中国哲学的重要组成部分，但儒家哲学一直居于主导地位。儒家学派以经学的典籍为依据，因袭天命一类的传统观念，但却没有树立一个主宰世界的人格神；他们不注重彼岸世界，而着眼于现实社会；不是进行宗教说教，而是实施道德教育。"〔《中国大百科全书》（哲学卷）〕在世俗社会里，中国人又非常看重饮食，崇尚"民以食为天"，因此中国哲学常常以饮食烹饪之事阐述哲学问题，出现了数量较多、内容较为丰富的饮食文献。

其次，从宗教看，中国的宗教以道教、佛教为主。道教注重今生、崇尚自然，认为只要在有生之年认真进行内修、外养就能得道成仙，长生不老。内修主要是行气，外养则是服食，应食用人造仙药和草木药以养生，而荤腥之物损伤身体，不能食用。佛教注重来世、崇尚法正，讲究三界轮回、因果报应，认为必须在今生认真念佛修行才能在来世脱离苦海、进入极乐世界，而荤腥之物以刺激和伤害生命为代价，不利于修行，不能食用。因此，无论道教还是佛教，都把注意力主要集中在人的生理与肉体上，对饮食有严格的禁忌，并有较多的相关饮食文献。

2. 西方哲学宗教类饮食文献的特点

综观西方哲学与宗教的主要典籍可以大致看出，其涉及饮食烹饪之事的文献相对较少，论述的内容较为单一却很细致。这个特点的出现，最主要的原因是与西方哲学、宗教总体特点和思想观念一脉相承的。

首先，从哲学来看，长期以来，西方的哲学在总体上具有较强的宗教性和科学性。张世英先生在《中国大百科全书》（哲学卷）中指出：西方哲学是"与科学息息相关、与宗教相互渗透而又相互对立的"。西方哲学从古希腊开始便与自然科学结下了不解之缘，当时的哲学家同时也是科学家，他们往往从宏观上观察自然界以对自然普遍原理的求索开始，正如古希腊哲学家亚里士多德所说，哲学是从对自然万物的惊讶而发生的，希腊人探索哲理"只是为想脱出愚蠢。显然，他们为求知而从事学术"（亚里士多德《形而上学》）。中世纪时，基督教神学占据了思想领域的统治地位，哲学几乎完全受基督教教会的支配，充当着宗教神学的奴婢，科学也遭受同样的命运，但是在中世纪占主导地位的经院哲学仍然运用形式逻辑的方法分析问题、推论事实，在一定程度上维护着理性和思维的作用。到 16 世纪文艺复兴以后，哲学逐渐摆脱了基督教神学的支配，继续与自然科学保持着紧密的联系，并且运用自然科学的方法即以实验和观察为基础的归纳法和数学演绎法解决哲学问题，注重对自然界进行分门别类的研究，注重对各种事物和现象进行详细的解剖、分析和论证，可以说近代哲学对科学的方法作了概括，也接受了科学方法的洗礼，既讲究形式逻辑，同时又联系科学所提供的事实，十分重视分析、体系以及论据、论证。因此，西方哲学中极少涉及饮食烹饪之事，但是，就是在这为数不多、内容较为单一的饮食文献中却又非常细致地分析、阐述了有关饮食的某一个或几个方面问题。

其次，从宗教来看，西方的宗教以基督教为主。基督教注重灵魂、崇尚三位一体的上帝，认为人是上帝创造的，由身体和灵魂组成，在万物中居于最高地位，但却因为人类始祖犯下偷吃禁果等罪，背叛了上帝，从而陷于魔鬼罪恶势力之下，不能自救，只有全身心信赖上帝之子耶稣基督，不断赎罪，才能获得永生，使灵魂升入天国，而日常饮食应当以有利于肉体的存在、荣耀上帝为目的，不能以满足自身的欲望为目的。《新约·罗马书》言："无论是吃肉，是喝酒，是什么别的事，叫弟兄跌倒，一概不作才好。"《新约·哥林多前书》言："你们或吃或喝，无论作什么，都要为荣耀神而行。"罗伯特·马库斯曾经指出："真正的基督教信念经常表现为采取某种形式的禁欲生活。独身、乐贫和克己一直受到人们的崇尚，教会团体的领导人和宗教上层人士靠拥有这些优良的品质把自己与社会上的大多数人区别开来，而修道团体则靠忠实恪守修道律规确立了它们的地位。"（约翰·麦克曼勒斯主编《牛津基督教史》）基督教的重要圣徒奥古斯丁更提出"上帝之城"一说。他认为自从亚当、夏娃因犯罪而被贬人间之后，现实世界就被划分为两座城，一是"上帝之城"，是上帝的"选民"即预定得救的基督徒社会，是灵魂忏悔的净土，是永恒之城；另一座是"尘世之城"，是撒旦的领域，是肉体淫乱的渊薮，是必定要毁灭的魔鬼之城。而这两个城在现实中是交织、混合在一起的，"两种爱组建了两座城，爱自己、甚至藐视上帝者组成地上之城，爱上帝、甚至藐视自己者组成天上之城，前者荣耀自己，后者荣耀上帝"

（奥古斯丁著《上帝之城》）。对于基督徒而言，放弃现世的感性生活、摆脱肉体的诱惑，意味着向天国的逼近，而这条通向上帝之城的道路既光荣又艰辛，必须建筑在深沉的忏悔和禁欲主义之上，必须以灵魂对肉体的彻底唾弃、宗教生活对世俗社会的绝对凌越为前提。因此，基督教把绝大多数注意力集中在人的心理与精神上，提倡禁欲主义生活态度，对饮食的要求是简约且不损害身体，在各种文献中关于饮食也必然只有数量较少、内容单一的论述。

（二）中国涉及饮食的主要哲学与宗教著作

1. 哲学类

在中国哲学中，涉及饮食的文献主要有儒家及其他诸子百家的著作，即儒家的《易经》《尚书》《论语》《孟子》《周礼》《仪礼》《礼记》等，法家的《韩非子》、墨家的《墨子》、杂家的《吕氏春秋》等。它们的内容十分丰富，不仅以大量篇幅详细阐述了各种饮食观点和饮食礼仪等，而且描绘了理想社会的饮食状况。如儒家认为饮食是人的基本欲望之一，应当给予满足，但不能随心所欲地进行，必须符合礼的要求。于是，儒家经典中便有了饮食制度、饮食礼仪、烹饪规范、筵宴格局、服务程序等的详细论述。法家在《韩非子》中提出了去奢侈、崇节俭的饮食主张；《墨子》提出了饱者去余、适宜为准的饮食主张；《吕氏春秋》则有《本味篇》阐述烹饪调和与治国的原理。中国古人向往的理想社会被称为"大同"，《礼记·礼运》言："大道之行也，天下为公，选贤与能，讲信修睦，故人不独亲其亲，不独子其子，使老有所终，壮有所用，幼有所长，矜寡孤独废疾者皆有所养……是谓大同。"而《孟子》则简略地描述了理想社会的生活状况及实现方法："五亩之宅，树之以桑，五十者可以衣帛矣。鸡豚狗彘之畜，无失其时，七十者可以食肉矣。百亩之田，勿夺其时，数口之家，可以无饥矣。"

2. 宗教类

在中国宗教中，涉及饮食的文献主要有道教、佛教经典，即道教的《道德经》《抱朴子内篇》《云笈七签》《太平经》《黄庭经》及道教经籍总集《道藏》等，佛教的《大般涅槃经》《大般若经》《华严经》《十诵律》《四分律》等。这些著作中不仅提出了各自的饮食观点，而且明确提出了各种饮食禁忌与原则等。如佛教提出"法正"的饮食观点，禁止食用辛辣刺激的蔬菜，因戒杀生而部分或全部禁止吃肉。《梵网经》言："若佛子不得食五辛。大蒜、茖葱、慈葱、兰葱、兴渠是五种。一切食中不得食。若故食，犯轻垢罪。"《十诵律》三十七则言可吃三净肉："我听啖三种净肉。何等三？不见，不闻，不疑。"道教提出了"重今生"的饮食观点，为养生而崇尚自然之食，也忌食辛辣刺激的蔬菜和肉类，《胎息秘要歌诀·饮食杂忌》言："禽兽爪头支，此等血肉食，皆能致命危。荤茹既败气，饥饱也如斯，生硬冷须慎，酸咸辛不宜。"金代的王重阳更在其著述中制定出一整套饮食戒规，以使道士到达"全神锻气，出家修行"的目的。佛教、道教虽然都有严格的饮食禁忌，但只要不触犯禁忌，是可以尽量制作和享受美食的。

（三）西方涉及饮食的主要哲学与宗教著作

1. 哲学类

在西方哲学中，涉及饮食的文献主要有法国傅立叶《傅立叶全集》、维克多·孔西得朗的《社会命运》，英国托马斯·莫尔的《乌托邦》、威廉·汤普逊的《最能促进人类幸福的财富分配原理的研究》，意大利康帕内拉的《太阳城》以及美国凡勃伦的《有闲阶级论》等。这些文献涉及饮食的内容主要有两个方面，一是提出了一些饮食观点，另一个是详细设计和描绘了理想社会的饮食生活状况。

（1）提出不同的饮食观

在这些哲学著作中，不同国家的哲学家提出了一些不同的饮食观点。如法国思想家傅立叶在其著作《经济的新世界或符合本性的协作的行为方式》中提出美食与美食学的观点，认为美食嗜好是人的原动力之一，在协作制度下是智慧、知识、社会协调问题的根源，应该倡导美食。他指出，"嗜食美味对无论什么年龄的人都不会失去支配力：这是一种长久不变的情欲，是唯一的从摇篮时期直到生命终止时都占支配地位的情欲"，指导生产的基本原理即是普及美食嗜好，因为"通过消费者对食品、衣着、家具和娱乐普遍的严格要求和讲究，便会使生产达到普遍完善的境界"，如果在美食方面即劳动引力发轫途径没有热烈嗜好，人们便不能生机勃勃地热爱农业工作，也不会热烈地竭尽全力来为农业争做贡献。他还指出，"味觉是一部四轮车，这四个轮子是美食、烹调、腌制、农作物""美食只有在下面两个条件下才是值得赞美的：一是它能直接应用于生产，与耕种和烹调食物衔接、配合，并吸收美食家参加农业和炊事；二是它能促进工人大众的幸福，并使平民具有文明制度下的游手好闲者所擅长的讲究美食的嗜好"。他通过仔细观察后发现，"对于饮食最有自制力的人是厨师。他们是严格的鉴赏家，最善于品评菜肴，而又不陷于贪馋无度。他们是能随意摄取美食的人中最有节制的一种人"，因此提出，"不管是对儿童还是对父辈，防止餐桌上暴饮暴食最好是采取这样一种办法，这就是要使大家都成为烹调家和讲究美食的人，从而把美食与烹调、腌制和农业这三种活动联系起来，并且与按照人的气质序列逐级调整的保健联系起来。"傅立叶的这些饮食观点是很有见地的，尤其是将美食与烹调、腌制、农业等生产结合看待，倡导有意义的美食则更加独到。

但是，英国思想家威廉·汤普逊对饮食又有另一种较为对立的观点，认为人体健康是幸福的首要条件，也是食物的最高目的，应该提供有助于永久健康的食物，而放弃对美味的追求。他在《最能促进人类幸福的财富分配原理的研究》论证指出，"食物的一切功用——满足口味，解决饥饿，增加力气，使人们丰满而美丽，有助于智力和精神的发挥，促进某一特殊感官的享受——没有一项不应该完全服从于永久健康的保持"，食物的最主要功用和目的是增进健康，其次才是满足口味，这是因为增进健康就可以获得各种幸福和最大的享受，"如果牺牲健康来满足食物的任何这些次要的目的，你就不仅为了其中的一项而牺牲了其他一切快乐，而且将会发现由于缺少一般的健康而甚至丧失了对于你所追求的那一项的享受能力，并且同时养成了一种败坏了的食欲，消灭了一切自制力和更新身体组织的力量"。这样一来，"永久的健康既然是要食物所达到的最高目的，次要的败坏了富人的或穷人的口腹之欲等目的就必须同样被放弃"。

（2）设计西方的饮食理想国

正因为有不同的饮食观点，于是在理想社会中便有了不同的饮食生活状况。在傅立叶所描绘的理想社会中，人们在追求健康食品的同时也追求美味食品。威廉·汤普逊所描绘的理想社会则放弃美味，只提供"最有助于永久健康的那一类食物"。英国的托马斯·莫尔在《乌托邦》中描绘的理想社会则介于二者之间，人们"把健康看成最大的快乐，看成所有快乐的基础和根本""饮食可口，以及诸如此类的享受，他们喜欢，然而只是为了促进健康"，他们特别注重饮食的养生健身作用，为此做了不懈努力。

但是，无论如何，哲学家们都详细设计和描绘了理想社会饮食生活蓝图。法国人埃蒂耶纳·卡贝《伊加利亚旅行记》描述说，在理想国，"一切有关食品的问题无不由法律明文加以规定，法律准许或禁止人们食用某种食品"，国中设有专门的食品委员会，在全体公民的协助下，负责把食品编列成表，注明各个食品的好坏、营养的高低，并且在良好食品中标明哪些是必需的、有益的或味美可口的，然后汇编成册，发给每户人家，全面普及营养知识。国家则按照必需、有益、味美可口的顺序组织食品生产，并平均分给全体公民。食品委员会还提出每种食品最适宜、最方便的烹调法，汇编成《烹调指南》，发给每个家庭，并且"经过仔细的讨论，规定出每日用餐的次数、开饭钟点、用餐时间长短、菜肴的样数、菜谱和上菜的次序""食谱则不仅按季节和月份有所不同，而且每天都变换花样，做到一个星期里没有一顿食谱是重复的"。为了充分地实行理想国的食品制度，也为了节约食物资源，减轻家务劳动，增加人与人之间的友谊，使人们吃得健康、吃得快乐，理想国采取了家庭个别进餐和食堂或餐厅共同进餐相结合的饮食方式。通常而言，每日的主要饭食——早餐和午餐在公共食堂或餐厅制作并食用，只有晨点和晚餐或夜宵在家庭制作并食用。在公共食堂或餐厅，人们对食物的选择和菜单设计都是由医生完成。医生根据医学要求来鉴别食物对人体健康的作用，然后按季节选择最有益健康的食物，并负责设计出菜单，吩咐厨师给老幼、年轻人和病人做各种不同的膳食。厨师制作饭菜则较为轻松，原因有二：一是所有的食物原料都由各大型食品仓库负责配送，而对这些原料的最起码要求是非常清洁卫生，厨师得到原料后可以直接烹调成菜。二是许多食品已采用工业化、规模化生产。如一个大型面包厂有五六幢并排的大厂房，分别用来放面粉、和面与做面包坯、置烤炉、贮燃料、存面包。面粉和燃料一旦运进厂里就全部由机器操作，一些大导管专门把面粉倒进和面机，另一些导管根据需要加水，接着机器和面、切块、制成面包坯并送入烤炉，另一些机器加燃料，最后有机器把烤好的面包送进储存房。这样，厨房里的手工劳动大大减少，烹饪变得更有乐趣，厨师则因为爱好在轻松愉快的气氛中精心制作丰盛的美食。可以说，在理想国，从制定饮食法律、编制营养食谱、营养师配膳，到净菜加工配送、工业化烹饪、个别与共同进餐结合等，整个设计非常全面而细致。这是西方的一些哲学家尤其是空想社会主义者用较大的精力对社会进行超前性探索的成果。

2. 宗教类

在西方宗教中，涉及饮食的文献主要有《圣经》，包括《旧约》和《新约》。《圣经》是西方人精神生活中的崇高经典，书中对饮食提出了两个方面的观点：第一，提出了较少的饮食禁忌，主要是禁食动物血和勒死的牲畜等。《新约·使徒行传》言："因为圣灵和我们定意不将别的重担放在你们身上，惟有几件事是不可少的，就是禁戒祭偶像的物和血，并勒死的牲畜和奸淫。""因为活物的生命是在血中。""惟独肉带着血，那就是它的生命，你们不可吃。"《新约·利未记》言："论到一切活物的生命，就在血中。所以我对以色列人说：无论什么活物的血，你们都不可吃，因为一切活物的血就是他的生命。凡吃了血的，必被剪除"。第二，通过一些事例和语言告诫人们不应为了满足自身的欲望而追求美食、美酒，应全身心信赖耶稣、纪念耶稣以赎自身之罪、荣耀上帝。《旧约·创世记》中记载了人类始祖亚当、夏娃偷食禁果而犯罪、被逐出伊甸园的故事，告诫人们不能受自己欲望的诱惑去追求美食。《新约·马可福音》记载，基督教先驱约翰在旷野施洗传道时，"穿骆驼毛的衣服，腰束皮带，吃的是蝗虫野蜜"，过着清苦的日子。又如《新约·约翰福音》记载，在最后晚餐的前一年，耶稣曾连续创造了增加大麦饼、海面上步行两个奇迹，使门徒增强了对他的崇拜信心，第二天，他在葛法翁（又译为迦百农）会堂宣道，对那些得到耶稣增饼好处而来的人们说："你们找我，并不是因见了神迹，乃是因吃饼得饱。不要为那必坏的食物劳力，要为那存到永生的食物劳力，就是人子要赐给你们的，因为人子是父神所印证的。" 必坏的食物指的是养活肉体的食粮，而永生的食物则是精神食粮、是耶稣自己，他说自己是从天上降下来的生命之粮，"我所要赐的粮，就是我的肉，为世人之生命所赐的""吃我肉喝我血的人就有永生，在末日我要叫他复活"。但是，耶稣的肉与血不是来自普通意义的肉体，而是具有象征意义的无酵饼和葡萄酒。《新约·马可福音》记载，在最后的晚餐上，门徒吃的时候，"耶稣拿起饼来，祝了福，就掰开，递给他们说：'你们拿着吃，这是我的身体。'又拿起杯来，祝谢了，递给他们，他们都喝了。耶稣说：'这是我立约的血，为多人流出来的。'"基督教的教会认为，耶稣在最后晚餐上分给众门徒无酵饼和葡萄酒后说的这番话，是暗示门徒以后应当这样做以纪念他，于是便以此为依据，在弥撒仪式中施行圣餐礼，基督徒要领食象征基督身体的无酵饼或象征基督血液的葡萄酒以示纪念。

二、中西文学艺术类

（一）中西文学艺术类饮食文献的特点

1. 中国文学艺术类饮食文献的特点

在中国，许多文学和艺术作品都涉及饮食，并且对饮食有大量而详细的描绘和赞美之词。究其原因，主要是中国人的文化传统和文艺美学观共同造成的。

首先，就文化传统而言，中国人深受儒家文化的强大影响，而儒家注重现实人生，倡导积极入世，认为饮食是人的基本欲望之一，应当慎重对待并且给予满足。《礼记·礼运》言："饮食男女，人之大欲存焉。"《尚书》言："食为八政之首。"《管子》则进一步指出："王者以民为天，而民以食为天。"此后，中国人始终固守着"民以食为天"的思想与传统，认为饮食不仅是物质的，也是精神的，是人生的一大乐趣，将吃与自身的生存、发展、享受融为一体。受其影响，各阶层人士都十分重视饮食，在尽可能的条件下不断地追求美食，并怀着满腔热情赞扬美食，甚至认为饮食烹调是艺术，就像林语堂先生《吾国吾民·饮食》中所言："在中国，精神的价值非但从未与物质的价值分离，反而帮助人们尽情地享受生活""我们公开宣称'吃'是人生为数不多的享受之一。这个态度问题是至关重要的，因为除非我们老老实实地对待这个问题，否则我们永远也不可能把吃和烹调提高到艺术的境界上来。"

其次，就文艺美学观而言，中国讲究"诗画一律"，主张诗中有画、画中有诗。其文学作品不仅要表现思想感情，而且要通过塑造形象反映社会生活，表达思想感情，以"情景交融"为最重要的美学原则，把"意境""韵味"作为最高追求。唐代司空图在《与王驾评诗书》中指出："长于思与境偕，乃诗家之所尚。"其《诗品》就特别强调审美意境的创造，强调情景相融。《文镜秘府论》

更指出只有情景交融才能产生"味""理入景势者，诗不可一向把理，皆须入景语始清味……其景与理不相惬，理通无味。""景入理势者，诗一向言意，则不清及无味；一向言景，亦无味。事须景与意相兼始好。"意思是说，文学作品所表达和包含的思想不能是抽象的说理，必须是融合在具体景物和社会生活之中的；而具体景物和社会生活的描写，又必须注入作者的思想感情和审美体验。只有寓情于景、托景抒情，创造出情景交融的意境，才能使作品产生无穷的韵味。因此，饮食作为人们生活的重要组成部分，自然成为从古至今的中国文学作品重要的描写、赞美对象。中国的艺术作品不仅要塑造形象反映社会生活，而且要通过塑造形象来表达思想感情，以"气韵生动"为最重要的美学原则，把"传神"作为最高追求。晋代顾恺之在《画论》中指出绘画应"以形写神"，尤其重视描绘眼睛对表达人物精神的重要作用，认为"传神写照，正在阿睹之中"；宗炳在《画山水序》中则指出绘画应以"畅神"为先，即绘画要充分抒发自己的感情，表现自己的个性。可以说，中国艺术作品不拘泥于对具体景物和社会生活的模仿与再现，而是对其加以精神性的提炼加工，强调形神兼备、"妙在似与不似之间"。因此，饮食作为社会生活的组成部分，成为艺术作品的描绘对象，但不是重要对象，在艺术作品中仅有一部分涉及饮食。

2. 西方文学艺术类饮食文献的特点

在西方国家，涉及饮食的文学作品较为零星，并且正面歌咏、纯粹赞美饮食的相对较少，大多另含寓意，很少有就饮食论饮食者；但是，艺术作品却较多地涉及饮食。这也是由西方人的文化传统和文艺美学观点共同造成的。

首先，就文化传统而言，西方人深受古希腊文化和基督教文化的双重影响。在早期，西方人主要受古希腊文化的巨大影响，而古希腊文化的一大特点是关注自然，注重现实人生，热衷世俗生活。邹广文在《人类文化的流变与整合》中指出："希腊的文明，是建立在自由、乐观主义、世俗主义和理性主义的理想之上的，它既尊重肉体也尊重心灵，对个体的发展与完善也给予了高度的重视。"饮食作为世俗生活的一部分，关系到人体的健康与发展，必然也受到极大的重视。到了中世纪，基督教成为西方人精神生活的主导。而基督教则注重人的精神和心理，宣称人类始祖亚当夏娃经不起诱惑、偷吃禁果而使人类永远负有原罪，"把人类始祖所犯的'原罪'当作整个宗教神学的出发点，并使这种'原罪'意识深深地植根于人的主观世界中，成为信仰的一种痛苦的心理保证"（赵林《西方宗教文化》），从而使人们认为饮食是物质的诱惑、堕落的象征，绝不能注重饮食。但是，即使在基督教处于统治地位的中世纪，也没有让人们完全放弃古希腊文化，实际上中世纪后期的基督教始终处于对亚里士多德哲学的妥协与抨击之间摇摆不定。许多西方学者指出，中世纪存在着两个教皇，一个是罗马天主教皇，凭借庞大的教会组织及教义统辖着社会和人们的习俗、信仰；另一个是文化与科学的教皇——亚里士多德，以巨大的智力功绩从思想上统摄着整个人文世界，尤其是人的理智追求处在其难以摆脱的辐射之中。文艺复兴以后，古希腊文化和基督教文化则进一步在西方国家不同程度地影响着人们的思想和行为。因此，西方各国的人对待饮食的态度各有不同：意大利、法国人大多受希腊文化影响较重，比较重视饮食，并在一定程度上追求和赞扬美食；英国人和美国人大多受基督教影响较重，比较忽视饮食，很少追求和赞扬美食。有人形象地指出：法国人认为活着是为了吃，英国人认为吃是为了活着。林语堂在《吾国吾民·饮食》比较说："在欧洲，法国人和英国人各自代表了一种不同的饮食观。法国人是放开肚皮大吃，英国人则是心中略有几分愧意地吃。而中国的美食家在饱口福方面则倾向于法国人的态度。"对此，丹麦著名导演加布里埃尔·阿克塞尔（Gabriel Axel）1987 年执导的电影《巴贝特的盛宴》（*Babettes gæstebud*，英译名为 *Babette's Feast*）更进行了生动形象地展示。

　　其次，就文艺美学观而言，西方的文学艺术主张"诗画有别"。从古希腊的亚里士多德、文艺复兴时的达·芬奇，到启蒙运动时的莱辛以及后来的黑格尔，都认为诗主要是表现人的精神观念的，画主要是表现感性现实和外在形象的，二者有明显的区别。达·芬奇曾将诗与画进行对比后指出，诗的重要特征是伦理精神，画的重要特征是自然科学，"诗在诗人心中或想象中产生"，而画是自然的镜子，必须通过模仿、再现自然和社会生活才能产生，强调画家的心应当像一面镜子，"如实摄进摆在面前所有物体的形象"（《达·芬奇论绘画》）；同时指出"在表现言词上，诗胜画；在表现事实上，画胜诗"。黑格尔从艺术史的角度对诗与画的特点进行考察，指出画在提供明确的外在形象上有优势，在表现精神生活上有缺陷；而诗既能表现主体的精神生活，又能表现客观世界的具体事物和社会生活，并且不像绘画那样受时间、空间、情节等局限，能够表现"所写对象的深度以及时间上发展的广度"并"统摄许多本质定型于一个统一体"，"诗的原则一般是精神生活的原则"（黑格尔《美学》第三卷下册）。他认为艺术越来越向人的精神领域延伸，诗便是艺术的最高形式、胜于画，而画是以"感性现实和外资定型"为主旨的，与表现人的精神（心灵）观念的诗有明显的区别。因此，在西方，饮食作为社会生活的组成部分，属于现实的和不被许多人重视的，便很少出现在以诗歌为代表的注重表现精神观念的文学作品里，虽然在小说中有所描写，但也少有赞美之词尤其是纯粹的对饮食本身的赞美；相反，饮食则较多地出现在以绘画为代表的注重再现自然现实的艺术作品中，尤其是动植物原料、餐饮器具、饮食风貌等更是绘画常常描绘的对象。

（二）中国涉及饮食的主要文学与艺术作品

1. 文学类

在中国文学史上，涉及饮食烹饪的作品数量繁多、内容丰富，从先秦的《诗经》《楚辞》开始，到汉魏六朝的《文选》《乐府诗集》，再到唐宋元时期的诗歌、词曲以及明清时期的小说《金瓶梅》、"三言二拍"和四大名著等，都大量涉及饮食烹饪之事。它们的内容非常广泛，不但记述和赞美了各个地区、各个历史时期、各个阶层的食物原料、美馔佳肴、餐饮器具、饮食生活风貌等，而且形象地表现了作者的美食爱好、饮食观点等。

以诗文而言，先秦时的《诗经·小雅》中大量描写了先秦各国贵族的宴饮生活状况；《楚辞》则描写了楚国民间和宫廷的物产之丰和宴饮之乐。魏晋六朝时，曹操、曹植、曹丕、王粲、傅玄、左思、刘伶、束皙、张载、庾信等人的诗文都有关于饮食的描述，其中左思的《蜀都赋》、刘伶的《酒德颂》、束皙的《饼赋》等更是著名的篇章。在唐宋时期，有关饮食的诗文已蔚为大观，唐代的李白、杜甫、王维、韩愈、柳宗元、刘禹锡、元稹、白居易、皮日休、陆龟蒙，宋代的宋祁、欧阳修、苏轼、苏辙、黄庭坚、陆游、范成大、杨万里、汪元量等著名诗人，都有数量众多的饮食诗文，对饮食风貌、美馔佳肴、餐饮器具、食物原料的描述生动形象，各种饮食观点、赞美之辞溢于言表。到元明清时，饮食诗文仍层出不穷，元代的刘因、王恽、洪希文、许有壬、谢应芳、谢宗可，明代的李东阳、吴宽、杨慎、徐渭、王世贞、袁宏道、张岱，清代的朱彝尊、袁景澜、赵翼、袁枚、李调元等著名诗人，都有大量饮食诗文。如果将历代饮食诗文组合起来，可以构成一部用文学语言表述的内涵丰富而全面的中国饮食烹饪历史。

以小说而言，《金瓶梅》中以自然主义手法和大量篇幅真实地描述了明代市井之家的饮食生活；《红楼梦》则以大量篇幅描述了清代贵族豪门的饮食生活；《水浒传》《三国演义》则描绘了英雄好汉的饮食生活；《西游记》虽写取经之事，却也与饮食有关，"整个小说以吃为隐形的动力：众妖欲吃唐僧肉……外加大圣的偷吃，八戒的馋吃，唐僧的斋吃"（杜青钢《字里行间的中餐与法肴》），描写了独特群体的独特饮食生活。杜青钢总结中国作家写饮食有三大特点：一是泼墨更多，涉吃的比重更大；二是中国作家笔下的吃不仅是铺垫和陪衬，而且是其精写的重点，如纲，举之则全篇的目便张开了；三是行文更自然实在，常常为腹不为心，"就事论事"，从中力求品出韵味、乐趣、幸福和智慧。

2. 艺术类

在中国艺术史上，涉及饮食烹饪的作品数量低于相应的文学作品，其内容也相对较少，主要集中在食物原料和饮食风貌上。

以绘画而言，历代有不少画家描绘了水果、蔬菜、鸡鸭、鱼虾等。其中，齐白石以画虾著名，吴昌硕则有《花果图册》，《花鸟画谱》丛书中更收集历代相关绘画，汇成了《蔬果谱》《家禽家畜谱》《虫鱼谱》等。而描摹饮食生活内容的图画也有许多，仅《中国人物画》丛书中就汇集了数十幅饮食风情画，如唐宋时期著名的《韩熙载夜宴图》《唐代野宴图》《宋代斗茶图》和张择端的《清明上河图》，明清时期文徵明的《惠山茶会图》、陈洪绶的《蕉林酌酒图轴》、苏六朋的《曲水流觞》，近现代丰子恺的《扶醉图》、傅抱石的《醉僧图》等。

（三）西方涉及饮食的主要文学与艺术作品

1. 文学类

在西方文学史上，涉及饮食烹饪的作品数量不多，并且在写饮食时常常另有寓意，正面歌咏、纯粹赞美饮食的相对较少，但是却因为饮食活动及饮食品产生了新的文学形式和流派。

（1）诗歌与小说

最早涉及饮食烹饪的文学作品要数古希腊荷马的史诗《伊利亚特》《奥德赛》。荷马史诗中不仅用优美的语言描述和赞美了希腊英雄和凡人的食物原料、美酒佳肴，而且还详细地描绘了他们制作美食、宴饮聚会的全过程等，如喝美酒，吃烤肉、面包等情形，列举了葡萄、梨、苹果、无花果和石榴等水果。可以说，以荷马史诗为先河，西方各国先后出现了一些涉及饮食烹饪的文学作品。

在英国，14 世纪人文主义作家乔叟的《坎特伯雷故事集》生动地描写了当时英国不同地区人们的不同饮食生活，将富人的山珍海味与穷人的粗茶淡饭进行了鲜明的对比。但是，英国最著名的文学家莎士比亚的作品却罕见关于饮食的描述，其名著《哈姆雷特》中关于吃仅有三句问话。在意大利，著名诗人但丁的长诗《神曲》把吃视为一种罪过，在《地狱篇》的"饕餮者"和《炼狱篇》的"兴高采烈的节制食欲者"中都涉及饮食，但地狱里的食者因贪吃而获罪，他们形同畜生，吃得狰狞恐怖，受风吹雨打之苦，作者以此颂扬节制食欲，反对贪吃。人文主义著名作家薄伽丘的《十日谈》也涉及饮食，但并非就饮食论饮食，如"白鹤的故事"详细描绘了厨师以高超技艺烹饪白鹤给富人食用的情形，但核心却在表现和赞美厨师巧妙应对的聪明才智。在美国，海明威的《老人与海》多次写到吃，但这里的饮食仅仅是作为道具，旨在点明人与自然、人与自我无望抗争的生存本能，"饿了，便吃一条小鱼，生吃，为了获得足够的热量"。

与西方其他国家相比，法国涉及饮食的文学作品是最多的，但主要集中在小说中，有巴尔扎克的《人间喜剧》、左拉的《小酒店》、莫泊桑的《漂亮朋友》、拉伯雷的《巨人传》、普鲁斯特的《追忆逝水年华》、桑德拉的《朗姆酒》等，它们有的以大量篇幅描绘和赞美饮食，有的还借助饮食表达更丰富的内涵。如现实主义作家巴尔扎克就是一个地道的乡土风味美食的爱好者，他不断提到："尽管在乡下我们无法吃到如巴黎般豪华的料理，但是，我们却可以真正品尝到丰盛而道地的家乡料理。经过日积月累的沉思与研究，使得每一道菜都是一道哲理。"他在系列小说《人间喜剧》中多次描述地方美食，尤其是他出生之地图尔的熟肉酱、奥克尔的红酒洋葱烧野味等。如果说巴尔扎克用小说真实、客观地描绘法国当时的饮食生活，那么拉伯雷的《巨人传》则主要是借助对饮食的极端需要表达更丰富的内涵。《巨人传》的主人公名叫庞大固埃，他宣称饮食既是需要也是享受，"大口大口地吃面包、火腿。肉真香，酒真美，吃了一块又一块，喝了一杯又一杯。生活离不开美食，离不开美酒。吃是一种需要，更是一种享乐"。他每餐要喝 4 600 头母牛的奶，吃数量巨大的食物，而这夸张的食量和猛烈的吃喝，其实象征着文艺复兴时期人们对知识的极端渴求和摄入；他的名字也体现着这层意义，庞大固埃在希腊语中意为"十分干渴"，在法语中意为"大食量、好胃口"。

（2）戏剧及其他

在西方文学中有一个特殊的现象，那就是因一个饮食活动或饮食品种产生了一种文学形式或文学流派。最典型的如由古希腊酒神祭上的歌舞表演而产生了戏剧这一文学形式。据《中国大百科全书》(戏剧卷)载，大约在公元前 6 世纪，希腊各地便开始在每年的冬春两季举行酒神祭祀大典。在春季祭典上，有人化装成酒神的伴侣牧羊人萨提洛斯，与众人一起歌舞，赞颂酒神的功绩，这种赞歌称为"酒神颂"；在冬季祭典上，人们化装成鸟兽，载歌载舞，狂欢游行，这时的歌叫作"komos"（意即狂欢队伍之歌）。后来，阿里翁在表演酒神颂时临时编唱诗句来回答歌队长的问题，旨在叙述酒神的事迹。到公元前 534 年，雅典创办"大酒神节"，泰斯庇斯首先在酒神颂的歌舞中加进一个演员，轮流扮演几个人物，并与歌队长对话。接着，埃斯库罗斯加进第二个演员，有了正式的对话以表现冲突和人物性格，悲剧由此诞生，而埃斯库罗斯则被称为悲剧的创始人。亚里士多德指出："悲剧是从酒神颂的临时口占发展出来的。"这里的悲剧在希腊语中意为"山羊之歌"，着意在"严肃"而不在悲伤、悲痛。而"狂欢队伍之歌"在希腊的墨加拉则发展成为滑稽戏，可算作原始的喜剧。喜剧在希腊语中意为"狂欢歌舞剧"，人物比悲剧多，歌队的作用较小。在随后的雅典酒神节活动中开始举行戏剧表演比赛，优胜者将获得一定奖励，并受到尊敬和祝贺。可以说，酒神祭祀不仅创造了希腊和欧洲的戏剧，而且有力地促进了它的发展与兴盛。

此外，由一杯茶、一块点心而出现了意识流这一文学流派，其代表是法国普鲁斯特《追忆逝水年华》中最核心、最精彩的片段"茶与点心引出的天地"。而深受普鲁斯特影响的法国作家菲利普·德莱姆虽然没有归入意识流派作家，但是却按照意识流派作家注重细节与情感结合的写作手法，在短文集《第一口啤酒》中细致入微地描写了法国饮食风貌及其感受，让人感到清新美好、赏心悦目。

2. 艺术类

在西方艺术中涉及饮食的作品主要是绘画作品，其数量较多，内容也较为丰富，并且大多集中在静物画、风俗画等种类的绘画之中。

（1）静物画

所谓静物画是指以日常生活中无生命的物体为题材的绘画，最早只是作为宗教画或肖像画背景上的点缀，从 16 世纪开始在欧洲发展成为独立的画种。静物画的对象多为菜肴点心、蔬菜水果、炊餐器具、厨房设施以及花卉、书籍、乐器、灯具、死去的动物或动物标本等，因此在西方的静物画中大量描绘了与饮食有关的内容。早期的静物画常常具有各种宗教寓意或其他象征意义，如描绘面包、酒水，是隐喻耶稣受难；描绘水果、蔬菜、花卉等，则象征时令变化、四季转换等。后来的静物画还成为训练观察能力、造型能力和色彩表现能力的重要手段。17 世纪时，画家海姆所描绘的各种水果质感强烈、色彩瑰丽。18 世纪时，法国画家夏尔丹将题材范围扩大到以前不常为人描绘的朴实、简单的厨房用具和食物上，把非常普通的对象变成了富于美感的艺术品。此后，涉及饮食的静物画十分众多，著名的如加拉华乔的《水果篮》、舍赞的《苹果静物写生》、凡·高的《餐堂内部》、毕加索的《桌子上的面包和水果盘》、玛莉·贝莉的《最佳甜点》、帕特里沙·鲁萨达的《极品巧克力》，等等。

（2）风俗画及其他

所谓风俗画是指以社会生活风貌为题材的绘画，16 世纪时在欧洲发展为独立的画种。在西方的风俗画中大量描绘了饮食风貌、宴饮场面、餐饮场所等与饮食有关的内容。其著名的作品有许多，如雷诺阿的《煎饼磨坊》《船上的午餐》《草地上的野餐》，德加的《喝苦艾酒的女人》，马奈的《草地上的午餐》，毕加索的《草地上的午餐》《盲人用餐》《吃土豆的人们》，凡·高的《夜间咖啡屋》《夜间的露天咖啡座》《铃鼓咖啡屋的女人》等。其中，雷诺阿的《煎饼磨坊》以巨大的尺幅、庞杂的构图生动描绘出热闹欢乐的气氛，而德加的《喝苦艾酒的女人》则以怪异的歪斜构图与灰暗色调透露出都市人的苦闷与疏离感。

除此之外，宗教画、历史画、风景画等也涉及与饮食有关的许多内容。最著名的作品要数达·芬奇的《最后的晚餐》。以基督被捕前和门徒最后会餐诀别的题材作画于修道院饭厅是教会的惯例，但是达·芬奇在构图上却有非常独到之处：他一反传统的人物平列于餐桌的形式，以激烈的手势动作把12门徒连成4组，基督独立于中央，集中表现基督说出"你们中有一人要出卖我"这句话引起的骚动。人物的典型性格与画题主旨密切结合，使它成为最完美的艺术杰作。另外，提香的《酒神祭》《酒神与阿丽亚德尼公主》，米开朗琪罗、卡·拉瓦乔的《酒神巴库斯》，雷尼《饮酒的婴儿酒神》《少年酒神》，鲁本斯《酒神节的狂欢》，（荷兰）利文斯《筵席上的以斯帖》、伦勃朗的《伯沙撒王的盛筵》，凡·高的《盛开的桃树》《红色葡萄园》等，也涉及饮食的许多方面。

三、中西道德法规类

（一）中西道德法规类饮食文献的特点

1. 中国道德法规类饮食文献的特点

古代中国有关伦理道德的典籍中涉及饮食烹饪的文献较多，而法律法规中却很少涉及饮食烹饪。究其原因，主要是由于中国的文化传统和思想观念造成的。

在中国相当长的历史时期内，由占统治地位的儒家文化发展而来的文化传统主张人性善，形成了较强的道德约束意识，在治国形式上倡导"人治""德治"。孟子曾指出，人先天具有仁义礼智等善良的本性，"恻隐之心，仁之端也；羞恶之心，义之端也；辞让之心，礼之端也；是非之心，智之端也"，"仁义礼智非由外铄我，我固有之也"，在遇到个人、集体或国家的各种问题时，只要通过温和的疏导式道德教育唤醒人们的良知，就可以约束人们的言行，处理好所有问题，道德的作用远远胜过刑罚和征战，主张"为政以德"、以"王道"统一和治理天下，反对"霸道"，不提倡"以法治国"。而要进行"人治"和"德治"，就需要提高个人的道德修养，个人的"修身"是"齐家、治国、平天下"的根本和立足点，于是儒家先贤从人们生活的各个方面详细设计了全面而完整的礼仪道德规范，写下许多伦理道德典籍。饮食烹饪是社会生活的重要组成部分，儒家必然设计了相应的礼仪道德规范，因此在伦理道德典籍中便出现了许多涉及饮食烹饪之事的文献。相比之下，在中国古代的法律法规中却很少涉及饮食烹饪。

2. 西方道德法规类饮食文献的特点

古代西方国家涉及饮食烹饪的法律法规众多，而涉及饮食烹饪的道德类文献相对较少。究其原因，主要是由于西方的文化传统和思想观念造成的。

在西方国家相当长的历史时期内，由古希腊文化和基督教文化发展而来的文化传统主张人性恶，形成了较强的法律意识，在治国形式上倡导"法治"。西方的许多思想家都认为人的本性是恶、是自私自利。英国著名思想家霍布斯指出人的本性是自私的，人与人之间是狼与狼的关系；美国的莱因霍尔德·尼布尔指出"人既是天使又是野兽"（《自然界和人的命运》第一卷）。而基督教经典《圣经》指出，人类因其始祖偷吃禁果、违戒犯罪而负有原罪，人类有着罪恶的本性。美国查尔斯·坎默在《基督教伦理学》中详细阐述说："罪恶的存在意味着，我们所有人都有可能采取最野蛮、最无人性的行为，我们的任何行为也都摆脱不了邪恶的自私自利的腐蚀和玷污""我们永远不能成为天使，我们永远到达不了理想的完美境界。可是，生活可以改善，社会可以建设得更好，在某些情况下，我们可以体验到其他人的爱，体验到社会组织的公正，但是我们必须要提醒自己，在我们尽力行善的所有努力中，'要始终保持自己的生活符合人性'，我们必须要经常规划我们的行为和社会组织，以便能够控制客观存在着的罪恶的影响"。正是由于人的本性是恶，人生来就是自私的、排他的，人与人之间必然发生激烈的冲突和纠纷，于是西方人认为，要解决激烈的冲突和纠纷，仅靠温和的道德教育就很不够，必须依靠严厉的法律法规来规范人们的行为和组织，以法律处理问题、治理天下，正如古希腊亚里士多德在《政治学》中所说的那样："法治高于一人之治"，"法律是最优良的统治者"。与此相应，古罗马法典和《圣经》中提出的"摩西十诫"等则是西方国家法律法规和伦理道德的基础，从而使西方国家逐渐走上了法治轨道，对社会生活的各个方面都制定出许多细致而全面的法律法规，而饮食烹饪作为社会生活的组成部分也逐渐有了许多相应的法律法规。

（二）中国涉及饮食的主要道德文献

在中国，有许多伦理道德文献涉及饮食烹饪，其中最具代表性的是"三礼"

和《论语》《孝经》。"三礼"即《周礼》《仪礼》《礼记》，它们设计和规定了许多饮食制度、饮食礼仪、烹饪规范、筵宴格局、服务程序等。如《周礼》就设计和规定了宫廷里医食相通的饮食制度，使这一制度延续至元代；《仪礼》则记载了 16 种"礼"，详细规定了乡饮酒礼、燕礼、公食大夫礼、少牢馈食礼等宴会的礼仪制度、烹饪规范等，对后世筵宴规格、馔肴配制、服务礼仪等有一定影响；《礼记》的内则、曲礼、月令等篇章则更多地论述了具体的烹饪规范，即选料原则、切配要求、调和原则以及饮与食、主食与副食的关系与配合等。又如，《论语》作为封建社会科举考试的重要书籍之一，其中所载的孔子众多饮食主张更成为后世饮食烹饪的规范，影响极为深远。而中国古代的法律法规中涉及饮食烹饪者很少，主要集中在禁令上，如禁止私酿酒令、禁止私贩盐令等。

直到 20 世纪中叶以后，不断提倡以法治国、依法治国，中国才逐步制定出有关饮食烹饪的法律法规和相关标准，如《食品卫生法》《中国强制性国家标准汇编·食品卷》《保健（功能）食品通用标准》《食品安全法》以及《食品添加剂使用标准》等。

（三）西方涉及饮食的主要法规

在西方国家，不仅有许多法律法规涉及饮食烹饪，而且有专门的、根据实际情况而变化的饮食烹饪法律或法规。如在美国，维利先生于 1902 年专门组织一个小组，对食品的储存和染色进行研究，成为第一个推动建立联邦食品法规者；到 1906 年，美国民众就强烈呼吁国会通过了肉类检验法、纯净肉类和药品法规，使肉类和奶制品检验获得成功。1958 年，美国食品与药物管理局根据美国市场上食品添加剂猛涨至 2 800 多种的新情况，对原有的食品添加剂法案进行了修正、补充，列举出 700 种添加剂是安全的，并规定以后新出现的添加剂必须经该管理局认可才行。又如在法国，19 世纪末 20 世纪初葡萄的根瘤蚜虫引起的世纪大灾难催生出了有关葡萄酒的制度和法律法规，法国政府制定和加强了葡萄酒来源的分级制度以及保护法令，还制定法律严惩私造和贩卖假酒。到 1936 年，法国便率先建立 AOC 法定产区管理系统，既管制葡萄酒的品质，也详细规定各种生产条件、实际的品尝，以维护和保持各产区酒的传统特色。完善的品质管理与分级系统，使法国葡萄酒获得品质上的有力保证而成为顶级佳酿的代名词，也使法国成为西方葡萄酒生产王国之一。随后，意大利、德国、西班牙等国也纷纷建立起类似的分级制度和法律法规，都为保护各国葡萄酒的品质做出了极大贡献。

此外，西方也有一些涉及饮食的道德类文献，主要集中在饮食礼仪方面。如15世纪中叶，普拉蒂纳就用拉丁文撰写出版了《关于尽情享受和身体健康》一书。普拉蒂纳是教皇西克斯图斯四世的一位图书馆管理员，又是一位博学的食物鉴赏家。该书探讨了恰当的用餐举止、餐桌礼仪、餐桌摆设等，改变了当时还用手进餐的富人对于用餐及其举止的思维方式，被翻译成意大利语、法语、英语等多种文字，影响十分深远。17世纪时，英国人约翰·坎伯雷恩则撰写出版了《喝咖啡、茶和吃巧克力应注意的礼仪》。20世纪以后，美国人索菲亚·约翰逊撰写出版的《礼仪手册》，详细介绍了西方现代餐桌礼仪以及宴会与聚会等方面的礼仪。

第三节 中西饮馔语言

饮馔语言，是指用饮食烹饪之事来表达某种事物、现象和进行社会交往的口头语言与书面语言。由于饮食烹饪既涉及每个人、每个家庭、每个国家和地区，又在社会上形成了一个专门的行业，因此，与饮食烹饪紧密相连的饮馔语言也就有了多种类型，并且在中国和西方国家拥有了不同的内容和特点。

一、饮馔语言的分类与特点

（一）饮馔语言的分类

根据实际表达的含义和主要使用范围，饮馔语言大致可分为以下两个大类：第一，社会性饮馔语言。主要是指涉及全社会的饮馔语言，适用于整个社会，其含义除了直接与饮食烹饪相关联，也引申扩展到其他方面，更加丰富多彩。第二，行业性饮馔语言。主要是指专门涉及饮食烹饪行业的饮馔语言，常常用于饮食烹饪行业，其含义直接与饮食烹饪相关联。

（二）中西方饮馔语言的特点

1.中国饮馔语言的特点

中国饮馔语言的特点是内容丰富、涉及面广、意趣性强。

在中国，涉及全社会的饮馔语言种类很多，有饮食格言、饮食谚语、饮食俗语、饮食歇后语，还有饮食成语、饮食联语等。其中，饮食成语和饮食联语，不仅体现着中国人的一些饮食思想、观念、习俗以及生活状况、经验等，更是借助汉语言文字的特色而产生的特殊饮馔语言种类，是中国独有的，特色十分突出。

涉及饮食烹饪行业的饮馔语言，主要有餐饮技术词语和餐饮服务用语、经营用语等种类。但无论哪一类，都有众多而细致的内容，而且在不同的地域还有不同的表达词语。如关于行业用语，北方与南方就大不相同，即使在南方，四川的与广东的也有明显差异。而在菜点的命名上，以写实为基础，但更注重、更有特色的是写意。需要指出的是，写实与写意，本来是文学艺术创作的两种基本方法。写实方法，主要是指通过精确、细腻的笔墨，客观、真实地再现或描写现实社会生活的原来样式；写意方法，主要是指通过简练的笔墨描绘物象的形神、表达作者主观的意境。这里将它们借用来代指饮食品的两种命名方法。其中，写实主要是指直接描述和再现饮食品的各种外在特征的命名方法，写意则主要指具有特殊寓意或象征意义的命名方法。中国人认为，饮食烹饪必须满足人们生理与心理的双重需要，是实用与审美相结合的艺术，因此在给菜点命名时，十分注重实用美与意境美的结合，不仅大量采用写实手法，也非常多地采用写意手法，菜点名称有的实，有的虚，也有的虚实并举，从而使菜点具有了很强的意趣性。

2.西方饮馔语言的特点

西方饮馔语言的特点是内容系统、清楚明了、逻辑性强。

在西方国家，无论是涉及全社会的饮馔语言还是涉及饮食烹饪行业的饮馔语言，大多没有中国那么丰富的内容，却比较系统，在语言表达上更加清楚明了、有更强的逻辑性。如关于餐饮服务的词语，类别十分清晰、逻辑性极强；按照就餐方式分类，有零点服务、宴会服务、自助餐服务等；按照经营类型分类，有正餐服务、快餐服务、酒吧服务、咖啡厅服务等；按照服务方式分类，有餐桌式服务、柜台式服务、自助式服务、外卖式服务等；按照国家分类，有法式服务、俄式服务、英式服务、美式服务与综合式服务等。而在菜点命名上，主要是写实，兼有少量的写意。西方的许多人认为，饮食尤其是菜点主要是满足人的生理需要，但也在一定程度上满足心理需要，具有一定的艺术性，因此在给菜点命名时注重实用基础上的美感，以写实手法为主，写意手法为辅，菜点名称基本上是写实的，或虚实并举的，即写实与写意兼备，从而使西方菜点在名称上除了具有一定的艺术性外，更加清楚明了。

二、中西社会性饮馔语言

（一）中国社会性饮馔语言

中国社会性饮馔语言包括饮食格言、饮食谚语、饮食俗语、饮食歇后语、饮食成语、饮食联语等。这里主要介绍最具特色且是中国独有的饮食成语、饮食联语。

1. 饮食成语

饮食成语，是指用饮食烹饪之事来表达或比喻某件事及某种现象的成语，常常是寓意深远而众多。饮食成语的构成，通常都有与饮食烹饪有关的词语。有直接用"食"构成的，如丰衣足食、布衣蔬食、节衣缩食、饥不择食、发愤忘食、食不甘味、食前方丈、嗟来之食，等等。有直接用"饮""饭"等构成的，如饮水思源、饮鸩止渴、饮醇自醉、饭来张口、粗茶淡饭、茶余饭后、看菜吃饭，等等。也有用烹饪原料、烹饪方法、饮食方法、饮食品种等构成的，如山珍海味、山肴野蔌、无米之炊、越俎代庖、烹龙庖凤、茹毛饮血、画饼充饥，等等。饮食成语的含义，大多具有比喻意义，寓意深刻而丰富。如比喻贪馋想吃，有垂涎三尺、垂涎欲滴；比喻文章或言辞枯燥乏味的有味同嚼蜡，而比喻文章优美、值得称道则有脍炙人口；比喻文章含义深刻的有其味无穷。

2. 饮食联语

饮食联语，是指与饮食烹饪相关的对联，从其内容来看，可以分为酒联、茶联和餐馆饭店对联等。这里仅对酒联进行一些阐述。

酒联是与酿酒、饮酒、用酒、酒名、酒具直接相关的对联，是饮酒行为与文学艺术的有机融合。按其表达的内容，酒联又可分为赞酒对联、酒楼对联、节俗酒联、婚喜酒联、祝寿酒联、哀挽酒联、名胜酒联、题赠酒联、劝戒酒联等类型。中国历史上的优秀酒联，不仅言简意赅、对仗工整、音韵和谐，而且形式灵活、雅俗共赏。如传说杜康为说明自己的酒好，曾写一副对联："猛虎一杯山中醉；蛟龙三盏海底眠。"酒仙刘伶不信，连饮三盏杜康酒一醉而眠。时隔3年，杜康去刘家讨酒账，刘妻要杜康还人，杜康说是醉而未死，开棺一看，刘伶面如敷粉，杜康唤他，刘伶醒来的第一句话是："杜康好酒也！"杭州有一家叫做"仙乐处"的酒楼，有酒联曰："翘首仰仙踪，白也仙，林也仙，苏也仙，我今买醉湖山里，非仙也仙；及时行乐地，春也乐，夏也乐，秋也乐，冬来寻诗风雪中，不乐亦乐"。此联趣随境迁，风趣自然，浑然天成。有的酒联包含着生动的故事。相传明朝有三个朝廷官员微服出游，见一村野酒店，便坐下来饮酒。因酒店是小本生意，未备下酒好菜。其中一人便即景出了一上联："小村店三杯五盏，无有东西"。其他二人听了，抓耳挠腮无以为对。这时，恰好店主送酒上来，便脱口为对："大明朝一统四方，不分南北。"三人听了，深为折服，自愧不如一野外村夫。此事传入朝廷，受到同僚们的侧目。三人深感江郎才尽，只好入朝表奏，辞官归里。

此外，还有许多内容丰富的酒联。有劝客饮酒、助兴佐餐的，如"经济小吃饱暖快，酒肴大宴余味长。"有表达热情、诚恳待客的，如"山好好，水好好，开门一笑无烦恼；来匆匆，去匆匆，饮酒几杯各东西。""美食烹美肴美味可口，热情温热酒热气暖心。"有祝贺结婚和寿诞的酒联，如"喜酒喜糖办喜事盈门喜，新郎新娘树新风满屋新。""花好月圆，岭上梅花双喜字；情深爱永，筵前酒醉合欢杯。""述先辈之立意，整百家之不齐，入此岁来年七十矣；奉觞豆于国叟，致欢欣于春酒，亲授业者盖三千焉。"（梁启超贺康有为七十寿联）也有劝戒酒联，如"断送一生唯有酒，寻思百计不如闲。"

（二）西方社会性饮馔语言

西方的社会性饮馔语言包括饮食格言、饮食谚语、饮食俗语、饮食歇后语

等。这里主要介绍部分有特色的饮食格言和饮食谚语，由此也可以了解西方人的一些饮食思想、观念、习俗以及生活状况、经验等。

1. 饮食格言

所谓格言，是有一定形制、组织且可为法式的言简意赅的语句。西方有许多饮食格言，内容比较广泛，其中最有特色的饮食格言至少有三种类型。

（1）重视饮食

The world is nothing without life， and all that lives takes nourishment .

（世界上没有生命，便没有一切，而所有的生命都需要营养。）

Animals feed ，man eats ， only the man of intellect knows how to eat .

（动物要喂食，人类要吃饭，而只有智者才懂得怎样吃。）

The fate of nations depends on the way they eat .

（一个民族的命运决定于他们的饮食方式。）

Tell me what you eat ； I will tell you what you are .

告诉我：你吃什么；我会告诉你：你是什么!

The discovery of a new dish does more for the happiness of mankind than the discovery of a star .

（对于人类幸福而言，发现一种新的烹饪方法，更胜于发现一颗星球。）

Dessert without cheese is like a pretty woman with only one eye .

没有奶酪的甜品犹如只有一只眼睛的美丽姑娘。

（2）品评饮食

gourmandism is an act of judgement , by which we give preference to things which are agreeable to our taste over those which are not .

（美食主义是一种判断，我们通过美食主义来选择可口的食物。）

A man's palate can be saturated , and after the third glass the best of wines produces only a dull impression .

（一个人的鉴赏能力可能会饱和，再好的酒，喝下三杯也会感到乏味的。）

Drunkards and victims of indigestion do not know how to eat or drink .

（酒鬼和消化不良者是不懂得吃喝的。）

The right order of eating is from the most substantial dish to the lightest .

（正确的进食次序是从最浓厚的食品到最清淡的食品。）

The right order of drinking is from the mildest wines to the headiest and most perfumed .

（正确的饮酒进程是从最温和的酒到烈酒再到最香的酒。）

The table is the only place where the first hour is never dull .

（餐桌是唯一在任何时间里都不乏味的地方。）

（3）对待食客

To entertain a guest is to make yourself responsible for his happiness so long as he is beneath you roof .

（接待一位客人就是要你对他的快乐负责。）

The man who invites his friends to his table , and fails to give his personal attention to the meal they are going to eat , is nu worthy to have any friends .

（若邀请朋友赴宴，却不重视宴会的菜点，那就不配拥有这些朋友。）

The mistress of the house must always see to it that the coffee is excellent , and the master that the liqueur are of the first quality .

（女主人应该关心咖啡的优良，男主人应当保证酒水的一流。）

The most indispensable quality in a cook is punctuality ; it is also that of a guest .

（厨师必不可少的素质是守时，客人也是如此。）

To wait too long for an unpunctual guest is an act of discourtesy towards those who have arrived in time .

（长时间地等待一位不守时的客人，是对准时的客人的无礼。）

2. 饮食谚语

谚语是流传于民间的简练通俗而富有意义的语句，大多反映人们生活状况和经验。西方的饮食谚语也有许多，涉及面广，内涵丰富，常通过饮食烹饪比喻或反映多方面的意义如个人品性、健康生活、哲理智慧与社会经济、风俗礼仪等。在此仅列举三种类型且有特色的一些饮食谚语。

（1）个人品性

When wine is in , truth is out . （老酒下肚，真话吐出 / 酒后吐真言。）

Stay , and drink of your browst .（别走，喝下自己酿的酒。）

No mill , no meal .（不磨面，没饭吃／不劳动者不得食。）

He cries wine and sells vinegar .（他喊的是酒，卖的是醋／挂羊头，卖狗肉。）

A honey tongue , a heart of gall .（口如蜜糖，心似苦胆。）

（2）健康生活

Many dishes ,many dieases .（暴饮暴食疾病多。）

An apple a day keeps the doctor away .（一日吃一个苹果可保身体健康。）

Better wait on the cook than on the doctor .（拜访医生不如拜访厨师。）

Digging your grave with your own teeth .（给你掘墓的是你的牙齿。）

Every man to his (own) taste .（每个人有各自喜好的口味／众口难调。）

Bread is the staff of life .（面包是生活必需品／民以食为天。）

（3）哲理智慧

Fire is half bread .（面包和火，缺一不可。）

Christmas comes but once a year .（圣诞节每年只有一次／机会难得。）

A crust is better than no bread .（一点面包皮胜过无面包／有聊胜于无。）

He who has not tasted bitter knows not what sweet is.（没尝过苦，不知何为甜。）

三、中西行业性饮馔语言

行业性饮馔语言包括餐饮技术词语和餐饮服务用语、经营用语等。通过部分有特色的行业性饮馔语言，可以使人们对饮食烹饪的特点有一定的了解。

（一）中国行业性饮馔语言

1. 餐饮技术词语

餐饮技术词语，是指在饮食品的加工制作过程中所使用的术语或其他词语，主要包括原料初加工、烹饪方法、调味方法、菜肴命名和酒水命名等方面的词语。其中，原料初加工、烹饪方法、调味方法等方面的词语将在"馔肴文化"一章中阐述，这里仅介绍有关菜点命名和酒水命名方面的词语。

（1）菜点名称

美味佳肴也离不开包装，而包装的重要手段，除了配上恰当的盛器，就是给美味佳肴配上美好的名称。这样，不仅可区别菜点，更能使美味得到升华，把美感引向更丰富、更高远的新境界。中国人在给菜点命名时，不仅大量采用写实手法，也非常多地采用写意手法，菜点名称有的实、有的虚，也有的虚实并举。

①写实类

写实类菜点名称非常众多，占整个中国菜的一半以上。它们常常是直接使用菜点的原料、烹饪方法、味道、形状、颜色、质地、制作地等来为菜点命名，简洁实用、一目了然，有利于人们明明白白地消费。归纳起来，主要有三种命名方法。其中，前两种使用得最为广泛。

第一，主要以原料命名：如荷叶包鸡，是用荷叶包裹鸡肉等原料制成；鲢鱼豆腐，是用鲢鱼和豆腐为原料制成；白菜大虾，是以白菜和大虾为原料制作而成。

第二，在原料的基础上分别结合菜点的烹饪方法、味道、形状、颜色、质地等来命名：如用烹饪方法命名的菜点还有火腿煨肉、烤乳猪、粉蒸肉、红烧牛肉、葱爆鸭舌、泡凤爪等。用味道命名的菜点有糖醋排骨、鱼香肉丝、椒盐肘子、五香兔头、麻辣肚条等。用形状命名的菜点有红油肝片、凉拌鸡丝、茄汁鱼卷、太极蛋等。用颜色命名的菜点有三色鱼丸、黄金糕等。用质地命名的菜点有香酥鸭子、口口脆等，而用质地为菜点命名是中国人比较独到的。

第三，用菜点的著名制作地来命名：如连山回锅肉，出自四川广汉连山一带，与四川普通的回锅肉有一定区别，但很有特色；西坝豆腐，出自四川乐山。此外，还有德州扒鸡、道口烧鸡、合川肉片、潮州牛肉丸，等等。

②写意类

写意类菜点名称，在中国菜中占的比例不及写实类，但很特别、很突出，非常值得称道。它们大多使用比喻、祝愿、富有情趣和意境的词语，使用具有特殊意义的人名、事名等来为菜点命名，是中国菜追求盘中有画、画中有诗、诗中有情意的具体体现，也是中国美食配美名最独特之处，具有很强的艺术性，非常引人入胜、耐人寻味。归纳起来，主要有两种命名方法。

第一，主要用比喻、祝愿、富有情趣和意境的词语等来命名。如著名的孔府菜"兼善汤",是以鱿鱼、海参、干贝、火腿、冬菇、菜心等制作的汤菜,兼多种原料和营养于一身,取孔子"穷则独善其身,达则兼善天下"的名言来命名,更祝愿人们飞黄腾达,称得上形神俱备。如果说这个菜名是写实、写意兼有,虚实并举的话,那么还有一些是纯粹写意的。如著名菜肴推纱望月,以竹荪为纱,鸽蛋为月,以高级清汤为湖水,创造出"闭门推出窗前月""投石冲开水底天"的幽深意境,在盘中把诗画、情意演绎得淋漓尽致。又如20世纪90年代以后流行的"开门红",是在剁椒鱼头表面均匀地盖上大红牛角辣椒,上笼蒸熟,因成菜表面一片红而得名,吉祥的寓意尽在其中。而在由一系列菜点组成的筵宴上,往往会用一些比喻、祝愿、富有情趣和意境的词语来命名菜点,烘托气氛,创造意趣或意境美。如在婚庆筵宴上常用百年好合、吉祥如意等菜点,在寿宴上常用松鹤延年、寿比南山等菜点,在庆贺开业的筵宴上常用一帆风顺、恭喜发财、鹏程万里等菜点,在团年宴上常用全家福、年年有余等菜点,它们有的作为冷盘,先声夺人;有的作热菜或小吃、点心,穿插其中,产生画龙点睛的艺术效果。

第二,用具有特殊意义的人名、事名等来命名。如宋五嫂鱼羹,原名"赛蟹羹",是开封人宋五嫂在杭州创制的,因宋朝皇帝品尝后大加赞赏而出名,便命名为"宋五嫂鱼羹"。麻婆豆腐,是由成都陈兴盛饭铺的店主之妻陈刘氏创制的烧豆腐,因陈刘氏的脸上有一些麻子而得名。此外,用人名来命名的菜点还有文思豆腐、太白鸡、贵妃鸡翅、东坡肉、眉公饼等。用事件命名菜点有消灾饼、油炸鬼、大救驾、光饼、轰炸东京等。如消灾饼,是在唐朝时,唐僖宗狼狈逃往四川的路上,随行宫女所献的普通面饼,相传僖宗吃完后即得到长安平乱的好消息,因此将它命名为"消灾饼"。轰炸东京,本名为锅巴肉片,在抗日战争时,重庆的人们因遭受日本飞机轰炸之苦,迫切希望中国人也能够轰炸东京、以抵抗日本人的侵略,于是将锅巴肉片称为"轰炸东京"。

（2）酒水名称

中国的酒水命名方法是写实与写意兼备,主要有两大类:

一是写实类。大多是直接用酒的制作地、厂家和类别等来命名。如全兴酒、郎酒、泸州老窖、泸州大曲、古井贡酒等。

二是写意类。主要是用比喻、赞美等词语来命名。中国人常用"春"命名品种众多的白酒，如剑南春、御河春、燕岭春、嫩江春、龙泉春、龙江春、陇南春等。以春名酒，最初是因为人们习惯于冬天酿低度酒，春天来临即可开坛畅饮；后来则认为酒能给人带来春天般的暖意，享受春天来临般的快乐，言简意赅，妙在其中。此外，还有大量以"液""酩""醇""津""霞"等命名的白酒，人们把对酒的热爱、赞美之情寓于其中，也创造了丰富的品种。

2. 餐饮经营与服务词语

餐饮经营与服务词语，顾名思义是指在餐饮经营与服务过程中所使用的术语或其他词语。在中国，这些词语尤其是传统的行语行话是非常丰富多样而细致入微的。但是，需要指出的是，随着时代的发展和国内外交流的异常频繁，传统的行语行话使用范围越来越小，使用者也逐渐减少。

（1）餐饮经营词语

在经营过程中，中国的餐饮业有特殊的行语行话。开始营业称"开堂"，营业高峰时顾客满座称"涌堂"，营业低峰时顾客稀少称"冷堂"，冷堂时如果不停业而以少数菜品维持营业则称"吊堂"。餐厅派人外出为顾客操办筵席，或者顾客买好饭菜而端出食用，都称"出堂"。一天的营业结束，称"收堂"或"打烊"。此外，餐饮经营方面的行语行话还有堂口、雅座、起菜、翻台、落台、幌子、座头、带座，等等。

（2）餐饮服务词语

最典型的传统服务术语是"鸣堂叫菜"，又称"喊堂"，是指服务人员将顾客所点的菜肴名称高声唱念以通知厨房，顾客结账时又以同样方式将应收价款通知收款台。在传统服务过程中，还有特殊的行语行话。如食用面条时有"重浇""免青""面红"之说。"重浇"，指在面条上多加浇头即四川所说的臊子。"免青"，四川、贵州指在面条中不加绿叶蔬菜，江南地区指在面条中不加蒜苗。"免红"，四川指在面条中不加红油辣椒。"免大荤"，广东指不能使用猪肉类原料制作食品。"带快"，指立即给需要赶时间进餐的顾客提供菜点。"过桥"或"过江"，指调味碟与主要食物分别盛装，由顾客自己蘸食。此外，餐饮服务方面的行语行话还有"双上""单走""一星管""接二连""和尚归""校场""未吃先开""下柜""草料""串皮""垫菜""每人每"等等。

（二）西方行业性饮馔语言

1. 餐饮技术词语

（1）菜点名称

在菜点命名时，西方人以写实手法为主、写意手法为辅，菜点名称基本上是写实的，或虚实并举的，即写实与写意兼备。

①写实类

写实类菜点名称异常繁多，占整个西菜的绝大多数。它们常常是直接使用菜点的原料、烹饪方法、味道、形状、颜色以及与菜点有关的地名等来命名，但很少使用菜点的质地。归纳起来，主要有三种命名方法。

第一，主要以原料命名：如培根蛋三明治（Bacon and Egg Sandwich），是由培根和蛋等原料作制的三明治。苹果派（Apple Pie），是以苹果为原料制成的一种西点——派。又如奶油蘑菇汤、金枪鱼蔬菜饭、扇贝鸡肉通心粉、奶油乳汁芦笋，等等。

第二，在原料的基础上分别结合菜点的烹饪方法、味道、形状、颜色等来命名：如红酒烩鸡（Braised Chicken in Red Wine）、煎鹅肝 (Panfried Goose Liver)，分别是用烩与煎的烹饪方法成菜，而用烹饪方法命名的还有烤橙汁鸭、铁扒箭鱼等。又如酸小洋葱（Pickled Onion）、蒜味芝士面包 (Garlic-cheese Bread)，前者成菜的味道是酸香，后者则是蒜香，用味道命名的还有果香米饭沙拉、蒜香煎虾、辣味金枪鱼馅饼等。奶油卷 (Cream Roll)、奶油烩猪肉片 (Stewed Pork Slices in Cream)，从名称就可以直接看出它们的主要形状，而用形状命名的还有浓汁牛肉卷、香蕉船圣代等。此外，用颜色命名的则有煨三色生菜、黑色墨鱼肉等。

第三，用与菜点有关的地名来命名：如里昂式红烩猪舌 (Tangues de Pore a la Lyonnaise)，法国里昂盛产洋葱，多数菜肴都要使用洋葱碎，从而形成了独特的里昂式烹饪特色，里昂式红烩猪舌就是采用这种独特烹制方法成菜的。另外，用与菜点有关的地名来命名的菜肴还有罗马烧鸡、普罗旺斯鱼排、马赛鱼汤、法式洋葱汤、意式金枪鱼，等等。

②写意类

写意类菜点名称，仅仅占西方菜点的一小部分。它们常常是使用具有特殊意义的人物、事件、物象或幽默词语等来命名，而很少使用比喻、祝愿、富有情趣和意境的词语，并且在西方菜点中，除了热狗等极个别的菜点外，大多是与写实手法紧密结合的。归纳起来，主要有两种命名方法。

第一，主要以具有特殊意义的人物、事件、物象等来命名。这些词语常常蕴涵着某种寓意或象征意义。如海伦那炸鸡（Supreme de Volaille Bella Helena），海伦那是古代希腊神话中一位美丽的女神，用她的名字来命名菜肴，旨在暗喻此菜质地柔嫩、味道鲜美。蒙娜丽莎沙拉（Mona Lisa Salad），蒙娜丽莎是意大利著名画家达·芬奇油画中的人物，她面露神秘的微笑，神情恬静而安详，用她的名字来命名菜肴，旨在暗喻此沙拉色彩丰富柔和、味道美妙，令人回味无穷。又如朱利安娜清汤（Consommé Julienne），朱利安娜是法国18世纪的一位烹饪大师，创造了许多菜式，后人用他的名字来命名菜肴以表示纪念。用人物名称命名菜肴的还有拿破仑浓汤、路易十六烤鸭、皇帝布丁、皇后忌廉汤、公主清汤、亲王鸡柳、凯瑟琳烩鸡、华盛顿奶油汤，等等。其中，最令人瞩目的是用皇帝及王公贵族的名称作菜名，这在中国几乎没有出现过。此外，用传说、事件命名的菜肴有狩猎神清汤、月神忌廉汤、魔鬼鸡、热月革命等。用物象命名的菜肴有蓝带鸡卷、黑森林蛋糕等。蓝带在西方许多国家是最优秀的象征。

第二，用具有幽默色彩的词语来命名。这种方法在西方菜点命名中非常少见，而且主要集中在英国和美国菜肴中。最典型的是热狗（Hot Dog），它是一个面包夹火腿肠的快餐食品，其名称与狗肉无关，来自一个有趣的"以讹传讹"，极富幽默色彩。此外，还有威尔士白兔、天使骑马等小食品，与白兔、天使、马都没有外在、形式上的联系，却让人自由联想。

（2）酒水名称

对于酒水，西方人十分看重它的艺术性和对心理需要的满足，因此在给酒水命名时常常是写实与写意并重，但最有特色的是写意类名称。与菜点命名方法相似的是，酒水命名方法的类型不是绝对的、单一的，而是时常交叉使用、多重使用，在此是为了便于叙述而进行大致归类和介绍。

①写实类

写实类的酒水名称，主要出现在酿造酒、蒸馏酒和配制酒如葡萄酒、白兰地、威士忌和利口酒中，常直接用酒水的制作地、制作者、原料、制作方法、成品等级等来命名。如圣达美隆红葡萄酒（J.P.Moueix,St,Emilion），圣达美隆是法国波尔多地区的一个葡萄酒产地，所产酒的酒质醇厚丰富，是个中极品。莫耶香登香槟 (Moët et Chandon, Binv)，莫耶香登成立于 1743 年，如今已是法国豪华用品集团之一，拥有轩尼诗干邑等著名品牌，也是世界上最大的香槟酒商，用它命名的香槟酒质地非常细腻。而杜松子酒、龙舌兰酒等，是以原料命名的酒水。

此外，鸡尾酒中也有一部分写实的名称。最普遍的是以鸡尾酒的基本结构、调制原料来命名。如金汤力（Gin Tonic），是由金酒加汤力水调制而成的。B&B，是由白兰地和香草利口酒 (Benedictine Dom) 调制而成，其命名方法是将两种原料酒名称的缩写字母合并而成。此外，采用这样的写实手法命外的还有香槟鸡尾酒、宾治、爱尔兰咖啡等。

②写意类

写意类的酒水名称，主要而且大量出现在调制的鸡尾酒中。它们常常通过使用具有特殊意义的人物、地点、自然景观和万物来命名，从而传达出鸡尾酒与现实的联系、调酒师的思想感情，也引起品酒者的想象，达到先声夺人、回味无穷的艺术效果。归纳起来，主要有两种命名方法。

第一，以具有特殊意义的人名、地名等来命名。这些词语常常包含着一些特殊故事，或蕴涵着某种寓意或象征意义。如血腥玛丽（Bloody Mary），是对 16 世纪英格兰都铎王朝玛丽女王的蔑称，她为了复兴天主教而残酷迫害新教徒。而汤姆·柯林斯（Tom Collins），是为了纪念该鸡尾酒的创造者——19 世纪英国调酒师约翰·柯林斯（John Collins）。用特殊人物命名的鸡尾酒还有基尔、贝里尼、玛格丽特、亚历山大、教父等。又如，曼哈顿（Manhattan），据说是英国前首相丘吉尔的母亲为自己支持的总统候选人在曼哈顿俱乐部举办的宴会上首创的，因此命名为"曼哈顿"。马天尼（Martini），是 1867 年由美国旧金山一家酒吧的领班汤马士即兴调制的，目的在于为一名醉酒而将去马天尼滋（Martinez）的客人解酒，便以地名"马天尼滋"来命名。

第二，以自然景观和万物等来命名。这些词语绝大多数是对鸡尾酒的味道、色彩、形状等方面的形象比喻或象征。如蓝色夏威夷（Blue Hawaii），其名称虽来自美国电影的主题曲，但同时具有象征意义。蓝色橙皮酒象征蓝色海洋，漂浮而晶莹的碎冰宛如滚滚的白色浪花，香甜的凤梨汁、柠檬汁代表着夏威夷的热带情调。又如，模仿鸟（Mocking bird），模仿鸟本是中南美洲雨林里的一种鸟，特别善于模仿其他鸟类，用它来给以薄荷酒和莱姆汁等为原料调制的鸡尾酒命名，薄荷酒的清新和翠绿，让人宛如置身于生机勃勃的森林之中，与自然融为一体。最具有诗情画意的是龙舌兰日出（Tequila Senrise），柳橙汁的橙黄与石榴糖浆的鲜红相辉映，如旭日初升、朝霞映天；龙舌兰酒烧灼喉咙的感觉，让人联想到阳光洒向大地，一切都充满希望与活力。

2. 餐饮经营与服务词语

西方的餐饮经营与服务有着许多独特之处，因此也有相应的特色词语。

（1）餐饮经营词语

餐饮经营是餐饮企业生存和发展的关键之一，相关术语令人目不暇接。如今，在西方餐饮经营词语中，最具影响力的是"连锁经营"这个词语。

所谓连锁经营，通常是指经营同类商品或服务的多个经营单位，以共同进货或授予特许权等形式组成一个公司联合体，通过对企业形象和经营业务等方面的标准化管理，实行规模经营，从而实现并共享规模效益。它作为一种经营形式，最早产生于1859年的美国，由于其蕴藏的巨大经济和社会效益而迅速发展，成为当今西方乃至全世界最具活力、发展最迅速的商业经营方式，也被西方餐饮业广泛使用。在西方餐饮业中，连锁经营同其他商业行业一样包含的内容和术语较多，如它的基本形态有直营连锁、特许连锁、自由连锁等，它的管理原则或原理称为3S、营销策略为4P等。

①直营连锁

直营连锁是连锁经营企业总部通过独资、控股或吞并、兼并等方式开设门店，发展壮大自身实力和规模的一种连锁形式，又称为正规连锁，常常出现在连锁经营企业建立的早期。连锁经营企业的各个门店在总部直接领导下统一经营，总部对各个门店实施人、财、物资源和商流、物流、信息流等运营的统一管理。

②特许连锁

特许连锁是连锁经营企业总部与加盟店之间依靠契约结合起来的一种连锁形式，又称加盟连锁或合同连锁。它通常是在连锁经营企业已经开设了一定数量的直营店之后才开始采用。加盟店与总部签订合同，由总部特许其使用所属的商标、商号、经营技术及销售总部开发的商品等。这种连锁形式能够使连锁经营企

业迅速壮大，其发展速度是三种连锁形式中最快的一种。

③自由连锁

自由连锁是指通过签订连锁经营合同，总部与具有独立法人资格的门店合作，各个门店在总部的指导下集中采购、统一经销规模的一种形式，又称为自愿连锁或合作连锁。自由连锁经营企业的门店都是独立法人，各自的资产所有权关系不变，但由总部统一指导、共同经营，各个门店可以根据自由原则，自由地加入或退出连锁体系。它是中小企业对抗大型企业的有效手段之一。

此外，连锁经营的 3S 管理原则包括 Standardization（标准化）、Specialization（专业化）和 Simplification（简单化），4P 营销策略则是指 Place（在适当的连锁经营地点）、Price（以适当的餐饮价格）、Promotion（通过适当的连锁促销手段）、Pestle（卖给适当的餐饮消费者）。

（2）餐饮服务词语

西方人不论在服务类型上还是服务环节上都有许多术语或其他词语。这里仅介绍其中使用十分普遍而著名的部分餐饮服务词语。

①法式服务

法式服务是西方餐饮服务中最周到、最讲究和劳动最密集的豪华服务类型，大约 1680 年首次出现在路易十四的宫廷中，后来流传到民间。它的服务方法是由两名服务员共同为一桌客人服务，大多数情况下是在客人桌边的手推餐车上、餐厅的小圆桌上或靠墙的桌上，由服务员现场为客人进行半成品菜点的最后加热、调制和切割、装盘等服务活动，然后由助理服务员呈送给客人。因法式服务常常采用手推车或旁桌进行服务，所以又有人称它为"手推车服务"或"小圆桌服务"。法式服务的优点是服务优雅、豪华、个性化突出，有较强的表演性和趣味性，能够较大程度地满足客人的独特需要，但它的不足是服务节奏慢、人工成本高、设备昂贵，并且需要占用的服务面积大、空间利用率相对减少。

②俄式服务

俄式服务是西方餐饮服务中普遍采用、非常受欢迎的一种服务类型，起源于俄国沙皇时代，在与拿破仑战争时传到西方许多国家。俄式服务与法式服务一样讲究优美文雅的风度，但不同的是只由一名服务员进行服务、大量使用银器，通常是厨师在厨房将菜肴烹制好并盛放入银制的大浅盘之后，服务员将装好菜肴的大盘端到客人餐桌旁，让客人过目欣赏，然后用左手托盘，按客人所需菜肴的多少用右手上菜。因俄式服务主要是使用一个主菜盘来进行服务，所以又被称为"主菜盘服务"。俄式服务的优点是服务效率和空间利用率较高，服务较优雅、周到，银器更烘托了餐桌气氛，但不足的是银器的投资大，使用和保管都需要十分谨慎。

③英式服务

英式服务是西方一些国家尤其是美国的家庭式餐厅很流行的一种服务类型。它的服务方法是一名服务员将厨师烹制好的菜肴传到餐桌上，由顾客中的主人亲自动手，进行切割、装盘，再由服务员把装盘后的菜肴依次端送给每一位客人。调味品、少司以及配菜都摆放在餐桌上，由客人自己随意取用。由于英式服务有许多服务工作是客人自己完成的，自在随意犹如在家中一般，有人也把它称为"家庭式服务"。英式服务的优点是家庭气氛浓郁、节省人力，但不足的是节奏较缓慢，不适合大饭店接待宾客。

④美式服务

美式服务是西方餐饮服务中简单快捷、最普遍采用的一种服务类型，也是西餐零点和宴会非常理想而实用的服务方式。在美式服务中，菜肴由厨师在厨房中烹制好并按照客人数量和需要量分别装盘，由服务员用托盘将菜肴送到餐桌旁的每一位客人面前。这样，一名服务员常常可以为数张餐桌的客人提供服务。美式服务的优点是服务内容简单明了、服务速度较快、餐具和人工成本较低，有效控制菜点的分量，空间利用率和餐位周转率很高，适用范围较广，但不足的是个性化服务程度较低、顾客难以选择菜点的分量。

⑤自助式服务

自助式服务是西方餐饮服务中最为简单快捷、经济实惠的一种服务类型。在自助式服务中，所有烹制好的菜点都摆放在自助餐台上，服务员站立在餐台后面，为多人进餐服务；客人则在交付一餐费用以后，围绕自助餐台选择自己喜欢的菜点，然后拿到餐桌上享用。服务员的工作主要是餐前布置、餐中撤掉用过的餐饮器具、辅助切割以及补充餐台上的菜点等。自助式服务的优点是服务简单快捷、经济实惠，食品得到充分展示，客人能够自由交谈、选择食品，但不足的是缺乏个性化服务，食品分量难以有效控制，且长时间摆放、任由挑选容易造成卫生问题。

本章特别提示

本章主要从烹饪典籍、饮食文献、饮馔语言等三个方面阐述了中西饮食文化遗产的特点和主要内容，不仅阐述了中西烹饪典籍、饮食文献、饮馔语言的特点及成因、主要内容，还较详细地阐述了中西菜点及酒水命名方法，以便使学生能够从中获取更多知识、深入学习和探讨，提升相关专业素养，为开展相关饮食文化创意活动积累知识宝库。

本章检测

1. 中西烹饪典籍、饮食文献的特点及形成原因是什么？

2. 古代中西烹饪典籍、饮食文献在当代餐饮发展中有哪些价值？

3. 根据个人爱好，阅读1~2部中西烹饪典籍，撰写读书笔记或读后感。

4. 运用中西菜点及酒水命名方法进行创新菜点及酒水名称的创意设计。

拓展学习

1. 熊四智主编. 中国饮食诗文大典 [M]. 青岛：青岛出版社，1995.

2.（英）罗伯茨. 东食西渐：西方人眼中的中国饮食文化 [M]. 北京：当代中国出版社，2008.

3.（英）希维尔布希. 味觉乐园 [M]. 天津：百花文艺出版社，2005.

4.（美）美国烹饪学院. 特色餐饮服务 [M]. 大连：大连理工出版社，2002.

教学参考建议

1. 本章教学要求

通过本章的教学，要求学生深入领会中西烹饪典籍、饮食文献、饮馔语言的特点及成因，了解中西重要烹饪典籍、饮食文献的内容，把握中西菜点和酒水的命名方法，并且能够用其中的主要方法为新研发的饮食品名称进行创意设计。

2. 课时分配与教学方式

本章共4学时，采取理论讲授的教学方式。

第三章

中西饮食
民俗与礼仪比较

学习目标

1. 了解民俗及其饮食民俗的含义与类别。

2. 掌握中西日常食俗、节日食俗、人生礼俗和社交礼俗的特点及重要内容。

3. 运用中西饮食民俗与礼仪的相关知识进行美食节庆活动的创意策划。

学习内容和重点及难点

1. 本章的教学内容主要包括四个方面，即中西日常食俗、节日食俗、人生礼俗和社交礼俗。

2. 学习重点和难点是中西日常食俗、节日食俗、人生礼俗和社交礼俗的特点及重要内容和在餐饮食品等相关行业中的运用。

本章导读

民俗，即民间风俗习惯，是指一个国家、民族、地区的广大民众在长期历史发展过程中所创造、享用并传承的物质生活与精神生活文化。钟敬文先生《民俗学概论》指出，民俗在特定的民族、时代和地域中不断形成、扩布和演变，为民众的日常生活服务；民俗一旦形成，就成为规范人们的行为、语言和心理的一种基本力量，同时也是民众习得、传承和积累文化创造成果的一种重要方式，具有极强的集体性、传承性、模式性以及地域性、民族性等重要特征。而礼仪大多是指为表示某种情感而举行的仪式，常与民俗交织在一起，共同展示一个国家、民族、地区的思想与精神风貌，在一定意义上是窥视各地区、各民族、各个国家社会心态的重要窗口。饮食民俗，是民俗的重要组成部分，指广大民众从古至今在饮食品的生产与消费过程中所创造、享用并传承的物质生活与精神生活文化，即民间饮食风俗习惯，简称食俗。它可分为日常食俗、节日食俗、生婚寿丧食俗、社交食俗、民族食俗、宗教食俗等。本章仅从日常、节日、人生、社交四个方面对中西方饮食民俗与礼仪进行阐述。

第一节 中西日常食俗

日常食俗，是指广大民众在日常饮食生活中形成的行为传承和风尚即民间风俗习惯，基本上表现在一个国家、民族或地区的主要饮食品种、饮食制度及进餐工具与方式等方面。其中，有的相同或相近，如中国和西方国家的饮食制度大多为一日三餐；但有的则不同或差异极大。正是由于主要饮食品种、进餐工具和方式的不同，导致了不同国家、民族或地区在日常食俗上形成各自的特点和明显差异。

一、中西日常食俗的特点

（一）中国日常食俗的特点

中国日常食俗的特点主要包括以下两个方面：

第一，在主要饮食品种上，中国人的食品以植物为主、动物为辅，饮品以茶和白酒为主。这是由于中国的生产方式、物产等因素造成的。

中国长期以来是农业大国，把农业作为立国之本，种植技术较为发达，生产出众多的植物原料。各种粮食、蔬菜等品种多、质量好、产量大，并且价格低廉，而动物的养殖较少，价格较贵，因此，人们在日常饮食生活中大多以植物为主、动物为辅来满足自身的饮食需要。人们不仅用粮食制作食品，也用它制作饮品，中国的白酒几乎都是用粮食酿造的，是人们最常用的饮品之一。中国是茶叶的故乡，是茶叶的原产地，大江南北都出产各种品质优良的茶叶，并且产量极大、价格高低不一，适合各个阶层、各种经济水平、各种口味爱好之人的需要，成为中国人又一种常用的饮品。

第二，在进餐方式与工具上，中国人主要是合餐而食，通常一具多用、品种单一。所谓合餐，指将菜点放在所有进餐者的面前、由人们共同食用而不分彼此。一具多用是指一种餐具拥有多种用途。这主要是由于中国的生产、生活方式以及由此产生的思想观念和文化传统造成的。

费孝通先生在《乡土本色》中分析中国人与西方人的不同习俗时指出："游牧的人可以逐水草而居，飘忽不定；做工业的人可以择地而居，迁移无碍；而种地的人却搬不动地，长在土里的庄稼行动不得，侍候庄稼的老农也因之像是半个身子插入了土里，土气是因为不流动而产生的。"以农业为主的社会必须处于相对稳定的状态才能发展，聚族而居是其主要的生活方式，在长期的共同生活中家族成为社会的重要细胞，人们常常互相帮助，容易形成集体活动的群体和比较浓厚的群体观念，以群体为本，推崇群体的意志、力量和作用而忽视个人的一切。中国是农业大国，早在商周时期就已进入农耕时代，随后产生的儒家思想则极力提倡群体观念，注重整体思维，崇尚群体利益和作用，强调"和为贵"，并将这种观念影响到人们的饮食生活中。商周之时，由于没有高的桌椅而以矮小的几案放置食品，人们只能分餐而食，但筷子作为一种餐具而进行的多方面使用却体现了整体思维方式。因为一双筷子不仅可以夹食不同种类的菜肴，而且可以用来吃面、饭、点心等。到了唐朝，随着高大的桌椅出现，人们很快就利用它们改变了进餐方式，大家共围一桌，同吃一食，其乐融融。这种围桌合餐的方式象征着团圆、统一与和谐，特别能适合与体现中国人的思想观念和文化传统，一直沿用至今。

（二）西方日常食俗的特点

西方日常食俗的特点也包括如下两个主要方面：

第一，在主要饮食品种上，西方人的食品以动物为主、植物为辅，饮品以咖啡、葡萄酒为主。这是由于西方国家的生产方式、物产等因素造成的。

西方国家早期生产方式以畜牧业为主、农业为辅，动物的养殖技术较高，生产出众多的动物原料，价格相对较低，而农产品的品种较少、产量大小不等，主要出产麦子、葡萄和一些蔬菜品种，其中葡萄产量和品质更首屈一指，因此西方人在日常饮食生活中以动物为主、植物为辅来满足自身的饮食需求，而将盛产的葡萄榨汁、酿造成葡萄酒，把它作为最常用的一种饮品。后来，西方国家在工商业上有了巨大发展，海外贸易蒸蒸日上，加上建立和扩大海外殖民地，其足迹遍及全球。他们得到了原产于非洲埃塞俄比亚、最早在非洲和亚洲广泛种植的咖啡，并带到拉丁美洲等适宜咖啡生长的许多地方更广泛地种植，然后大量地从各个生产地获得各种品质的咖啡制作饮料，最终使咖啡成为西方人日常生活中另一种不可缺少的饮品，尽管在许多西方国家的本土上不出产或很少出产它。

第二，在进餐方式与工具上，西方人始终是分餐而食，常常多具一用、品种多样。所谓分餐是指将菜点分别放在每个人的面前、每个人只吃属于自己的菜点而毫不混淆。多具一用是指多种餐具拥有一种用途，这些特点是由于西方国家的生产、生活方式以及由此产生的思想观念和文化传统造成的。

在西方，许多国家早期以畜牧业为主，后来以工商业为主。以畜牧业和工商业为主要生产方式的社会需要经常流动才可能创造更多的财富，人们为了利益和财富便择地而居，流动性强，容易形成个人的相对独立和比较浓厚的个体观念，以个体为本，推崇个体的意志、价值。因此，古代的西方人就有浓厚的个体观念，家庭规模较小，家庭观念相对淡薄。到文艺复兴以后，西方人更进一步提倡个体观念，注重个体思维，要求个人自由、实现个人价值，并尽可能多地不受群体的限制和约束。这种观念在西方人日常饮食生活中的极大影响就是自始至终的分餐而食和多具一用，强调个体的独立性。如刀、叉常一起用来进食，而吃鱼、肉或甜点又有各自不同的刀与叉，分工非常细致。英国人唐纳德在《现代西方礼仪》中说："我们的祖先似乎为每一种特殊情况都发明了一种匙具或叉具，从叉取泡菜到舀取火鸡肚里的填馅，样样餐具一应俱全。"

二、中国日常食俗的重要内容

1. 主要饮食品种

（1）主要食品

从日常三餐来看，中国人的食品是以植物为主、动物为辅，主要食物是米面食品、蔬菜，用量极大；而肉食品、水果的用量相对较少，属于相对次要但又不可缺少的食品。

以一日三餐的餐饮活动为例，中国人的早餐时间常在早晨 7~8 点，品种简单，或豆浆油条，或稀饭馒头与包子，或一碗面条，谷物类食品占有绝对优势，虽然简单却毫不单调。中国人把它们与蔬菜、果品和动物原料的组合，制作出了内容丰富的系列品种。如清代黄云鹄《粥谱》中记载有 237 种粥品，其中，谷类粥品 54 种，蔬菜类粥品 50 种，瓜果类粥品 53 种，花卉类粥品 44 种，草药类粥品 23 种，动物类粥品 13 种，非常丰富。中国各地的面条更是数以百计，令人目不暇接，仅四川就有金丝面、银丝面、担担面、甜水面、牌坊面、豆花面、鸡丝凉面、叙府燃面等数十种。午餐时间一般在 12 点左右，晚餐时间在下午 6 点左右。对于大多数人而言，由于工作、学习或其他原因，常把午餐作为便餐，食品多是简单的菜肴、米饭或面点，以方便、快捷为原则，而晚餐则作为正餐受到重视，精心制作，品种比较丰富，由米饭、菜点构成，随意性很强，没有固定的格局。

（2）主要饮品

中国人一日之中常用的饮品是茶和白酒。俗语说"开门七件事，柴米油盐酱醋茶"，可见茶与人们日常生活息息相关。人们用茶来消暑止渴、提神醒脑，视茶为纯洁、高雅且能净化心灵、清除烦恼、启迪神思的人间仙品。正因为如此，历代中国人在大江南北广种茶树，制作出无数品类丰富、质地优良的著名茶叶。以类型言，基本类有绿茶、红茶、青茶（乌龙茶）、黄茶、黑茶、白茶，再加工类有花茶、紧压茶、萃取茶、果味茶、药用保健茶、含茶饮料等。其著名品种更是繁多。而白酒作为饮品，虽然不是一日不可无，却也是许多人爱不释手的。人们用酒来成就礼仪、消忧解愁，视酒为神奇、刺激且能催人幻想、美化生活、激发灵感的魔术佳品。李白道："但得酒中趣，勿为醒者言。"因此，中国历代酿酒、饮酒成风，酿造出香型众多、名称美妙的优质白酒，流传着意蕴丰富的饮酒趣事。以香型分类，白酒分为基本香型和特殊香型。其中，基本香型又分为浓香型、清香型、酱香型、米香型 4 种；特色香型又称作其他香型，分为药香型、豉香型、芝麻香型等类型。人们常用"春""曲""液""酩""醇""津""霞"等为众多的白酒命名，把对酒的热爱、赞美之情寓于其中。

2. 进餐方式与工具

（1）进餐方式

中国人的进餐方式最终固定为合餐。众人围坐于一桌，共同享用一桌饭菜，气氛热烈，相互谦让，笑声阵阵，美酒佳肴成为引起欢乐的媒介，而围桌合餐是团圆、统一与和谐的象征。但由于桌面固定，许多菜肴平放或堆于桌上，距离远近不等，人们常常受礼仪的约束无法吃到较远处的菜肴，且由于共同吃菜点，不可能完全按个人的意愿决定怎样吃，不能一意孤行，吃什么、吃多少、吃的快慢都要顾及旁人，人们受到相互影响和制约，缺乏独立性和选择性。

（2）进餐工具

中国人最常使用、最具代表性的餐具是筷子。而筷子是中国历史悠久、功能众多的进餐工具。它产生于商周时期，在较长时间内与形似今日羹匙的匕同时使用，以匕食用饭粥和羹汤，以筷子夹食羹汤中的菜肴。《三国志·蜀志》记载曹操与刘备煮酒论英雄，刘备进食时听曹操的一席话竟吓得"失匕箸"，可见当时是用匕和筷子同时进餐的。后来，匕的名称逐渐消失而统一称"匙"，其用途也逐渐缩小，多用来食羹汤，很少再用于吃饭粥。而筷子的用途则逐渐扩大，不再是夹取羹汤中菜肴的专门工具，几乎能够取食餐桌上所有的菜肴和饭粥、面点，可以说，一双筷子能完成一顿饭的全部任务，尤其是吃面条，使用筷子更是得心应手、事半功倍。不仅如此，如今的筷子还进一步扩大其功能，成为烹饪中不可缺少的工具，如拌凉菜、搅打鸡蛋羹、拨捞油炸食物等，不一而足。此外，中国人饮白酒通常喜欢用小酒杯，一只杯子可以喝所有品种的白酒。此外，锅和菜刀作为炊具也有众多功能。一口锅，既可做饭也可做菜；既可炒、爆、炸、熘，也可蒸、煮、焖、煨，万千菜点皆出于一锅之中。一把菜刀，既可用来切、片、排、剞，也可用来剁、砍、捶、砸，有人曾言中国厨师"一把菜刀走遍天下"。

三、西方日常食俗的重要内容

（一）主要饮食品种

1. 主要食品

从日常的三餐来看，西方人的食品基本上是以动物为主、植物为辅，主要食物是肉食品，用量极大；而蔬菜、水果、面食品的用量相对较小，属于次要但是又不可缺少的食物。

西方的大多数国家都习惯于一日三餐，并且每餐的时间及重视程度大致相同，即早餐多在早晨 7～8 点，品种简单；午餐多在 12 点至下午 2 点，对许多人来说是便餐；晚餐时间大多在晚上 7～9 点。然而，三餐的内容却有所不同的。意大利人、法国人的早餐很简单，通常是一杯咖啡或红茶，配上各种面包，也有人喜欢添加一个煎鸡蛋。英国人的早餐尤其是周日的早餐却颇为讲究，通常是先吃麦片粥，再吃现烤的几道菜如火腿加鸡蛋、火腿和香肠或熏鱼等，最后是面包和水果，贯穿其中的饮料是茶或咖啡。午餐多为便餐，许多人常去附近的自助餐厅或快餐厅就餐，品种有鱼肉、蔬菜、水果和饮料，也有去酒吧的，通常是一份三明治、甜点、水果，加上一杯咖啡或牛奶，但无论如何，以简单方便为原则。晚餐则是许多人的正餐，受到极大重视，品种和内容都很丰富，常先饮开胃酒，再吃开胃菜、汤菜，然后是主菜，最后是奶酪、水果、甜点与咖啡，与正式宴会的格局相似。常吃的主菜有牛排、猪排、羊排、烤牛肉、炸鸡和火腿等，还配有蔬菜和面食品。

在一日三餐中，面包占有十分重要的地位。法国驻上海总领事馆文化处编写的《法国风情录》言："对法国人来说，面包就像中国人碗里的米饭一样。早餐时涂上黄油和果酱，午餐时做成三明治，晚餐时用来揩净菜盘子里剩下的调味汁，放上干酪一起吃。"在法国用餐，每一顿都少不了面包。可以说，面包在西方饮食中的重要地位与米饭在中国饮食中的重要地位是相同的，唯一不同的仅仅是面包用量较小而已。

2. 主要饮品

西方人在日常饮食生活中的主要饮品是葡萄酒和咖啡。早在古代，西方国家就利用得天独厚的优良气候与土壤等条件，广泛种植葡萄，生产出大量品种丰富、品质优良的葡萄，并将盛产的葡萄榨汁，酿造出大量的葡萄酒。此外，根据《圣经》记载，耶稣基督在最后的晚餐上把葡萄酒和面饼分给众门徒，说葡萄酒是自己的血、面饼是自己的肉，让人们记住他是为了替人类赎罪而死的。由此，人们不但大量地酿造葡萄酒，而且努力提高酒的品质，使它不仅成为一种最常用的饮品，更变为神圣的、充满生命的艺术品。巴斯德曾说："无葡萄酒的一餐，犹如无阳光的一日。"威廉·杨格则说："一串葡萄是美丽、静止与纯洁的，但它仅是水果而已；一旦压榨后，它就变成一种动物，因为它变成酒后，就有了动物的生命。"西方人饮用葡萄酒，就好像在欣赏有生命的艺术品。他们认为每一种葡萄酒都有自己的温度、自己的味道、自己的杯子和适合自己的菜肴，只有相互间完美地配搭，只有仔细地观色、闻香、品味，才无愧于美妙的葡萄酒。西方人常用葡萄酒佐餐，强调吃牛肉和羊肉等肉食品时配搭红葡萄酒，吃鱼或海鲜时配搭白葡萄酒，吃甜点时配搭甜葡萄酒。在法国，葡萄酒有自己独特的酿造工艺学，有专门的品尝协会"小银杯品酒骑士会"，有专门的司酒官。司酒官全权负责斟酒，对每种葡萄酒的品质了如指掌，自命为葡萄和葡萄酒的保卫者。人们饮用时慢慢品尝，极力体会葡萄酒渗透到口腔中的所有感觉。

如果说，葡萄酒是许多西方人用一生追求的艺术品，并且成为他们人生的重要组成部分，那么，西方人的另一个人生构成就是咖啡。在西方人的日常饮食生活中，不仅餐餐有咖啡，而且早晨开始工作前、晚上结束工作后都要喝咖啡。人们把咖啡看作是消除疲劳、刺激肠道、有益减肥的普通饮品，是文艺灵感的源泉、优雅品位的体现，是一种浪漫温馨、充满人文色彩的奇特饮品。有人曾经言："假如说从一粒沙子可以看一个世界，那么从一颗咖啡豆看一个世界，事实上是精彩得多和丰富得多，从咖啡豆衍生而来的世界是充满人文色彩的。"由此，西方人把并非原产于欧洲的咖啡运用得出神入化，从咖啡豆的选购、保存、烘焙、研磨到咖啡的冲泡和各种咖啡品种的制作、饮用，都有详细的规定和方法。一位西方艺术家自述道："我不在家，就在咖啡馆；不在咖啡馆，就在去咖啡馆的路上。"可见咖啡在西方人日常生活中的地位，咖啡就是其人生的重要组成。

（二）西方进餐方式与工具

1. 进餐方式

西方人的进餐方式，从古至今一直是分餐而食，几乎没有采用过合餐。人们虽然围坐于一桌，但每人一套餐具、每人一套菜点，各自吃自己的，互不影响，互不干涉，虽然显得有些冷清却很从容，并且卫生又随意，吃什么、吃多少以及怎样吃完全根据自己的需要，个人拥有饮食的自主权和选择权，具有较强的独立性和选择性。如对于牛排，制作者常常要问食者要几成熟，再然后根据食者要求制作，送上餐桌。对于鸡蛋，食者可以根据自己的喜好要求制作者或煎或煮或摊，煎一面或两面、煎几成熟，制作者依然严格按照食者的要求制作。另外，餐桌上时常摆着胡椒、盐等调料，供食者自行调味。饮酒也是如此，是否喝、喝什么、喝多少，几乎都出于自己意愿，绝不勉强。

2. 进餐工具

西方人使用的餐具乃至炊具常常多具一用、品种较多。其中，最常使用、最具代表性的餐具是刀和叉。刀、叉是西方历史悠久的进餐工具，共同承担进餐的功能，几乎是形影不离。一手持叉、一手持刀，用刀切割食物、用叉送食物入口，这些已成为人们饮食生活的常理。同时，一顿正餐通常由多副刀叉共同完成，并且吃一道菜换用一副刀叉，如吃主菜用主餐刀与主餐叉，吃鱼用鱼刀和鱼叉，吃沙拉、吃甜点都有不同的刀叉。不仅如此，刀、叉类餐具还有一些特别品种，如黄油刀、干酪刀、面包刀、生蚝叉、龙虾叉、蜗牛叉等，它们都各司其职，绝不混用。此外，其他进餐工具也常常是多具一用。据格汉姆·布朗《餐饮服务手册》载，仅酒杯就有红葡萄酒杯、白葡萄酒杯、鸡尾酒杯、香槟杯、浅口香槟杯、玛蒂尼杯、甜酒杯、小甜酒杯、啤酒杯、雪利杯、直身杯、高身杯、夏威夷杯、巴黎杯、古典杯、水兵杯等，喝不同的酒必须使用不同的酒杯。每当举行宴会或进行正餐时，餐桌上摆的仅仅用于饮葡萄酒的酒杯就有红葡萄酒杯、白葡萄酒杯、香槟酒杯等，并且盛不同品种葡萄酒的杯子形态也可能有所不同，如盛波尔多酒的杯子四周略鼓起，盛勃艮第酒的杯口稍大，盛香槟酒的为高脚浅口杯或高脚杯。

第二节　中西节日食俗

节日是指一年中被赋予特殊社会文化意义并穿插于日常之间的日子，是集中展示人们丰富多彩生活的绚丽画卷。节日食俗是指在节日即一些特定的日子里出现的饮食习俗。它因节日体系及更深层次的自然与社会环境的差异而有所不同。

一、中西节日食俗的特点

传统节日常常是一个地区、民族、国家的政治、经济、文化、宗教等的总结和延伸。而每一个节日食俗事象能够独立存在并代代相传，必然在内容和形式上都有它的显著特点，中西节日食俗即是如此。

（一）中国节日食俗的特点

中国传统节日食俗最主要的特点是源于岁时节令，以吃喝为主，祈求幸福。

长期以来，中国的大部分地区以农业为主，在生产力和科学技术不发达的情况下，靠天吃饭成为必然，农作物的耕种与收获有着强烈的季节特征，于是中国人尤其是汉族十分重视季节气候对农作物的影响，在春种、夏长、秋收、冬藏的过程中认识到了自然时序变化的规律，总结出四时、二十四节气学说。人们不但把它看作农事活动的主要依据，而且逐渐把一些源于二十四节气的特殊日子规定为节日，因此形成了以岁时节令为主的传统节日体系及相应的习俗。又由于中国人崇尚"民以食为天"，使得其节日习俗始终少不了饮食，常常以吃喝为主题，几乎每个节日都有相应的食品，并且通过这些节日食品等祈求自身的吉祥幸福。

此外，中国传统节日食俗的特点还有历史性、全民性与传说性。所谓历史性，是指中国节日食俗大多有悠久的历史。寒食节、端午节的食俗早在春秋战国时已经出现。全民性，指中国节日食俗是整个社会普遍传承的行为和风尚。这些食俗事象的参与人数众多，涉及面广，场面大。最典型的是春节，家家户户都要聚在一起吃团年饭。传说性，是指中国节日食俗大多拥有意趣隽永的传说。尽管中国的传统节日是源于岁时，但人们并不满足这一点，而是给它们赋予很多传说，以增加其神秘性、情趣性。如乞巧节吃乞巧果子，与织女星有关；重阳节登高、饮菊花酒，与汉朝方士消灾避祸有关。

（二）西方节日食俗的特点

西方国家传统节日食俗最重要的特点是大多源于宗教及相关事件，以玩乐为主，缅怀上帝。

在西方国家，最初多以畜牧业为主，尽管后来农、工、商都有较大发展，但农业没有成为立国之本，没有形成以岁时节日为主的传统节日体系，相反，由于畜牧业是"逐水草而居"，工商业尤其是商业是四海为家、趋利而为，大多依靠自身的判断力和创造力，人们更重视人自身内在的思想、精神，于是属于精神信仰范畴的宗教受到高度重视，并且把许多宗教节日逐渐扩展为全民的节日。而在各种宗教中，对西方国家影响最大的是基督教。它是奉耶稣基督为救世主的各教派的统称，包括天主教、东正教、新教及一些较小的派别。基督教起源于公元1世纪的巴勒斯坦，相传为犹太的拿撒勒人耶稣创立，到公元4世纪时成为罗马帝国国教、广泛流传于罗马帝国统治地区，中世纪时已在欧洲占据统治地位、成为欧洲封建制度的重要支柱。可以说，整个基督教在西方国家有着无可比拟的特殊地位，信徒占据绝大多数，于是基督教的许多节日逐渐成为全民的节日，由此形成了以宗教节日为主的传统节日体系及相应的习俗。由于基督教主张创世说、原罪说、三位一体论、救世论、信仰论和禁欲论，注重心灵的救赎、信仰和感谢上帝等，蔑视世俗的物质享受，不注重饮食，使得节日习俗很少有品种多样的相应食品，饮食所占比例很少，而常常以玩乐为主题，并以此缅怀上帝。

此外，西方国家节日食俗还有与中国节日食俗相似的特点，即历史性、全民性与故事性。所谓历史性，是指西方节日食俗大多有悠久的历史。圣诞节、复活节的习俗活动早在公元4世纪以前就已经出现。全民性，指西方节日食俗是西方国家民间普遍传承的行为和风尚。最典型的是圣诞节，如今几乎是家家户户都要聚在一起欢庆。所谓故事性，是指西方的节日食俗或多或少地拥有意趣隽永的故事。在西方国家，以《圣经》的记载及信徒的活动为主要依据，为纪念耶稣基督及其信徒的各种经历，缅怀和感谢上帝对人类的救赎之功，出现了许多基督教的节日并产生了一些相应的饮食习俗。如感恩节吃火鸡，与英国清教徒达到美洲大陆的最初生活有关。

二、中国节日食俗的重要内容

（一）重要的岁时节日及其食俗

一年之中，中国依据岁时而来的传统节日非常众多。据宋朝陈元靓《岁时广记》所载，当时的节日有元旦、立春、人日、上元、正月晦、中和节、二社日、寒食、清明、上巳、佛日、端午、朝节、三伏、立秋、七夕、中元、中秋、重九、小春、下元、冬至、腊日、交年节、岁除等。明清以后基本上沿用这个序列，但逐渐淡化了其中的一些节日。至今，仍然盛行的岁时节日有春节、清明节、端午节、中秋节、重阳节、冬至节、除夕等，而除夕由于时间上与春节相连，往往被人们习惯地连成一体，成为春节的前奏。

1. 春节

春节是汉族最大的节日，其时间在汉魏以前是农历的立春之日，后来逐渐改为农历的正月初一，但是，人们常常从腊月三十算起，直至正月十五，又称"过年"。春节期间，人们最重视的是腊月三十和正月初一，其节日食品从早期的春盘、春饼、屠苏酒，到后来的年饭、年糕、饺子、汤圆等多种多样。

俗语说，一年之计在于春。一年的收获也来源于春天的耕种。古人认为，立春之日是春天的开始，也是一年的开始，于是在这一天有了劝人耕种并且希望人们以良好精神和身体状况耕种的习俗。《后汉书·礼仪志》载："立春之日，夜漏未尽五刻，京师百官皆衣青衣，郡国县道官下至斗食令史皆服青帻，立青幡，施土牛耕人于门外，以示兆民。"土牛是土制的牛，各级官吏以立土牛或鞭打土牛的方式劝民农耕，象征春耕的开始。后来，虽以正月初一为春节、为一年之始，又称元日，但耕种的重要性并没有改变。耕种需要强壮的身体，因此在饮食上有了相应的食品。最早出现的是由五种辛辣刺激蔬菜构成的五辛盘即春盘。南朝梁宗懔《荆楚岁时记》引晋朝周处《风土记》言："'元日造五辛盘，正元日五熏炼形。'五辛所以发五脏之气。《庄子》所谓春日饮酒茹葱，以通五脏也。"可见，五辛盘是通过疏通五脏来强健身体的。而屠苏酒则是通过避瘟疫来健体。唐韩谔《岁华纪丽》注言："俗说屠苏乃草庵之名。昔有人居草庵之中，每岁除夜遗闾里一药帖，令囊浸井中，至元日取水，置于酒樽，合家饮之，不病瘟疫。今人得其方而不知其姓名，但曰屠苏而已。"随着时间的推移，春节劝民耕种的意义逐渐淡化，而希望身体强健之义得到加强，并进一步希望新的一年幸福吉祥、万事如意，于是又出现了新的节日食品，如年饭、年糕、饺子、汤圆等。清朝时年饭是在正月初一时食用。清顾禄《清嘉录》载："煮饭盛新竹箩中，置红橘、乌菱、荸荠诸果及糕元宝，并插松柏枝于上，陈列中堂，至新年蒸食之。取有余粮之意，名曰年饭。"但民国以后，年饭就基本上在腊月三十食用。民国时成都的一首年景竹枝词言："一餐年饭送残年，腊味鲜肴杂几筵。欢喜连天堂屋内，一家大小合团圆。"同时，吃年饭也多了一些禁忌，如年饭的菜肴数量要双数，要有鸡、鱼的并且不能吃完，以示大吉大利、年年有余。年糕更因为其谐音"年年高升"而特别受人喜爱。《帝京景物略》载清代的年糕是由黍米制成：正月元旦，"啖黍糕，曰年年糕。"现在的年糕则用糯米粉制作。饺子长久以来是中国北方春节期间必食之品，因谐音"交子"，而交子曾经是中国钱币的一种，便以此寓意财源广进、吉祥如意。为了突显其寓意，人们还常在饺子中包入糖果、钱币等。清富敦崇《燕京岁时记》言：北京人在正月初一"无论贫富贵贱，皆以白面作角而食之，谓之煮饽饽""富贵之家，暗以金银小锞及宝石等藏之饽饽中，以卜顺利。家人食得者，则终岁大吉"。可以说，无论春节的节日食品发生怎样的变化，也无论春节的哪一种节日食品，都寄托着人们对幸福生活的祈求和向往。

2. 元宵节

元宵节，又称上元节、元夕节、灯节，时间是农历的正月十五，其主要的节日食品是元宵。

关于元宵节的起源，有多种传说。其实，元宵节的节俗意义与岁首最为相关。这不仅因为它在时间上与元日连接，意味着春节的最后终结，而且传承了古代太阴历的岁首部分习俗。古人重视月亮盈亏变化对自然物候和人生命节律的影响，而正月十五作为新年的第一个望日（月圆之日）更有特殊的意义。可以说，元宵节是整个新春佳节的高潮和尾声。此后，春耕全面展开，人们也将开始新的一年的辛苦与忙碌。为此，人们便在正月十五这一天创造欢乐、享受欢乐。自唐代以来，元宵节最隆重、最盛大的娱乐活动就是夜晚观灯。宋代词人辛弃疾的《青玉案·元夕》形象地描绘道："东风夜放花千树。更吹落，星如雨。宝马雕车香满路。凤箫声动，玉壶光转，一夜鱼龙舞。蛾儿雪柳黄金缕。笑盈盈暗香去。众里寻他千百度。蓦然回首，那人却在灯火阑珊处。"古代女子只有在元宵节时才能任意地盛装出游、逛街观灯，因此又多了几分欢乐与浪漫。在元宵节时，与观灯娱乐相伴的是饮食活动，东西南北之人都吃元宵。用糯米粉包入或裹上各种馅心制成的元宵，香甜、滋补，是元宵节特定的节日食品。据专家考证，元宵是因在上元之夜食用而得名，又称汤团、汤丸、圆子、乳糖元子、水团等。另传袁世凯称帝后做贼心虚，听到街巷中叫卖"元宵，元宵"之声，就疑为"袁消，袁消"，便下令不准叫"元宵"，只能叫"汤圆"。这样做，虽然没有改变袁世凯被消灭的命运，却使元宵增加了一种名称。无论如何，这个节日食品的形与音都有祈求团圆、美满的寓意。

3. 清明节

清明节的时间在农历的冬至后一百零七日、春分后十五日，大约是阳历的四月五日前后，其饮食习俗主要是寒食和野宴。

清明是二十四节气之一，最初主要为时令的标志。《岁时百问》载："万物生长此时，皆清洁而明净，故谓之清明。"清明是春耕春种的农事时节，因为它能够比较准确地反映出气温、降雨、物候方面的变化，在农事活动上有较大的指导意义，出现了许多相关的农谚。如北方的"清明忙种麦，谷雨种大田"，南方的"清明谷雨两相连，浸种耕田莫迟疑""清明前后，种瓜种豆"，等等。一些研究者认为，在汉魏以前，清明主要指自然节气，与农事活动密切相关；但是此后，清明逐渐成为民俗节日，在唐朝时已经与寒食节并列，到宋朝则进一步将寒食节的节俗并入自身，到明清时期，寒食节已基本消亡，清明节独自盛行了。

在寒食节与清明节并存时，寒食节的习俗主要是禁火冷食，清明节的习俗主要是取新火踏青。所谓禁火冷食，就是禁止用火，只吃冷食如冷菜、冷粥、醴酪、馓子、糕饼等。关于此俗的起源，有两种说法：一是纪念介子推。二是沿袭周朝禁火的旧制。寒食禁火，就必须灭掉火种，因此到清明时就要重新获得火种。此外，清明祭墓祭祖则是由最初寒食的习俗扩展而来。唐朝时，玄宗鉴于士庶人家无不寒食上墓祭扫，于是下诏："士庶之家，宜许上墓，编入五礼，永为常式。"（《旧唐书·玄宗纪》）柳宗元在《与许京兆书》则言，每至清明，"田野道路，士女遍满，卑隶佣丐，皆得上父母丘墓。"墓祭分山头祭和祠堂祭。祠堂祭，又称庙祭，宗族之人在祭祖仪式后都要会聚饮食，共同分享祖宗福分。而山头祭和踏青则都离不开野宴聚餐。宋朝《东京梦华录》言，清明节时"四野如市，往往就芳树之下，或园圃之间，罗列杯盘，互相劝酬"。由于寒食节与清明节的时间相近，习俗活动相关、相似，便逐渐融合，最终由清明节取代了寒食节，习俗也合而为一，并体现着追求健康幸福的意义。对此，萧放在《岁时——传统中国民众的时间生活》中指出："唐代以前寒食与清明是两个主题不同的节日，一为怀旧悼亡，一为求新护生。寒食禁火冷食祭墓，清明取新火踏青出游。一阴一阳，一息一生，二者有着密切的配合关系，禁火为了出火，祭亡意在佑生，这就是后来清明兼并寒食的内在文化依据。"

4. 端午节

端午节的时间是农历的五月初五，其主要的节日食品是粽子。

许多民俗学者认为，端午节起源于农事节气——夏至。刘德谦在《"端午"始源又一说》中做了详细论证。而夏至标志着夏季开始，常出现在农历的五月中。这一时期昼长夜短、气温逐渐升高，是农作物生长最旺盛的时期和杂草、病虫害最易滋长蔓延的时期，必须加强田间管理。农谚说："夏至棉田草，胜如毒蛇咬。"搞好田间管理成为秋天收获的重要保证。为了提醒人们重视夏至、管好田间，也为了祈求祖先保佑农作物丰收，早在商周时，天子就在夏至日专门品尝当时主要的粮食黍米，并用它来祭祀祖先。《礼记·月令》言，仲夏之月"天子乃以雏尝黍，羞以含桃，先荐寝庙"。俗语言，上行下效。周天子在夏至尝黍并以黍祭祖的活动逐渐渗透、影响到民间，久而久之形成习俗，最终出现了"角黍"即粽子这一特殊食品，供人们在夏至祭祀和食用。又由于端午节从夏至发展演变而来，于是"角黍"也成了端午节的节日食品。晋人范汪《祠制》载："仲夏荐角黍。"《太平御览》引晋周处《风土记》言:"俗以菰叶裹黍米,以淳浓灰汁煮之令烂熟,于五月五日及夏至啖之。一名粽,一名角黍,盖取阴阳尚相裹未分散之时象也。"可见,端午节及其节日食品粽子的产生与农事节气有着非常密切的联系。

然而,人们并不满足这种客观存在,又为其起源赋予了许多动人的故事传说,而流传最广、影响最大的是纪念屈原说。南朝梁吴均《续齐谐记》言,屈原于五月初五日投汨罗江,楚人哀之,乃于此日以竹筒贮米,投水祭祀他。汉建武年间,长沙区曲忽见一士人自称三闾大夫说:"闻君当见祭甚善,常年为蛟龙所窃。今若有惠,当以楝叶塞其上,以彩丝缠之。此二物蛟龙所惮。"曲依其言。今五月五日作粽并带楝叶五丝花,遗风也。也许是由于这个动人传说的推波助澜,端午节及其节日食品粽子的影响不断扩大,以至于中国的邻邦朝鲜、韩国、日本、越南、马来西亚等国也时兴过端午节并吃粽子。粽子的品种也因习俗、爱好的不同而不同,如形状有三角形、锥形、斧头形、枕头形等,馅心有火腿馅、红枣馅、豆沙馅、芝麻馅、肉馅等。这些品种众多的粽子不仅表达了人们对丰收的祈求、对先民的崇敬,也丰富了人们的饮食生活,客观上为人们幸福地生活创造了条件。

5. 中秋节

中秋节的时间是农历的八月十五,因它正好处于孟秋、仲秋、季秋的中间而得名。其主要节日食品是月饼。然而,中秋节的形成及其与月饼之间产生的对应关系却经历了漫长的历史过程。

秋天是收获的季节。面对丰硕的五谷和瓜果,中国人便产生了感激之情,感谢大自然的恩赐,而月亮既是大自然的杰出代表,又是中国人推算节气时令的重要依旧,于是据《周礼》记载周代就有了祭月、拜月活动。随后,在很长一段历史时期,人们都在中秋祭祀月神、庆祝丰收。到了隋唐时期,人们在祭月、拜月之际发现中秋的月亮最大、最圆、最亮,从而开始赏月、玩月,形成了以赏月、庆丰收为主要习俗的中秋节。唐人欧阳詹《玩月诗序》言:"八月于秋,季始孟终,十五于夜,又月之中。稽于天道,则寒暑均;取于月数,则蟾魄圆⋯⋯升东林,入西楼,肌骨与之疏凉,神气与之清冷。"在中秋这个良辰美景、赏心悦目之时,崇尚"民以食为天"的中国人自然会用美酒佳肴相伴,于是,出现赏月宴会。据史料记载，唐高祖李渊就曾于中秋之夜设宴，与群臣赏月。在这次赏月宴上，他与群臣一起分享了吐蕃商人进献的美食———一种有馅且表面刻着嫦娥奔月、玉兔捣药图案的圆形甜饼。这饼也许就是后世"月饼"的始祖，只是当时没有"月饼"的称呼，并且只是偶然食用，不具备普遍意义。到宋代时，中秋节赏月宴非常盛行，也有了"月饼"的称呼和品种。最早记载月饼的是宋代吴自牧《梦粱录》和周密《武林旧事》，但都未将月饼与中秋节联系起来。《梦粱录》在卷十六"荤素从食店"中列有月饼，说明它是市场面食品的一种；在卷四"中秋"则叙述了中秋节赏月宴的盛况："王孙公子，富家巨室，莫不登危楼，临轩玩月，或开广榭，玳筵罗列，琴瑟铿锵，酌酒高歌，以卜竟夕之欢。至如铺席之家，亦登小小月台，安排家宴，团圆子女，以酬嘉节。"

月饼成为中秋节的主要节日食品大约在元明时代。相传元末，人们不堪忍受残酷统治，朱元璋想乘机发动起义。为了统一行动，有人献计：将起义时间写在纸条上，藏入月饼中，人们在互赠月饼之时便得知。于是，起义得以成功，最终推翻了元朝统治。这一传说表明，中秋吃月饼的习俗在元朝已很普及。到明代，关于中秋吃月饼的习俗已有许多记载。明田汝成《西湖游览志余》卷二十"熙朝乐事"载："八月十五谓之中秋，民间以月饼相遗，取团圆之义。"《明宫史》言：此日"家家供月饼瓜果，候月上焚香后，即大肆饮啖，多竟夜始散席者。如有剩月饼，仍整收于干燥风凉之处，至岁暮合家分食之，曰团圆饼也。"此时，月饼至少已有两重意义：一是形如圆月，用以祭拜月神，表达对大自然的感激之情；二是饼为圆形，象征团圆，寄托人们对家庭团圆、生活幸福的祈求与渴望。正因为月饼蕴涵了丰富的文化意韵，才在以后的岁月里有了极大的发展。如今，月饼品种繁多，并形成了粤式、苏式、京式三大流派，影响深远。

6. 重阳节

重阳节，又称"重九节"，时间在农历的九月九日，因为《易经》有"阳爻为九"的记载，九为阳数，两九相重、日月并阳，故称"重九"或"重阳"。其饮食习俗是登高野宴，饮菊花酒、吃重阳糕。

重阳时节正值暮秋，一些地方的人们将它视为寒气新到的节点和夏冬交接的时间界限，农家的秋收基本结束，已经有时间休息娱乐了。重阳节的起源最初应是来自上古的自然崇拜，后来被赋予了趋吉避邪、养生长寿的主题，并且主要体现在登高野宴的习俗上。三国时曹丕在《九日与钟繇书》中言："岁月往来，忽复九月九日，九为阳数，而日月并应，俗嘉其名，以为宜于长久，故以宴享高会。"在重阳节登高野宴上，常有三大节日食品和物品，即菊花酒、重阳糕和茱萸佩。汉代《西京杂记》载："九月九日，佩茱萸，食蓬饵，饮菊花酒，令人长寿。"蓬饵是重阳糕的原型。《齐人月令》也记载道："重阳之日，必以糕酒登高眺远，为时宴之游赏，以畅秋志。酒必采茱萸甘菊以泛之，既醉而返。"关于重阳饮食习俗的来历，有两种传说，一是"孟嘉落帽"，二是"桓景避灾"，而后者影响更大。南朝梁人吴均的《续齐谐记》载，东汉年间，汝南的桓景随费长房游学。一天，费长房对他说："九月九日，汝南将有大灾，赶快通知家人缝制布囊，装入茱萸，然后将茱萸囊系在手臂上，登山饮菊花酒，此祸可免。"桓景依言照办，果然平安无事，傍晚回家时却发现鸡犬牛羊全部暴死。从此，世代相传，成为风俗。其实，就本质而言，菊花酒是用菊花杂和黍米酿制而成，菊花有清热解毒、明目祛风、滋阴益肾等食疗作用，能够切实地促进人体的健康长寿；而重阳糕多用新黍米制成，不仅用于尝新，更在于它的美好寓意，"糕"谐音"高"，是生长、向上、进步、高升等的象征，以此祈求生活顺利、幸福。吕原明的《岁时杂记》记载，宋朝人在九月九日天亮时，"以片糕搭儿女头额，更祝曰：愿儿百事俱高。"

7. 冬至节

冬至节的时间在农历的十一月中，常常是阳历的 12 月 21 ~ 23 日。其节日食品较多，主要有馄饨、羊肉、粉团等。

冬至是农历二十四节气之一，冬至前后也是大量贮藏农作物及其他食物原料的重要时期。《月令七十二候集解》言："十一月中，终藏之气至此而极也。"至此，一年的农事忙碌即将或已经结束，五谷满仓，牛羊满圈，该是人们初享劳动成果的时候了。因此，人们十分看重这个日子。许多研究者认为，大约在汉代，冬至就已成为一个节日。而魏晋之时，人们将其庆贺规模扩大，使之仅次于春节过年，又有"亚岁"之称。到唐宋时代，人们更加重视冬至节。《东京梦华录》载："十一月冬至，京师最重此节。虽至贫者，一年之间，积累假借，至此日更易新衣，备办饮食，享祀先祖。"这仿佛是春节过年的一次彩排、一次预演，民间又有"冬至如年"之说。

冬至的节日食品之一是馄饨，可食用又可祭祖。宋代《咸淳岁时记》载：冬至"店肆皆罢市，垂帘饮博，谓之做节。享先则以馄饨""贵家求奇，一器凡十余色，谓之百味馄饨"。吕原明《岁时杂记》言"京师人家冬至多食馄饨"。究其原因，《臞仙神隐书》言："（十一月）是月也，天开于子，阳气发生之辰，君子道长之时也，其眷属当行拜贺之礼，食馄饨，譬天开混沌之意，建子之说也。"冬至是阴阳交替、阳气发生之时，食馄饨暗寓祖先开混沌而创天地之意，表达对祖先、对大自然的缅怀与感激之情。此外，羊肉也是冬至的节日食品。《明宫史》卷四载，冬至节"吃炙羊肉、羊肉包、扁食、馄饨，以为阳生之义"。羊与阳同音，寓意阳气发生。同时，羊与"祥"通，古代常把"吉祥"写作"吉羊"。《汉元嘉刀铭》言："宜侯王，大吉羊。"因此，食羊又寓意吉祥，企盼生活吉祥幸福。

（二）其他节日食俗

中国是一个多民族的大家庭，除了汉族之外，55个少数民族也有自己独特的节日，他们的农祀节会、纪庆节日、交游节日共有270余种，而大部分节日都有相应的节日食俗。这里仅简要介绍其中一些影响较大、特色突出的节日及其食俗。

1. 开斋节

开斋节，是阿拉伯语"尔德·菲图尔"的意译，又称肉孜节，是回族、维吾尔族、哈萨克族、东乡族、撒拉族、柯尔克孜族、乌孜别克族、塔吉克族、塔塔尔族、保安族等信仰伊斯兰教诸民族的传统节日，时间在教历十月一日。

开斋节来源于伊斯兰教，是穆斯林斋戒一月期满的标志。按照伊斯兰教规定：教历每年九月是斋戒月，凡是成年穆斯林（除患病等情况）都要入斋，每日从黎明到日落之间不能饮食。这一月的开始和最后一天均以见新月为准，斋期满的次日即教历十月一日为开斋节，节期为3天。在开斋节的第一天早晨，穆斯林打扫完清洁、穿上盛装之后，就从四面八方汇集到清真寺参加会礼，向圣地麦加古寺克尔白方向叩拜，听阿訇诵经。整个节日期间，家家户户都要宰鸡羊、制作美食招待客人，要炸馓子、油香等富有民族风味的食品，互送亲友邻里，互相拜节问候，已婚或未婚女婿还要带上节日礼品给岳父拜节。

2. 古尔邦节

古尔邦节，在阿拉伯语中称为"尔德·古尔邦"或"尔德·阿祖哈"。"尔德"是节日之意，而"古尔邦"或"阿祖哈"都含有牺牲、献身之意，此节日又俗称献牲节、宰牲节。它同样是回族、维吾尔族、哈萨克族、东乡族、撒拉族、柯尔克孜族、乌孜别克族、塔吉克族、塔塔尔族、保安族等信仰伊斯兰教诸民族的传统节日，基本上与开斋节并重。其时间在教历十二月十日，即开斋节后的70天。

按照伊斯兰教规定，教历每年十二月上旬是教徒履行宗教功课、前往麦加朝觐的日期，在其最后一天（十二月十日）应宰牛、羊共同庆祝。这一习俗来自一个传说：相传先知易卜拉欣梦见真主安拉命令他宰自己的儿子作祭物，以考验他对安拉的忠诚。第二天，当他顺从安拉的命令、宰他的儿子时，安拉深受感动，派使者送来一只黑绵羊代替。从此，穆斯林就有了宰牲献祭的习俗，后来又有了宰牲节。节日的早晨，穆斯林也要打扫清洁、穿上盛装，到清真寺参加隆重的会礼，然后就是炸油香，宰牛、羊或骆驼，招待客人、相互馈赠。宰牲时有一些讲究，一般不宰不满两周岁的小羊羔和不满三周岁的小牛犊、骆驼羔；不宰眼瞎、腿瘸、割耳、少尾的牲畜。所宰的肉要分成三份：一份自己食用，一份送亲友邻居，一份济贫施舍。

3. 火把节

火把节，是彝族、白族、哈尼族、傈僳族、纳西族、普米族、拉祜族等少数民族的传统节日，因以点燃火把为节日活动的中心内容而得名，时间多在农历六月初或二十四日、二十五日，一般延续三天。

有研究者认为，火把节的产生与人们对火的崇拜有关，期望用火驱虫除害，保护庄稼生长。在火把节期间，各村寨用干松木和松明子扎成大火把竖立寨中，各家门前竖立小火把，入夜点燃，使村寨一片通明，人们还手持小型火把，绕行田间、住宅一周，将火把、松明子插在田边地角，青年男女还弹起月琴和大三弦、跳起优美的舞蹈，彻夜不眠。与此同时，人们杀猪、宰牛，祭祀祖先神灵，有的地区还要抱鸡到田间祭祀田公、地母，然后相互宴饮，吃坨坨肉、喝转转酒，共同祝愿五谷丰登。此外，各地也举行歌舞、赛马、斗牛等活动，并开设集市贸易。

4. 泼水节

泼水节,是傣族最隆重而盛大的传统节日,因人们在节日期间相互泼水祝福而得名。布朗族、德昂族、阿昌族也过此节日。傣语称此节为"比迈",意即为新年。其时间在傣历6月,大致相当于公历4月中旬,持续3~4天,第一天叫"宛多尚罕",意为除夕;最后一天叫"宛叭宛玛",意为"日子之王到来之日",即傣历元旦;中间的一两天称"宛脑",意为"空日"。

泼水节的起源与小乘佛教的传入密切相关,其活动包含许多宗教内容,但其主要活动泼水也反映出人们征服干旱、火灾等自然灾害的愿望。节日的第一天早晨,人们沐浴更衣后聚集到佛寺,用沙堆宝塔,听僧人诵经,泼水浴佛,接着便敲着铜锣、打着象脚鼓拥向街头、村寨,相互追逐、泼水,表达美好祝愿。所泼的水必须是清澈的泉水,象征友爱与幸福。在其余时间,人们还举行放高升、赛龙舟、丢包、跳孔雀舞、放火花和孔明灯等活动。节日期间,人们通常要摆筵席,宴请僧人和亲友,除酒、菜要丰盛外,还有许多傣族风味小吃。其中,毫咯素、毫火和毫烙粉是这时家家必作、人人爱吃的品种。毫咯素是将糯米舂细,加红糖和一种叫"咯素"的香花拌匀,用芭蕉叶包裹后蒸制而成。毫火是将蒸熟的糯米舂好,加红糖并制成圆片,晒干后用火焙烤或油炸,香脆可口。毫烙粉,是用一种名叫"烙粉"的黄色香花与糯米一切浸泡后蒸制成饭,色黄、香甜。

三、西方节日食俗的重要内容

(一)重要的宗教性节日及其食俗

在西方国家,围绕《圣经》的记载及信徒的活动而出现的许多基督教节日,有的是在信徒中自发形成的,但多数是教会规定的,它们几乎贯穿一年的始终。如一月有主显节,二月有瓦伦丁节即情人节、谢肉节也称狂欢节、封斋节,四月有复活节,五月有耶稣升天节、圣灵降临节,八月有圣母升天节,九月有圣母圣诞节,十一月有万圣节、万灵节、感恩节,十二月有圣诞节、悼婴节等。由于基督教拥有特殊而重要的地位,其信徒占西方国家人口的绝大多数,致使其中一些基督教节日在长期的历史发展过程中,因影响极大、涉及面极广而逐渐演变成全社会共同的节日，如狂欢节、情人节、复活节、万圣节、感恩节、圣诞节等。这些节日大多有与基督教相关的习俗，但不一定有特殊的节日食品。

1. 围绕耶稣基督经历、事迹的节日

（1）圣诞节

圣诞节是基督教为纪念耶稣诞生而设的节日，是西方国家最盛大、最神圣的节日，时间是 12 月 25 日。在其节日习俗中，除了宗教仪式，必不可少的还有圣诞宴会、圣诞树和圣诞老人等。

传说在很早以前的一个寒冷夜晚，一位年轻的童贞女受圣灵降孕，在耶路撒冷附近伯利恒的一个马棚里生下一名男婴。这位年轻的童贞女就是后来被基督教信徒们尊为"圣母"的玛利亚，这名男婴就是上帝耶和华之子——耶稣基督。这是《圣经》里记载的耶稣降生的事迹，但是在其中却没有明确记载耶稣诞生的具体时间。大约到公元 336 年，罗马教会开始在 12 月 25 日守此节，因为后世学者在罗马基督教徒所用的历书中发现，其公元 354 年 12 月 25 日页内记载着"基督降生在犹大的伯利恒"。这种说法大约在公元 375 年传播到安提阿，公元 430 年传播到亚历山大里亚。到公元 5 世纪，西方国家普遍接受了这个日期为耶稣诞生日，并举行庆祝活动加以纪念。经过漫长的历史发展，圣诞节从一个宗教节日演变成西方国家全民性的重大节日，也注重合家团聚、热闹欢乐，类似于中国的春节。

圣诞节的庆祝活动从 12 月 24 日开始。这时，从公共场所到个人家中都摆着圣诞树，上面挂满各种礼品、玩具、彩球、彩灯等。人们认为，圣诞树是吉祥快乐、生命永恒的象征。到了晚上即圣诞前夜，基督徒们走进教堂作弥撒，唱圣诞歌，诵赞美诗等。当午夜 12 点时，大小教堂的钟声齐鸣，以庆贺耶稣诞生、圣诞节到来。这一晚上最兴奋、最怀有希望的是孩子们，因为他们盼望着夜深人静时，圣诞老人从烟囱进来，送给他们糖果、玩具等礼物，而他们也会在放一些食物给圣诞老人做夜宵。第二天，人们依然去教堂作弥撒，再参加娱乐性庆祝活动。

圣诞宴会是圣诞节的重要习俗，是家庭团聚的宴会，但举行的时间和节日食品不一定相同。如意大利、法国等是于圣诞前夜举行家庭宴会，类似中国的"年夜饭"。意大利人是先吃"年夜饭"，主要食品有金枪鱼、蛤蜊、墨斗鱼及果仁饼等，然后去教堂作弥撒；法国人是弥撒结束后才回家慢慢享用圣诞晚餐，主要食品有鹅肝酱、栗子火鸡、松露菌和蛋糕、香槟酒等。而英国的圣诞宴会是在圣诞节中午举行。当人们作完弥撒后就回到家中，参加圣诞午宴。宴会餐桌上常见的食品有烤火鸡、圣诞节布丁和百果馅饼。烤火鸡是哥伦布发现新大陆、航海家从墨西哥带回火鸡以后才成为英国圣诞节食品的，在此之前则长期由野猪头和烤孔雀充当。圣诞布丁是由葡萄干、苹果、果皮蜜饯及香料、少许白兰地等为原料蒸或烤制而成的布丁，通常在布丁顶部要插一个冬青树枝作装饰。百果馅饼是用多种果干为馅烘烤成的油酥面饼。值得注意的是，多数国家的圣诞宴会上，当全家人围桌而坐时，都必须多放一把椅子，空一个座位，因为这是给"主的使者"耶稣准备的。宴会结束后人们便围着圣诞树尽情唱歌跳舞，热烈欢快。

（2）狂欢节

狂欢节是基督教"谢肉节（Carnival）"的世俗化称呼。Carnival 源于拉丁语 Carne Vale，意思分别为"肉"和"再见"，即在大斋期的禁食之前向肉告别。它的时间大多在阳历二月中，一般开始于封斋节的前三天，节期为 3 天。其习俗主要是举行各种宴饮娱乐活动如大型舞会等，尽情欢乐。

最初，教会规定封斋节期间禁止食肉和娱乐，教徒们便自发地赶在封斋开始之前举办各种宴饮娱乐活动，以这种特殊的方式宣布即将暂时告别肉食，称为"谢肉"。"谢"即为辞别、告别之义。由于人们在宴饮活动中可以尽情狂欢，故又称此活动为"狂欢"活动。到公元 15 世纪，罗马教皇保罗二世下令于封斋节前三天举行庆祝活动，教徒们高歌狂舞，使罗马城沉浸在欢乐之中。从此，狂欢节便作为一个节日被正式确定下来，并逐渐在西方及其他国家流传开来。如今，狂欢节已成为世界上众多国家和民族不可缺少的盛大节日。

由于狂欢节的缘起与教会封斋时禁止肉食和娱乐的规定密切相关，加上二月正是冬去春来、值得庆贺之际，因此其习俗便离不开肉食和娱乐两方面。但对于大多数国家而言，其习俗是以娱乐为主、饮食为辅，并且随着时间的推移，宗教色彩日益淡化，世俗的庆贺色彩不断增强。如在意大利的威尼斯，人们不但在家中宴饮欢歌，而且穿着奇特的服装，戴着面具或脸上涂着各种色彩，踩着高跷到大街上，模仿各种人或动物的姿态，尽情欢乐。在市中心的圣马可广场，穿盔甲的年轻人手持长矛，表演着春天战胜冬天、生命战胜死神的剧目。最后，人们点火烧毁"冬天的形象"。许多点心店则特别制作一些面具糕点，供应顾客；一些饭店、酒吧还制作各种面具饼干挂在墙上，象征生活开始新的起点。除了威尼斯，意大利小镇维亚蕾焦与法国的尼斯、德国的科隆一起被赞誉为欧洲狂欢节的中心。尽管如此，把狂欢节娱乐推向巅峰的是巴西。如今，巴西有"狂欢节之乡"的美称，而这几乎与饮食无关，却与独特娱乐性有关，有规模盛大且十分精彩的桑巴舞表演。随着紧张欢快的旋律和铿锵有力的节奏，舞蹈者如痴如醉、激昂亢奋地抖动着身上的每一块肌肉，观赏者不仅向表演者投掷带有祝福与助兴的彩纸、花絮，也跟随舞动、欢呼雀跃。巴西人常说："没有桑巴舞，就没有狂欢节。"

然而，也有在狂欢节时将饮食与娱乐巧妙结合的。如在奥地利，维也纳国家歌剧院的狂欢节舞会便是典范。1877 年，著名音乐家约翰·施特劳斯及其弟弟在该歌剧院首次举办了有美食相伴的狂欢节舞会，他们把舞台和观众席变成大舞池，把各层小房间布置成餐厅、酒吧，提供各种食品、葡萄酒，人们穿着华贵服装，在优美的圆舞曲中翩翩起舞、享受美食，欢乐无比。从此，每年狂欢节时，维也纳国家歌剧院都不得不举行狂欢舞会，因为它已为数不胜数的人们所喜爱。

（3）复活节

复活节是基督教为纪念耶稣"复活"而设的节日，是西方国家仅次于圣诞节的第二大节日，时间大多在 3 月 22 日至 4 月 25 日之间。在其习俗中，既有宗教仪式，也有彩蛋等特殊的节日食品。

据《圣经》载，耶稣在去耶路撒冷参加犹太教逾越节时受难，于星期五被钉死在十字架上，到第三天即星期日又复活升天了。基督教教会为此设立复活节以示纪念。但由于各地教会历法不同，古代复活节的日期也因地而异。到公元 325 年，罗马帝国的尼西亚教士会议规定：每年春分月圆后的第一个星期日为复活节。若以阳历而言，每年春分在 3 月 20—22 日，则复活节最早在 3 月 20 日，最迟在 4 月 25 日。此外，基督复活日正值古代斯堪的纳维亚地区居民庆祝大地回春的"春太阳节"，于是复活节逐渐取代了它而成为西方社会影响极大的节日。

复活节是教会为纪念耶稣而设，因此一直有宗教纪念活动，或始于节日前夜，或始于复活节早晨。与此同时的是吃彩蛋和滚彩蛋活动。鸡蛋在西方国家被认为是新生命和兴旺发达的象征，是基督复活、走出坟墓的象征，而把鸡蛋染成红色则象征基督用自己的鲜血和生命为人类赎罪，因此在每个家庭的复活节早餐桌上少不了彩蛋。有时，家长们也把它们藏起来，让孩子们去找。最初的彩蛋是真鸡蛋煮熟后染成的，但后来更多的是巧克力制作的假蛋，中间装有巧克力或其他糖果，现在甚至演变成艺术品，出现了陶瓷彩蛋、金属彩蛋、宝石彩蛋。彩蛋的吃法有两种，一是直接食用，但更受欢迎的是通过滚彩蛋比赛食用，将食与乐与纪念结合在一起。如在英国北部、苏格兰等地，人们常到斜坡上，各自把彩色煮鸡蛋做上记号滚下坡去。谁的蛋先破，就被别人吃掉。谁的蛋最后破，谁就获胜。若彩蛋完好无损，则预示主人会有好运。在这项活动中，输赢并不重要，重要的是人们在滚与吃的过程中获得了乐趣。到了晚上，许多家庭都要举行复活节晚宴，常常有烤羊肉和熏火腿。因为羔羊是祭祀上帝的祭品，猪则是幸运的象征。但是，总体而言，在复活节习俗中，虽有节日食品，虽有吃喝，还是以玩乐为主。

（4）圣灵降临节

圣灵降临节，是为纪念圣灵降临而设的节日，时间在复活节以后的第 50 天，大约在 5 月下旬，因此也称五旬节。在其习俗中，既有宗教活动，也有饮食活动。

据《圣经》记载，耶稣复活后在第 40 天"升天"，到第 50 天时差遣圣灵降临，门徒们领受圣灵后开始传教。各地庆祝圣灵降临的方法虽然有所不同，但大致内容是一致的，即到教堂作弥撒、聚餐，演出取材于《圣经》故事的节目，或举行游乐与体育活动，为慈善事业募捐等。教堂则向人们投掷面包和干酪。有的地方还会在这一天屠宰一只小羊，抬着游行、跳舞，然后将小羊烤熟，把肉卖给参加活动的人。据说这是因为该地过去没有水源，在人们祈求上天之后便出现了一道甘泉，于是，他们就宰杀小羊来感谢。

2. 围绕信徒事迹的节日

（1）情人节

情人节，又称"圣瓦伦丁节"，是为纪念基督教圣徒瓦伦丁而设的节日。它的时间在 2 月 14 日，主要习俗是青年男女之间互相赠送鲜花、贺卡和巧克力。

关于情人节的来历，说法不一，但最主要的一种是为了纪念早期教会的两位瓦伦丁：一是纪念罗马的修士瓦伦丁。相传公元 3 世纪，罗马帝国皇帝克劳狄乌二世当政时战争频繁，他下令所有适龄男子都必须参军，并禁止全国举行结婚典礼，甚至要求已婚夫妇解除婚约。一位德高望重而虔诚的罗马修士瓦伦丁不愿看到一对对伴侣生离死别，便为许多情侣秘密地主持结婚典礼，并带头反抗罗马统治者对基督教信徒的迫害，最后被捕入狱，在公元 270 年 2 月 14 日被处死。临刑前，他给典狱长的女儿写了一封信，表明自己的心迹和对她的一片情意。后来，罗马教会将瓦伦丁定为圣徒，将这一天定为情人节以表纪念。二是纪念意大利特尔尼的主教瓦伦丁。他也生活在公元 3 世纪的同一时期，总是为到教堂附近的情侣送上洁白的花朵。人们认为，这些花朵象征着纯洁、忠诚，得到他的花朵就意味着得到了婚姻的保证。在供不应求的情况下，他不得不规定只在每年的 2 月 14 日发放。虽然皇帝下令禁止婚典，他也没有停止发放花朵、促成婚姻，最终被捕入狱而死。后来，瓦伦丁主教被封为殉道的圣人，2 月 14 日被定为情人节。此外，有学者认为，情人节应该上溯到古罗马的牧神节。相传古罗马人每年的 2 月 15 日都要祭祀牧神，以缅怀他的功绩。在这一天，未婚男子可以从一个装有许多未婚女子名片的签筒中抽取一张名片，被抽到的那位姑娘就是他的情人。后来，罗马教会禁止举行异教的牧神节，但是这一传统节日的庆典活动却一直流传着，便逐渐将时间改到 2 月 14 日，而这一天正好是圣瓦伦丁节，于是就合二为一。到 19 世纪时，情人节已经是西方国家以及世界许多地区的年轻人最喜欢、影响非常大的浪漫节日。1863 年，美国内战时期的一位编辑说："除了圣诞节，再没有什么节日像情人节那样更能吸引全球人的兴趣了。"

情人节是青年男女之间互相赠送礼品、表达心意的节日。其中，最具象征意义的信物是鲜花、贺卡和巧克力。在公元 17 世纪时，法国国王的女儿在这一天举行盛大的庆祝活动，所有被选中的女士都从她们的男友那里获得了一束鲜花。从此以后，鲜花就一直是情人节的信物。如今，作为信物的鲜花更具体为玫瑰，巧克力则因其甜美而受到特别的青睐。

（2）万圣节

万圣节，又称"鬼节"，是公元 9 世纪教会为纪念基督教信徒而规定的一个节日，时间在 11 月 1 日，主要习俗是举行盛大化装游行和舞会，制作南瓜灯等。

万圣节的纪念活动从 10 月 31 日晚上开始，称为"万圣节前夜"。早在两千多年以前，居住在英国和法国的凯尔特人就在每年的 10 月 31 日为"死亡和黑暗之神"举行纪念活动。他们相信，在这一天晚上，死者的亡灵会从坟墓里出来享用亲人奉上的祭品，善良的鬼魂可以与亲人团聚，而恶魔也会出来捣乱。于是，凯尔特人在这天晚上要准备许多美味佳肴，还打扮成鬼怪模样，戴上面具，在野外燃起篝火尽情欢乐，一方面让亲人的亡灵来吃喝，一方面驱赶恶魔。这便是凯尔特人的"鬼节"。公元 4 世纪以后，基督教将这一广为流传的民间节日纳入信仰范畴，以纪念基督教信徒。公元 9 世纪，教会又将凯尔特人的"鬼节"后的次日即 11 月 1 日定为"万圣节"。后来，这两个节日逐渐被欧洲的基督教信徒合而为一，万圣节取代了凯尔特人的"鬼节"，并且从欧洲传到美洲。如今，万圣节与过去的鬼节大不相同，虽然也点燃篝火、火把驱赶妖魔，但更主要是举行盛大化装游行和舞会，人们想方设法地装扮自己、尽情玩乐，尤其是孩子，常常打扮成鬼精灵模样随心所欲地索要礼物尤其是糖果，并且声称"不给糖就捣乱"。在有的国家，一些人喜欢把大南瓜掏空，在瓜皮上雕刻各种各样的鬼脸，做成南瓜灯，摆在家门口，家中则摆放各种糖果招待戴着面具的孩子。

与万圣节习俗和意义相似的还有一个节日即万灵节，也称"诸圣节"或"诸圣瞻礼"，最初是为了纪念众多殉道的基督教圣徒而设的，后来逐渐扩大到纪念所有得救的圣徒。它的时间通常在 11 月 2 日，人们在家中常常准备许多糕饼等食物让亡灵回家吃喝。

（3）感恩节

感恩节是美国特有的最古老的节日，由移居北美大陆的第一批英国清教徒所创。它的时间在 11 月的最后一个星期四，主要节日食品有火鸡和南瓜馅饼等。

相传在 17 世纪以前，英国有一批清教徒因改革理想无法实现，脱离英国国教，建立自己的教会，由此受到迫害和歧视。为寻求自由、摆脱迫害，有 102 名清教徒在 1620 年 9 月乘"五月花"号船横渡大西洋，到达美国马萨诸塞州的普利茅斯港定居，一个冬天过后只有 50 余人活下来。在印第安人的帮助下，他们学会了狩猎、捕鱼、种植玉米和荞麦等，在 1621 年秋天获得了丰收。他们认为这些是上帝赐予的恩惠，应该感谢上帝。于是，在 11 月下旬的一天，他们举办大型宴会，用收获的南瓜、玉米制成南瓜馅饼和玉米面包，用猎取的野火鸡和野鸭烧烤成菜，并邀请印第安人共同享用，一同庆祝丰收，感谢上帝。庆祝活动进行 3 天，第一天是宴饮，后两天是摔跤、赛跑、射箭比赛，晚上是篝火晚会。1621 年 12 月，英国移民爱德华·温斯洛在给他朋友的信中记载了当时的情形："我们的庄稼已经开始收获。总督派四个人前去狩猎。如此一来，在收获了辛勤劳动的果实之后，我们就可以通过比较独特的方式欢庆一番。他们四个人在一天之内猎获的野味就足够大家吃上近一个星期了。在此期间，除了娱乐之外，我们还练了武器，许多印第安人也加入进来，包括伟大的头领马萨索特和其他大约 90 人。我们用盛筵招待了他们三天。"这便是北美大陆上的第一个感恩节，因为宴会以烤火鸡为主，又称为"火鸡节"。自此，感恩节年复一年地举行，逐渐成为全国性节日，但各地时间不一。到 1863 年，林肯总统在白宫宣布 11 月最后一个星期四为感恩节，号召美国人共同为美国的繁荣而努力。

烤火鸡和南瓜馅饼作为感恩节的节日食品是与生俱来的，一直不可缺少。因为它们不仅能使人追忆祖先创业的艰辛、感谢上帝恩泽，还能激励今人进一步创造更加幸福美好的生活。与当初不同的是，如今的火鸡大多是人工饲养的，并且人们知道火鸡肉质鲜嫩清淡、营养价值很高。据报道，美国每年饲养上亿只火鸡，其中大约有三分之一用于感恩节的餐桌，可见人们对它的喜爱。

（二）西方的其他节日

在西方国家，除了大量的宗教节日外，还有一些与宗教无关或没有直接关系的其他节日，如母亲节、父亲节、愚人节，更有一些与食物紧密相关的节日，如酒神节、葡萄酒节、啤酒节、辣椒节和苹果节、黄瓜节、葡萄节、南瓜节，等等。而在当今与食物紧密相关的节日中，啤酒节和辣椒节是最具特色、最著名的。

1. 啤酒节

啤酒节是德国的传统节日，最有名的是慕尼黑啤酒节。它起源于 1810 年 10 月 12 日。那时，为庆祝皇太子路德维希一世和萨克森王国特雷西亚公主的婚礼，市民和骑士在慕尼黑郊外的草坪上举行各种游戏和赛马活动。后来，每年举行一次庆祝活动。因慕尼黑的 10 月经常刮风下雨，就改在 9 月底到 10 月初，一共 14 天。

在节日的第一天中午 12 点整，礼炮响 12 次，在欢快的《畅饮曲》中，慕尼黑市长用大木槌将一个黄铜水龙头打进木制啤酒桶里，啤酒迅速流出来，市长接满第一杯酒，献给巴伐利亚州总理，然后举起第二杯，与参加盛会的人们一起痛饮。节日活动的主要地点在黛丽比草场，街头也人流如潮，酒厂的骏马载着装满古香古色木酒桶的马车，穿行在人群之中。啤酒亭里，乐队吹奏着动听的乐曲，侍者端着酒杯在餐桌间穿梭，人们开怀畅饮，尽情享受美酒带来的快乐。如今，吸引了越来越多的世界各地游客参与其中，带来可观的消费和收入。据报道，在2013年为期14天的慕尼黑啤酒节期间，接待了大约700万来自全世界的客人，现场消费600万升啤酒、50万只烤鸡、160头牛，商户的整体销售额达到4亿欧元，为整个城市带来10亿欧元规模的经济价值。

2.辣椒节

辣椒节是美国的著名节日。每年的9月5—6日，美国的新墨西哥州哈奇城都要举办辣椒节。在9月5日上午，通常要组织对辣椒品种的鉴定，举行以辣椒为主要原料的烹调比赛。评判员在品尝辣椒酒和辣椒菜肴后选出优胜者。在比赛中获奖的这些优秀菜品，不仅要汇集到《哈奇辣椒节食谱》中，还要在当天中午的餐厅里开始供应。在节日的最后，人们将从青年女子中选出"辣椒女王"，评比依据是参赛者的沉着和讲话能力。节日活动的组织者常常还要举办一次大约有6 000人参加的午餐招待会，需要近454千克辣椒。

第三节　中西人生礼俗

一个人从出生到去世，必须经过许多重要的阶段，而其中最重要的阶段通常被称为人生的里程碑。在跨越人生的每一个里程碑时，人们都会用相应的仪礼加以庆祝或纪念。人生礼俗即人生仪礼与习俗，就是指人的一生中在各个重要阶段通常举行的不同仪式、礼节以及由此形成的习俗。

一、中西人生礼俗的特点

（一）中国人生礼俗的特点

在独特思想观念和价值取向即幸福观的直接影响下，中国传统的人生礼俗有着显著的特点，那就是以饮食成礼，祝愿健康长寿。

就思想观念与价值取向而言，中国人对生命的追求以健康长寿为目的，偏重于生活数量，却不太注重有时甚至忽视生活质量。健康是人最基本的追求，因为没有健康的身体而导致失去生命，一切便无从谈起。但除此之外，中国的幸福观还有什么内容呢？长期以来，中国是以农业为主的国家，整个国家、社会是由无数个聚族定居的家族构成的，国家、社会的稳定与繁荣依赖于家族，而家族的稳定与繁荣又与人口数量和个人的长寿密切相关。儒家在政治上提倡修身、齐家、治国、平天下，称"天下如一家，中国如一人"，说明了个人、家庭、家族、国家的密切关系即家国同构，而这种关系必然存在于经济生活中。只有个人长寿，才可能人丁兴旺、家族繁盛，也才可能有社会的繁荣，由此从个人到家族乃至国家才能得到幸福，于是，在以农业为主的中国，人们常将福与寿相连，视长寿为幸福，更偏重生活的数量。在《尚书·洪范》最早提出的幸福观"五福"（五种幸福）中有三福与寿直接相关："一曰寿，二曰富，三曰康宁，四曰攸好德，五曰考终命。"汉代郑玄注言，"康宁"即"无疾病"。"考终命"即"各成其短长之命以自终，不横夭"。高成鸢先生在《中华尊老文化探究》中分析指出，"寿"这一概念有狭义、广义之分：狭义的寿是指个人的长寿；而广义的寿是指血缘群体的寿昌即家族的繁盛。因此中国人尤其是对老人从古至今最常用的生日祝语是"福如东海，寿比南山"。

那么，怎样实现这些思想观念和价值取向、达到其人生目的呢？中国人认为最主要的一个方式是通过饮食来实现。《管子》言"王者以民人为天，民人以食为天"，《尚书·洪范》称"食为八政之首"，将饮食与治国安邦紧密联系，而人的长寿更需要饮食做保证。寿字用作动词，是祝人长寿之意，通常是通过献酒来祝愿。《诗经·七月》言："为此春酒，以介眉寿。"《史记·高帝纪》载：

"高祖奉玉卮，起为太上皇寿。"因此，中国人在人生礼俗上更多地表现为以饮食成礼。

（二）西方人生礼俗的特点

在独特思想观念和价值取向即幸福观的直接影响下，西方人的人生礼俗有着显著的特点，那就是以宗教成礼，祝愿健康快乐。

就思想观念与价值取向而言，西方人对生命的追求以健康快乐为目的，偏重于生活质量，却不太注重有时甚至忽视生活数量。健康是人类最基本的追求，因为没有健康的身体而导致失去生命，一切便无从谈起。但除此之外，西方人的幸福观还有什么内容呢？在西方国家，最初多以畜牧业为主，逐水草而居是其主要的生活方式，在不断的迁徙转移中，衰老者常常因冬季难以跋涉而成为不得不丢弃的负担（英国·马林诺斯基《人类文明的演进》），后来工商业得到迅速发展，更需要的是年富力强和充满朝气、锐气与活力、创造力的中青年，老人的处境和作用有所改善，但并没有实质性的变化，不可能像在以农业为主的国家中成为家庭、社会稳定与繁荣的核心，因此很少有人把长寿视作幸福，他们始终认为生活快乐才是幸福，更加重视生活的质量。古希腊哲人亚里士多德在《伦理学》言："常见以为福者，可以见闻之事，如快乐、富裕、名望是也。"高成鸢先生《中华尊老文化探究》中也指出："西方幸福观以快乐为核心，福 (Happiness) 即以乐 (Happy) 为词根。"这种幸福观延续至今。于是，西方人无论男女老幼最常用的生日祝语是"生日快乐"，不讲长寿，不说子孙发达，唯一的祝愿就是快乐。

那么，怎样实现这些思想观念和价值取向，达到人生目的呢？西方人认为最主要的一个方式是通过宗教来实现。西方受基督教传播并逐渐渗透的广泛影响，许多人认为人类始祖因偷吃禁果、被逐出伊甸园，每个人生来就有原罪，一生之中还会有或多或少的罪恶，只有通过信仰上帝、始终遵循基督教礼仪，不断地忏悔、赎罪，才能得到上帝的恩宠、赦免罪恶，得到自我心灵的净化与快乐，而一生所遵循的基督教礼仪除祈祷、祝福、守斋之外，还有由耶稣亲自规定的七大礼仪，即七大圣事、圣礼，包括洗礼、坚振、圣餐、告解、终傅、神品、婚姻等。其中洗礼、婚姻、终傅等礼仪处于人生最重要的阶段，因此大多数西方人在人生礼俗中不看重饮食而看重宗教，常常是以宗教成礼。

二、中国人生礼俗的重要内容

中国人生礼俗的内容十分丰富，这里仅介绍其中最重要的部分即诞生礼俗、结婚礼俗、寿庆礼俗、丧葬礼俗，并且以汉族的人生礼俗为主，兼叙一些少数民族的人生礼俗。

1. 诞生礼俗

新生命降临人世，是一件可喜可贺的事，中国人重要的庆贺仪式是办三朝酒、满月酒等宴会，许多地区还有抓周、认干亲等活动。这些宴会和活动既充满喜庆气氛，也寄托着亲友们对幼小生命健康成长的希望和祝福。

在中国，婴儿诞生的第三天要举行仪式及庆贺宴会，孩子的外婆与亲友常带着鸡、鸡蛋、红糖、醪糟等食品前来参加。首先要为婴儿洗澡，称为洗三，常在浴盆中放喜蛋、银钱等物，并用蛋在婴儿头上摩擦，以求不长疮疖。然后举行宴会，称为"三朝宴"或"三朝酒"，古代也称为汤饼宴，共享欢乐。清代冯家吉《锦城竹枝词》描写道："谁家汤饼大排筵，总是开宗第一篇，亲友人来齐道喜，盆中争掷洗儿钱。"汤饼即面条。它在唐代时通常作为新生婴儿家设宴招待客人的第一道食品。清朝以后，"三朝"的重要食品不再是面条，而是鸡蛋。在汉族地区，孩子的父母面对前来祝贺的亲友，总是会请他们品尝醪糟蛋或红蛋。而在少数民族地区则有所不同。如侗族讲究"三朝喜庆送酸宴"，宴会上所有的食品都是腌制的，有酸猪肉、酸鱼、酸鸡、酸鸭等荤酸菜，也有酸青菜、酸豆角、酸辣椒、酸黄瓜等素酸菜。

婴儿满月时也要举行宴会，称为"满月酒"。清代顾张思《风土录》载："儿生一月，染红蛋祀先，曰做满月。案《唐高宗纪》：龙朔二年（公元662年）七月，以子旭轮生满月，赐酺三日。盖始于此。"满月设宴的习俗从唐代开始，延续至今。宴会的宾客是孩子的外婆及其他亲友，其规格和档次视经济条件而定。在汉族地区，有的富贵人家还于此日设"堂会"表演歌舞，花费极大，俗语言"做一次满月，等于娶半个媳妇"。而在一些少数民族地区，也有做"满月酒"的习俗。如白族人在婴儿满月时，孩子外婆及其他亲友总要带上一篮子鸡蛋作为礼物去探望，而孩子的父母或祖母则会用红糖鸡蛋和八大碗招待宾客。无论如何，做"满月酒"的一个重要目的都是希望孩子能带着许多祝福健康成长。有的人家到了婴儿满 100 天时还要举行宴会，称为"百日酒"，象征和祝愿孩子能长命百岁。

当孩子满一周岁时，许多地方则要举行"抓周"礼，以孩子抓取之物来预测其性情、志向、职业、前途等。北齐颜之推《颜氏家训·风操》言："江南风俗，儿生一期（一年），为制新衣，盥浴装饰，男则用弓矢纸笔，女则刀尺针缕，并加饮食之物及珍宝服玩，置之儿前，观其发意所取，以验贪廉愚智。"这种习俗至今仍然存在，但其性质大多已由预测转为游戏了，并且与孩子周岁庆宴同时进行，更看重欢乐与热闹。

此外，许多地方还有给孩子认干亲、拜保保以保健康、免灾难的习俗。在汉族地区，认干亲、拜保保，即给孩子选定一位干爹或干妈，保佑孩子能健康成长。通常是孩子的父母事先与所选之人商量好后再举行仪式。届时，父母在家中先让孩子给所选之人行礼，正式拜干亲；而干亲则给孩子再取一个新名，如富贵、三元等吉祥之名，并送给孩子有象征意义的礼物，如碗筷象征孩子将来饮食无忧，文具象征孩子将来能读书成才。然后父母摆出准备好的酒菜宴请干亲，以此确认干亲关系，保佑孩子健康成长。在一些少数民族地区，也有类似的习俗。如壮族就讲究认"踏生父母"。当孩子出生后，第一个走进孩子家的成年人被认作孩子的"踏生父"或"踏生母"，成为孩子的保护人。以后，如果孩子生病，就把孩子抱到踏生父母家喂饭，并取回一只鸡蛋、一把米，目的是为孩子消除灾病。

2. 结婚礼俗

孩子长大到成婚年龄后，婚配受到家庭的高度重视。在古代很长的历史时期内，人们是通过举行婚礼来宣布和确认婚姻关系的，现在虽然只需通过法律登记即可确认婚姻关系，但许多人仍然要举行婚礼。而中国人在举行订婚和结婚典礼时都要举办宴会及相应仪式，以饮食成礼，并祝愿新人早生儿女、白头偕老。

据傅崇榘《成都通览》载，清末民初的成都人在接亲时要举行下马宴，送亲时要举行上马宴，举行婚礼时设喜筵，婚礼过后还要设正酒和回门酒、亲家过门酒，"一俟男家礼成，始折柬请女家，谓之正酒。次日女家又转请男家，谓之回门酒"，然后"两亲家于喜筵正酒毕后复择吉期又宴，宴时会亲，谓之亲家过门"。在这些宴会中最隆重的是婚礼时举办的婚宴，人们以各种方式极力烘托热闹、喜庆的气氛，表达对新人新生活的美好祝愿。旧时的婚宴礼仪繁多且极为讲究，从入席安座、开座上菜，到菜点组合、进餐礼节，甚至席桌布置、菜点摆放等都有整套规矩。新郎新娘在拜堂成亲后不但要向来宾敬酒，而且要饮交杯酒。如今的婚宴多在餐厅、饭店举行，多上象征喜庆的红色类菜肴和色、味、料成双的菜肴，并且常以鸳鸯等命名，旨在祝愿新人白头偕老。而除了这个祝愿之外，人们还祝愿新人早生子女尤其是儿子。因为许多中国人认为，养儿不仅能防老，而且能使家族兴旺。中国南方在婚礼上有让新娘吃枣、花生、桂圆、栗子的习俗，谐音"早生贵子"。在北方有让新娘吃"子孙饺子"的习俗。据尚会鹏《中原地区的生育婚俗及其社会文化功能》言，在基本保持着中国传统社会文化特征的河南开封附近的西村，"多生孩子，多生男孩子，多生有出息的男孩子"作为主题在西村人的婚俗中被反复强调，饺子和枣因其寓意怀孕生子而成为必需的品种。新娘的嫁妆中有饺子，铺床时枕头中要放枣子，婚宴结束时新娘要单独吃半生半熟的饺子，取生熟的"生"与生育的"生"同音同字之意，由此达到祝愿新人早生贵子的目的。

　　汉族的结婚礼俗是隆重而热闹的，少数民族的婚俗则是五彩缤纷的。阿昌族人在接亲时，新郎要在岳父家吃早饭，并且必须使用一双长1.6~2米的特制竹筷，夹食特制的花生米、米粉、豆腐等菜，旨在考验新郎的沉着、机智。东乡族人举行婚礼时，要由女方家设宴款待新郎和其他人。宴会进行过程中，新郎要到厨房向厨师致谢，并且"偷"走一件厨房用具，以示"偷"取了新娘家做饭的技术，可以使新娘心灵手巧，使新的家庭无饥馑之虞。而少数民族的婚俗中最多的是唱歌迎亲、接亲了。壮族人在女子出嫁时，常常要在家门口和闺房门口分别摆十二碗酒，接亲者要通过不断唱歌，而且要唱得好，才能一碗一碗地把酒撤下，直到撤了所有的碗，才能接走新娘。畲族人在结婚时要由娘家操办婚宴，但席桌上最初是空的，必须通过新郎唱歌才能上所需之物。要筷子，则唱"筷歌"；要酒，唱"酒歌"；要各种菜肴，则唱相应的歌。当宴会结束后，新郎还必须唱一首一首的歌，把席上的空碗盘等一件件地唱回去，这样才能与新娘行交拜礼。无论少数民族的婚俗是怎样的千姿百态，也与汉族婚俗一样，有着共同的目的，那就是祝愿新人家庭兴旺、白头到老。

3. 寿庆礼俗

中国人非常重视生日，每一个生日都有或大或小的庆祝活动和仪礼，而祝愿长寿是这一系列活动和仪礼的重要主题。从寿面、寿桃到寿宴，气氛庄重而热烈，无不寄托着对生命长久的美好愿望。

所谓寿面，其实是指生日时吃的面条，古时又称"生日汤饼""长命面"。因为面条形状细长，便用来象征长寿、长命，成为生日时必备的食品。不论达官显贵还是平民百姓，也不论男女老幼，都要在生日时吃寿面。《新唐书·后妃传》载，王皇后因不受玄宗宠爱，曾哭着说："陛下独不念阿忠脱紫半臂易斗面，为生日汤饼邪？"阿忠是王皇后的父亲，她用父亲脱衣换面为玄宗做寿面的事感动玄宗，可见在唐代连皇帝过生日也要吃寿面。清代慈禧太后过六十岁生日时孔府七十六代孙孔令贻的母亲和妻子还专门进献寿面。生日时吃寿面的习俗延续至今。因为寿面象征长寿，所以其吃法就比较讲究，必须一口气吸食一箸，中途不能把面条咬断，一碗面条要照此方法吃完，否则便不吉利。

所谓寿桃，是用米面粉为原料制作的桃形食物，一般为客人送的贺礼。为什么要做成桃形，是有原因的。汉代东方朔《神异经》言："东北有树焉，高五十丈，其叶长八尺，广四五尺，名曰桃。其子经三尺二寸，小狭核，食之令人知寿。"即吃了这种直径长三尺二寸的桃子可以聪明、长寿。后来，又将它称为蟠桃、寿桃。明代杂剧《蟠桃会》言："九天阊阖开黄道，千岁金盘献寿桃。"然而，这种桃毕竟是传说之物，现实中难觅踪影。于是，人们用米面粉制作桃形食品，以象征长寿。清代孔府向慈禧太后进献的生日贺礼"百寿桃"，就是用面粉制作的饽饽四品之一。

寿宴，又称"寿筵"，是生日时举办的庆祝宴会。孔子《论语》言："三十而立，四十而不惑，五十而知天命。"中国人常常在中年以后开始做寿，举办寿宴，尤其重视逢十的生日及宴会，有贺天命、贺花甲、贺古稀、贺欺颐等名称。寿宴上有很多讲究，将宴饮与拜寿相结合，祝愿中老年人健康长寿、尽享天伦之乐。其菜品常用象征长寿的六合同春、松鹤延年等，也常用食物原料摆成寿字，或直接上寿桃、寿面来烘托祝愿长寿的气氛。参加宴会的宾客除带寿桃、寿面作为贺礼外，还可以带其他贺礼。《成都通览·贺礼及馈礼》载，当时祝寿的礼物还有寿帐、寿酒、鸡、鸭、点心、火腿等。如今的寿礼则有所不同，多为保健品如药酒、药茶等，更加注重以食疗来养生健身、益寿延年。除通常情况下的寿宴外，旧时在一些特殊时间还要举行比较隆重的寿宴及特殊礼仪，以消灾祈福、益寿延年，称为"渡坎儿"。民间俗语言："人活五十五，阎王数一数""人活六十六，不死也要掉块肉""七十三，八十四，阎王不叫自己去"。在这些特殊时间，寿宴需要的规模、档次要高一些，宴请的宾客也要多一些，甚至向亲朋邻里赠送猪羊肉，以示已经"掉肉"，并系红腰带以求免灾、健康长寿。

4. 丧葬礼俗

不论怎样想办法祈求长寿，人总有一死。当走完生命之旅时死亡便是归宿。若生命匆匆结束或中途夭折，则是凶丧，是极悲哀的事，总是简单了结。若逝去的是长寿之人或寿终正寝，则是吉丧，是为一喜，只是相对于结婚"红喜"而言为"白喜"。凡是吉丧则十分看重，大多要举行葬礼和宴会，不仅祭奠死者，也安慰生者，还有祝愿生者长寿之意。

中国旧时的丧宴繁简不一。李劼人《旧帐》记载了道光十八年（1838 年）成都官员杨海霞的子孙为杨办丧事时举行宴会的情形：在 50 余天的时间里，杨府共置办了 16 种筵席 400 余桌，其席单包括成服席单、奠期席单、送点主官满汉席单、请谢知客席单、请帮忙席单、送葬席单、夜酒菜单、奠期日早饭单、送埋席单、送葬早饭单、祠堂待客席单、复山席单等。后来，丧宴逐渐简化了许多。有的地方在举行丧礼时以"七星席"待客，仅六菜一汤，少荤腥，多豆腐白菜、素面清汤，餐具也是素色，气氛低沉。宴会结束时，宾客常将杯盘碗盏悄悄带走，寓意"偷寿"，即为自己偷得死者生前的长寿。对于死者也有相应礼仪，首先是摆冥席，供清酒、素点、果品与白花等；到斋七、百天、忌辰和清明时，则常常供奉死者生前喜爱吃的食物。由此可见，在中国，人们不仅在一个人的有生之年里以饮食成礼，祝愿其健康长寿，而且在一个人死后仍然以饮食成礼，即悼念死者的同时慰藉生者，并祝愿包括自己在内的生者健康长寿。

三、西方人生礼俗的重要内容

对于西方的人生礼俗，本书也主要介绍其最重要的部分即诞生礼俗、结婚礼俗、寿庆礼俗、丧葬礼俗，并且以意大利、法国、英国、美国的人生礼俗为主、

兼叙其他一些西方国家的人生礼俗。

（一）诞生礼俗

当新的生命降临时，人们都希望孩子能健康、快乐地成长。但是，在西方国家，由于基督教广泛地渗透到人们生活的各个方面，因此婴儿诞生时的礼俗多与其宗教仪式相连，常常通过洗礼使孩子免除原罪、成为纯洁的人，进而祝愿孩子能健康、快乐地成长。

洗礼是基督教的重要礼仪，也是基督教的入教仪式，来源于《圣经》的记载。基督教认为，人生而有罪，必须接受洗礼除去污垢、罪孽，而耶稣基督规定的洗礼圣事一旦完成，就赦免了领受人的原罪和本罪，才能使其成为纯洁、快乐的人，最终因得救而进入天堂。据《圣经》记载：耶稣在加里肋亚对宗徒们说："你们往普天下去，向一切受造物宣讲福音，信而受洗的必要得救。"使徒彼得也同样教导信徒说："你们每人要以耶稣基督的名字受洗，好赦免你们的罪过，并领受圣神的恩惠。"（《宗徒大事录》）由于婴儿的洗礼常常与其正式命名仪式同时进行，因此也把洗礼称为命名礼。洗礼在教堂举行，由神职人员主持，基本的方法有三种，一是浸水洗，二是注水洗，三是洒水礼。举行洗礼时通常需要孩子的教父、教母参加。教父、教母是基督教信徒在孩子出生时为其选定的，原意是为了让他们在宗教信仰方面给孩子一些帮助，而实际上是希望孩子能够有较多的长辈关心其成长和教育，在孩子困难时给予更多的帮助。因此，教父与教母的职责是在孩子受洗时为其作保，代其申明信仰，在父母无力或不尽责时向孩子进行宗教教育并代行父母之职，同时还要送给孩子礼物。据英国唐纳德的《西方现代礼仪》一书指出：在法国，当孩子接受洗礼之前，"教母一般赠送洗礼袍，教父赠送一件银器。他要为分发洗礼糖果作出贡献（如果准备分发）"。在教堂洗礼结束后，前来观礼的亲友会赞美孩子，向其父母表示祝贺，孩子的父母有时会举行一次宴会等庆祝活动，邀请亲友和施洗的神甫或牧师参加，但这种宴会并不是必需的，也不是十分普遍。

（二）生日礼俗

从一个人满一周岁开始，每年的周岁纪念日都有一个特别庆祝仪式，这就是过生日。西方人在一定程度上也重视生日，尤其是孩提时代的生日。人们通常举行生日晚会（party）加以庆祝，而祝愿快乐就是它的主题。

在西方国家，许多人非常注重儿童的生日，而对成年以后的生日则不太看重生日。儿童过生日时，一般要举行生日晚会，邀请亲朋好友参加。来宾都要送上生日礼物表示庆贺，而孩子的父母则要送上一个漂亮而甜美的生日蛋糕作为生日特别食品，并在生日蛋糕上插上与孩子年龄相等数目的小蜡烛，1 岁插 1 支蜡烛，2 岁插 2 支蜡烛，3 岁插 3 支蜡烛，依此类推。当蜡烛插完后大多由父母点燃，孩子则在《祝你生日快乐》的歌声中许下心愿并吹灭蜡烛，然后切开蛋糕与大家分享。对于成年人，也可以采用相同方法庆祝生日，但其重视程度常常不及他们在结婚以后对结婚纪念日的庆祝。如今，西方人很少像中国人那样把 50 岁、60 岁、80 岁等生日叫做"大寿"，也很少十分隆重地加以庆贺、"祝寿"。符中士先生在《吃的自由》中分析说："选择蛋糕作为生日食品，是希望人生能够像蛋糕一样轻松、甜美。唱生日庆祝歌，从头到尾，反来复去，只有一句歌词：Happy birthday to you。不讲长寿，不说子孙发达，唯一的祝愿就是快乐。"其实，西方不甚重视成年人的生日、寿辰，也在于他们很少以长寿为幸福，不求长寿而求快乐，并且让周围的人一起分享快乐。

（三）结婚礼俗

当一个人成年以后，婚姻就受到特别的重视，西方人也不例外。他们非常看重婚姻，订婚、结婚都要举行仪式。订婚时常常设宴宣布，而结婚则除了以法律形式登记外，大多数人还要在教堂举行婚礼。法定的结婚仪式比较简单，宗教的结婚礼仪则非常隆重而神圣，而人们对新郎新娘的祝愿主要是生活幸福、快乐。

在西方国家，许多人结婚前要先举行订婚仪式，并且通常是通过宴会进行的。如在法国，一般由女方家大摆筵席，宴请男方家人及亲友，其规模几乎与结婚时的相同。在宴会上，未来的公公要向没有过门的媳妇赠送戒指、珠宝等贵重物品。此外，在法国的一些地区，新郎、新娘还在举行婚礼的前夜分别聚会告别单身生活。新郎邀请好友到家中举行一次小的"葬礼"，在一个象征性的特制小"棺材"中放上两三瓶酒，并围着"棺材"喝咖啡，然后在哀乐声中将它抬来埋在新郎的院子里，等到新郎的第一个孩子出生时才挖出来、喝其中的酒以表庆贺。新娘则与女友举行告别晚会，朋友们向新娘献上花束或花篮，邀请新娘与她们一起跳舞，以表达相互间的情意。

结婚时的宗教礼仪是在教堂中进行的。基督教认为，婚姻是指男女结合为法定夫妻，是一件圣事。上帝创造人类时有男有女，于是命令其婚配，以使种族能够绵延，所以婚姻是崇高而神圣的事情，它象征着基督与教会的结合与互爱，信徒夫妻之间应当恩爱，就如同基督与教会之间互爱一样。在这种思想的指导下，教会规定结婚仪式在教堂举行，并且加入神圣的誓言和主礼者的祝福，新郎新娘则互相戴上象征婚后幸福无边无际、感情牢不可破的结婚戒指。对于在左手无名指上戴戒指的原因，有许多种说法，美国人索菲亚·约翰认为最合理的推论可能是方便。他在《礼仪手册》指出："5世纪的一位作家迈克罗彪斯说过：'开始时，在哪只手上戴戒指是件随意和普通的事情。但是随着奢侈的程度不断增长，戒指上镶了钻石和加工了华丽的雕刻，那么在右手戴戒指的习惯就移到了左手上，因为左手使用得比较少，因此戒指能得到很好的保护。'由于相同的原因，戒指戴在无名指上。"婚礼结束时，新郎新娘手挽着手走出教堂，参加婚礼的人们便纷纷向他们抛撒麦粒、玫瑰花瓣或五彩纸屑，祝愿他们丰衣足食、生活幸福快乐。其中，抛撒麦粒的习俗在西方国家已有数百年的历史。1486年，英国国王带着王后旅行时，一位面包师的妻子便双手捧着麦粒从窗口撒下，并且高呼："祝你们幸运！"在1665年的一本书中记载说："当新娘走出教堂，英国人习惯向她撒麦粒。"这意味着祝愿新人婚后粮食满仓。后来，一些西方国家的人虽然改抛五彩缤纷的纸屑，但表达的祝愿意义是一样的。

婚礼之后便有婚宴和度蜜月的活动，但西方各国人举行的时间和重视程度却有所不同。如法国人和美国人比较重视婚宴，一般由新娘的父母设宴招待来宾，场面热闹非凡，碰杯之声不绝于耳，而结婚蛋糕是婚宴上不可缺少的食品。吃结婚蛋糕起源于古代的欧洲。最早的时候，凡是参加婚礼的宾客都要带上一只小面包，并将面包堆放在一张桌子上，让新郎新娘隔着面包接吻，祝愿他们的婚姻幸福美满。后来，一堆面包演化成了大蛋糕，但祝愿的寓意没有变，同时象征夫妻间的牢固结合。如今吃结婚蛋糕时，新郎新娘共同持刀切开后先互相喂食一小块，再分给来宾享用。宴会完毕后新人才外出度蜜月。但在英国，人们则比较重视度蜜月，一般在婚礼结束后便欢送新人外出度蜜月。相传蜜月是由古代英国人结婚时喝蜜制饮料演化而来的。据说古代英国人从结婚之日起就要喝一种由蜂蜜制作的饮料，以象征爱情甜蜜、生活幸福，一直要喝满一个月，因此把新婚的第一个月称为"蜜月"。后来，新人不再喝蜜而是外出旅行，去享受两人世界的快乐，称作"度蜜月"，具体情况则根据新婚夫妇的爱好、时间、经济条件而定。如今，"度蜜月"这一习俗已风靡世界许多国家。

西方人不仅重视婚姻，而且重视婚姻的质量，重视结婚纪念日，常在结婚纪念日举行纪念活动，以巩固感情，获得人生的快乐。许多结婚纪念日都有着有趣且有象征意义的名称，常常会互赠一些寓意特别的礼物（见下表）。其中，15 周年以前，每一周年有一个名称；15 周年至 60 周年中，每五周年一个名称；60 周年以后则是每十周年一个名称。虽然每逢结婚纪念日大多要庆祝，但是要保持婚姻的快乐与长久往往非常不易，能庆祝金婚、钻石婚的人就更是凤毛麟角，因此人们十分珍视这些日子，一般要举行宴会或招待会邀请亲友尤其是当年参加二人婚礼的人前来参加。受邀之人常欣然前往，再次衷心地祝愿他们生活幸福、快乐。

结婚周年纪念名称及礼物表

周年数	名称	传统礼物	现代礼物
1	纸婚	纸张	钟表
2	棉婚	棉织品	瓷器
3	皮革婚	皮制品	水晶制品、瓷器
4	毅婚	水果、花卉	日用品
5	木婚	木器	木器
6	铁婚	铁制品或糖果	银器
7	铜婚	铜器或羊毛制品	书桌用品
8	陶器婚	青铜制品或铜器	亚麻织品或鲜花
9	柳婚	柳制品或陶器	皮革制品
10	锡婚	锡器或铝器	钻石首饰
11	钢婚	钢制器皿	珠宝首饰
12	绕红婚	丝织品、亚麻织品	珠宝首饰

续表

周年数	名称	传统礼物	现代礼物
13	花边婚	各种花边	纺织品或毛皮制品
14	象牙婚	象牙制品	黄金首饰
15	水晶婚	水晶制品	表
20	搪瓷婚	瓷器	白金首饰
25	银婚	银器	银器
30	珍珠婚	珍珠首饰	钻石首饰
35	珊瑚婚	珊瑚	翡翠
40	红宝石婚	红宝石首饰	红宝石首饰
45	蓝宝石婚	蓝宝石首饰	蓝宝石首饰
50	金婚	金器	金器
55	翡翠婚	绿宝石首饰	绿宝石首饰
60	钻石婚	钻石首饰	钻石首饰
70	白金婚	白金首饰	钻石首饰
80	橡树婚	橡树制品	橡树制品或钻石首饰

（四）丧葬礼俗

当一个人的生命终结时，西方人大多采用宗教仪式，举行基督教的终傅圣事和葬礼，气氛庄严肃穆，旨在抚慰和祭奠生命终结者，并祝愿其灵魂早日复活，快乐地踏上天国之路。

终傅，是指终极敷擦"圣油"。基督教认为，终傅是一件圣事。因为人只死一次，而与死亡相关的终傅就是现世与彼岸的中转站，信徒们在弥留之际必须完成终傅，才能自由而愉快地最终进入天国。因此，西方大多数人非常重视这个临终大事，神甫或牧师也会克服各种苦难，为弥留的信徒完成此事。

接受过终傅圣事的人去世后，其亲属将会为其举行基督教的葬礼。这种葬礼通常分为两个部分：前一部分在教堂举行，由神甫或牧师主持追思礼拜，其基本程序包括唱赞美诗，奏哀乐，神甫或牧师致颂辞、祷告等；后一部分在墓地举行，死者家属和最亲近的亲友随灵车将死者送往墓地，在举行简短的入葬仪式后将死者头朝东方入葬，祝愿其灵魂早日迎着日出复活。整个葬礼庄严肃穆，人们不能大声说笑，更没有任何与饮食相关的活动。即使葬礼结束后，传统的英国人也要求死去妻子的男子在一两个月里尽可能少参加宴会，死去丈夫的妇女在两三周内不得接见除了最亲近的亲友以外的其他客人，六个月内不能外出拜访他人，一年内不能参加舞会和大型宴会等活动。

第四节 中西方社交礼俗

> 每个人都有社会属性，都生活在社会之中，必然要与他人交往。但是，在人与人的交往过程中要想和平相处，就不能随心所欲、胡作非为，而必须约定俗成一些相应的行为规范和要求等。社交礼俗就是指人们在社会交往过程中形成并长期遵循的礼仪和风俗习惯。由于文化传统和社会风尚的差异，不同的国家或民族在社会交往过程中有着不同的行为准则和行为模式，也就有不同的社交礼俗。

一、中西社交礼俗的特点

（一）中国社交礼俗的特点

在独特的文化传统、社会风尚、道德心理等因素的直接影响下，中国社交礼俗最主要的特点是在行为准则上注重长幼有序，尊重长者，即尊老原则。

在中国历史上，长期占据统治地位的是儒家思想与文化。儒家自孔子起就提倡礼治即以礼治国、以礼治家，使礼成为处理人际关系、维护等级秩序的重要社会规范和道德规范。《荀子·修身篇》言："人无礼不生，事无礼不成，国无礼不宁。"《礼记·乐记》将礼与乐并列而言："乐者，天地之和也；礼者，天地之序也。和故百物皆化，序故群物皆别。"儒家认为社会秩序主要存在于君臣、父子、夫妻、长幼之间，以君、父、夫、长为尊，为先，以臣、子、妻、幼为卑、为后，尊卑分明，进而形成了贵贱有等、夫妻有别、长幼有序的思想和行为准则。另外，由于中国长期以来是以农业为主的国家，强调"家国同构"的关系，注重实践经验的积累，认为年长者是家与国稳定和繁荣的关键，并且只有年长者才会因为有丰富经验而成为德才兼备的贤人，于是，很早就形成了尚齿、尊老的社会风尚，即崇尚年龄，以年龄大者为尊，同时还将老与贤视为一体，"老即是贤"，尊老也意味着重贤，是尊重人才、获取人才的一个重要表现和途径。高成鸢《中华尊老文化探究》指出："古代在大多数情况下，德才兼备是老年人才能具有的品性，所以在中华文化中尊老与敬贤曾是同一回事。"因此，中国人在社会交往过程中、在贵贱相等的前提下，便极力提倡"长幼有序"、尊重老者、以长者为先。

此外，中国社交礼俗还具有规范性、传承性和限定性等特点。规范者，标准也。中国的社交礼俗基本上都有约定俗成的行为标准，人们在交际场合待人接物时往往必须遵守。它不仅约束着人们在交往过程中的言谈举止，而且成为衡量一个人言行的尺度。如在宴会上，如何安排座位、就座，如何使用餐具、怎样进餐等，都有一定的行为标准、方式和要求。任何人想要在交际场合表现得合乎礼仪与习俗，都必须严格遵守它们。传承者，传授和继承也。中国的社交礼俗是中国人在长期的社会交往过程中逐渐积累和流传下来的礼仪与习俗，不是凭空产生的，也不会突然消失。如中国当代的社交礼俗就是在古代礼俗的基础上继承、发展起来的。限定性，是指有一定的范围。中国的社交礼俗主要适用于中国的社交场合，适用于在中国范围内普通情况下的、一般的人际交往与应酬，不能离开这个特定的范围，否则就可能产生不良影响。

（二）西方社交礼俗的特点

在独特的文化传统、社会风尚、道德心理等因素的直接影响下，西方社交礼俗最主要的特点是在行为准则上非常推崇"女士优先"，尊重妇女。

在西方国家，影响力最大、渗透面最广的文化是基督教文化。基督教认为上帝之子基督耶稣是上帝派到人间、拯救人类的救世主，是由圣灵感孕童贞女玛利亚取肉身降临世界的，而玛利亚因是唯一生育、养育上帝之子的人，以高贵贞洁的形象受到人们普遍尊敬，被尊称为圣母。法国瓦莱里·梅泰在《卢浮宫七个世纪的绘画作品》中指出："圣母是崇拜的偶像，因为她体现了基督教的道德原则：上帝的意愿能在她的体内变成肉体……圣母玛利亚拥抱、哺乳她的儿子耶稣时体现了慈爱；当她将耶稣展现在我们眼前，而自己却回避在后面时体现的是谦卑；她坐在天使的中间，体现的是胜利和威严；当她承受耶稣的痛苦时体现的是痛苦、怜悯和慈悲。"圣母是"慈爱、痛苦和谦卑的化身"。正是由于有这样的思想观念，圣母受到高度尊敬和重视，在西方国家的许多教堂都有圣母塑像或画像，法国巴黎更有闻名世界的巴黎圣母院；在西方绘画和雕塑中，圣母及其相关事件、经历等是艺术家创作的重要题材和常见主题，拉斐尔一生就画了一百多幅圣母像，以《西斯廷圣母》最杰出。法国卢浮宫至今仍收藏着许多关于圣母的绘画佳作。将基督教文化对圣母的虔诚尊敬扩展和延伸，便产生了尊敬人世间普通妇女的行为准则，因为她们也像圣母一样生育了、养育了或将要生育、养育子女。

不仅如此，中世纪的骑士与骑士精神和文艺复兴时代的平等、博爱也形成和促进了尊重妇女社会风尚的发展。所谓"骑士"是欧洲中世纪一个居于封建领主和平民之间的社会阶层，是由征服罗马帝国、建立蛮族王国的日耳曼统治者的军事仆从——武士演化而来，在产生之时主要是以武力保护世俗统治者，表现出效忠主人、珍视荣誉、视死如归等特点，后来受基督教的教化作用更兼有了对天国统治者（上帝）的虔诚。克里斯托弗·道森在《宗教与西方文化的兴起》中说："对战争首领的个人忠诚的古代蛮族的动因受到了更高的宗教动因的影响，结果骑士最终成为受到崇奉的人，他不仅发誓效忠于其主人，而且立誓成为教会的卫士、寡妇和孤儿的保护人。"于是，他们以优雅礼仪代替狂放举止，不仅拥有对君王的忠诚、对上帝的虔信，还产生了对理想女性的赞美与爱恋，形成了忠诚、勇敢、高尚、文雅的骑士精神。而对理想女性的爱恋通常是纯粹精神的柏拉图式的，实质上是基督徒对圣母玛利亚精神之爱的一种折射。这种骑士及骑士精

神最终走进法国宫廷，成为贵族身份的装饰品，许多贵族都争当骑士，将武士的忠诚、基督徒的谦恭、情人纯洁的挚爱融为一体。中世纪以后，虽然基督教影响力下降、骑士阶层消失，但骑士精神却保留下来，并且逐渐渗透到更多人的生活中。赵林在《西方宗教文化》指出："个人英雄主义和热忱的献身精神、强烈的荣誉感、对妇女的尊重和罗曼蒂克的爱情、对弱者的同情和侠肝义胆，以及讲究仪表潇洒和言辞文雅的风气，这一切近代的贵族风范都是中世纪骑士精神在法国的产物，并从法国扩及整个欧洲。"后来，文艺复兴时提出的平等、博爱思想也使得尊重妇女的社会风尚得以发扬光大。由此，法国人塞尔在《西方礼节与习俗》中说："中世纪和文艺复兴的连续影响把妇女置于社交生活的中心地位，使妇女成为受尊重的对象，这是其他文明所没有的。"

此外，西方社交礼俗也如同中国的社交礼俗，具有自身的规范性、传承性和限定性等特点。如西方人讲究"女士优先"，却不宜照搬到中国一些偏远山区，否则会有些格格不入，因为那里的人们长期以来崇尚的仍然是长者为先。

二、中国社交礼俗的重要内容

中国人的社交礼俗内容丰富多彩，这里仅介绍人们在餐饮活动中所涉及的社交礼俗，主要包括宴会礼俗与便餐即日常饮食礼俗两大类。需要指出的是，二者仅仅是社交礼俗的重要组成部分、而不是全部，并且它们之间在实际生活中是互相交叉、难以分割的。这里为了便于叙述，就以用餐的性质和规模等为依据，对餐饮活动中所涉及的社交礼俗进行了如下分类。

（一）日常饮食中的社交礼俗

日常饮食中的社交礼俗众多，这里主要介绍座位的安排、餐具的使用、菜点的食用、茶酒的饮用这四个方面，不同程度地体现了中国社交礼俗的特点。

1. 座位的安排

通常而言，座位的安排涉及桌次的排列与位次的排列两个方面。但是，在日常饮食中，进餐的人数不会太多，很少有桌次排列问题，而主要是位次的排列。

在排列位次时，其主要规则是右高左低、中座为尊和面门为上。所谓右高左低，是指两个座位并排时，一般以右为上座，以左为下座。这是因为中国人在上菜时多按顺时针方向上菜，坐在右边的人要比坐在左边的人优先受到照顾。所谓中座为尊，是指三个座位并排时，中间的座位为上座，比两边的座位要尊贵一些。所谓面门为上，是指面对正门的座位为上座，而背对正门者为下座。而上座常常是安排给年长者或长辈坐的，这不仅是汉族的礼俗，也是白族、彝族、哈萨克族、维吾尔族、朝鲜族、土家族等众多少数民族的礼俗。如白族和彝族人家，在进餐时，年长者或长辈都坐在上座即上方，其余人则依次围坐在两旁和下方，还要随时为年长者或长辈盛饭、夹菜。

2. 餐具的使用

中国人进餐时主要使用的餐具有筷、匙、碗、盘。其中，最具特色的是筷子，中国人在使用它时有比较系统的礼仪与习俗。

筷子，古称"箸"，后来因船家避讳而改称"筷"。船家认为，"箸"与"住"谐音，是不吉利的，于是就用"住"的反义词"快"来代替，又因箸大多是用竹子制成，就在"快"字上再加一个竹头，成为"筷"。明代陆容在《菽园杂记》中说："明间俗讳，各处有之，吴中为甚。如舟行讳'住'、讳'翻'，以'箸'为'筷儿''幡布'为'抹布'。"人们在使用筷子时有许多礼节和忌讳，归纳起来大致有 10 点：①进餐时，应年长者或长辈先拿起筷子吃，其余人方可动筷。②吃完一箸菜时，要将筷子放下，不可拿在手中玩耍。放筷子时应放在自己的碗、盘边沿，不能放在公用之处。喝酒时更是这样，切忌一手拿酒杯、一手拿筷子。③举筷夹菜时，应当看准一块夹起就回，忌举筷不定。否则，就表示菜看不好吃。④切忌用筷子翻菜、挑菜。如在盘中翻挑，其他人会认为再夹此菜是吃剩下的。⑤忌用筷子叉菜。否则，会显得太贪吃。⑥忌用筷子从汤中捞食。这种捞食的动作俗称"洗筷子"，其他人不愿意再喝。⑦忌用粘着饭粒或菜汁、菜屑的筷子去盘中夹菜。否则，被视为不卫生。⑧忌用筷子指点他人。要与人交谈时应当放下筷子，不能在他人面前"舞动"。⑨忌将筷子直立地插放在饭碗中间。因为人们认为这是祭祀祖先、神灵的做法。⑩忌用筷子敲打盘碗或桌子，更忌讳用筷子剔牙、挠痒或夹取非食物的东西。

除了筷子之外，匙、碗、盘的使用也有一定礼仪与习俗。匙，又称为勺子，主要用途是舀取食物，尤其是流质的羹、汤，舀取食物的量要适当，不可过满或溢出。碗，主要是用来盛放食物的，其使用时礼节和忌讳主要有3点：①不要端起碗来进食，更不能双手捧碗。②食用碗中食物时，要用筷子或勺子，不能直接用手取食或用嘴吸食、舔食。③不能往暂时不用的碗中乱扔东西，也不能将碗倒扣在餐桌上。盘子，也是用来盛放食物的，它在使用的礼俗方面与碗大致相同。

3. 菜点的食用

中国菜品种繁多，人们在食用菜点时的礼俗也是多姿多彩的。以待客吃鸡为例，不同民族就有不同的礼俗。东乡族把鸡按部位分为13个等级，人们进餐时按照辈分和年龄吃相应等级的部位。其中，最贵重的是鸡尾（又称鸡尖），常常是给年长者或长辈享用。苗族人最看重的是鸡心，由家长或族中最有威望的人将鸡心奉献给客人吃，比喻以心相托，而客人则应当与在座的老人分享，以表示自己大公无私，是主人的知己，若独食则会受到冷遇。侗族、水族、傣族却常常用鸡头待客，人们认为它代表着主人的最高敬意。若客人是年轻人，在恭敬地接过鸡头后，应当主动地将鸡头回敬给主人或年长者。汉族人大多看重的是鸡腿，人们常常用这些肉多的部分表达自己的盛情。待客时吃鸭和吃羊，也有不同礼俗。布依族待客，常常用鸭头鸭脚。主人先将鸭头夹给客人，再将鸭脚奉上，表示这只鸭子全部供给客人了，是最盛情的款待。塔吉克族待客，主人首先向最尊贵的客人呈上羊头，客人割下一块肉吃后再把羊头双手送还主人，主人又将一块夹着羊尾巴油的羊肝呈给客人吃，以表达尊敬之意。

此外，在菜点食用过程还有一些细微礼仪。如与人共同进餐时要细嚼慢咽，取菜时要相互礼让、依次而行、取用适量，不能只顾自己吃或争抢菜肴，不能吃得太饱，喝汤时不能大口猛喝，否则会被认为太贪吃；吃饭菜不能咂舌，不能挥手扇较烫的饭菜，不能梳理头发、化妆等，否则会被认为目中无人、缺乏教养。

4. 茶酒的饮用

茶与酒是中国人的日常饮品，也是中国人待客的常用饮品。在人与人的社会交往过程中，人们以茶待客、以酒待客，不同的民族、地区有着不同的礼仪与习俗，但大多遵循着一个原则，即"酒满敬人，茶满欺人"。

就以茶待客而言，饮茶的礼俗主要涉及茶叶品种与茶具的选择、敬茶的程序和品茶的方法等。在以茶待客的过程中按四步进行：第一步是主人应当根据客人的爱好选择茶叶。一般情况下，汉族人大多喜欢绿茶、花茶、乌龙茶，而少数民族大多喜欢砖茶、红茶。主人在上茶时可以多备几种茶叶，或询问客人，由客人选择；或了解客人的爱好，然后做出相应的选择。第二步是主人根据茶叶品种选择茶具。茶具主要包括储茶用具、泡茶用具和饮茶用具，即茶罐、茶壶、茶杯或茶碗等。不同的茶叶品种需要使用不同的茶具，但最常用的是紫砂茶具，因为它有助于茶水味道的纯正；如果要欣赏茶叶的形状和茶汤的清澈，也可以选择玻璃茶具。在同时使用茶壶、茶杯时应注意配套，使其和谐美观、相得益彰。第三步是主人精心地沏茶、斟茶与上茶。沏茶时，不能直接用手抓取茶叶，而应用勺子或将茶叶直接倒入茶壶、茶杯中。斟茶时，茶水不可过满，而以七分为佳，民间有"七茶八酒""茶满欺人"等俗语。上茶时，通常先给年长者或长辈上茶，然后再按顺时针方向依次进行。上茶的方法是：先将茶杯放在茶盘中，端到临近客人的地方，然后右手拿着茶杯的杯托，左手靠在杯托附近，从客人的左后侧双手将茶杯奉上，放在客人的左前方。如果使用的是无杯托茶杯，也应双手奉上茶杯。第四步是客人细心地品茶。客人端茶杯时，若是有杯耳的茶杯，应当用右手持杯耳；若无杯耳，则可以用右手握住茶杯的中部；若是带杯托的茶杯，则可以只用右手端茶杯而不动茶托，也可以用左手将杯托与茶杯一起端到胸前，再用右手端起茶杯。饮茶时，应当小口细心品尝、慢慢吞下，不能大口吞咽、一饮而尽，更不能将茶汤与茶叶一并吞入口中。

就以酒待客而言，饮酒的礼俗主要涉及酒水品种的选择、敬酒的程序与方法等。中国的酒水种类繁多，许多民族都有自己喜欢和常用的待客酒水，如汉族通常喜欢并用白酒、黄酒、啤酒等待客，蒙古族崇尚马奶子酒，藏族崇尚青稞酒，羌族喜欢咂酒，等等，待客时必须根据客人的爱好和自身的具体情况对酒水品种进行恰当选择。在敬酒前，常需要先斟满酒，民间有"酒满敬人"之说。在敬酒时，最重要的是干杯。过去，人们干杯时强调"一饮而尽"，杯内不能剩酒，如今已没有十分强求。干杯的方法是：主人举起酒杯向客人敬酒，其酒杯应稍微低于客人的酒杯并轻轻碰一下，然后各自或一饮而尽，或饮去一半或适量。客人也应回敬主人，右手持杯、左手托底，与主人一同饮下。除了这常见的敬酒程序与方法外，一些少数民族还有独特之处。如壮族敬酒，是"喝交杯"，两人从酒碗中各舀一汤匙，眼睛真诚地看着对方，相互交饮。傈僳族敬酒，有饮双人酒的习俗，主人斟一木碗酒，与客人各出一只手捧着，同时喝下去。彝族敬酒，常常喝"转转酒"，大家席地而坐，围成一圈，一碗酒依次轮到每个人的面前然后饮用。

（二）宴会中的社交礼俗

相比而言，宴会中的社交礼俗，在内容上与日常饮食中的社交礼俗有不少相同或相似之处，但是它的要求却更加严格、考究，内容也更加丰富。在中国的宴会上，除了同样有座位的安排、餐具的使用、菜点的食用等礼俗外，更重视迎送宾客、座位安排以及酒水饮用等方面的礼俗。

中国历代的各种宴会名目繁多，从上古到当代，宴会礼俗经历了由烦琐到简洁的过程。但是，无论如何，其礼俗的特点没有变，尤其是尊敬老者、长幼有序的行为准则贯穿始终，并且通过几乎代代相传的中国特有的养老宴集中体现着。这种养老宴始于虞舜时代，《礼记·王制》载："凡养老，有虞氏以燕礼，夏后氏以飨礼，殷人以食礼，周人修而兼用之。"燕礼、飨礼、食礼都是上古时期人们实现尊老养老之礼的特殊宴会，到周朝则演化为乡饮酒礼。它不仅用来宴请老人，也用来宴请乡学毕业、即将荐入朝廷的贤人，其作用从尊老养老扩大到重贤荐贤，将老与贤相结合。在乡饮酒这一特殊的宴会上，处处体现着长幼有序准则和规范性等特点。《礼记·乡饮酒义》言，在迎送宾客时，作为宴会主人的乡大夫或地方官要多次揖拜、礼让，"主人拜迎宾于庠门之外，入三揖而后至阶，三让而后升，所以致尊让也"，即通过多次揖拜、礼让来表示尊敬与谦让。在安排座位时更要注意长幼有序，"主人者尊宾，故坐宾于西北，而坐介于西南，以辅宾"，主人自己"坐于东南"，并且言"六十者坐，五十者立侍，以听政役，所以明尊长也"。参加宴会的宾客至少分为三等，即宾、介、众宾，而宾通常只有一名，多由德高望重的贤能老人担当，居于最尊贵的位置；介通常也为一名，年轻的贤才最多为介（副宾），居于其次。在上菜点时，则通过数量的多少来表示尊老养老，"六十者三豆，七十者四豆，八十者五豆，九十者六豆，所以明养老也"。在进餐过程中，主人与宾客之间仍然要多次揖拜，并通过劝酒形式体现出长幼有序的准则，"宾酬主人，主人酬介，介酬众宾。少长以齿，终于沃洗者焉。知其能弟长而无遗矣"。酬即劝酒，按常理是主人劝宾客饮酒，但在乡饮酒中却是最尊贵的宾劝主人，主人劝介，介劝众宾之一，接着是年龄大的向年龄小的劝酒。这种特别的劝酒程式和饮酒形式是为了更加突出长幼有序的准则。到唐宋时期，由于宴会的桌椅发生变化，宴饮的进餐方式从分餐过渡到合餐，使得乡饮酒无法以菜点数量明长幼，但仍然通过迎送和席位、座次以及劝酒程式等表现长幼有序。到清朝时还增加了"读律令"的礼仪，以便让人们铭记此宴的目的："凡乡饮酒，序长幼，论贤良，别奸顽。年高德劭者上列，纯谨者肩随，差以齿。"

除了乡饮酒外，许多普通的宴会也自始至终地体现着长幼有序准则及其他礼俗特点。《礼记·曲礼》最早也最详细地做了记载和规定。在宴会上，安排座位时如"群居五人，则长者必异席"。周朝的席是坐具，通常坐4人，如果有5人，则必须为年长者另设一席，唐代孔颖达在疏中还指出，群指朋友，如果只有4人，则应推长者一人居席端。若父子兄弟共同参加宴会则"兄弟弗与同席而坐，弗与同器而食；父子不同席"，儿孙小辈是不能与长辈坐在一起的，若为夫妇则一样不能同席。在年少者与年长者共同进餐时尤其是饮酒上更有一套严格的礼仪规定："侍食于长者，主人亲馈，则拜而食"，即当年少之人作为侍者接受主人亲自赐的菜肴时必须拜谢后才能食用；"侍饮于长者，酒进则起，拜受于尊所，长者辞，少者反席而饮""长者赐，少者贱者不敢辞"，即少者看见长者要赐酒给自己时必须立即起身，凑到盛酒的樽旁跪拜接受，等长者制止自己时才能回到席上饮酒，但还要在长者干杯后才能饮，只要是长者赐的，少者都不能推辞。随着时代的发展和筵席坐具的变化，过分繁缛的礼仪逐渐减少。如今，人们在宴会上无须作揖、跪拜，但其礼仪和习俗仍然遵循着长幼有序的准则。

三、西方社交礼俗的重要内容

西方人的社交礼俗内容非常丰富，但是这里主要介绍日常饮食、宴会上的礼俗和人们在餐饮活动中所涉及的其他相关礼俗。需要指出的是，这些礼俗也仅仅是社交礼俗的重要组成部分，并且在实际生活中互相交叉、难以分割，这里只是为了便于叙述，才做如此分类。

（一）日常饮食中的社交礼仪

1. 餐具的布置与使用

（1）餐具的布置

在16世纪以前，西方人进餐时除刀外几乎没有任何餐具，总是先用刀切割好食物，再用手指抓食。当时的一个礼仪规范是："取用肉食时，不可伸张三根以上手指。"但是，当他们普遍使用刀叉以后，餐具的选择及其布置就成为西餐最讲究的内容之一，不仅要求一道菜换一副刀叉，而且要求吃不同的菜使用不同特点的餐具。这样，人们往往可以根据餐桌上摆放的刀叉数量和形状大致了解菜肴的数量和品种。

以比较常见而普通的欧式餐具布置为例，餐桌上一般都有台布，餐具包括底盘、刀叉、餐勺、面包碟、杯子和餐巾等。底盘放在就餐者的正前方，其功能是装饰品和托盘的结合。吃开胃菜和主菜用的刀叉，按照餐叉在左、餐刀在右的原则分别纵向摆放在底盘两侧，有时分别摆放的刀叉有三副之多，并且餐刀的刀刃朝向底盘，餐刀的右边紧挨着的是纵向放置的用来喝汤的餐勺。面包碟及黄油刀放在餐叉的前方或左边，同时黄油刀横放在面包碟上。杯子放在餐刀的前方，从左到右依次是水杯、红葡萄酒杯、白葡萄酒杯。吃甜食的餐叉和餐勺横放在底盘的正前方，在美国，餐勺的把手朝右方，餐叉的把手朝左方；在欧洲，两个把手都朝右方。餐巾通常插放在水杯里或平放在底盘中。大多数情况下，喝咖啡的餐具最后才会摆上。这时，咖啡杯和搅拌咖啡用的小餐勺常放在一个小碟子中，摆上餐桌。除了这些餐具外，如果要吃一些特别食品，还会临时摆上所需要的特殊餐具。

在西餐中，用于吃不同饮食品的各种刀叉不仅摆放位置不同，其形状也各不相同。吃开胃菜的刀叉体积稍小，吃主菜的刀叉体积最大。其中，吃肉用的是像锯一样带有刀刺的餐刀，吃鱼用的是叉刺较尖且最靠外边的叉刺顶尖部有缺口的餐叉。而黄油刀是最小的餐刀，其刀头和刀把不在一个平面上，有时刀背上还有一个小缺口，以便于切下完整的黄油片和涂抹黄油。餐勺的形状也是如此。如喝汤的餐勺就有两种，用于喝清汤的汤勺头部呈椭圆形，而头部呈圆形的汤勺则用于喝较浓的汤。

（2）餐具的使用

①餐具的使用原则

无论任何时候，刀、叉、勺的使用都遵循着由外向内的使用原则，每一道菜点都要用一套盘子、刀叉或餐勺。当一道菜端上餐桌时，首先需要确定的是应该用刀、叉还是餐勺：如食物有一定形状，一般需要刀叉并用，从最靠外边的刀叉开始；如是汤，则只需要餐勺。无论如何，吃一道菜最多只能使用两个餐具，否则吃下一道菜时就可能缺少餐具了。对于杯子，如果是横向放在一排，则遵循由左至右的原则去使用；而如果多个杯子呈台阶形排列时，则依然遵循着由外向内的使用原则，从最靠外边的杯子开始使用。

②餐具的使用方法

刀叉的使用方法：主要有两种。一种是欧洲式。进餐时始终右手持刀、左手持叉，切一次，叉食一次。通常认为此法较文雅。另一种是美国式。先右手持刀、左手持叉，将餐盘中的食物全部切好，然后把右手持的餐刀斜放在餐盘前方，将左手持的叉子换到右手，再来叉食。此法似乎比较省事。但是，如今在西方国家最流行的还是欧洲式。无论使用哪一种方法，用刀叉进餐都必须注意4点：一是切割食物时不能发出响声。二是切割时一定要双肘下沉，但手臂不能压在桌子上，也不能左右开弓，否则有碍于他人，还可能使食物"逃脱"。三是切割的食物大小应以适合一次性入口为宜，不能叉起来后还需一口一口地咬着吃，更不能用刀扎着吃。四是刀叉的朝向一定要正确。同时使用刀叉时，叉齿应当朝下；右手持叉进餐时，叉齿应当向上；而需要临时放下餐刀时刀刃不能向外。

餐勺的使用方法：应当注意4点。一是餐勺主要用于喝汤、吃甜点和搅拌咖啡或红茶，不能直接舀取其他菜肴和咖啡或红茶。二是已经开始使用的餐勺不能再放回原处，也不能将其直立、插入菜点之中。三是餐勺在使用过程中要尽量保持干净清洁，不能全身混油不堪。四是用餐勺取食时不能过量，不能在汤和甜点中搅来搅去，而且勺中食物一旦入口，就要一次用完，不能反复品尝。

餐巾的使用方法。使用餐巾时应当先将其打开、折叠后平铺于自己并拢的大腿上，不能围在脖子上或挂在椅子上。如是正方形餐巾，可以将其折成等腰三角形，并将直角朝向膝盖方向；如果是长方形餐巾，则可对折，然后折口向外平铺。餐巾主要用来为衣服保洁、擦拭口部和掩口遮羞，不能用来擦汗、擦脸和餐具。

③餐具的暗示意义

刀叉的暗示意义：在进餐过程中，可通过刀叉的放置暗示是否吃好了一道菜肴。具体方法是：如需暂时放下刀叉不用，则将刀叉呈"八"字形放在餐盘上，叉在左边，叉齿向下；刀在右边，刀刃向内。它的暗示意义是：此菜还未用毕，不能撤下。需要注意的是，不能将刀叉交叉成"十"字形摆放，否则被认为是令人晦气。如吃完或不想吃了，则可刀右叉左地并列纵放在餐盘中，或刀上叉下重叠地列斜放在餐盘中。它的暗示意义是：此菜已经吃完或不再食用，可以且应当撤下。

餐巾的暗示意义：通过餐巾的使用与放置可以暗示用餐的起止和状态。西餐常以女主人为"带路人"，如果女主人铺开餐巾时，则暗示用餐可以开始了；如女主人把餐巾放到桌子上时，则暗示用餐结束。其他用餐者如果进餐完毕，也可以将餐巾放到桌子上作为暗示。而如果在进餐过程中，需要中途暂时离席，用餐者则可以将餐巾放置在自己座椅的椅面上，暗示过一会儿还要回来进餐。

2. 菜点的食用方法

西方的各种菜点大多有不同的食用方法，这里仅按照开胃菜、汤、主菜、面点和甜品等类别简要介绍一些常见菜点的食用方法。

（1）开胃菜的食用方法

通常而言，开胃菜以色拉为主，但有时也上海鲜或果盘。吃色拉时主要使用餐叉。而开胃菜里的海鲜常常有鲜虾、牡蛎和蜗牛等。吃小虾时，可以用叉子取食；吃大虾时，则应当先用手剥壳，再送入口中或用叉子取食。吃牡蛎时，应当用专门的餐叉，一只一只地取食。如果是带壳的蜗牛，则可以先用专门的夹子将肉夹出后食用，再吸食壳中的汤汁；如果是去壳的蜗牛，则直接用叉子取食。

（2）汤的食用方法

喝汤时讲究用右手持握汤勺，身体微微前倾，舀汤汁时将其分量控制在汤勺的一半或一大半、不能外溢。舀汤的方法基本上是由内向外舀，即由靠近自己的一侧移向远离自己的另一侧，但也有由外向内舀的。喝汤时要从汤勺的侧面去喝，并且不能发出任何响声。如用汤盘盛汤，一旦汤汁所剩无几时，可用左手由内侧稍微将汤盘托起，使其向外侧倾斜，再用右手持勺舀取。需要注意的是，一般不要直接端起汤盘来喝汤，不能趴到汤盘或汤碗上吸食，也不能用嘴吹汤以降温。

（3）主菜的食用方法

主菜的品种十分繁多，而最常见的是用鸡、鱼、肉类原料和通心粉等制作的菜肴。吃鸡的时候，首先要设法剔除鸡骨，再用刀叉将鸡肉切割成小块，进而取食。吃鱼的时候，可以先用手挤出一些柠檬汁，洒在鱼身上，然后用餐叉压住鱼头，用餐刀将上半片鱼肉和骨头分开，再切下鱼头，轻轻拨去鱼骨和鱼刺，然后切成小块，用餐叉取食。肉类菜肴常常是指用猪、牛、羊等制作的菜肴。其中，又以牛排、羊排、猪排为多，在食用时常常用叉子叉住肉的一端，再用刀子切下一口大小的肉块食用，不能发出刀叉与餐盘碰撞的声响。吃通心粉的时候，要右手握叉，在左手握着的汤勺帮助下，把通心粉缠绕在叉子上，入口而食，不能吸食、发出声响，也不能一根一根地用叉子挑食。

（4）面点和甜品的食用方法

面点和甜品主要指面包、点心和冰激凌、水果等。西方人吃的面包主要分为鲜面包和烤面包两类。吃鲜面包时，要用左手撕取大小适当、能够一次入口的一小块面包，用右手持黄油刀取少量黄油，涂抹在面包上，或者涂抹果酱、蜂蜜，再送入口中。不能像吃汉堡一样双手捧着吃，或者拿着一大块后一口一口地咬着吃。吃烤面包时，不能用手撕食，以免面包屑四处飞溅，而应当慢慢地咬食，同时还可以配黄油、鱼子酱、柠檬汁，使其味道更美。而点心有蛋糕、派、挞等，通常会放在餐盘中上桌，吃时多用餐叉，或刀叉同时使用。冰激凌则常被盛装在专用的高脚玻璃杯中上桌，吃时多用餐勺。吃水果时，质地柔软的则用餐叉或餐勺食用，质地较硬的则先用餐刀切割，再用餐叉取食，有时可以直接用手取食。

3. 酒和咖啡的饮用方法

西方人在进食菜点过程中通常用酒和咖啡做饮料，饮用时也有相应的方法。

（1）酒的饮用方法

在西方人的正餐中，酒水占有重要甚至绝对主角的地位，与菜肴有十分严格的搭配关系。通常而言，每吃一道菜则需要搭配一种新的而且用恰当杯子盛装的酒。这些酒大致分为餐前酒、佐餐酒和餐后酒三类，每一类下又有许多品种。其中，餐前酒，又称开胃酒，常在开始正式用餐前饮用，或在吃开胃菜时配搭饮用的。最受欢迎的餐前饮酒有鸡尾酒、味美思、香槟酒等。佐餐酒，又称餐酒，是在正式用餐时饮用的酒，通常为葡萄酒，而且大多数为干葡萄酒或半干葡萄酒。在选择、搭配佐餐的葡萄酒时有一条重要的原则，即"红肉配红酒，白肉配白酒。"所谓红肉，指牛肉、羊肉、猪肉，吃这些肉类时应当配搭红葡萄酒。所谓白肉，指的是鸡肉、鱼肉和海鲜，吃它们时应当配搭白葡萄酒。餐后酒，是指在进餐结束后用来帮助消化的酒。在餐后酒中，最常见的是利口酒，又称香甜酒；最著名的是有着"洋酒之王"美称的白兰地酒。

（2）咖啡的饮用方法

咖啡通常是西方人正餐的"压轴戏"。最基本的咖啡有黑咖啡、奶油咖啡、普通咖啡和不含咖啡因的咖啡。黑咖啡是纯粹的煮咖啡，在其中加入牛奶或奶油则成为奶油咖啡，而在奶油咖啡中再加入一些糖，就是普通咖啡。大多数情况下，常常把黑咖啡盛入杯中，然后放在碟子上，旁边再放上糖和牛奶或奶油，一起端上桌。饮用咖啡之前，可以先把糖和牛奶或奶油放入黑咖啡之中，用咖啡勺轻轻搅匀，然后将咖啡勺平放在碟子中，绝对不能用咖啡勺舀咖啡来饮用，也不能让它直立在杯子中。饮用咖啡时，应当伸出右手，用拇指和食指握住杯耳后，再轻缓地端起杯子，不能双手握杯或用手托着杯底，也不能俯身靠近杯子去喝或用手端着碟子、吸食杯中的咖啡。同时，饮用咖啡不能大口吞咽，而应当小口慢尝，以体会其中难以言传的美妙和显示举止的优雅。

（二）宴会中的社交礼俗

在众多的西方宴会中，人们总是把女士放在优先考虑的地位，尊重妇女被视为具有良好教养的表现，否则就显得粗俗无礼。无论是正式宴会还是随意性强的鸡尾酒会、冷餐会都不同程度地体现着尊重妇女、女士优先的准则和其他社交礼俗特点。在此，主要以正式宴会的双方和重要环节为线索进行叙述。

1. 宴会举办方的礼俗

（1）邀请

当决定要举办宴会后，宴会的举办方即主人就要考虑和确定宴请的对象，最好列出相应的名单，然后向宴请对象即宾客发出邀请。而邀请形式有两种：一是口头邀请，直接告之或打电话通知。二是书面邀请，主要是发请柬。请柬的内容应包括宴会的名义、形式、时间、地点、主办者名称或姓名。如果有穿着要求，也应写入请柬，或提前数天打电话通知。请柬的信封上要工整地写上被邀请者的姓名、职务及敬称。请柬通常要提前7~15天左右发出，以便被邀请者能及早安排。

（2）排座

在得到所邀宾客的回复后，就应当根据宾客的性别列出名单，并据此安排座位的形式和具体的座次。如果是只有男宾参加的宴会，通常女主人不出席，则只列一个名单，有两种安排座位的方式：一种是主人的右边安排主宾，主人的左边安排次主宾，接着两边轮流排列，位最低的宾客在主人对面，但不能正对面。另一种是主人正对面安排主宾，随后的第一座次在主人右边，第二座次在主宾右边，第三座次在主人左边，第四座次在主人左边，依此类推。如果是男女混合参加的宴会，则由男女主人共同主持，须将男女宾客分列成两个名单，其通常的座位安排方式是：男主人与女主人正对面，男主人的右边为女主宾、左边为女性次主宾，女主人的右边为男主宾、左边为男性次主宾，接着依次向两边的外侧排列。

无论安排座次有多少种方式，大致都遵循着五点基本原则：一是女士优先。在安排宴会尤其是家宴的座次时，主位一般是由女主人就座，男主人则常常坐在第二主位。二是恭敬主宾。主宾始终是主人关注的中心，即使宾客中有人在地位、身份、年龄等方面高于主宾，也不能取代其中心地位。在安排座次时，应让女主宾紧靠男主人就座、男主宾紧靠女主人就座。三是面门为上。它是指面对正门的座位，而由女主人坐的主位则常常是面对正门的座位。四是以右为尊。对于一个特定的座位而言，它右边的座位高于左边的座位，男主人的右边为女主宾，女主人的右边则为男主宾。五是交叉排列。西方人把宴会视为交际场合，在安排座位时讲究男女交叉排列、生人与熟人交叉排列，以便广泛交友，但是一对夫妇的座位应在同一边却不能相连。此外，还应该注意的是，男宾的座次常根据地位和年龄安排，女宾的座次则只能根据地位而不宜根据年龄安排。一位英国法学家说过，"除了特殊的例外，所有的女士都是年轻的"。

（3）迎宾与上菜

在举行宴会之时，主人应当在宾客到达前做好准备工作，进行适度的个人修饰。当宾客到达时，主人应热情相迎，并将宾客领进大厅。宴会开始后，服务人员应当首先给女士上菜，先从左侧给女主宾送上菜盘，然后按顺序分送给其他女宾，最后送给女主人；接着给男士上菜，也是先从左侧给男主宾送上菜盘，然后按顺序分送给其他男宾，最后给男主人。西方宴会的基本格局是由开胃菜、汤、主菜、甜品和咖啡构成，但正式而隆重的宴会常常比较丰富，由开胃菜、面包、汤、主菜、点心、甜品和咖啡或红茶等菜点和饮料构成。每当一道菜点吃完后，服务人员就应当从主人或宾客的右侧撤下一套餐具。

2. 宴会参与方的礼俗

（1）回复

对于受邀请者而言，接到请柬后可以根据自己的实际情况来确定是否参加，并尽快回复信息，以便使主人有足够的时间做相应的安排。如果不能参加，则应当向主人诚恳致歉。如果已经答应参加，却因临时变故而不能参加，则应立即通知主人，并说明原因。最不应该犯的错误是收到请柬后不做任何回复。

（2）赴宴与入席

在赴宴以前，受邀请者应当适度地进行个人修饰，要求衣着考究、整洁优雅而有一定个性。在赴宴时，要求准时到达宴会场地，过早或过晚到达都是失礼的。如果男女同时前去参加宴会，乘车时，男士应给女士开车门，让女士先上车，待关好女士旁边的车门后自己再从另一个车门上车；走路时，男士应请女士先行，并让其走在人行道内侧，自己走在外侧；上楼梯时，应让女士先上，下楼梯时则让女士后下，以防跌倒；走进客厅或宴会厅时应给女士开门，并让其先进。当主人把女宾客迎入大厅时，厅内的男士们一般要站起来表示敬意，而如果进来的是男宾客，那么女士不必起身为礼。当宴会开始时，首先由男主人邀请女主宾入席，并为其拉开椅子，帮其入座，其他宾客则各就各位，女主人与男主宾最后入座。

（3）进餐

在进餐过程中，女主人通常是"带路人"：当其铺开餐巾时，则暗示可以开始进餐了，而当女主人及其他女士拿起餐巾、刀叉开始进餐后男士们也可以拿起餐具进餐了；当女主人把餐巾放到桌子上时，则暗示用餐结束、可以退席了。

在整个进餐过程中，除了不同的菜点有不同食用方法外，还有一些基本原则和要求。其中，第一个原则是举止高雅。正统的西餐礼仪出自西方古代宫廷，并且延续了很长的时间，有着许多程式化的规定，主要目的是让进餐者严格约束自己的行为举止，使其高雅动人，吃出风度和气质，具体要求是进食噤声、避免发生异响、谨慎使用餐具、正襟危坐和吃相干净等。如进餐时身体不能前倾，只能把头微微靠近盘子，手放在桌面上而肘自然垂放在桌面下；喝汤时不能发出声响，应用汤勺的一侧从里往外舀，不能直接将汤盘端起来；吃面条时同样不能发出声响，应将面条卷在叉上后食用；吃肉菜时，应右手握刀、左手持叉，将叉牢牢地扎入肉块中，不能让它掉落，"因为任何东西跌落到碟中都是严重的错误"。饮酒时，根据个人的意愿、喜好来选择是否饮酒、饮什么酒、饮多少酒，忌讳劝酒。英国人和法国人都认为，如果不能像绅士一样用餐，将成为一辈子的污点。第二个原则是尊重妇女、女士优先。进餐时，不论是否相识，每一位男士都有义务积极、主动地照顾身旁的女士，如递调味瓶、陪她们交谈等，但很少给她们夹菜。当男女同时需要餐具、菜点、调味品时，男士应当让女士先取。第三个原则是积极交际。西方宴会的一个重要目的是促进人们的社交活动、以宴会友，因此在品尝美酒佳肴的同时不能忽视适当的交际活动。在宾主之间，宾客一定要找到时间和机会向主人致意和叙旧等；在宾客之间，不仅要与老朋友交流，还要借机多交新朋友，不能只吃不说或只与个别宾客交谈。

（4）退席

当用餐进入尾声，应该等女主人起身退席后，其他人方可起身退席。在退席时，男士们同样需要为女士拉开椅子，让她们先行。在与主人告别时，宾客们应表达谢意，还应赞扬女主人的热情好客或高超的饮食品制作技术。

相对而言，西方的冷餐会、鸡尾酒会则不像正式宴会那样强调严格的礼仪规范，而是讲究轻松活泼、自在随意。它们除了以酒水为主角以冷食为主菜外，还有不必安排座次、不必考究衣着、不必准时参加和进餐、交际自由等特点。但是，冷餐会、鸡尾酒虽然礼仪简单，也需要注意五点：一是排队取食。不论是在餐台取菜，还是从服务人员的托盘中取酒，都应依照次序、排队进行，不能哄抢、加塞儿。二是少取多次。在选取菜点时，应当每一次取少一点，吃完后再去取，不能一次取得太多，更不能因吃不完而造成浪费。三是不可代取。通常不要擅自去替别人代取饮食品，因为不可能了解对方是否需要和喜欢。四是送还餐具。用餐结束，应当将自己使用过的餐具主动送到特定的餐具存放处。五是积极交际。冷餐会、鸡尾酒的突出特色是比正式宴会更有利于人们进行充分而广泛的交际，参加者可以自由走动、边吃边谈，可以最大限度地根据自己的意愿选择谈话对象，并且尽可能最广泛地与他人进行个别接触和交谈。

（三）餐饮活动中的其他社交礼俗

1. 服饰礼仪

西方人在参加餐饮活动时，不同程度地讲究个人的穿着打扮，常常根据用餐规模、档次、性质等的不同，穿戴不同类型的服饰，尤其在正式宴会上更是十分注重服饰，因此形成了服饰礼仪。

（1）服饰的分类

服饰的分类多种多样，大致可以分为礼服、正装和便装。其中，传统的男礼服主要有燕尾服、晨礼服和便礼服。但是，随着西装的出现和使用，这些传统的礼服已经退居极其次要的地位，只是在非常特别的场合才有较少的人穿着，而更多的人在更多的场合选择穿着西装，因为他们把西装看作一种既是礼服又是正装、适应面极广的服饰。传统的女礼服主要有大礼服、常礼服和小礼服。其中，大礼服包括袒胸露背的拖地或不拖地的单色连衣裙，配有长筒薄纱手套、同色帽子和各种名贵首饰。常礼服，包括质地与颜色相同的上衣或裙子，配有相匹配的帽子和手套。小礼服，包括露背的单色连衣裙，长度至脚背。如今，除了这些礼服，女士们也常常穿正装，即套装或套裙。

（2）服饰的穿戴原则

西方人把服饰的穿戴原则归纳为 TPO，即时间（Time）、地点（Place）、场合（Occasion）三个英语单词的缩写，即要求人们应当根据自己将要出席的时间、地点和场合选择服装类型和款式，做到协调一致。时间，既指一天中的早、中、晚三个时段，也指一年的春夏秋冬四季，甚至可以指一个人的不同年龄阶段，要做到因时穿戴。地点，主要指地方、场所及其位置等，有室内外之分、城市与乡村之分、家庭与公共场所之分，做到因地穿戴。场合，主要分为正式场合与非正式场合两大类，不同的场合应当选择不同的服饰，做到因场合穿戴。

在当今的餐饮活动中，对于正式宴会，通常穿礼服和正装。男士最常穿的是黑色或深色西装，其色彩不能过淡、过艳；女士则常常穿低胸长裙或套装、套裙，但不能太短或太薄。对于普通的聚餐，则可以穿便装，如男士可以穿浅色西装，或仅仅穿单件的西装上衣；女士可以穿时装等，但是，穿便装不等于随心所欲地乱穿，更不能过分追求"个性"。而无论在什么样的餐饮活动中，无论怎样穿戴，都不能在用餐时当众整理服饰。

（3）西装的穿着

西装是西方男士的礼服和正装，是一个人社会地位的象征，也是一个集体的服饰名片，因此人们对西装的穿着十分看重、考究。

首先，注意因人而异。如不同身材和体型的人应当穿不同的西装。体型较胖的人，宜穿有两个纽扣、敞胸大的西装和有圆润感或用质地稀疏的粗花呢料以及明色格子的薄呢子制作的西装，以弥补自身条件的不足；体型较瘦的人，宜穿肩和胸部有衬垫、用斜纹呢子和法兰绒等面料制作的紧身西装。个子高的人，宜穿粗格条纹、双排扣的西装；个子矮的人则宜穿质地稀疏、窄翻领、单排扣的西装。

其次，注意西装外套与衬衫、领带、鞋袜等的搭配。穿西装应当配搭高质量的长袖衬衣，领子外露部分要平整干净，下摆掖在裤子里，袖口略微外露。在比较正式的场合，领带是不可缺少的，其长度以达到腰间系的皮带处为宜。穿西装时一定要穿皮鞋，所谓"西装革履"才是协调完美的。通常而言，深色西装配深色或黑色皮鞋，浅色西装配浅色皮鞋，同时还需要配合适的袜子。而袜子的颜色常常要比西装的稍微深一些，不宜白色或透明。

2. 见面礼仪

在社交场合，相识者与不相识者之间常常都需要在适当的时刻互相行礼，以表达情感和敬意，由此便有了见面礼仪。而由于历史时期、文化背景、地点场合等的差异，形成了多种多样的见面礼，有点头礼、举手礼、脱帽礼、握手礼、拱手礼、合十礼、拥抱礼、亲吻礼、鞠躬礼、屈膝礼、叩拜礼，等等。如今在西方国家，最流行、最广泛使用的是拥抱礼和亲吻礼。

（1）拥抱礼

拥抱礼是西方国家十分常见的见面礼。它的基本方法是，两人面对面站立，各自向前伸出双手双臂，右臂偏上、左臂偏下，将右手搭在对方的左肩后面，左手扶在对方的右腰后侧，然后各自按照自己的方位头部与上身都向左侧互相拥抱。这样，礼节性的拥抱就可以结束。但是，如果为了表达更加密切的关系和热烈的感情，应该在保持原手位姿势的前提下，再各向对方右侧拥抱一次，最后再各向对方左侧拥抱一次，一共三次。除了见面，西方人在道别和表示慰问、祝贺、欣喜等感情时也经常采用拥抱礼。

（2）亲吻礼

亲吻礼是西方国家一种传统而盛行的见面礼，有时还会与拥抱礼同时采用，即双方见面时不但拥抱而且亲吻。其基本方法通常是，用自己的唇部或面颊接触对方的面部。在行礼过程中，双方因关系不同，亲吻的部位也有所不同。具体而言，在长幼之间，如果是长辈吻晚辈，应当吻额头；如果是晚辈吻长辈，则应当吻下颌或面颊。在平辈亲人、朋友之间，一般是互相贴面颊。至于唇对唇的亲吻礼，则仅限于夫妻或情人之间。此外，还有一种吻手礼，主要是男士向已婚女士行的礼仪。但是，无论采取哪一种亲吻礼，都不能发出任何声响。亲吻礼在西方国家被认为是非常有意义的一种社交礼仪。除了见面，西方人在道别和表示慰问、祝贺、欣喜等感情时也经常采用亲吻礼。如人们在宴会结束时常常要亲吻男女主人，表示谢意；在参加婚礼时亲吻新人，表示祝贺等。

3. 馈赠礼仪

在西方国家，人们参加餐饮活动时常常会带上一些礼品送给主人。这些礼品的一个显著特征是"华而不实"，重要的不是金钱而是情谊。作为馈赠者，整个馈赠的礼仪大致包括三个方面：一是认真选择礼品。根据受礼者的个人特点和礼品的纪念意义而定，突出礼品的适应性、纪念性、独创性和时尚性等。二是精心包装。在赠送之前，应当对礼品进行精心的包装，不仅显得十分正式，而且表示对受赠者的重视和尊敬。三是大方赠送。在赠送礼品时，馈赠者最重要的是神态自然、举止大方，常常是在见面之后郑重地把礼品递到对方手中，不宜放下后由对方自取，更不宜胡乱塞在某个地方。如果是赠送给多人，通常是先女士后男士、先长辈后晚辈，有条不紊地依次进行，并应有适当的、认真的说明，而不能一言不发，更不能悄悄放下而不直言。作为受赠者，在接受礼品之时应神态专注、双手捧接、认真致谢、当面拆封、表示欣赏等。

在西方人馈赠的礼品中，最常见、最适宜而且最受欢迎的是各种鲜花。花卉是纯洁、美好的象征。西方人送花有很多讲究，送花的数量一般以单数为宜，而且非常重视鲜花的寓意。如玫瑰象征爱情，康乃馨表示亲切、慈爱和热情；郁金香象征胜利、美好和爱恋，水仙表示高雅脱俗、自尊自爱；鸢尾花象征纯洁、光明、自由，常春藤表示坚定、贞洁和苦恋，勿忘我则表示铭记爱情。在餐饮活动中，常常忌送菊花、百合花、石竹和黄色的花等。因为菊花和百合花都或多或少地含有死亡之义，石竹有拒绝求爱之义，黄色的花在法国表示不忠诚。

4. 交谈礼仪

交谈，是进行社会交往的重要形式，有着许多的礼仪和技巧，主要涉及语言、话题、原则与方式等方面，需要认真对待。

在语言方面，西方人讲究文明、礼貌和准确。人与人相互交谈时，常常出现的词语有"您好""请""谢谢""对不起""再见"，等等。而使用这些礼貌用语常常是博得他人好感与体谅的最为简单易行之方法。

在话题方面，主要选择约定、高雅、轻松、时尚、擅长等方面话题，忌谈个人隐私或捉弄对方、非议旁人、令人反感的内容。如西方人常谈论天气、交通、文学艺术、体育等相对安全话题，而尽量避开健康状况、年龄、收入等话题。

在交谈原则与方式上，则至少注意四点：一是相互尊重，双向共感。即尽量围绕彼此都感兴趣并且愉快的话题进行交谈，要积极参与，但又不能只顾自己而忽略对方的存在和反应。二是神情自然专注。在倾听他人谈话时，要平视对方、全神贯注，而不能东张西望、坐立不安、面露疲倦。三是语言亲切委婉。在交谈中，语气要自然平和、含蓄婉转，不能直接陈述让对方不愉快之事或嘲讽对方谈话中不当的地方，从而伤害对方的自尊心和自信心等。四是礼让对方。在交谈中，应当争取以对方为中心，礼让对方，让对方有更多的机会谈话、交流，不能独自侃侃而谈或始终沉默不语，不能随意插话、否定他人等。如果想要参与他人交谈，则一定要找到恰当时机并且预先表示。

除了上述礼仪之外，在餐饮活动中还有许多社交礼仪。如在餐饮活动中尤其是正式宴会上，主人应当向来宾敬酒，讲一些祝愿之言甚至发表一篇专门的祝酒词，而宾客应当向主人赠送一些花或其他小礼品；在进餐过程中，忌讳将盐撒在桌子或地上。如果是在餐厅进餐，还应当视情况给服务人员一定的小费。

本章特别提示

本章主要从中西饮食民俗与礼仪涉及的四个方面入手，不仅阐述了中西日常食俗、节日食俗、人生礼俗和社交礼俗的特点及形成原因，而且较详细地阐述了中西日常食俗、节日食俗、人生礼俗和社交礼俗各自的重要内容，以便使学生领会到"十里不同风，百里不同俗"，养成"入乡问俗""入乡随俗"的习惯，能够从中获取饮食民俗的丰富知识，并用来进行美食节等相关活动的创意策划。

本章检测

1. 饮食民俗的含义及主要类型是什么？

2. 中西日常食俗、节日食俗、人生礼俗和社交礼俗的特点及成因有哪些？

3. 中西日常食俗和社交礼俗的重要内容有哪些？

4. 运用中西节日食俗、人生礼俗的相关知识进行美食节的创意策划。

拓展学习

1. 杨文骐. 中国饮食民俗学 [M]. 北京：中国展望出版社，1983.

2. 姚伟钧. 中国饮食礼俗与文化史论 [M]. 武汉：华中师范大学出版社 2008.

3.（法）塞尔主编. 西方礼节与习俗 [M]. 上海：上海文化艺术出版社，1995

4. 邵万宽. 美食节策划与运作 [M]. 沈阳：辽宁科学技术出版社，2000.

5. 姜培若. 酒店美食节的经营与运作 [M]. 广州：广东旅游出版社，2009.

教学参考建议

1. 本章教学要求

通过本章的教学，要求学生深入领会中西日常食俗、节日食俗、人生礼俗和社交礼俗的特点及形成原因，了解中西日常食俗、节日食俗、人生礼俗和社交礼俗的重要内容，并且能够将其丰富的知识运用于餐饮食品等相关行业中，特别是开展美食节、饮食品等的文化创意策划。

2. 课时分配与教学方式

本章共 6 学时，采取"理论讲授 + 实训"的教学方式。其中，理论讲授 4 学时，实训 2 学时。

第四章

中西饮食
科学与历史比较

学习目标

1. 了解中国和西方饮食历史的特点及成因、发展趋势。

2. 掌握中西饮食科学的形成及其重要内容。

3. 运用饮食科学知识进行营养健康饮食的设计并用多种方法调查餐饮市场。

学习内容和重点及难点

1. 本章的教学内容主要包括两个方面，即中西饮食科学、中西饮食历史及发展趋势。

2. 学习重点和难点是中西饮食科学的形成及其重要内容和在餐饮食品等相关行业中的运用。

本章导读

科学是关于自然、社会和思维的知识体系，其任务是揭示事物发展规律，探索客观真理，以作为人们改造世界的指南。饮食科学就是以人们加工制作饮食的技术实践为主要研究对象，揭示饮食烹饪发展客观规律的知识体系和社会活动。中国和西方因哲学思想、文化精神和思维模式等不同而有不同的饮食科学，主要表现在思想观念、食物结构和科学技术等方面。此外，中国和西方都有悠久的历史，中国和西方饮食在历史发展过程中都创造出灿烂与辉煌，其发展轨迹有所不同，但发展趋势却较为相似。本章从中西饮食科学、饮食历史两个方面进行阐述。

第一节 中西饮食科学

作为对饮食烹饪认识和研究的饮食科学，包括饮食思想观念、食物结构和科学技术等，深受社会科学、自然科学尤其是概括和总结自然知识与社会知识的哲学影响，不同哲学思想及由此形成的文化精神和思维模式将产生不同饮食科学。

一、中西饮食科学的形成

（一）中国饮食科学的形成

1. 哲学思想的影响

从哲学思想看，中国传统哲学的一个核心是讲究气与有无相生，注重整体研究。中国人认为，宇宙本体即形成世界的根本之物是气，这种气就是无、是虚空，而这种气又充满生化创造功能，能衍生出有、生出万物，如《老子四十章》言："天下万物皆生于有，有生于无。"对此，张载在《正蒙·太和》中进行了比较详细的阐述，指出"虚空即气""太虚无形，气之本体，其聚其散，变化之客形尔""凡可状皆有也，凡有皆象也，凡象皆气也"。即是说，宇宙无形，只充满了气，气是宇宙的本体，气化流行，衍生万物，气之凝聚则形成实体、形成有，实体如散则物亡，又复归于宇宙流行之气，归于无。当代学者张岱年等人的《中国文化与文化论争》进一步指出："在中国古代的气一元论者看来，有形的万物是由无形、连续的气凝聚而成的，元气或气不仅充塞着所有的虚空，或与虚空同一，而且渗透到有形的万物内部，把整个物质世界联结成一个整体并以气为中介普遍地相互联系、相互作用。"在这个气的宇宙模式中，中国人认为，有与无、实体与虚空是气的两种形态，密不可分；但无与虚空又是永恒的气，是有与实体的本源和归宿，是最根本、最重要的，因此，要认识宇宙，认识气就不能将实体与虚空分离、对立来看，必须将实体与虚空、有与无有机结合起来进行整体研究和认识。

2. 文化精神和思维模式的影响

在中国独特的传统哲学思想影响和制约下，产生了独特的文化精神和思维模式，即讲究天人合一、强调整体功能，而由它们进一步影响，则形成了中国独特的饮食科学观念。张法在《中西美学与文化精神》一书中将中西方文化进行比较后指出："一个实体的宇宙，一个气的宇宙；一个实体与虚空的对立；一个则虚实相生。这就是浸渗于各方面的中西文化宇宙模式的根本差异，也是两套完全不同的看待世界的方式。西方人看待什么都是实体的观点，而中国人则用气的观点去看待。"他举例说：面对人体，西方人看重的是比例，中国人看重的是传神；面对宇宙整体，西方人重的是理念演化的逻辑结构，中国人重的是气化万物的功能运转。其实，在天人关系上、在认识事物的思维模式上也是如此。可以说，正是受中国独特文化精神和思维模式的进一步影响，才最终形成了中国独特的饮食科学。

（1）文化精神的影响

中国文化精神的核心之一是在天人关系上讲究天人合一。这里的"天"，不仅包括天地意义上的"天"，更重要的是泛指人以外的客体世界。天人合一，指人作为主体与人以外的客体是合而为一、融为一体的，强调不把客体世界与人分隔开，也不把客体世界当作对象化的事物看待。它具有两层含义：一是人与皇天上帝的合一；二是人与大自然的合一。但是，随着历史的发展，实际上主要指人与大自然的合一。中国人认为，宇宙的本体是气，气转化流行，衍生出包括人在内的万物，人和其他事物都是自然界不可分割的一部分，彼此浑然一体，难以分离。《易传》描绘道："与天地合其德，与日月合其明，与四时合其序，与鬼神合其吉凶。"董仲舒《春秋繁露·立元坤》言："天地人，万物之本也……三者相为手足，不可一无也。"中国的创世神话则有形象化的演绎。《五运历年纪》记载了盘古开天地的情形：盘古"垂死化身，气成风云，声为雷霆，左眼为日，右眼为月，四肢五体为四极五岳，血液为江河，筋脉为地理……身之诸虫因风所感，化为黎氓"。这说明中国人认为人与万物来源相同，不可分离。《太平御览》引《风俗通》言："俗说天地开辟，未有人民，女娲抟土作人。"认为人来自泥土，与泥土一样是自然界不可分割的一部分。既然人与自然密不可分，主客体合一，那么人处在大自然的生态环境中，要满足自己包括饮食在内的各种需要，就必须遵循自然界的普遍规律，适应自然、适应环境。

（2）思维模式的影响

中国传统思维模式的主要内容包括两个方面：一是在认识事物的思维方式上强调整体功能；二是在认识事物的思维方法上，注重模糊，长于直觉、体悟。

对于整体功能的强调，是来源于气的宇宙模式的认识，是从整体本身出发，将整体作为不可分割之物来把握。中国人认为，离开了整体的部分已不再是整体的部分，也不再具有其在整体里的性质，不能离开整体来谈部分、离开整体功能来谈结构。张法《中西美学与文化精神》指出："中国的整体功能是包含了未知部分的整体功能，是气。它的整体性质的显现是靠整体之气灌注于各部分之中的结果，各部分的实体结构是相对次要的，而整体灌注在这一实体结构中的气才是最重要的。"以对人自身的认识而言，中国人认为人是有机体，是由精、气、神构成的。气，虽然无形却是核心，是人体生命活动的动力来源；精，由气化而生，是存在于人体之中具有生命活力的有形物质，构成人的肌肤、骨骼、毛发、血液和脏腑等；神，是整个生命的外在表现，包括人的面色、眼神、言语、反应和肢体活动等。人最重要的是无形的气，而不是由精组成的肌肤、骨骼等各部分有形之物。认识人自身的方法，不是通过解剖各部分来认识，因为一旦解剖就将丧失气，也就失去了人的本质，而必须是通过望、闻、问、切等方法观察其整体功能来认识。因此，要使人体健康长寿，就必须使人气足、精充、神旺，必须根据人的整体功能状况来辨证施食、以食治疾、以食养生。与此同时，这种从整体上认识、把握事物的思维模式，把整体置于首要位置，使整体异常突出，也使人们更加重视整体而忽视个体，更加注重调和而轻视特异独立。以对菜点的审美而言，中国人则更重视菜点的整体风格，崇尚五味调和，力图通过对各种不同滋味和性味原料的烹饪调制，创造出合乎时序与口味的新的综合性美味。

中国古人注重模糊，长于直觉、体悟，则不仅来源于对气的宇宙模式的认识，而且来源于强调整体功能的思维方式。张法在《中西美学与文化精神》中指出："气的世界的整体功能模式必然是模糊的，模糊性既是整体功能的鲜明特点，也是它的基本追求。"对于中国古代来说，由于认为宇宙模式是气的世界，因而人们注重的是它的整体功能，于是在由已知部分和未知部分构成的世界中，人们并不刻意认识和研究未知部分是什么和它的结构、作用，而只注重认识和研究它与已知部分共同作用后产生出的整体功能；人们只能形象地描绘整体功能的特点，而无法用明确的语言清楚地分析、阐述整体功能的形成原因。因此，其整体功能和人们认识事物的方法必然是模糊的。也就是说这种模糊是不能给予形式化或用公式、定义明确地表达的。如《老子》言："道可道，非常道。"《孟子·尽心》言："充实之谓美，充实而有光辉之谓大，大而化之之谓圣，圣而不可知之谓神。"宇宙的根本"道"和最高境界"神"都是模糊的、不可明确阐述的。如在食物搭配上，中国大多有质的规定而缺乏量的确定性。思维方法的模糊性也直接导致了中国人认识上重直觉、重体悟、重经验而轻分析、轻工具、轻理性等特点。所谓直觉、体悟，是指主体在进行充分的思想准备的前提下，不经过有意识的逻辑思维和论证而通过直观感觉，突然产生认识上的质变与飞跃，直接获得知识或规律等，并在认识上达到一个新的高度。中国俗语称"只可意会，不可言传"，中国人对语言与事物、思想的关系常说"言不尽物""言不尽意"，《庄子·秋水》称："可以言论者，物之粗也；可以意致者，物之精也。"事物最精微处，是无法用语言作为工具来表达的，而必须用心去体悟。对于技术，中国人强调"技精进乎道"。技术的精妙处不是技术本身，而是通过人的聪明才智而领悟的"道"，即规律。这种重直觉、重体悟的特点使得中国的各种技术包括烹饪技术更偏重于感性、艺术性。如在烹饪制作上，中国重视因直觉、体悟得来的经验，所用工具主要有一把菜刀、一口锅和一双筷子，菜肴烹饪的好坏主要依靠人的自然能力和技术水平，具有较强的艺术性。但这样一来，却也增加了人们认识和掌握的难度。

（二）西方饮食科学的形成

1. 哲学思想的影响

从哲学思想看，西方哲学思想的一个重要核心是讲究实体与虚空的分离与对立，注重个体研究。西方人认为，宇宙本体即形成世界的根本之物是实体 (Substance)、是有 (Being)，它与虚空、与无是完全不同的；比较而言，人们更看重的是实体、是有而不是虚空、不是无，于是认为世界是由有与无、实体与虚空这两部分组成的。从巴门尼德把"Being"作为宇宙本体，到亚里士多德把"Substance"当作物体根本的、基本的、决定其性质的东西，再到古罗马哲学家卢克莱修就明确地表述出来了西方人的宇宙模式："独立存在的全部自然，是由于两种东西组成，由物体和虚空，而物体是在虚空里面，在其中运动往来。"张岱年等人的《中国文化与文化论争》进一步指出："西方古代原子论者心目中的世界图景是：在绝对的虚空中，存在着数量有限的，有不同形状、不可分割、不可毁灭的原子（即指实体），这些原子在永恒不断地进行机械的运动，万物的产生和消灭即是原子的集结和消散。"在这个实体的宇宙模式中，西方人认为，实体与虚空是分离的，没有内在联系，虚空只是一个作为实体的所占位置和运动场所，是无，而不是充满着生化创造功能的气，实体才是唯一重要的，来自有，有或实体不会产生于无、虚空，却与无、虚空共同存在于宇宙之中，因此，要认识实体、认识宇宙则可以而且应当把实体从虚空中分离出来，对立地看，应当对实体进行独立的个体研究和认识。

2. 文化精神和思维模式的影响

在西方独特的哲学思想影响和制约下，产生了独特的文化精神和思维模式，即讲究天人分离，强调形式结构，注重明晰。正是受这种独特的文化精神和思维模式的进一步影响，才最终形成了西方独特的饮食科学。

（1）文化精神的影响

西方文化精神的核心之一是讲究天人分离。即是指人作为主体，与人以外的客体是各自独立甚至对立的，强调把客体世界与人分离开来加以研究，把客体世界当作对象化的事物看待。它不仅包括人与皇天上帝的分离，更主要的是包括人与大自然的分离。西方人认为，宇宙的本体是实体，虚空只是一个个实体所占的位置和运动场所，是无，实体才是唯一重要的，来自有包括人在内的万物作为实体不会产生于无、虚空，却与无、虚空各自独立地共存于宇宙之中，因此，人与其他事物之间也是彼此独立、可以分离的。正如古希腊哲学家普罗泰戈拉所言："人是万物的尺度。"把人作为认识主体，与作为客体、对象的万物相对立。西方基督教的创世神话同样进行了形象化的演绎。《旧约·创世纪》言，上帝在六天之内先创造了光、水、陆地和海洋、各种植物和动物，然后按照自己的形象创造了人，并且对人类说，"要生养众多，遍满地面，治理这地；也要管理海里的鱼、空中的鸟和地上各样行动的活物"。在这里，人是自然万物的管理者，是主宰，二者对立，可以分离。既然人与自然可以分离，主客相分，主体可以而且应该把客体世界当作对象化的事物，那么人为了满足自己的需要，就应该将自然万物作为考察、研究的对象，发现其中的规律或法则，进而征服自然，改造环境。

（2）思维模式的影响

西方思维模式的主要内容有两个方面：一是在认识事物的思维方式上强调形式结构；二是在认识事物的思维方法上，注重明晰，长于分析、实证。

对于形式结构的强调，是来源于对实体的宇宙模式的认识，是从个体本身出发，将个体作为可以分割之物来把握。西方人认为，离开了整体的部分仍旧是整体的部分，仍然会具有其在整体里的性质，能够而且离开整体来谈部分，离开整体功能来谈结构。张法《中西美学与文化精神》指出，西方人眼中的世界是一个实体的世界，对实体世界的具体化、精确化就是 Form（形式）。"古代西方的形式原则主要是对一事物本身进行一种数的比例分析和对事物的性质进行种属层级划分。近代西方对事物本身主要看重部分与整体的关系。笛卡尔方法论四大规则的第二条就是：'把我所考察的每一个难题，都尽可能地分成细小的部分，直到可以而且适于圆满解决为止。'""现代西方对具体事物，重视整体大于部分之和，系统论、结构主义、格式塔心理学是其代表"，但需要注意的是，"它的整体必须有部分的清楚，可以由部分来验证。从这种整体而来的部分，必然是实体的、定位的，这种整体的部分中绝不会有从整体功能上推出有它而在具体部位中却找不到的东西"。以对人自身的认识而言，西方人认为人是由肌肤、骨骼、毛发、血液等有形之物构成的，可以分为头、手、脚、五官、内脏等部分，人体如同一架机器，人的一切运动不论是生理活动还是情感、思想活动归根到底都是机械运动，遵循机械力学原理。英国哲学家霍布斯说："人的一切情欲都是正在结束或正在开始的机械运动。"法国人梅特里更写下《人是机器》一书，指出："我们人这架机器的这种天然的或固有的摆动，是这一架机器的每一根纤维所赋有的，甚至可以说是它的每一丝纤维成分所赋有的。"西方人认识人自身的方法是人体解剖，即将人体各部分分离开来，分别加以认识和研究，从而得出关于人的总体认识。梅特里说："在两位医生中间，依我看来，更好的、更值得我们信任的那一位，总是对于物理和人体的机械作用更熟悉的那一位。"因此，要使人体健康长寿，就必须使人体各个部分运行良好，必须根据人体各部分的需要来合理均衡地补充营养，如同根据机器各部件的需要添加各种油一般。梅特里说："人体是一架会自己发动自己的机器……体温推动它，食料支持它。没有食料，心灵便渐渐瘫痪下去……但是你喂一喂那个躯体吧，把各种富于活力的养料，把各种烈酒，从它的各个管子倒下去吧；这样一来，和这些食物一样丰富开朗的心灵便立刻勇气百倍了。"与此同时，西方这种将对象分解为各个部分加以研究的方式，即是将部分、个体置于首要位置，使部分、个体十分突出，也就使人们更加重视个体而忽视整体，更加强调个性、强调特异独立而轻视调和。以对菜点的审美而言，西方人更注重个体风格，讲究个性突出，努力在烹饪调制食物原料的过程中保持和突出各种原料特有的美味。

西方人注重明晰，进而长于分析、实证，不仅来源于对实体的宇宙模式的认识，而且源于强调形式结构的思维方式。张法在《中西美学与文化精神》中指出："对实体世界结构的形式化必然是明晰的，明晰性既是形式结构的鲜明特点，也是它的基本追求。"在西方，由于宇宙模式是实体世界，人们注重它的形式结构，于是在由已知部分和未知部分构成的世界里，人们不仅刻意认识和研究已知部分的性质、结构和作用，而且注重探索未知部分的性质、结构和作用，尽力用明确的语言清楚地分析、阐述形式结构的特点及形成原因，因此人们认识事物的方法必然是明晰的。明晰就是说清楚、道明白，是能够而且必须给予形式化或用公式、定义明确地表达的。从古希腊的泰勒斯、亚里士多德到现代的结构主义，西方人一直在追求明晰，正如汉莫普西尔编的《理性时代》一书所言："所有伟大的哲学家都力图把数学证明的严密性运用到一切知识——包括哲学本身——中去。"如对食物原料的认识，西方人不仅十分重视食物的组成成分，更能明确地指出其具体数量；在食物搭配上，不仅有质的规定，而且有明确的数量规定。而思维方法的明晰性直接导致西方人认识上重分析、重理性、重工具等特点。所谓分析，是将对象分解为各个组成部分，然后进行细致入微的精确研究。霍布斯言："一般事物的知识必须通过理性，亦即凭借分解而获得……凭借继续分解，我们就可以认识到那些东西是什么，它们的原因最初个别地被认识，后来组合起来就使我们得到关于个别事物的知识。"（北京大学哲学系编《十六—十八世纪欧洲各国哲学》）但仅仅靠人的理性是不够的，人的自然能力十分有限，要想明晰地认识客体世界，还必须依靠工具，包括科学技术在内的各种物质工具和逻辑分析等精神工具，通过创造和改进工具来延伸人的自然能力，从而获得和深化对客体世界的明晰认识，做到既可意会，也可言传。对于各种技术，西方人更看重的是技术本身，强调通过深入分析、研究而对技术本身进行系统、精确、理性而科学地把握。如在烹饪技术上，西方人重视因分析得来的理性，所用工具有大小不同、形状各异的菜刀、锅和餐刀、餐叉等，使菜肴烹饪质量对人的自然能力和技术水平的依赖程度有所降低，具有较强的科学性，也更有利于人们认识和掌握。

二、中国饮食科学的重要内容

中国饮食科学有丰富的内容，但最突出和最有特点的主要有两个方面：一是科学思想，二是食物结构。

（一）饮食科学思想

熊四智先生在《中国烹饪概论》总结中指出，中国传统的饮食科学思想主要包括三大观念，即天人相应的生态观念、食治养生的营养观念与五味调和的美食观念。它们具体表现在食物的选择、配搭和菜点的组成、制作与风格特色上。

1. 天人相应的生态观念

天人相应的生态观念，是指人取自然界的食物原料烹制馔肴来维持生命，营养身体，必须适应自然、适应环境，在宏观上加以控制，保持阴阳平衡，使人与天相适应。它具体表现在食物的选择上，是从天人合一出发，把人的生存与健康放在自然环境中去认识和研究，认为人的生命过程是人体与自然界的物质交换过程，人体的健康状况与所处的自然环境密切相关，不同气候、不同季节、不同地域对人体会产生不同的作用，并进而影响人体对饮食的需要，强调人的饮食选择不仅要满足人体自身的需要，还必须满足人体因自然、环境因素而产生的需要，适应自然、适应环境，做到四季不同食、四方不同食。

以四季为例，《礼记·内则》言："凡和，春多酸，夏多苦，秋多辛，冬多咸。"在这个总的原则下提出了四时煎和之宜与四时调和饮食之法，如"脍，春用葱，秋用芥"，"豚，春用韭，秋用蓼"，即在制作鱼脍和猪肉时，由于春天和秋天的不同，所选用的调辅料不一样。元代忽思慧在《饮膳正要》中阐述主食的选择应根据四季的不同而有所变化，列出"四时所宜"，即春气温，宜食麦；夏气热，宜食菽；秋气燥，宜食麻；冬气寒，宜食黍。清朝美食家、烹饪理论家袁枚在《随园食单》中也说："冬宜食牛羊，移之于夏，非其时也。夏宜食干腊，移之于冬，非其时也。辅佐之物，夏宜用芥末，冬宜用胡椒。"从古至今，中国的餐饮业和家庭烹饪大多讲究"时令菜"，根据不同的季节选择不同的食物原料进行烹饪、食用，这不仅因为原料的出产和质量等因时不同而不同，而且因为人对食物的需要也因时不同而有差异，人对食物的选择必须适应人体在四时的不同需要。

再以四方为例，《黄帝内经·素问》指出，由于各地域的地理环境、气候不同，人们则选择不同的食物，有不同的饮食嗜好，"东方之域，天地之所始生也。鱼盐之地，海滨傍水。其民食鱼而嗜咸，皆安处，美其食""西方者，金玉之域，沙石之处，天地之所收引也""其民华食而脂肥""北方者，天地所闭藏之域也。其地高陵居，风寒冰冽。其民乐野处而乳食""中央者，其地平以湿，天地所以生万物也众。其民杂食"。晋代张华《博物志》也记载了不同地域的人对食物的不同选择和爱好："东南之人食水产，西北之人食陆畜。食水产者，龟蛤螺蚌以为珍味，不觉其腥臊也。食陆畜者，狸兔鼠雀以为珍味，不觉其膻也。"除了食物原料的选择上，人们对口味的选择也常常因为地域不同而不同。清代钱泳《履园丛话》言："同一菜也，而口味各有不同。如北方人嗜浓厚，南方人嗜清淡。"仅以四川而言，由于地处内陆，气候温暖，河流较多，出产丰富的禽畜、蔬果河鲜，所以主要选择它们作为常用食物原料；而由于四川地形为盆地，多雨潮湿，常选择具有除湿作用的辣椒、花椒为常用调味料，拥有"好辛香"的调味传统。

2. 食治养生的营养观念

食治养生的营养观念，是指人的饮食必须有利于养生，以食治疾，辨证施食，饮食有节，以此保正气、除邪气，使人健康长寿。它具体表现在食物的配搭上，是从天人合一与整体功能出发，着重强调要辨证施食、饮食有节。

所谓辨证施食，是指将食物的性能和作用以性味、归经的方式加以概括，并根据人体的特点和各种需要，恰当地配搭食用不同种类和数量的食物。其中，性味、归经是中国传统养生学中特有的术语，是在观察事物的整体功能基础上产生的。性味，指的是食物的性能，主要包括四气五味。四气，又称四性，指食物具有的寒、凉、温、热四种性能，是根据整体功能而不是实际温度划分的。凡是具有清热、泻火、解毒功能的食物即为寒凉性食物，凡具有温阳、救逆、散寒等功能的食物即为温热性食物，而在寒凉、温热之间的食物则称为平性食物，具有健脾、开胃、补益等功能。五味指食物具有的甘、酸、苦、辛、咸五种味道，同样是根据整体功能而不是化学味道来区分的，有"甘缓，酸收，苦燥，辛散，咸软"之说。无论何种食物原料，都拥有各自的性味。如蔬果类，生姜、荔枝性温，味辛或甘；丝瓜、柿子性凉或寒，味皆为甘。肉食类，牛、羊肉性平或温，味甘；鸭肉、蛤蜊性凉、寒，味甘或咸。归经是指食物的作用，常根据食物对脏腑的作用来划分，并以相应脏腑的名称命名。如梨有润肺、止咳作用，则称其"入肺经"。但需要指出的是，性味、归经是在着重观察食物的整体功能基础上产生的，只有质的区别，而没有明确的量的规定，这使得人们对各种食物的搭配在数量和比例上存在极大的随意性、模糊性，一定程度上影响了各种食物发挥其良好的作用。

饮食有节，包括饮食数量的节制、质量的调节和寒温的调节。饮食数量的节制，是指摄取饮食的数量要符合人体的需要量，不能过饥过饱，不能暴饮暴食，否则，不仅消化不良，还会使气血流通失常、引起多种疾病。元代李东垣《脾胃论》言："饮食自倍，则脾胃之气既伤，而元气亦不能充，而诸疾之由生。"清代曹慈山《老老恒言》指出："凡食总以少为有益，脾易磨运，乃化精液，否则极补之物，多食反致受伤。"如今，一些由于过量饮食而出现的肥胖症和心血管疾病，也从反面证明节制饮食的数量是十分必要的。饮食质量的调节，是指食物种类的搭配要合理，不能有过分的偏好，否则也会引起身体不适乃至疾病。《黄帝内经·素问》列举了过分偏食五味的危害，如"多食咸，则脉凝泣而变色；多食苦，则皮槁而毛拔；多食辛，则筋急而爪枯"等。现在，一些由于偏食而出现的疾病同样从反面证明了调节饮食质量的必要性。饮食的寒温调节，不仅有对食物寒、凉、温、热四种食性的调节，有食物四性与四季气温的调节，还有对食物自身温度的调节，强调不能过量食用单一食性的食物，不能过分违背季节或过冷过热，否则有害于身体健康。《黄帝内经·灵枢》言："饮食者，热无灼灼，寒无沧沧，寒温适中，气将持，乃不致邪僻也。"如当今盛行的火锅，在寒冷的冬天食用，让人倍感温暖；但在炎热夏天，如果经常食用，就会使许多人身体不适。

3. 五味调和的美食观念

五味调和的美食观念，是指通过对饮食五味的烹饪调制，创造出合乎时序与口味的新的综合性美味，达到中国人认为的饮食之美的最佳境界"和"，以满足人的生理与心理双重需要。这种"和"侧重于以美学为基础，是一种质的重组，类似于由化学组合或反应而成（如 1+1>2），难以分离、还原。郑师渠《中国传统文化漫谈》言，中国人看来，"'声一无听，物一无文'……相同的东西加在一起不可能产生美，只有不同的东西综合起来才能形成美"。于是生活中以和为贵，饮食上以和为美。而这种美食观念在菜肴的组成与制作、风格特色上都有表现。

（1）五味调和在菜肴组成与制作上的表现

五味调和观表现在菜肴的组成、制作上，强调菜点由主料、辅料和调料组成并合烹制成。以记载中国传统名菜的《中国菜谱》为例，将其中选录的各地猪肉名菜比较后发现，江苏和广东选录的猪肉菜中，有 50% 菜肴是以猪肉为主料、以植物性原料为辅料合烹而成的；山东选录的 26 种猪肉菜肴中有 14 种这类品种，占总数的 53.8%；四川选录的 45 种猪肉菜肴中有 33 种这类品种，占总数比例达 73.3%。正因为是合烹成菜，所以烹制菜肴最主要、最常用的炊具是半球形的圆底铁锅，最具特色、最常使用的烹饪方法是炒。马新的《中国'锅文化'与西方'盘文化'比较初探》一文言："在中餐菜肴的制作中，虽有整羊或整鱼，但基本上是以丝、丁、片、块、条为主的料物形状。上火前，它们是独立的个体形式，但一经在圆底锅中上下颠炒后，这些有规则的若干个体便按烹调师的构想进行交合，出锅后，装入盘中的是一个色、香、味、形俱佳的整体。"并指出："中餐菜肴的制作，从'个体'到'整体'的转变，体现出'锅文化'中'分久必合''天人合一'及'合欢'的哲学思想。"中国在以圆底铁锅烹炒菜肴的过程中还采用大翻勺和勾芡等技术，使锅中的主辅料和调料均匀地融合成一体，更促进了合烹成菜。圆底铁锅不仅用于炒法合烹成菜，还可以用于爆、炸、熘等多种烹调方法，不同种类、形状、质地的原料都可以通过这些方法在铁锅中合烹成菜。它既充分体现中国饮食"和"的特点，也反映出中国烹饪的模糊、精妙和不易把握。

（2）五味调和在菜肴风格特色上的表现

五味调和观表现在菜肴的风格特色上，讲究内容与形式的调和统一，在味道上强调貌神合一，在形态上强调美术化、追求意境美。味道上的貌神合一，主要通过两种方式来实现：一是味的组合，即将主料、辅料和各种调料放在一起，通过调味料的化学性质进行组合，把单一味变成丰富多样的复合味。如鱼香味型的菜肴，是将泡红辣椒、食盐、酱油、醋、白糖、姜、葱、蒜等多种调料放在一起进行调制、组合，形成咸甜酸辣兼备、姜葱蒜香浓郁的独特复合味。此外，川菜中常用的怪味、麻辣味、家常味、陈皮味等，都是用多种调料组合而成的复合味。二是味出与味入，即通过调味和其他技术手段，特别是加热手段，使有自然美味的原料充分表现出美味，使无味或少味的原料入味，最终创造出全新的美味，并使这种美味均匀地渗透在各种主料与辅料之中，难分彼此。如以牛肉为主料、以土豆为辅料制成的红烧牛肉，通过主辅料和调料在一锅中的烧制，使牛肉去除了腥膻味、突出了鲜美味，并吸收各种调料和土豆的味道，而土豆和汤汁中同样有牛肉和调料的味道，几乎是"你中有我，我中有你"，最终形成质软烂、味浓香的全新而统一的整体风味特色，而这个特色又均匀地渗透在牛肉、土豆之中。除此之外，还有许多著名品种如麻婆豆腐、大蒜烧鲶鱼、家常海参、清炖牛尾汤，等等，都是味道上貌神合一、渗透均匀的佳品。

形态上的美术化、意境美，主要是通过刀工、造型装盘、餐具配搭、菜肴命名等手段来实现。如著名的仿唐菜"比翼连鲤"，就是将带鳍的鲤鱼对剖但皮相连，烹制成双色、双味的菜肴，展鳍、平铺于盘中，淋上汤汁，借用唐代白居易《长恨歌》中的诗句"在天愿作比翼鸟，在地愿为连理枝"来命名，可谓"盘中有画，画中有诗"，充分体现出中国菜形态上的美术化、意境美。川菜名品推纱望月，以鱼糁制成窗格外形，以熟火腿丝、瓜衣丝嵌成窗格线条，以鸽蛋为月，以竹荪为纱，灌以清澈透明的清汤为湖水，构成一幅窗前轻纱飘逸、窗外皎月高悬、湖水静谧的美妙画面，自然令人想起"闭门推出窗前月""投石冲开水底天"的诗句，推纱望月是其意境美的最佳表述。此外，具有美术化、意境美的名品还有熊猫戏竹、松鹤延年、孔雀开屏、草船借箭，不胜枚举。制作这些极具美术化、意境美的菜肴时常常需要精湛的刀工、造型装盘技艺和巧妙的餐具搭配及菜肴命名方式，以精心的雕刻、拼摆来模仿、再现自然界的动植物和美好景象，使作品的形象栩栩如生。

（二）传统食物结构

食物结构，又称膳食结构、饮食结构，是指人们膳食中各类食物的数量及其在膳食中所占的比重。食物结构的形成受到饮食科学思想和地理、物产、经济基础等多重因素的影响，不是一成不变的，可以通过适当的干预促使其向更利于健康的方向发展。古代中国人从天人相应、食治养生与五味调和的思想观念出发，结合物产和经济基础，形成了一个独特的传统食物结构。长期的历史实践证明，它是比较科学与合理的，但是，到如今则需要进一步改革和完善。

1. 传统食物结构的内容

中国传统食物结构的内容最早见于《黄帝内经》，即"五谷为养，五果为助，五畜为益，五菜为充"。《黄帝内经·素问》言："五谷为养，五果为助，五畜为益，五菜为充。气味合而服之，以补精益气。此五者，有辛酸甘苦咸，各有所利，或散，或收，或缓，或急，或坚，或软，四时五藏，病随五味所宜也。"这段话本是从中医学角度论述怎样通过饮食来治疗疾病，但是，由于中国传统医学和养生学自古有"医食同源"之说，食物既可食用也可当作药物用，但主要还是作饮食之用、达到养生健身的目的，所以，将这段话从养生学角度看则是在论述怎样通过饮食来养生，而其中的"五谷为养，五果为助，五畜为益，五菜为充"就是中国人实现养生健身目的的食物结构。虽然在历史上，没有人把养、助、益、充作为中国人的传统食物结构来论述，但两千多年的实践表明，中国人特别是汉族人的饮食基本上是按这个食物结构进行的。如今，人们已公认《黄帝内经》提出的"五谷为养，五果为助，五畜为益，五菜为充"就是中国传统食物结构的基本内容。

2. 传统食物结构在烹饪中的运用

（1）五谷为养的含义及运用

"五谷"，在中国古代，既有具体所指，如粳米、小豆、麦、大豆、黍，或麻、黍、稷、麦、豆等，也有泛指，是粮食的泛称。成语中五谷丰登、五谷不分的"五谷"都泛指粮食；李时珍在《本草纲目》"谷部"更列有麻麦稻类、稷黍类、菽豆类等，其"五谷"也是指包括谷类和豆类在内的各种粮食。因此，五谷为养的"五谷"也应该泛指粮食。那么，五谷为养的含义就是指包括谷类和豆类在内的各种粮食是人们养生所必需的最主要的食物。它强调杂食五谷，以五谷为主食，抓住获取营养的根本，并在此基础上，通过与"五果""五畜""五菜"的配合，辨证施食，达到养生健身的目的。

五谷为养的原则在中国饮食烹饪中的运用，主要有三个方面：一是在中国古代的食谱中大多将"五谷"排在首位。如元代贾铭《饮食须知》，在谈水火之后，其目录便是按谷类、菜类、果类及肉类等排列。清代《食宪鸿秘》《养小录》《随息居饮食谱》等，都是以谷类为首排列的。二是在中国的饮食品中拥有众多以"五谷"为主体的主食和豆制品。中国的主食包括饭、粥、面点等，至少有上千个品种，基本上都是用粮食作为主要原料的。中国的豆制品包括豆腐、豆豉、豆花、千张等类别，而用大豆豆腐作为原料制作出的豆腐菜肴成百上千。三是在中国的饮食制作和格局上形成了养与助、益、充结合的传统。在用粮食作为主要原料的饭、粥、面点中加入肉食品和蔬果，成为中国人约定俗成的食品制作方式。如中国著名的粥品皮蛋瘦肉粥、海鲜粥、南瓜粥、红薯粥、杏仁粥、八宝粥等，都是将分属于养、助、益、充的各类原料结合在一起制成的，营养和口感都非常丰富。中国各地的面条、包子、饺子等的制作绝大多数也是如此。而中国的饮食格局特别是筵席格局，长期以来都包括菜肴、面点、饭粥、果品和水酒五大类，谷、肉和蔬果齐备。人们在日常生活中，在经济条件允许的情况下，总是把酒、菜、饭、点及果品等配合食用，几乎不会只吃饭而不吃菜、只喝酒而不吃饭菜。

（2）五畜为益的含义及运用

"五畜"，在中国古代，也是既有具体所指，如牛、羊、猪、狗、鸡，或马、牛、羊、猪、狗等，也有泛指，是家禽家畜及其副产品乳、蛋的泛称。

而如果从饮食烹饪科学的角度看，五畜为益的"五畜"应该更广泛地指整个动物性食物原料。那么，五畜为益的含义就是指适量地食用动物性食物原料，对人体健康特别是机体的生长有很大的补益。它强调必须食用肉、乳、蛋类食品，但是又只能适量食用，不能过度食用，以恰到好处地满足人体需要，促进其健康发展。

五畜为益的原则在中国饮食烹饪中的运用，主要有两个方面：一是动物性原料成为中国菜肴原料的核心之一。在中国菜肴中，用动物性原料作为主辅料而制作的菜肴已超过一半以上，品种繁多、风味各异。无论是家畜家禽，还是河鲜水产，每一类、每一种原料都制作出了几十个、数百个菜肴，使得中国菜异常丰富。如猪、牛、羊，从头到尾，从肉、骨到内脏，都可以制成几百个菜肴，制作出许多全猪席、全牛席、全羊席。二是动物性原料成为中国厨师施展烹饪技艺的主要加工对象。在日常的菜肴制作中，多种多样的刀工刀法、配菜原则与方法、烹饪与调味方法，针对的重要对象都是不同形状、不同营养价值、不同质地和口感的动物原料，尤其是灭腥去膻除臊的手段更是主要针对牛羊与鱼鳖等个性突出的原料。而厨师对动物原料的精心烹制，不仅表现出了高超的烹饪技艺，也使中国菜变化无穷。中国人能够做到一年365日、一日三餐，餐餐菜不同。一位研究法国菜的日本料理专家在中国品尝了各地菜肴后说，吃法国菜一个月就可能厌烦，而吃中国菜一年也不会厌烦。此外，表演性、比赛性极强的菜肴制作项目如绸上切肉、杀鸡一条龙等，更是中国厨师烹饪技艺精彩而集中的展示。

（3）五菜为充的含义及运用

"五菜"，在中国古代，同样有具体所指，如葵、藿、薤、葱、韭等，也有泛指，是对人工种植的蔬菜和自然生长的野菜的泛称。李时珍《本草纲目》指出："凡草木之可茹者谓之菜。" 而从饮食烹饪科学的角度看，五菜为充的"五菜"应该泛指各种蔬菜。五菜为充的含义是指食用一定量的蔬菜作为对粮食和肉食品的补充，可以使人体所需的营养得到充实、完善，有效地促进人体健康。它强调在"养""益"的基础上食用一定量的各种蔬菜，可以更好地增强人体的抗病能力，预防和减少多种疾病的发生。

五菜为充的原则在中国饮食烹饪中的运用，与五畜为益相似，也有两个主要方面：一是蔬菜成为中国菜肴原料的又一个核心，并且在"益""充"配合、互补的原则下创制出众多荤素结合的菜肴。在中国菜肴中，用蔬菜作为主辅料而制作的菜肴，以及荤素配合制作的菜肴，也超过一半以上，品种和风味都很丰富多彩。以孔府菜为例，在47种猪肉菜中，用素食原料为辅料的有30个品种。在山东、四川、江苏、广东四大地方风味流派中，荤素配合制作的菜肴都占整个菜肴的50%~70%。可以说，用蔬菜作原料和荤素配合制作菜肴已经是一个传统，遍及东西南北四方和官府、民间等。二是蔬菜也成为中国厨师施展烹饪技艺的主要加工对象。不仅在日常的菜肴制作中，对蔬菜原料运用切割、配搭、加热、调味等各种方法来展示烹饪技艺，而且对蔬菜原料进行粗菜细做、细菜精做、一菜多做、素菜荤做，创制出数量众多、味美可口的菜肴。如豆芽，本是寻常蔬菜原料，孔府的厨师却将它掐头去尾，在豆茎中镶入肉末，制作出名为镶豆莛的菜肴，令无数人赞叹不已。这可以说是粗菜细做、细菜精做的典范。而对于素菜荤做，最值得称道的是寺院、宫观的厨师和食品雕刻师。他们用竹笋、菌菇、青笋、萝卜等素食原料，通过精心加工处理，仿照动物形态，制作出众多以素托荤、栩栩如生、难辨真伪的美妙菜肴，也突出地表现了厨师精湛的烹饪技艺。

（4）五果为助的含义及运用

"五果"，在中国古代，不仅指具体的五种果品，如桃、李、杏、栗、枣等，也指具体的五类果品，如核果、肤果、壳果、桧果、角果等。而从饮食烹饪科学的角度看，五果为助的"五果"也应该泛指各种果品，包括水果和干果等。五果为助的含义就是指食用少量的果品作为对粮食和肉、蔬品的辅助、调节，对维护人体健康有很大帮助。它强调应在"养""益""充"的基础上食用少量果品，既可适当补充人体所需的营养，也不会造成伤害，以便维护和促进人体健康。

五果为助的原则在中国饮食烹饪中的运用，主要有两个方面：一是果品成为中国菜点的重要原料。长期以来，果品尤其是新鲜水果常常是甜菜的主要原料。如用苹果制作苹果糊、酿苹果、拔丝苹果；用香蕉制作拔丝香蕉、蜜汁香蕉。同时，也十分盛行在其他菜肴中干鲜果品作辅料，以改善或丰富菜肴的风味。传统的名品有板栗烧鸡、奶汤银杏等，如今有木瓜炖鱼翅、椰子鸡。而在饭粥、面点中，干鲜果品也是重要原料。除了鲜果外，各种干果、干果仁、果脯，各种蜜饯水果如蜜樱桃、蜜橘、蜜枣、蜜橙等，都可以用来作为辅料或馅料，制作众多的饭粥、面点小吃品种。二是许多果品成为食品雕刻等花色菜肴的造型材料，也是厨师施展烹饪技艺的重要加工对象。食品雕刻作品是烹饪艺术最直观的体现，而它的核心原料之一就是果品。古代的攒盒、雕花蜜饯等，现代的西瓜盅、椰子盅，都是用瓜果雕刻、拼摆而成；还有用核桃仁堆叠的假山，用橘子镂空的灯笼等，非常精致、美妙。此外，果品还是制作酒水饮料的主要原料。苹果汁、梨子汁、橙汁、橘子汁、杏仁露等果汁，都是以相应的果品为原料制作的。在各种果酒中，用猕猴桃酿造的乳酒有最丰富的维生素，而用葡萄酿造的葡萄酒最为著名。

3. 传统食物结构的合理性与不足

（1）传统食物结构的合理性

①符合中国人养生健身的总体营养需要

现代营养学指出，人体必须从外界摄取食物、获得营养，才能维持生命与身体健康。而维持人体健康以及提供其生长发育所必需的存在于各种食物中的物质，被称为营养素，包括七个种类，即碳水化合物、蛋白质、脂肪、无机盐、维生素、膳食纤维和水。中国传统的食物结构正好提供了人体需要的这七大营养素，满足了养生健身的基本营养需要。

首先，"五谷"提供了大量碳水化合物和植物蛋白质。"五谷"包括谷类、豆类，谷类含有大量碳水化合物，能够转化成能量，为人体提供了生命活动所需要的动力来源；豆类含有大量蛋白质，是生命细胞最基本的组成成分。而能量和蛋白质对机体代谢、生理功能、健康状况等作用最大、最主要，"五谷为养"，即用包括谷类、豆类在内的粮食作为主食，基本满足了人体对能量和蛋白质的需要。

其次，"五畜""五菜""五果"提供了动物蛋白质、脂肪、无机盐、维生素、膳食纤维和水等。因为谷类所含的蛋白质质量较差、脂肪过少、维生素和无机盐的供给量偏低，即使豆类含有的植物蛋白质很多，但其生理价值也低于动物蛋白，而"五畜""五菜""五果"即动物性食物原料和蔬菜、果品恰恰富含粮食所缺乏的这些营养素。其中，动物性食物原料不仅含有大量的优质动物蛋白、脂肪，含有足量而平衡的 B 族维生素，也含有钙、锌等无机盐以及一些植物原料不含的养分和其他生物活性物质；蔬菜和水果除含有大量水分外，还含有大量而品种丰富的维生素，如维生素 C、胡萝卜素等，也含有许多无机盐，如钾、镁、钙、铁和膳食纤维等，这些食物原料配合食用，能够弥补"五谷为养"的不足，满足人体对各种营养素的需要。但是，任何事物都有限度，物极必反。人体对各种营养素的需要也是有一定数量的，否则将损害身体健康，如过量食用动物性食品，会造成蛋白质、脂肪等供过于求，产生肥胖症和心血管疾病；过量食用果品，所含的蔗糖、果糖等能源物质转化成中性脂肪，导致肥胖。因此，在传统食物结构中，在提出"五谷为养"之后，中国人认为必须食用适量的肉食品、一定量的蔬菜和少量果品，即"五畜为益""五菜为充"，"五果"仅"为助"。这样，粮食作主食，兼有肉、菜、果，养、助、益、充结合，满足并符合了中国人养生健身的总体营养需要。

②适合中国的国情

长期以来，中国是一个以农为本的农业大国，虽然地大物博，但人口众多，人均占有食物原料的数量并不多。如果没有一个比较适合中国特点的食物结构，将会严重影响中华民族的生存与发展。一位美国学者曾经对以肉食为主的食物结构和以素食为主的食物结构进行比较，指出在农业国家，以肉食为主的食物结构，需要消耗大大超过人的食用量的饲料粮来保证，没有足够的粮食作为后盾，是很难形成这种结构的；而以素食为主的食物结构，人们直接食用的粮食量较低，比较容易解决温饱问题，能够保证人的生存与繁衍，因此，它是比较适宜的结构。对于中国这个农业大国而言，粮食、蔬菜、果品等植物原料的产量大、价格低，除了战争和灾荒等因素外，正常状态下能较充分地满足人的饮食需要，普通百姓也有条件视其为常食之品；而动物性食物原料，其产量较小、价格较贵，不易满足人的饮食需要，普通百姓只能根据自己的条件来选择，经济条件好的人可常食，经济条件不好的人则不常食甚至几乎无法食用，但是，无论如何，由于有豆类提供的蛋白质作支撑，不会从根本上影响人体健康与繁衍。因此，可以说，中国人选择这个以素食为主的食物结构是非常符合国情、符合实际的，也是非常明智的。

（2）传统食物结构的不足

中国传统食物结构最大的不足是它的模糊性及由此而来的随意性。在传统食物结构中，只有质的区别，而没有明确的量的规定，即主要强调的是食物品类、质量的搭配，而没有进一步指出明确的数量。《黄帝内经》提出："五谷为养，五果为助，五畜为益，五菜为充。"意思是说，包括豆类在内的粮食是人们养生所必需的最主要食物，在此基础上，必须将肉、乳、蛋类荤食品和蔬菜、果品等作为对养生起补益、充实、帮助作用的辅助食物，简言之，以素食为主、肉食为辅。但是，这个食物结构的叙述十分模糊，历代养生家和医学家也没有进一步提出明确的量化标准，使得人们在配搭食物时在数量和比例上有极大的随意性，乃至影响这个食物结构发挥良好的作用，如由于动物性食物原料在饮食中搭配的数量、比例过低，出现了优质蛋白质、无机盐、B族维生素缺乏，不利身体的强健，出现一些相应的营养性疾病。

4. 食物结构的现状与改革

食物结构不仅关系到一个人的身体素质，还关系到一个国家的整体身体素质和国民经济的发展与繁荣，受到各国政府的高度重视。20世纪80年代以后，随着中国经济的发展和人民生活水平的提高，中国人的食物状况已发生了深刻变化，开始进入新的重要发展阶段。及时掌握这种变化，借鉴西方饮食科学之长，尽快建立更加科学、合理的食物结构，是关系到中国国民整体素质提高和经济发展与繁荣的重大任务，为此，1993年国务院就审议颁布了《九十年代中国食物结构改革与发展纲要》，不仅对20世纪90年代及以前的食物结构状况进行了客观的分析、定性，而且对90年代食物结构的改革与发展做了比较科学而详细的规定。此后，于2001年11月颁布《中国食物与营养发展纲要(2001—2010年)》，又于2014年1月颁布《中国食物与营养发展纲要（2014—2020年）》，全面阐述中国食物结构的现状与发展思想、基本目标。此外，我国于1989年首次发布《中国居民膳食指南》，又于1997年、2007年、2016年进行了三次修订。2016年5月，又发布了《中国居民膳食指南（2016）》。

（1）《中国食物与营养发展纲要（2014—2020）》的主要内容

①食物与营养发展的指导思想、基本原则和目标

该《纲要》指出，在2014—2020年，中国食物与营养发展的指导思想是以邓

小平理论、"三个代表"重要思想、科学发展观为指导，顺应各族人民过上更好生活的新期待，把保障食物有效供给、促进营养均衡发展、统筹协调生产与消费作为主要任务，把重点产品、重点区域、重点人群作为突破口，着力推动食物与营养发展方式转变，着力营造厉行节约、反对浪费的良好社会风尚，着力提升人民健康水平，为全面建成小康社会提供重要支撑。

其基本原则是"四个坚持"：一是坚持食物数量与质量并重的原则，加强优质专用新品种的研发与推广，实现食物生产数量与结构、质量与效益相统一。二是坚持生产与消费协调发展的原则，以现代营养理念引导食物合理消费，逐步形成以营养需求为导向的现代食物产业体系，促进生产、消费、营养、健康协调发展。三是坚持传承与创新有机统一的原则，传承以植物性食物为主、动物性食物为辅的优良膳食传统，保护具有地域特色的膳食方式，合理汲取国外膳食结构的优点，全面提升膳食营养科技支撑水平。四是坚持引导与干预有效结合的原则，普及公众营养知识，引导科学合理膳食，预防和控制营养性疾病；针对不同区域、不同人群的食物与营养需求，采取差别化的干预措施，改善食物与营养结构。

其目标有五个：第一，食物生产量目标。确保谷物基本自给、口粮绝对安全，全面提升食物质量，优化品种结构，全国粮食产量稳定在 5.5 亿吨以上，油料、肉类、蛋类、奶类、水产品等生产稳定发展。第二，食品工业发展目标。加快建设产业特色明显、集群优势突出、结构布局合理的现代食品加工产业体系，形成一批品牌信誉好、产品质量高、核心竞争力强的大中型食品加工及配送企业，全国食品工业增加值年均增长速度保持在 10% 以上。第三，食物消费量目标。推广膳食结构多样化的健康消费模式，控制食用油和盐的消费量，全国人均全年口粮消费 135 千克、食用植物油 12 千克、豆类 13 千克、肉类 29 千克、蛋类 16 千克、奶类 36 千克、水产品 18 千克、蔬菜 140 千克、水果 60 千克。第四，营养素摄入量目标。保障充足的能量和蛋白质摄入量，控制脂肪摄入量，保持适量的维生素和矿物质摄入量，全国人均每日摄入能量 2 200~2 300 千卡（1 千卡 =4.18 千焦），其中，谷类食物供能比不低于 50%，脂肪供能比不高于 30%；人均每日蛋白质摄入量 78 克，其中，优质蛋白质比例占 45% 以上；维生素和矿物质等微量营养素摄入量基本达到居民健康需求。第五，营养性疾病控制目标。基本消除营养不良现象，控制营养性疾病增长，居民超重、肥胖和血脂异常率的增长速度明显下降。

②食物与营养发展的主要任务及重点产品、区域与人群

第一，主要任务是构建三个体系，即供给稳定、运转高效、监控有力的食物数量保障体系，标准健全、体系完备、监管到位的食物质量保障体系，定期监测、分类指导、引导消费的居民营养改善体系。第二，重点产品有三大类，即重点发展优质食用农产品、方便营养的加工食品和奶类与大豆食品。第三，重点区域有三个，即重点针对贫困地区、农村地区和流动人群集中及新型城镇化地区。第四，重点人群有三类，即重点关注孕产妇与婴幼儿、儿童、青少年和老年人。通过各种行之有效的政策措施，保证食物与营养发展目标的顺利实现。

（2）《中国居民膳食指南（2016）》的主要内容

该《膳食指南》由一般人群膳食指南、特定人群膳食指南和中国居民平衡膳食实践三个部分组成，还推出了中国居民膳食宝塔（2016）、中国居民平衡膳食餐盘（2016）和儿童平衡膳食算盘等三个可视化图形，以便更好地指导实践。其中，针对2岁以上的所有健康人群提出6条核心指南：第一，食物多样，谷类为主。每天的膳食应包括谷薯类、蔬菜水果类、畜禽鱼蛋奶类、大豆坚果类等食物。平均每天摄入12种以上食物，每周25种以上。第二，吃动平衡，健康体重。食不过量，控制总能量摄入，保持能量平衡。坚持日常身体活动、保持健康体重，每周至少进行5天中等强度身体活动，累计150分钟以上。第三，多吃蔬果、奶类、大豆。每天摄入300~500克蔬菜、200~350克新鲜水果和相当于液态奶300克的奶制品，经常吃豆制品，适量吃坚果。第四，适量吃鱼、禽、蛋、瘦肉。每周摄入鱼280~525克、畜禽肉280~525克、蛋类280~350克，平均每天摄入总量120~200克。第五，少盐少油，控糖限酒。成人每天食盐不超过6克，每天烹调油25~30克。每天摄入的糖不超过50克。足量饮水，成年人每天7~8杯（1500~1700毫升），提倡饮用白开水和茶水。第六，杜绝浪费，兴新食尚。珍惜食物，按需备餐，提倡分餐不浪费；选择新鲜卫生的食物和适宜的烹调方式；食物制备生熟分开、熟食二次加热要热透；传承优良文化，兴饮食文明新风。

中国居民平衡膳食宝塔 (2016)

盐 小于6克
（旧版6克）
油 25~30克

奶及奶制品 300克
大豆及坚果 25~35克
（旧版30~50克）

畜禽肉 40~75克
（旧版50~75克）
水产品 40~75克
（旧版75~100克）
蛋 类 40~50克
（旧版25~50克）

蔬菜类 300~500克
水果类 200~350克
（旧版200~400克）

谷薯类 250~400克
水 1500~1700毫升
（旧版1200毫升）

每天活动6 000步

中国居民平衡膳食餐盘 (2016)

谷薯类　鱼 肉 蛋豆类

水果类　蔬菜类

2016年10月，中共中央、国务院印发《"健康中国2030"规划纲要》。这是我国首次公布健康领域中长期规划。而合理膳食是健康的重要基础。该纲要第五章第一节"引导合理膳食"中提出："制定实施国民营养计划，深入开展食物（农产品、食品）营养功能评价研究，全面普及膳食营养知识，发布适合不同人群特点的膳食指南，引导居民形成科学的膳食习惯，推进健康饮食文化建设。"2019年7月，健康中国行动推进委员会印发《健康中国行动（2019—2030年）》。它是推进健康中国建设的一个路线图和施工图，其中15个重大专项行动中就有"合理膳食行动"。该行动旨在对一般人群、超重和肥胖人群等特定人群，分别给出膳食指导建议，并提出政府和社会应采取的主要举措。如对于一般人群，应学习中国居民膳食科学知识，使用中国居民平衡膳食宝塔、平衡膳食餐盘等支持性工具，根据个人特点合理搭配食物。每天的膳食包括谷薯类、蔬菜水果类、畜禽鱼蛋奶类、大豆坚果类等食物，平均每天摄入 12 种以上食物，每周 25 种以上。少吃肥肉、烟熏和腌制肉制品，少吃高盐和油炸食品，控制添加糖的摄入量。足量饮水，成年人一般每天 7~8 杯（1 500~1 700 ml），提倡饮用白开水或茶水。

三、西方饮食科学的重要内容

西方饮食科学的内容也很丰富，除了核心的饮食科学思想外，西方食物结构是以肉食为主、素食为辅，也很独特，但与中国食物结构一样都有自己的合理性与不足，需要改进和完善。而西方饮食科学的另一个重要内容科学技术与管理，不仅很有特色，而且是最值得中国借鉴的。因此，这里只介绍饮食科学思想以及科学技术与管理。

（一）饮食科学思想

在西方饮食科学思想中最主要的是三大观念，即天人相分的生态观念、膳食均衡的营养观念、个性突出的美食观念。它们具体表现在食物的选择、配搭和菜点的组成、制作与风格特色上。

1.天人相分的生态观念

天人相分的生态观念，是指人在摄取自然界的食物原料制成的馔肴、维持生命、营养身体时，必须适应和满足人体自身的需要，不必刻意适应自然环境。它具体表现在食物的选择上，是从天人分离出发，把人从自然界中分离出来作为主体、独立体，把自然环境作为客体，将人体的生存、健康与自然环境割裂开来，认为人的生命过程是从自然界摄取食物的过程，人体的健康状况主要与人体自身因素有关，却与所处的自然环境没有十分密切的联系，人体对饮食的需要主要受性别、年龄、体重、劳动强度等人体自身因素的影响，很少受气候、季节、地域等自然环境因素的影响，强调人的饮食选择只需适合人作为独立体的需要，即不必刻意适应自然环境，而应该全力满足人体自身的需要，随性别、年龄、生理条件、健康状况和劳动强度等因素的不同而不同。为此，西方营养学家根据不同人群的身体需要制订出了《每日膳食中营养素供给量表》。

在《每日膳食中营养素供给量表》中，主要是根据人的性别、年龄、生理条件和劳动强度等因素，提出并推荐相应的每日膳食中营养素供给量。而每一因素又有粗细不等的划分。如劳动强度仅分为极轻、轻、中、重、极重五个等级。年龄则分为婴儿、儿童、少年、成年、老年等类别，其中，婴儿又分为6个月以前和7~12个月两种情况，老年分为60岁、70岁和80岁以上3种情况，1~12岁的儿童又按每岁来分。而在生理条件方面，最需要关注的人群是婴儿、儿童、少年、老年和孕妇、乳母等。如婴儿、儿童、少年正处在生长发育时期，身高、体重和劳动量与日俱增，需要通过摄取不同种类和数量的食物及时、恰当地补给营养，因此《每日膳食中营养素供给量表》对不同性别和不同体重进行了非常细致的划分。此外，西方人在选择饮食时，还根据人的工作环境与内容、人体健康状况做出相应选择。如高温、低温环境下工作的人群，航空、航天和运动员等，他们的营养需要和饮食选择都有自己的特点。而营养缺乏或过剩者、心血管病和糖尿病等疾病患者，也有各自比较特殊的膳食原则。但是，在西方国家的餐饮业和家庭烹饪中，人们很少根据四时、气候、地域的不同，尤其是很少考虑它们对人体的影响来选择相应的食物，无论春夏秋冬都喝凉水、吃冰淇淋，无论在西欧还是北美，都少不了牛羊肉等，都吃大致相同的牛排、烤羊腿。

2.膳食均衡的营养观念

膳食均衡的营养观念，是指将食物的结构组成以营养素的方式加以概括，并根据人体各部分对各种营养素的需要来均衡、恰当地配搭食物的种类和数量，以使人健康长寿。它具体表现在食物的配搭上，是从天人相分与形式结构出发，着重强调合理配膳。

在西方人看来，合理配膳的关键之一是分析和了解食物的营养组成即营养素及其对人体的作用。准确地说，营养素是指维持身体健康以及提供生长发育所必需的、存在于各种食物中的物质。它是西方营养学特有的术语，是在分析食物的形式结构及其作用的基础上产生的，主要包括蛋白质、脂肪、碳水化合物、膳食纤维、维生素、无机盐和水等。这些营养素都对人体产生着各自不同的重要作用，而且广泛存在于动植物原料之中，如蛋白质主要在动物性原料和乳、蛋、豆类之中，脂肪大量存在于猪、牛、羊和油料作物、坚果，碳水化合物、膳食纤维、维生素大量存在于谷类和蔬菜水果。它们可以根据食物的形式结构检测、分析出来，具有较强的明晰性，既有质的区别，也有量的差异。于是，西方医学家和营养学家将各种动物性和植物性食物原料进行细致研究，检测、分析出各自营养素的构成、数量和比例，编撰、出版了《食物成分表》，专门记载各种食物的营养素构成及其数量。如属于前腿的牛肉 100 克中，含水分 78 克，蛋白质 15.7 克，脂肪 2.4 克，碳水化合物 2.7 克，硫胺素 0.02 毫克，核黄素 0.19 毫克，烟酸 3.9 毫克，维生素 E0.71 毫克，钾 217 毫克，钠54.6 毫克，钙 7 毫克，镁 14 毫克，铁 1.6 毫克，锰 0.08 毫克，锌 2.07 毫克，铜 0.11 毫克，磷 160 毫克。

由于明确了解不同人群对营养素的需要量和各种食物所含的营养成分及数量，使得西方人在饮食搭配上也有了明确的种类与数量要求，具有了明晰性。以西方人的食物结构而言，他们在相当长的时间内是以肉食为主、素食为辅。据统计，在西方国家，每人每年的动物性食物为 270 千克，每人每年的谷类食物为 60~70 千克，每日人均蛋白质摄入量 100 克、脂肪摄入量 150 克、能量摄入 3 500 卡路里。为了保证这个食物结构发挥更好的作用，让不同人群在这个食物结构中合理地搭配食物的种类和数量以满足人体需要，西方国家的许多人常将《每日膳食中营养素供给量表》与《食物成分表》组合使用，首先了解进餐者的性别、年龄、生理条件、健康状况和劳动条件等，依据《每日膳食中营养素供给量表》确定进餐者对热能和营养素的需要量，然后根据《食物成分表》和供热比例等计算出各种食物的需要量，对食物原料进行合理而准确的搭配，较少有随意性。

但需要指出的是，这种准确、合理地搭配食物通常是相对的，有一定局限性。因为它立足于"人是机器"、对人进行机械和孤立的认识与研究，而实际上人是具有动物性和社会性的复杂有机体，与周围世界息息相关，互相影响。

3. 个性突出的美食观念

个性突出的美食观念，是指通过对食物原料的烹饪加工，更加突显各种原料特有的美味，创造出西方人认为的饮食之美的最佳境界"独"，重在满足人的生理需要。这种"独"侧重于以科学为基础，是一种量的合组，类似于物理组合或反应而成（如1+1=2），可以分离、还原。西方人看来，个性和个体是人与社会发展的根本动力之一和形成美的重要因素，崇尚个性突出，于是生活中以特为贵、烹饪上以独为美。个性突出的美食观念表现在菜肴的组成与制作、风格特色上。

（1）个性突出在菜肴组成与制作上的表现

个性突出的美食观在菜肴的组成、制作上具体表现是，强调菜肴由主菜、配菜和少司构成，常分别烹制、组装而成。其中，主菜、配菜和少司都有各自不同的原料与调料。这样的菜肴组成与制作方式在西方国家菜点中随处可见。如意大利菜鲜菌扒鲑鱼，是由主菜鲑鱼、配菜鲜菌和少司洋葱番茄酱组成。其制法是，先将鲑鱼用蒜蓉、橄榄油、白葡萄酒、盐和黑椒碎腌渍后放扒炉上扒熟，然后将鲜菌粒用橄榄油和白葡萄酒、盐、胡椒粉炒软，再将番茄粒、洋葱粒和橄榄油拌匀，加盐、黑椒碎调味成洋葱番茄酱，最后在盘中分别放入鲑鱼、鲜菌及洋葱番茄酱成菜。其中，鲑鱼香脆柔软，鲜菌鲜香，洋葱番茄酱鲜甜可口，搭配起来十分和谐美妙。此外，意大利菜中还有带子鲜菌沙律配黑醋汁、烧羊排配白松露汁等，法国菜中有煎鹅肝伴苹果及香酒、扒海蝲柳配炒野菌、香草蘑菇茄蓉炒鲜扇贝、多宝鱼卷配摩利士菌激凌汁等，英国菜、美国菜中也有不少这样的菜肴。正因为是分别烹饪、组装成菜，所以西方人烹制菜肴最主要、最常用的炊具是平底煎盘（或称煎锅），最具特色且经常使用的一种烹饪方法是煎。马新的《中国'锅文化'与西方'盘文化'比较初探》言："西餐的半成品之所以被加工成诸如鸡排、煎牛扒、煎肝或肉饼那样'柳叶'片状或扁圆的形态，就是为了便于在平底煎盘中，只进行上下两面的加热和上色。它的形状特征是，加工时是独立的，上火时从生到熟也是独立的，出锅后摆在盘中与其他蔬菜组配，仍然是独立的。"并指出："这一特征，突出了'盘文化'中'自我形象''自我实现'和'自我抉择'等'独'的意识。"平底煎盘不适宜大动作的上下颠翻，而只适宜局部的左右摆动，也促进了菜肴的独立性。另外，与圆底铁锅相比，平底煎盘适用的烹饪方法较少，多用于煎，而极少或没有用于炸、煮、蒸、烧等，于是在西方又出现了有其他相应的炊具，如油炸锅、带盖煮锅、带盖汤锅、蒸箱等。不仅如此，西方人在烹制菜肴时，还根据原料的种类、形状、质地等特点，制造和使用不同的炊事用具。如刀具就有菜刀、多用刀、切面包刀、削皮刀、禽类菜肴用刀，量具有量勺、量杯，此外还有蟹钳、烤馅饼盘、土豆捣泥器、空心粉专用叉等，既突显出"独"的特点，也反映出西餐的明晰、平实，减轻了烹饪者的操作难度。

（2）个性突出在菜肴风格特色上的表现

个性突出的美食观念在菜肴的风格特色上具体表现是，讲究内容与形式的对立统一、简约自然，在味道上常常是貌合神离，在形态上强调图案化、追求形式美，并且常常通过各种烹饪技术手段加以实现。

所谓味道上的貌合神离，是指同为一款菜肴但味道却有很大差异甚至完全不同。它主要是通过调味和其他相应手段来实现，即先将主菜、配菜和少司分别用各自相应的原料和调料烹饪调制好，再将主菜、配菜放在同一盘中，最后将主菜的少司和配菜的少司分别浇淋在相应之处而成为一个菜。这时，主菜的少司和配菜的少司难以完全渗透到主菜、配菜之中，而整个菜肴的总体味道是主菜、配菜及其相应少司的味道相加之和，能够有所分离。如以牛肉、土豆为原料制作的菜肴，在西方常常成为牛排加薯条，即先分别将牛肉切块后加基础调料如盐等烹制成牛排，将土豆切条后炸成薯条，再制作番茄酱和少司，接着将牛排放入盘中一边，淋上少司，作为主菜；盘中另一边放薯条，淋番茄酱，作为配菜。其中，少司和番茄酱可以提前制作；配菜也可以临时选其他品种。这样，牛肉和薯条虽然同在一个盘中、共同组成一个菜肴，但又是相对独立的，"你是你，我是我"，各自拥有自己的特色。又如烟熏鲑鱼，是先将洋葱、酸青瓜、蛋白、酸激凌、盐和胡椒粉制作沙律菜，再在烟熏鲑鱼上放鲑鱼子、酸激凌后卷成卷，放在盘中并倒上牛油，最后撒上黑鱼子、放上沙律菜即成。同样，烟熏鲑鱼与沙律菜虽然同在一个盘中，组成一个菜肴，表面味道相接，但实质却各有不同。

所谓形态上的图案化、形式美，是指菜肴中的各种原料通过点、线、面、体构成规则的几何图案形画面，使菜肴具有形式美。形式美，是西方美学体系中非常重要的范畴，是指客观事物和艺术形象在形式即组织方式和表现手段上的美，主要包括对称、平衡、和谐、多样统一等。菜点的形式主要是线条和色彩。而西菜的图案化、形式美，则主要是通过刀工、造型等手段来实现。即西方人通常根据几何图案的造型方式，对食物原料进行刀工处理，创造由点、直线、曲线和圆形、三角形、方形、菱形等构成的几何图案，制作出形式美好的菜点。比如法国名菜炭烤小羊腿，将炭烤的暗红色小羊腿肉切成圆形大块，放在盘子的一边，另一边交叉放几根长条芦笋，再在羊腿肉上和盘中浇褐色少司以调味和点缀，使整个菜肴通过线条和色彩的对比表现出和谐的形式美。法国的煎鹅肝、普罗旺斯鱼排、烤橙汁鸭和法式甜点，意大利的罗马烧鸡、浓汁牛肉卷、提拉米苏，美国的鸡肉挞等，都是切成片、丁、块状，以简洁的几何方式造型，很少切极细的丝，也很少通过雕刻来逼真地模仿动植物、自然景观和社会生活。此外，西方国家的糕点也常常在其表面拥有各种画纹，图案鲜明，色彩鲜艳。这正如同西方在园林、建筑等领域讲究图案化、形式美一样。美国作家华盛顿·欧文在《英国乡村》中说："英人在其农田耕作上以及所谓的园林景观上所表现的才情之高，实在无法比拟。他们对于自然大有研究，对于她的一切形式之美与配合之妙可说领会深刻、烂熟于胸。"其实，这里的"英人"应该扩展为"西方人"，同时不仅是在农田耕作、园林景观上，也包括菜肴形态等方面，都非常善于运用图案和形式美。正是由于西菜大部分是通过构造几何图案而表现形式美，因此对刀工和装盘技艺的要求相对较低，使西菜更多地表现出简约自然的艺术风格，而且操作简便，容易规范和控制，很少出现卫生和浪费问题，具有较强的实用性。

（二）饮食科学技术与管理

西方饮食科学技术与管理的内容也十分丰富，但最有突出意义、最能体现科学技术与管理特点的是西方烹饪的标准化与产业化。它非常强调在食物加工生产过程中系统、精确和理性，严格按照一系列标准，利用先进机械加工、制作质量稳定的食物，并进行有效的大规模经营。正是由于食物制作标准化，产品质量稳定，广泛地利用机器实现工业化生产，再加上规模化、连锁化经营，使西方烹饪有了惊天动地的变化与发展。

1.西方烹饪的标准化

（1）含义与作用

所谓标准化，是指为了在一定的范围内获得最佳秩序和社会、经济效益，对实际的或潜在的问题制定、实施共同的和重复使用的规则的活动，也是标准制定、发布及实施的过程和技术措施。标准化的重要意义是改进产品、过程和服务的适用性，促进社会和经济效益的提升。烹饪标准化则是为了获得最佳生产经营秩序和社会效益与经济效益，对饮食品生产加工活动中实际的或潜在的问题制定与实施共同的和重复使用的规则的活动，也是烹饪各个环节、各个方面相关标准的制定、发布和实施的过程和技术措施。根据标准化分类原则，烹饪的标准化常分为烹饪行业范围内的标准化和餐饮企业范围内的标准化。就西方烹饪而言，主要是许多餐饮企业已经制定、颁布并在自身企业内严格贯彻和实施着统一标准。

烹饪的标准化，至少具有以下三个方面的作用：第一，它是确保饮食产品质量稳定和提高的重要手段。停留在手工阶段的烹饪有着很强的手工性、经验性和随意性，烹饪过程中如果没有统一的标准和规范，从业者大多各行其是，菜品质量则极不稳定；而如果对饮食产品的原料、烹饪技术与工艺、加工工具与设备、成品质量乃至管理等方面进行统一规定，并严格按照标准实施，则能够制作出质量稳定的菜肴。第二，它是快速、有效地培养烹饪人才的必要条件。要让烹饪迅速发展，就需要大量高素质的烹饪人才。然而，手工烹饪具有的极强手工性、经验性和随意性，难以使从业人员快速成才。只有在烹饪制作环节和管理上有了各种标准，从业人员或烹饪专业的学生严格按照标准选料和烹饪，才能快速、有效地掌握菜点制作技术，在短时间内大规模地培养出所需要的烹饪人才。第三，它是实现烹饪产业化的基础。产业化的内涵之一就是工业化，而任何产品的工业生产都必须依照标准大批量、大规模地进行，饮食产品也不例外。要实现烹饪的产业化，就必须首先做到烹饪的标准化。

（2）主要内容

烹饪标准化的主要内容包括原料标准化、烹饪技术与工艺标准化、加工工具与设备标准化、计量标准化、成品质量与评价方法标准化等。

①原料的标准化

原料是菜点制作的基础，原料数量的多少和质量的好坏直接影响着成品的数量和质量，因此，西方人常常首先制定出原料的标准。而原料的标准又具体分为原料的选择标准、清洗标准、配搭标准等。其中，最主要的是原料的配搭标准。研究者在进行较大规模的统计调查基础上，得出原料在品种、质量、等级、比例、营养成分等方面的准确指标，然后再根据菜点的风味、营养等要求认真制定相应的原料配搭标准。

②烹饪技术与工艺的标准化

烹饪技术与工艺可以分为两部分，即半成品加工和成品加工。其中，半成品加工又可以进一步细分为原料生加工、半熟加工、成型加工等。制定这些方面的标准有一定难度，但是，由于这些工艺操作的条件相对稳定、技术含量较高、食品变化的理化机理明确，操作的稳定再现性较高，所以，西方人通过研究和实验，制定出了一些半成品的相应标准。成品加工则包括感观处理、质地赋型处理、制熟处理等，在烹饪制作中常常是通过加热、调味等工艺进行。而为它们制定标准也是十分困难的。但是，西方一些餐饮企业借鉴其他科学成果如材料力学、流变学、生物力学、人体仿生学等，也制定了部分成品加工的各种标准。

③加工工具与设备的标准化

西方烹饪的加工工具与设备包括炊具、刀具、器械、设备和盛器等。为它们制定标准则比较容易。因为西方在食品保藏、包装机械和工艺、厨房设备和用具上已有相关知识和成就，西方人由此制定出了西餐烹饪的加工工具与设备标准。

④成品质量与评价的标准化

菜点成品的质量标准主要包括可食用性、安全性和感观质量等标准。其中，菜点成品的可食用性、安全性标准常常作为强制标准，而感观质量标准通常反映着菜点自身的特色，又进一步细分为质地、色泽、形状、滋味等方面的标准。西方餐饮企业借助营养卫生学、生物化学、微生物学、食品风味化学等学科的知识和成果，制定出了部分菜点成品的质量与评价标准。

（3）烹饪标准化与多样化

需要指出的是，西方烹饪的标准化，并不是将所有的菜点品种和类型都进行标准化、放弃多样化，而是将饮食产品放在不同的业态条件下分别对待，主要有三种情况：第一，在以无形服务为主的传统饮食业中，饮食产品必须满足人们多样化的饮食需求，因此没有对产品进行过多的标准化限制，而大多是通过规范化的厨房生产管理，引入"标准菜谱"，以便有效地在产品非标准化条件下提高产品质量的稳定性。第二，在快餐业中，虽然仍具有较高的服务性，但饮食产品主要是满足人们卫生、方便、快捷地饱腹的饮食需求，因此通常对快餐的菜点产品严格实行标准化，即从原料、烹饪技术与工艺、加工工具与设备、成品质量等方面严格执行标准，确保产品质量稳定和提高。如肯德基将一只鸡分为 9 块，清洗后甩 7 下，蘸粉料时滚 7 下再按 7 下，油炸时间也必须分秒不差。麦当劳也对原料的选用部位、水分、新鲜度、脂肪含量等都有明确的规定；压力炸锅炸鸡腿用时 8 分钟；在所有食物成品中，冷的以 4℃为宜，热的以 40℃为宜，等等。在麦当劳著名的操作手册中，规定了其食品生产与服务过程中每一个环节的操作程序及标准，不仅包括原料标准、烹饪技术与工艺标准、加工工具与设备标准、计量标准、成品质量与评价方法标准，也包括服务标准、清洁标准、岗位标准、CI 标准等，使得世界各地的麦当劳分店都遵循统一标准运行，确保其产品与服务质量。第三，在食品工业中，产品标准化是其必然和必须的要求。可以说，凡是进行工业化生产的饮食产品都实行着严格的标准化，食品工业中的饮食产品是标准化程度最高的。如可口可乐，其配方有精确的量化标准，无论何时何地生产都必须严格执行。

2.西方烹饪的产业化

（1）含义与作用

"产业化"的概念是从"产业"的概念发展而来的。所谓"产业"，是具有某种同一属性的企业或组织的集合，又是国民经济以某一标准划分的部分的总和。它是属居于微观经济的细胞与宏观经济的单位之间的一个"集合概念"。"产业化"，既是指要使具有同一属性的企业或组织集合成社会承认的规模程度，以完成从量变到质变、真正成为国民经济中以某一标准划分的重要组成部分的过程，也是指某种产业以行业需求为导向、以实现效益为目标，依靠专业服务和质量管理而形成的系列化和品牌化的经营方式和组织形式。烹饪产业化，既是指烹饪产业在国民经济中由一个初级产品生产部门转变成现代区域经济产业链上重要环节的过程，也是烹饪产业为适应行业和社会需求，在生产和经营中采用现代科学技术手段，在生产方式上与其关联部门在经济、组织上融为一体，实现协作或联合以共同发展的一种方式。

烹饪产业化对于西方国家而言，主要有两个方面的作用：第一，它是农业产业化的必然要求。西方国家的农业产业化发展很快，农产品加工程度较高、品种极多。如小麦、玉米，在美国分别可以加工成150余个和2 400余个品种，而在中国分别只能加工出20个左右的品种。它必然要求烹饪产业化，实行农工商综合经营，或农业、餐饮业、商业三者产业一体化，使烹饪产业与农业、商业及其他关联产业紧密相连，也使按照专业化建立起来的餐饮企业必须同它的前后作业保持衔接，否则生产、经营就会中断。此外，烹饪原料的集中采购、加工、储存、销售还有利于减少消耗、节约成本，有利于形成辅助性产业和公共服务事业。可以说，烹饪产业化是农业产业化的必然要求，也能更有效地带动农业产业化。第二，它是促使烹饪快速、高效发展的重要手段。烹饪产业化，就是利用现代观念改造传统的烹饪产业，融入现代管理和生产技术，使其转变成现代产业，并且通过大量专业烹饪人才进行专业化分工、工业化生产、规模化经营，从而代替传统餐馆小而全、手工操作、分散经营，必然能够直接推动烹饪快速、高效的发展。

（2）主要内容

烹饪产业化，主要包括烹饪的专业化分工、工业化生产、规模化经营等内容。

①专业化分工

在菜点的生产上实行专业化分工是烹饪产业化的基础。它把传统菜点生产中小而全的生产方式转变为专门企业的大批量生产，有利于采用专门的烹饪设备、先进生产工艺和科学的生产组织与管理，可以增加产品的数量、提高质量和增强竞争力。

菜点生产的专业化主要包括地区专业化、企业专业化、产品专业化和生产工艺专业化等。菜点生产的地区专业化，是指在部分地区专门生产一些有浓郁地方特色的菜点品种，充分发挥当地原料、调料、名菜点和名店等方面的优势。菜点生产的企业专业化，是指一些企业在市场调节之下，结合自己的特点和优势，专门生产一个或几个菜点品种，成为餐饮业中的重点企业。产品专业化和生产工艺专业化是在企业专业化基础上发展起来的，是专业化的高级阶段。它是指在企业集团内部，一些企业专门生产特色菜点品种，或专门提供特殊生产工艺，由此成为企业专业化不可缺少的重要环节。如世界著名的必胜客，就是专业制作比萨的餐饮企业，它在全球的上千家分店都无一例外地制作并销售着这个饮食品种。

②工业化生产

工业化生产是烹饪产业化的重要内容。它是用机械部分或全部代替手工，用定量代替模糊性，用流水线作业代替个体生产，将传统菜点的一部分品种变为工厂化、工程化操作，生产出标准化、感官形态符合人们审美习惯的烹饪成品或半成品。烹饪的工业化包括西式快餐的工业化生产和某些菜点品种的工业化生产等。而实现烹饪的工业化生产，除了做到烹饪的标准化这个关键之外，另一个关键是建立中央厨房。它是实现烹饪工业化生产的重要手段。

中央厨房，是指拥有机械化的烹饪加工及相关设备，能够集中采购食物原料、开展集约生产加工与配送的大型现代化厨房，因其主要功能是大规模、统一采购食物原料，生产加工大批量菜点半成品或成品，再分别配送到餐饮企业的各个门店，也被称为食品加工配送中心、配餐中心。它常常是针对餐饮企业尤其是大型、连锁企业建立的。在设计和运行上，中央厨房十分注重符合食品加工的相关规范，按照功能进行严格分区和平面布局，严格按照工艺合理选择烹饪加工、物流、制冷等设施设备，注重环境卫生和投资的合理性，长远规划，分步实施。在类型上，中央厨房按业态分，有团膳业中央厨房、快餐连锁业中央厨房、火锅连锁业中央厨房等；按配送模式分，有全热链配送式、全冷链配送式、冷热链混合配送式等各式中央厨房。中央厨房的烹饪设备较多，按加工品种和工艺来分，常有米面食品加工设备、菜肴原料粗加工、菜肴原料精加工设备、配餐设备、加热设备，还有清洗、消毒、贮藏设备等。由于是大批量的生产，便可以最大限度地采用机械化方式进行，即从原料生产基地大量购进原料，充分利用机械化设备，按照统一的配搭标准和加工方法进行生产加工。如利用多功能洗菜机、切菜机、漂烫机、切肉绞肉机等设备进行初加工、切割处理，用自动调温油炸锅、万能蒸烤箱、真空充氮包装机等设备进行烹制和包装。这样，由中央厨房分送到各门店的菜点成品或半成品具有统一标准，保证了产品质量统一与稳定。此外，由于中央厨房是集中加工大批量菜点成品或半成品，还可降低原料成本，提高原料综合利用率和经济效益，同时也可使操作岗位单纯化、工序专业化，进一步提高烹饪的标准化程度和科技含量，并扩大餐饮门店的店堂面积、改善其环境。但是，需要指出的是，餐饮门店在得到统一的菜点成品或半成品原料后，还应根据顾客实际需要进行适当加工制作，以满足顾客对菜点在色、香、味、形等方面的特殊要求。

（3）规模化经营

规模化经营是烹饪产业化的有效途径。在西方国家，规模化经营的最成功经验和方式是实行特许连锁经营，通过这样的经营方式使普通的餐饮企业迅速发展、壮大，成为大型或特大型的餐饮企业集团。特许经营的意义众多，而对于特许人而言，最大的意义是可以充分利用品牌优势，迅速扩展事业，不仅能够跨地区发展，而且能够跨国发展。如在 20 世纪 50 年代创立的快餐企业麦当劳，通过特许连锁经营的方式，迅速扩大规模。据报道，如今，麦当劳已在 119 个国家建立了约 3.2 万家分店，几乎遍及世界各个角落，2015 年营业额达 254 亿美元以上，列居世界 500 强的 434 位。其中，麦当劳在全球超过 80% 的餐厅为特许经营。而肯德基也通过特许连锁经营的方式，在短时间内不断扩大经营规模、快速发展。据报道，2012 年，肯德基在全球就拥有了 1.8 万家分店，其营业额超过 240 亿美元，到 2016 年已在中国开设 5 000 余家分店。如今，它们不仅成为世界瞩目的餐饮巨头，更成为西方烹饪产业化的一支主力军。

（4）烹饪产业化与个性化

同烹饪的标准化一样，烹饪产业化并不是将所有的菜点品种和类型都进行专业化分工、工业化生产、规模化经营，完全放弃个性化，西方人常常将饮食产品放在不同的业态条件下分别对待，主要有三种：一是在以无形服务为主的传统饮食业中，饮食产品必须满足人们多样化的饮食需求，对饮食产品采取较大程度的规模化经营，但通常只是适度地采取专业化分工和工业化生产，如有的产品采取工业化生产，但更多的产品则只在半成品或初加工时进行工业化生产，而在制作为成品时采取手工生产，只是在制作时通过规范化的厨房生产管理，引入"标准菜谱"，以有效地在产品非标准化、非工业化的条件下既提高了产品质量的稳定性，也使产品具有个性化特征。二是在快餐业中，饮食产品主要是满足人们卫生、方便、快捷的饱腹需求，因此常对快餐的菜点品种实行专业化分工、工业化生产、规模化经营。三是在食品工业中，饮食产品的专业化分工、工业化生产、规模化经营也是其必然和必需的要求。

第二节 中西饮食历史

饮食历史是饮食烹饪文化发展的历史，是人类征服自然、适应自然以求得自身生存和发展的历史。由于各个国家和地区的政治、历史、经济、文化和思想观念等方面的差异，必然导致不同国家和地区在饮食烹饪的发展历史上有所不同。

一、中西饮食历史的特点

（一）中国饮食历史的特点

总体而言，中国饮食历史呈现出大一统式发展格局，各主要地区的饮食烹饪在每一重要历史阶段的发展都较为平衡。究其原因，主要是由于中国自身的政治、历史、经济、文化等方面因素造成的：中国一直是一个令世界瞩目的东方大国，政治、经济、文化的长期统一对饮食历史形成较平衡的大一统式发展格局起到了决定性作用。

首先，从政治上看，中国在数千年的历史发展过程中合多分少，大部分情况下都处于统一大国的地位，并且在古代长期采取中央集权制，中央直接控制着全国各地、各方面的发展，从而使各主要地区相互关联、发展相对平衡。

中国自公元前 21 世纪的夏朝开始就已是一个统一的国家，历经商周千余年的统一，到周朝末年出现诸侯国割据、争雄局面，但不久，秦始皇就重新统一中国、建立秦朝，并制订了大量的封建中央集权制政策。随后的封建王朝大多对其政策进行进一步改进和完善，有力地保证了中央对地方的绝对领导和控制，其中虽也曾有南北朝和五代十国的大分裂，但统一是主要的，并出现了汉、唐和元、明、清长达千余年的统一而鼎盛时期。受政治上长期统一、集权的影响，中国饮食历史必然呈现出大一统式的发展格局，各主要地区在不同历史阶段的饮食烹饪发展状况可能有所不同，但发生巨大乃至根本变化的时期却是基本相同的。

其次，从经济和文化上看，经济繁荣是文化昌盛的物质基础，但它们又同时受到政治的制约。在中国历史上，统一的政治和长期的中央集权决定了经济和文化的统一性。除历朝首都之外，南北各地都有一些经济和文化中心，但无不受中央政府的严格控制，特别是文化上更以儒家思想为核心，力求统一而均衡地发展。

在远古时代，北方的黄河流域文明和南方的长江流域文明是中华民族共同的发祥地，其经济和文化的繁荣程度相差无几。到商周以及春秋战国时期，北方的齐鲁大地与南方的吴楚之地在经济和文化发展上也可同日而语。秦汉以后的封建社会时期，在文化上推行"罢黜百家，独尊儒术"，儒家思想成为中国文化中无可比拟的核心；而在经济上，虽然多数朝代建都于北方，促进了北方的经济发展，但南方凭借自身地理、气候、物产等方面的优势，大力发展经济，以至其经济繁荣程度接近甚至或多或少地超过了北方，从而使南北经济的发展基本处于相对平衡之中。在这些因素影响下，中国饮食烹饪始终是相对平衡地发展着，各地区虽然有一些不同特点，但也有许多相同之处，并由此构成中国饮食烹饪的总体特点，从而区别于西方及世界其他风味流派。

（二）西方饮食历史的特点

在西方国家，政治上的长期分裂，经济、文化中心的不断迁移，在很大程度上导致了西方饮食烹饪历史呈现出板块移动式、不平衡的发展格局，各主要国家的饮食烹饪在各个重要历史阶段的发展极不平衡。

首先，从政治上看，在西方，很少有国家始终保持着统一的地位，许多国家在整个历史发展过程中分多合少，大部分情况下都处于分裂、割据状态，难以在各方面实行统一的管理和控制，而大大小小的城邦国家和封建小王国林立其中，有着自己的相对独立性，相互间的发展无法平衡。

在古代，西方文明的发源地古希腊就是由许许多多的城邦组成的。亚里士多德《政治学》指出，"城邦的含义就是为了要维护自给生活而具有足够人数的一个公民集体""若干公民集合在一个政治团体之内就成为一个城邦"。据不完全统计，公元前 500 年前后的希腊已有以雅典、斯巴达为代表的近百个城邦。到中世纪，西方在经历了罗马帝国的统一、强盛与衰落后又重新分裂，产生了东、西罗马帝国，而属于西罗马帝国的西方在"日耳曼民族的神圣罗马帝国"解体以后，产生出意大利、法国和德国等国家。然而，即使在这些封建国家中也存在许多小的王国和封建领地，封建领主借助教会势力与君权抗衡，大多数国家仍然处于分裂、割据状态之中，君王对国家缺乏绝对的领导和控制权。正如易丹《触摸欧洲》所言，在当时，"所谓的欧洲一共有大约 500 个政治实体，包括封建领地、教会领地和城邦国家，等等。这些零零碎碎的政体之间矛盾不断"。直到 16 世纪文艺复兴以后，伴随着宗教改革、启蒙运动、法国大革命等社会革命的兴起，尤其是从 1814 年维也纳和会之后，西方许多国家才开始从无数封建王国和城邦国家的松散"联合体"走向独立、统一的民族国家。郑敬高《欧洲文化的奥秘》指出，意大利在中世纪时主要是"一个地理上和文化上的名词""由于教皇势力的特殊地位，意大利一直没有形成统一的世俗君主制国家，教皇国、撒丁王国、名属神圣罗马帝国的诸多封建小邦以及许多城市国家，各自独立，分庭抗礼"。到了 1861—1870 年，意大利才统一而成为一个主权独立的民族国家。受政治上长期分裂、割据的影响，西方饮食烹饪在各个历史阶段的发展必然是不平衡的。

其次，从经济和文化上看，在西方，一方面，分裂、割据的政治使西方各国及其中的各个政治实体相互独立；另一方面，西方各国及其中的各个政治实体由于种种原因又常保持着密切联系，有时甚至难以截然分开。如意大利、法国和德国都是由"神圣罗马帝国"分割而来，三国的创立者是亲兄弟。这两方面特性使得西方各国在经济和文化上既相互独立又有密切联系，但是始终无法求得相对统一而平衡地发展，而是此起彼伏地发展，导致整个西方经济、文化中心不断迁移。

　　在古代，古希腊是西方文明的发源地，东地中海是西方经济、文化的中心。古希腊文明发源于公元前 3000 年兴起的迈锡尼文明和公元前 2000 年左右的克里特文明，到公元前 8 世纪以后出现了繁荣辉煌的局面，对当时的西方世界有着十分巨大的影响力。伊迪丝·汉密尔顿《希腊方式——通向西方文明的源流》言："雅典开创了它的短暂的但是极其辉煌的百花争艳、千贤争雄的时期。它创造了这样一个精神与智慧的世界，以至于今天我们的心灵和思维不同一般……西方世界中所有的艺术和思想意识都有它的烙印。"黑格尔《历史哲学》说："地中海地球上四分之三面积结合的因素，也是世界历史的中心……地中海是旧世界的心脏，因为它是旧世界成立的条件和赋予旧世界以生命的东西。没有地中海，'世界历史'便无法设想了。"把地中海说成是"世界历史的中心"显得有些夸张，但它无疑是古代西方的文化和经济中心。当古希腊被古罗马帝国占领之后，古罗马帝国则部分地继承了古希腊文明，建立起势力更加强大且疆域更加广阔的古罗马文明，西方的经济和文化中心开始从东地中海向西移动，形成了以意大利的罗马城为中心的古罗马文化。到了中世纪，当东、西罗马帝国相继衰亡之后，西方各国几乎完全处于分裂境地，而把西方各国以及其中众多的城邦国家、封建小王国、教会领地等联系起来的重要纽带是基督教。这时的基督教文化占据着西方文化的核心地位，罗马教廷成为西方精神生活的中心和各国之间的国际权威，而拥有罗马教廷的意大利尤其是罗马城则继续作为西方的经济尤其是文化中心。到 15 ～ 16 世纪的文艺复兴时期，意大利更成为无可争议的西方经济和文化中心。此时的意大利是欧洲的学校，意大利的学者和艺术家被礼聘到欧洲各国，而各国的有志学生和学者也到意大利学习、交流，共同创造出辉煌灿烂的新文化。其中，法国是向意大利学习得最多的国家之一。自 1520 年起，意大利的艺术风格就在法国成为时尚，如法王弗朗索瓦一世曾邀请意大利的罗索等艺术家到法国为其城堡做装饰工程，布鲁瓦等城堡则是意大利艺术和法国传统的完美结合。

　　但是，到 17 世纪和 18 世纪，随着启蒙运动的兴起和法国大革命的成功，西方的经济、文化中心逐渐从意大利迁移到法国。在 18 世纪，尤其是路易十四统治时期，巴黎的沙龙、咖啡馆等成为新时代文化活动的中心，法国语言成为欧洲上流社会的共同语言。启良在《西方文化概论》中指出："十八世纪的西方是法国人的世纪，确切地说是路易十四的世纪。这位'太阳王'虽然在这个世纪的上半叶便辞世而去，但他所创下的霸业和给法国带来的繁荣，却使法国在整个十八世纪成为西方文化的中心。"而到19世纪、20世纪及其以后，随着英国工业革命和美国独立与高速发展，西方的经济、文化中心又逐渐移向英国以及美国。德尼兹·加亚尔等人的《欧洲史》言，英国在工业革命以后被称为"世界的车间"，经济发展异常迅速，成为世界上最富裕的国家，"19世纪工业发展的特点之一是大不列颠在技术、商业、金融方面的知识转移至欧洲各国"。进入20世纪，尤其是两次世界大战以后，美国由于经济的高速发展，使得美国源于欧洲又有所创新、具有大众化特色的文化大举进入并影响欧洲。易丹在《触摸欧洲》中阐述了欧洲与美国的文化渊源与变迁，认为"就文化而言，美国是欧洲的嫡系后裔……但是，这并不妨碍美国染指欧洲的文化舞台"，第二次世界大战后，"美国人的文化自信在经济、政治和军事的强大后盾支持下空前高涨"，他们不仅"介入欧洲的文化生产车间"，而且"操控欧洲的文化生产线，并最终影响欧洲文化产品的生产和消费"。德尼兹·加亚尔等人的《欧洲史》则描述说，"欧洲人在（20世纪）20年代中首次发现美国人的生活方式，许多人以美国方式为模式"，当1943年，美国的大众文化大举进入英国以后，"便扩展到整个大陆，香烟、口香糖、可口可乐等美国产品成为战后欧洲人新举止的象征"。可以说，从20世纪40年代开始，美国便成为西方经济、文化的又一个中心。在经济、文化中心不断迁移的大背景下，受其影响，西方的饮食烹饪文化必然构成板块移动式、不平衡发展格局，各国虽各有特点，但也有许多相同之处，并且在不同的历史阶段发展不平衡。

二、中国饮食历史的发展概况

在中国，饮食烹饪历史的大一统式、较平衡的发展格局具体表现在中餐的发展历史上，其南北菜点出现明显地区特征和各主要地方风味形成稳定格局的时间基本一致，即南北菜点都是在周朝出现明显的地区特征，全国各主要地方风味流派大多是经过汉魏南北朝的雏形、唐宋的快速发展而到明清时才形成稳定格局。

早在周朝时期，中国就已有众多的美馔佳肴，而最著名的是周代八珍和楚宫名食。周代八珍载于《礼记》中，皆为中原及北方名食，几乎是以黄河流域为中心的饮食品的代表。其品种包括淳熬、淳毋、炮豚、炮牂、捣珍、渍、熬、肝膋等八种佳肴，所用原料以猪、牛、羊等家畜为主，味道以咸鲜为主。楚宫名食则载于《楚辞》中，主要为中南名食，几乎是以长江流域为中心的饮食品的代表。其品种包括酸鹄（天鹅）、煎鸿（大雁）、露鸡等美食，所用原料以飞禽为主，味道则更增酸苦甜之味，与黄河流域的菜点有明显的差异。这些明显的地区特征表明中国饮食开始了南北地区风味的分野，呈现出区域性饮食差异。到汉魏南北朝时期，区域性地方风味食品表现出更加明显的区别，南北各主要地方风味流派先后出现雏形。进入唐宋时期，各地的饮食烹饪更加快速而均衡地发展，据孟元老的《东京孟华录》等书记载，在两宋的京城已有了北食、南食和川食等地方风味流派的名称和区别。所谓北食，主要是指黄河流域的菜点；南食主要是指长江中下游地区的菜点；川食则主要是指长江上游四川的菜点。到明清时期尤其是清朝中晚期，东西南北的饮食爱好各异、地方风味形成稳定格局。清末徐珂《清稗类钞·饮食类》言："北人嗜葱蒜，滇、黔、湘、蜀人嗜辛辣品，粤人嗜淡食，苏人嗜糖。"并且指出，"肴馔之有特色者，为京师、山东、四川、广东、福建、江宁（即南京）、苏州、镇江、扬州、淮安"。最具代表性、最著名的地方风味流派山东菜、四川菜、广东菜、江苏菜等基本上都是按照这个轨迹发展而成的。

1.山东菜的历史发展

山东菜，又称鲁菜、山东风味菜。山东是中国古文化的发祥地之一，早在春秋战国时代，孔子就提出了"食不厌精，脍不厌细"的饮食观，并在烹饪的火候、调味、饮食卫生、饮食礼仪等方面提出了自己的主张。到秦汉至南北朝时期，受民族迁移和食俗、食物交流融汇的影响，山东菜在原来比较单一的汉族饮食文化基础上吸收北方各民族饮食文化的精华，烹饪技术有了极大提高、菜点品种大增，已初具规模和风格。贾思勰的《齐民要术》记载了当时黄河中下游特别是山东地区的菜点食品上百种，从中看出当时的烹调方法已有蒸、煮、烤、酿、煎、炒、熬等十余种，且有许多著名菜点问世。唐宋时期，山东菜有了新的发展。它与黄河流域的其他地区一起依靠独特的物产，即大量出产的粟麦和较多的牛羊肉，形成了与长江流域的饮食特色极不相同的"北食"，并在北宋的开封和南宋的杭州饮食市场上占据重要的地位。明清之际，山东菜不断丰富和提高，在用料上讲究广泛、精细，在调味上注重纯正醇浓，在烹饪方法上擅长爆、扒、溜等法，在菜点品种上善制海鲜、汤品和面点，由此别具一格、体系完整，最终形成了稳定的地方风味流派，不仅进入宫廷、成为明清宫廷御膳的主体，而且流传到京津、华北和东北各地，影响遍及黄河流域及其以北地区，因此又被称为"北方菜"。

2. 四川菜的历史发展

四川菜，又称川菜、四川风味菜。四川有着悠久的饮食烹饪文化。据三星堆等遗址出土的文物证实，早在 5 000 年前的新石器时代，四川地区就已有早期烹饪。从春秋战国到秦朝，川菜逐渐进入启蒙时期，尤其是秦始皇统一中国后，许多中原富豪被迁徙到蜀地，他们不仅带入了中原较为先进的烹饪技术，而且由于其对饮食的极力追求，促进了川菜的发展。到汉魏南北朝时，川菜已形成初期轮廓。汉代扬雄和晋代左思的《蜀都赋》都描写了巴蜀独特的烹饪原料和盛大的筵席，晋代常璩《华阳国志》则首次记述了巴蜀人"尚滋味""好辛香"的饮食习俗和烹调特色。唐宋时期，四川富甲天下，有"扬一益二"之誉，川菜发展更加迅速，烹饪技艺日益精良，菜点品种层出不穷，并跨越了巴蜀疆界，以浓郁的乡土气息进入京师，在北宋的开封和南宋的杭州饮食市场上与"北食"和"南食"鼎足而立。明清时期，四川菜已使用辣椒调味，继承和发扬了巴蜀人"尚滋味""好辛香"的调味传统，形成了清鲜醇浓并重、善用麻辣的调味特点，同时在用料上也极为广泛，在烹饪方法上以小炒、干煸、干烧等见长，在菜点制作上擅烹家禽家畜、河鲜山珍，渐渐地在清朝中晚期形成了一个独特而稳定的格局。

3. 江苏菜的历史发展

江苏菜，又称江苏风味菜、淮扬菜。江苏也有着历史悠久的饮食烹饪文化。据淮安青莲岗、吴县草鞋山等遗址出土文物表明的，早在新石器时代，江苏先民就已使用陶器进行烹饪。到春秋战国时，江苏的烹饪技艺已颇为高超，出现了鱼炙、吴羹和讲究刀工的鱼脍等名菜点。到汉魏南北朝时期，尤其是南朝建都建康（即今南京）以后，江苏菜更是得到空前的发展，面点、素食和腌菜类食品有了长足进步，建康厨师的烹饪技艺尤为高超，能将一种蔬菜制成几十种素食品种。隋唐、两宋之时，京杭大运河的开凿和通航繁荣了扬州、镇江、淮安及苏州的经济，唐代扬州更是"雄富冠天下"的"一方都会"，由此促进了江苏菜的极大发展，许多海味菜、糟醉菜被列为贡品，赢得了"东南佳味"的赞誉。此时的江苏菜更显出精刀工等技艺的精湛，据《清异录》记载，厨师们制作出了号称"建康七妙"的七种精美菜点和扬州缕子脍、苏州玲珑牡丹以及金齑玉脍、镂金龙凤蟹等名品。明清时期，由于经济繁荣和商业发达，再加上清代康熙、乾隆的多次南巡，促使江苏菜南北沿运河、东西沿长江发展逐渐走向鼎盛时期，不仅刀工精湛无比，而且在用料上广泛而精良，在调味上注重清鲜平和，在烹饪方法上擅长炖、焖、蒸和泥煨、叉烤等，在菜点制作上善烹江鲜家禽、善制花色菜点，从而成为一个特色突出、格局完整而稳定的地方风味流派。

4. 广东菜的历史发展

广东菜，又称粤菜、广东风味菜。与上述三个地方风味相比，广东的饮食烹饪历史发展稍显缓慢，但在中原和江南饮食文化的影响下没有出现阶段性的本质差异。在秦朝以前，广东境内为百越人居住，擅长渔猎农耕，喜欢杂食。秦汉至南北朝时期，先是秦始皇迁十万中原人至岭南、"汉越融合"，后是中原战乱频仍、岭南较为安定，中原汉族人南移广东，他们带去的科学知识和饮食文化、烹饪技艺也迅速与岭南独特物产和饮食习俗交融，形成了以南越人饮食风尚为基础、融合中原饮食习惯与烹饪技艺精华的饮食特色，从而奠定了广东菜吸收包容、不断进取创新的基本风格。至此，广东菜形成了初期轮廓，所制的蛇肴、鱼生、烧鹅等菜肴已成名品。隋唐、北宋时期，广东人更是针对不同原料，选择适当的烹饪方法制作菜肴，还特别喜欢烧腊菜肴；南宋之时，随着中国经济、文化中心的南移，黄河、长江中下游地区的烹饪技术和名菜点部分地传入广东，加上南宋末代皇帝南逃，导致大批御厨流落民间，也把杭州的饮食烹饪文化和宫廷名肴传到广东，促使广东菜朝着制作精细的方向发展。明清时期，广州作为中国重要通商口岸和中西海路的重要交通枢纽，商贾云集，饮食市场异常繁荣，外地以及西方烹饪技艺和菜点不断传入，到清末，广东菜在广采中原、江南地方风味和西餐烹饪之长的基础上自成一体，在用料上讲究广而精，在调味上注重清而醇，在烹饪方法上擅长煲、焗、扒、软炒、软炸等，在菜点制作上善烹生猛海鲜、善制精美点心，成为一个特色突出、格局完整而稳定的地方风味流派，并随华人足迹逐渐走向海外。

三、西方饮食历史的发展概况

在西方，饮食烹饪历史的板块移动式、不平衡的发展格局具体表现在西餐的发展历史上。而关于西餐的含义，说法各异，但通常是泛指西方各国的菜肴，以各具特色的意大利菜、法国菜、俄罗斯菜、英国菜和美国菜等风味流派为主要代表。由于这些风味流派的形成和兴盛时间极不一致，从而使西餐的发展大致可分为三个阶段，即古代、近代和现代。而在每个阶段，各种风味流派的发展、变化都对整个西餐发展有不同的促进作用。这里仅选取其中最具代表性和突出意义的风味流派，着重介绍其起源、发展和风格特色及在西餐发展进程中的意义和作用。

（一）古代西餐的代表——意大利菜

在古代，西餐发展中最杰出的是意大利菜。意大利菜直接源于古希腊和古罗马，是西餐中历史最悠久的风味流派，被誉为西餐的鼻祖、欧洲烹饪的鼻祖。直到在 16 世纪末，意大利菜都十分兴盛，并且凭借着自身古朴的风格成为古代西餐中当之无愧的领导者。

1.意大利菜的形成

远古时期，意大利一直是古罗马帝国的中心，而古罗马帝国在政治和军事上征服了古希腊，却在文化等方面被古希腊征服，因此意大利菜的形成直接受到古希腊和古罗马的决定性影响。《牛津食物指南》指出，公元前 5 世纪或 4 世纪以前，希腊的许多城邦就有了高度发展的烹饪技术，"当大部分地区都成了罗马帝国的一部分后，罗马的烹饪本身就受到希腊文化的强烈影响而产生"，而罗马的烹饪又成了"西欧大多数国家烹饪的直接渊源"。如在正餐及宴会的格局与组成上，公元前 4 世纪时的雅典正餐上，开始总要端上装在篮子里的烤面包，然后是第一道菜，由各种开胃食物和调料组成，与面包一起供享用；接着上第二道菜，食物中或许多加了一些牡蛎、海胆、金枪鱼、龙须菜、橄榄等海产品和蔬菜水果，仍然伴有烤面包；第三道菜上主菜，所用原料更加广泛，有鱼类、家禽家畜及其他肉类，最常出现的是鳗鱼、金枪鱼、鲽鱼和鸡、鸭、牛、羊、猪肉等，与之相配的是酒；第四道是餐后甜点，多用蛋糕、奶酪、杏仁、胡桃、葡萄、无花果等干鲜果品制成。其中，最初两道菜里不变的组成部分是面包，第三道菜的不变组成部分是酒。这个格局几乎是后来所有西餐风味流派的正餐与宴会格局的蓝本，如今的西式正餐基本格局大多是开胃菜、汤、主菜、甜点等。又如在烹饪方法和调料的使用上，公元前 4 世纪的雅典喜剧中描绘道，当时的厨师最常使用的烹饪方法是烘烤、煎、炸等，最常使用的调料是橄榄油、葡萄酒、盐、洋葱、芝麻和各种香料如百里香、牛至、茴香、莳萝、欧芹、芸香等。到罗马帝国时期，罗马人除了使用上述调料外，还大量使用外来的胡椒、丁香和姜等，其饮食显得过度豪华而奢靡。这些都反映在记录当时菜点制法、成书于公元 4 世纪的食谱 *APICIUS* 之中，使得"*APICIUS* 的食谱在香料上是如此丰富，以至于主要食物成分的味道常常被替换掉了"。对于香料的大量使用，既是古希腊、罗马烹饪的一大特色，也成为后来的意大利、法国、英国、美国等国烹饪的共同特色。

古罗马烹饪不仅在餐饮格局与烹调方法等方面学习、模仿古希腊，在烹饪风格上也是如此。尽管有加图等许多元老们呼吁人们保持严肃、简朴的传统道德，但是"由希腊传过来的讲究奢侈浮华和挥霍无度的享乐风气，潜移默化地腐蚀着罗马人的斗志"（赵林《西方宗教文化》），使得人们的生活方式和文化形式越来越希腊化，在饮食烹饪上极力向希腊学习、模仿，形成了粗犷与精细兼有、朴素与奢华并存的烹饪风格。当时的宴会几乎就是豪华、奢侈的代名词，尽管依然沿用希腊的宴会格局，由开胃菜、海鲜菜、主菜、甜点等构成，但数量却超出许多。在恺撒参加的一次晚宴上，仅开胃菜就上了 16 道。恺撒在庆祝公元前 46 年的凯旋时，举行的宴会有 22 000 桌，宴请罗马的全体男性公民。而这样的宴会在当时十分频繁，促使食品价格急速上涨。瓦罗在《论农业》中说，如果你想发财，你就需要一些机会，比如有一次宴会，或是某人的凯旋式，或是公会的这些使食品的市价上涨的无数晚宴。奢侈风气造成了人们所谓罗马城内每日一宴的情况。

2. 意大利菜的发展

意大利烹饪直接承继希腊、罗马烹饪而向前发展，但又摒弃了导致罗马帝国灭亡的奢华而继承朴素之风，并且在 15 世纪以前就拥有了独特的烹饪风格。《牛津食物指南》指出，虽然意大利从中世纪早期到 19 世纪中期都处于分裂状态，但这"并没有阻止它成为文艺复兴时期文化艺术包括烹饪艺术的摇篮""事实上，在烹饪术被关注之前，意大利就一直处于整个欧洲的领先地位"。在文艺复兴时期来临之际，意大利的烹饪艺术家充分展现出自己的才华，不仅制作出品种丰富、样式多变的菜肴，也制作出了以著名的通心粉和比萨为代表的众多面食品，并最终形成了意大利烹饪独有的古朴风格，强调选料清鲜、烹饪方法简洁，注重原汁原味、菜式传统且有浓厚的家庭风味。用最简单的烹饪工艺制作出最精美、最丰富的菜点，成为意大利人对美食的理解与追求。在 1475 年编撰出版的烹饪书籍 *PLATINA* 中载有一本由一位名叫"Martino"的厨师手写的菜谱，其中不仅描写了意大利面食的地位和宴会在宫廷生活的角色，提到了威尼斯和罗马的龙虾、佛罗伦萨非常著名的蔬菜和油炸菜肴，还着重记述了烹饪工艺简单、适宜家庭使用的菜肴，"试图通过仔细地调味和适度的烹饪做出单一成分的风味"。《牛津食物指南》引述安妮·韦伦的评价说："他对它们的异常熟悉表明了 15 世纪前一个能够被承认的意大利烹饪风格已经发展起来。"由于 *PLATINA* 的广泛传播和人们的不懈努力，意大利烹饪呈现出繁荣兴盛的局面，并强烈地影响着其他西方国家，成为古代西方饮食烹饪的领导者和鼻祖。如麦迪奇家族的凯瑟林公主嫁给法国的王储亨利二世时以 50 名私人厨师作陪嫁，而这些厨师把意大利先进的烹饪方法和新的原料带到法国，极大地影响和促进了法国烹饪的发展。意大利烹饪的这种繁荣兴盛局面一直保持到 16 世纪末。

当 16 世纪末或 17 世纪初时，"那些在很多领域包括在厨艺上都展现了天赋才华的意大利艺术家们开始现出疲态，甚至可以说江郎才尽……大约就是那个时候，欧洲烹饪艺术的领导地位开始从阿尔卑斯地区转移到法国去了。"从此以后，意大利烹饪突飞猛进的发展阶段基本过去，它在保持自己烹饪特色与风格的基础上进入了长时间的平稳发展时期。

（二）近代西餐的代表——法国菜

在近代，西餐发展中取得辉煌成就、举世瞩目的是法国菜。法国菜也是西餐中历史悠久的重要风味流派之一。它深受意大利烹饪的影响，但在极大地吸收意大利烹饪特色的基础上结合自己的优势发展壮大，最终形成了有别于意大利的法国特色，并青出于蓝而胜于蓝，成为 17 世纪到 19 世纪西餐的绝对统治者，被誉为西餐的国王、欧洲烹饪之冠。

1. 法国菜的形成

法国菜在形成过程中一直受到意大利菜的影响，并且这种影响早在罗马帝国时期就已经开始。在古代，法国人的祖先高卢人在最初烹饪时十分原始、粗犷，所用原料以麦面和猎获的野味为主，最擅长的烹饪方法是烤，如烤野猪、烤野兔、烤鸡、烤面包等。而与此同时，罗马人的烹饪已较为高超、奢华，如原料选用鸵鸟脑、骆驼蹄、大象鼻等。于是，法国人开始向罗马人学习，逐渐脱离原始状态，烹饪时讲究以大取胜。如当时最流行的一款菜是禽类套烤，即在飞禽鸨的肚中装天鹅，天鹅肚中装家鹅，家鹅肚中装鸡，鸡肚中装百灵，用火烤并加调料制成。在宴会上，人们常将鱼、肉、家禽烹饪后拼装成一个庞大的菜肴，由身强力壮的仆人抬出来，放上宴会桌供欣赏、享用。中世纪时，法国烹饪在意大利菜的影响下用料非常广泛，烹饪日趋精致，开始追求滋补与欣赏的双重目的。在神圣罗马帝国时期，意大利对法国饮食影响最大的是葡萄藤的移入，法国的波尔多、勃艮第、马赛等地区大量种植葡萄，并发明了橡木桶，酿造出优质的耐贮存、香醇葡萄酒，促进了法国烹饪的发展。到 8~9 世纪，由于地中海各国贸易的发展、十字军东征等原因，法国食物原料的种类越来越丰富，如从国外引入的椰枣、开心果、无花果等，而香料更成为不可缺少的调味品。14 世纪末期，国王查理五世的首席厨师古叶劳姆·蒂雷尔首次整理、总结法国烹饪，口授了一本名为《食物供应者》的烹调书。该书介绍了给食物上色和加香料、用面包屑增浓调味汁、糖醋混合使用的方法，以及奇特菜品烤天鹅、烤孔雀的制法，烤熟的天鹅或孔雀要在身体上插羽毛，看起来栩栩如生。不过，此时，法国人的吃法还很原始、不文雅，缺乏关于吃的礼仪。可以说，这一时期的法国菜基本受意大利的影响，亦步亦趋，缺少自己的特点。

2. 法国菜的发展

17 世纪时，法国菜有了飞速的发展。一方面，它仍然深受意大利烹饪的极大影响，吸取意大利烹饪精华，另一方面则结合自身的优势进行改革、发展、创新，真正拥有了自己独特的烹饪风格，从而与意大利烹饪术彻底地分道扬镳。

法国烹饪的发展、壮大，在很大程度上要归功于两大事实：一是 1533 年意大利美第奇家族的凯瑟林公主嫁给法国的王储亨利二世。公主是位美食家，出嫁时以 50 名私人厨师作陪嫁，而这些厨师把意大利先进的烹饪方法和新的原料带到法国，极大地影响和促进了法国烹饪的发展。亨利二世即位后，法国经济与文化日益昌盛，讲究美食的凯瑟林成为宫廷宴会的核心，宫廷内外掀起了一股强大的学习意大利烹饪之风。接着，凯瑟林又为王子亨利三世娶进意大利的另一位公主玛利亚。到 16 世纪末，在两位公主的大力推动下，意大利的菜肴和面食被大量引入法国，最优秀的意大利厨师也向法国人传授了众多烹饪技艺，使法国烹饪有了极大发展。二是法国历史上一直有一个美食之都——巴黎，起到了非常关键的作用。巴黎不但聚集着全国各地的优质烹饪原料，而且拥有许多重视美食、具备高超鉴赏能力的美食家，更有工作认真、具备改革与创新精神的烹饪制作者，正如《牛津食物指南》所言，"美食的所有资源都集中在那里：最好的烹饪原料、最好的烹饪制作者和最敏感的味觉鉴赏力都能在这里找到"。法国在欧洲是土地最广阔的国家之一，有着良好的气候、多样的耕作环境以及从大西洋到地中海的漫长海岸线，出产着丰富的植物原料、禽畜肉类和海产品。而巴黎就被一个高质量的烹饪原料市场环绕着，几乎能够选用全国各地的海陆之精华入烹。然而，仅有丰富优质的原料作为物质基础还不够，还需要有人的创造与欣赏。当时的国王和贵族大多是美食家，非常重视饮食，尤其是路易十四、路易十五更为突出。路易十四建立凡尔赛建宫，用豪华的宴会来显示国威，便有了超过 200 道菜的宴会菜单，开启了法国奢华饮食之风，还常派专人在餐桌旁讲解每道菜的来历、原料、制法等。他开创了全国性厨艺大赛，技艺高超的获胜者被招入凡尔赛宫、授予"泉蓝带奖"（CORDO NBLEU）。此后，获得"泉蓝带奖"成为全法国厨师追求和奋斗的目标。在重视饮食、尊重厨师的环境下，法国厨师们有着很强的敬业精神，"常常感到一种超越过去的责任，通过更新观念和采用新的味道来推进烹饪艺术"（《牛津食物指南》），对烹饪技术继承创新、精益求精，工作非常认真，以致走向极端。如1671年，贡代亲王宴请路易十四，他的领班厨师瓦泰尔得知送来的鲜鱼无法满足宴会的使用，认为这将导致菜肴出现缺陷，以致拔剑结束了自己的生命。由此，法国烹饪在广泛吸收意大利烹饪精华的基础上出现显著变化，逐渐形成了精致、华美的烹饪风格，强调选料精细、味美形佳，菜点豪华繁多。它的标志是1651年弗拉瓦伦编撰、出版的《法国厨师》一书。书中指出了此时法国烹饪的许多变化，"最显著的是对中世纪的辣味的放弃而偏重于以本地香料作为调料"（《牛津食物指南》）；还记录了许多菜单，其中一个招待外宾的菜单就包括22道大汤、64道小汤、21道主菜、44种烤肉、63种小菜、36种沙拉和12种调味汁，菜品组合十分繁多、豪华。总之，法国菜的成长、壮大，至少有两个重要的因素：一个是物产，作为坚实的物质基础；另一个是人，而且起着决定作用。《牛津食物指南》言："法国烹饪不仅有它的英雄（力求改革的厨师）和它的伟人（鼓励和批评厨师的美食家），而且还有它的殉道者""而事实上，法国厨师提出问题的意愿和基于传统的改革、创新和修正，使得法国烹饪在西方国家的烹饪里一直保持着卓越和优秀，并且成为世界上最伟大的烹饪之一"。

到了18~19世纪，法国菜已十分成熟，在西方国家极负盛名，影响遍及欧洲各个角落。当时，法国厨师被西方各国高价外聘，各国厨师纷纷到法国学习烹饪。一时间，法国菜成为西餐的绝对统治者、是西方人饮食生活中最热门的话题，人们更加重视饮食，尊重厨师，厨师也有更强烈的责任感和改革、创新精神。法国美食主义奠基人、美食家萨瓦兰（Savarin）曾说："对于人类而言，发现一种新的烹饪方法，更胜于发现一颗星球。"1852年，萨瓦兰撰写、出版了《味觉生理学》一书，从历史学、社会学和生物学、营养学等角度阐述美食问题。人们非常尊重厨师，给成就突出的著名厨师授予勋章和各种荣誉，以他们的名字命名街道，为他们编写歌曲，使之家喻户晓。而厨师们越发有了在继承的基础上改革、创新的强烈欲望。1733年，夏贝尔（Chapelle）在《现代烹饪》一书中宣布了一种"新式烹调法"（Nouvelle Cuisine）的诞生，即要求法国烹饪应进行定期的净化、提纯，不断创新品种，始终处于变革状态，充满活力。而在改革与创新方面成绩卓著、名声显赫的厨师层出不穷，有精致烹饪的代表人物卡莱姆 (Careme) 和艾斯可菲 (Escoiffer) 等，也有新式烹饪的代表人物费尔南·普安 (Fernand Point)、保罗·博库斯 (Paul Bocuse)、普罗斯帕·蒙塔内 (Proser Montagn) 等。如卡莱姆在烹饪上注重豪华、气派，不仅讲究数量，还将建筑结构原理和美感运用在烹饪中，讲究"秩序"和"味道"的气派；不仅重视餐桌布置，也注重食物装饰。他设计了在世界上广为流传的高耸的厨师帽，撰写了《19世纪法国菜的烹饪艺术》等书，留下许多烹饪技艺和数百种食谱，影响深远，被后人称为"法国菜厨师的摩西"。在他去世半个世纪以后，随着民主化和工业化的影响，法国菜开始新的变革，艾斯可菲提出"高雅的简单"主张，积极简化菜单，合理调整菜点分量，创制许多名菜，提升菜点的装饰艺术，促进了法国菜进一步发展。

20 世纪以后，法国菜不仅在西方十分著名，还扩大到全世界，成为举世闻名的西方重要风味流派。法国厨师被世界各地高价聘请，法国菜和法国餐厅成为高级烹饪的代名词。可以说，20 世纪的法国菜虽然没有路易十四时的豪华，但其影响力和传播范围却超过此前的任何时代，算得上是西餐的国王。然而，尽管如此，在 20 世纪时，法国菜的尊贵和权威地位也遇到了新挑战，那就是简约、大众化的烹饪流派——英国菜和美国菜，逐渐使其丧失了绝对的统治地位。

（三）现代西餐的代表——英国菜与美国菜

在现代西餐中，虽然意大利菜、法国菜仍然兴盛，但让人感到强烈震撼的却是英国菜和美国菜。它们是西餐中历史较短的重要风味流派，或多或少地受到意大利和法国菜的影响，但最终与当地的特点有机结合，并运用现代科学技术和思想，使传统的烹饪方式、烹饪工具发生质的变化，拥有了自己的烹饪风格，因此成为现代西餐最重要的代表之一。就两者在现代西餐中的作用和影响而言，英国菜主要起到桥梁作用，而美国菜大约到 20 世纪中叶时才逐渐与意大利菜和法国菜抗衡而部分地成为西餐潮流的领导者，可以说是西餐的新贵。

1. 英国菜的形成与发展

英国菜在其形成与发展过程中长期受到意大利菜和法国菜的极大影响。在古代，英国人的祖先朱特人和盎格鲁—撒克逊人最初的烹饪都十分原始、粗犷，对菜点的数量要求比质量要求更高。到 1066 年，诺曼底公爵威廉征服英国、成为英国国王，此时也是英国烹饪发展的转折点，因为进入英国的诺曼人带来了法国、意大利的生活习惯、生活方式和烹饪技术。英国研究者认为，威廉一世和英国许多贵族的大部分食物制法是向诺曼人学习的。11~13 世纪，由于十字军东征带回了大量香料、海枣、无花果、蜜饯等原料及用法，英国菜也常以此烹饪。14 世纪时，英国手抄食谱记载的许多精制菜肴和对香料与其他调味品的使用，显示着法国菜对英国菜在术语和烹饪技法上的巨大影响。当时的宴会崇尚豪华、气派，其规模和华丽程度可相提并论的只有盛大的马术比赛。莉齐·博里德《英国烹饪》一书记载了爱德华四世时大主教内维尔的就职宴会菜单，菜品分六道上桌，每道有一二十种，都配有一款或多款制作精良似工艺品、称作"雅结"的菜肴，如头道菜就有 12 种菜肴，包括圣乔治雅结、烤野鸭、维安西普雷斯汤、香草派、烤鹧鸪、叶形海豚（雅结）、吉斯阉鸡、哈脱雅结等。

16~17 世纪是英国菜发展的重要时期。一方面，英国大部分王公贵族热衷于法国菜，另一方面，因两个重要历史事件使得英国菜在受意大利、法国影响的同时，形成了自己独特的烹饪风格。一个事件是 1534 年国王亨利八世拒绝罗马教皇的控制，解散了教堂。与罗马和许多天主教国家关系的破裂减少了外来因素对英国的影响，使英国的民族个性和特色有所发展，促进英国菜形成自己的特色。另一个事件是 16 世纪 60 年代清教徒运动。清教徒认为，任何肉体上的享受都是污浊的、功利主义的，对烹饪没有兴趣且不支持，取消了所有筵席和宴会，反对使用香料和酒。受此影响，当时的英国菜呈现出两种烹饪风格并存的局面：上层社会以法国菜及其精美的风格为主；中下层社会尤其是下层社会则更多地沿袭和推崇英国传统，讲究简朴、实惠，常按家常菜烹制习惯，做简单的烤肉、布丁和馅饼等，初步形成了简约的烹饪风格，强调简单有效地用料，尽力保持原有品质和滋味。普通人家常以土豆和咸肉、凝乳和奶油、猪肉和豌豆布丁、奶酪和燕麦饼、面包和奶酪等搭配食用，只有在集市、饭店、酒馆及餐饮摊点等地才制作较精细、较丰富的菜点，但常见的仍是烤牛肉、腌鱼虾、馅饼、面包、奶酪等。

在 18~19 世纪，由于工业革命的影响，使英国菜的烹饪风格进一步发展。此时出现的食品工业就是英国菜简约风格与工业革命结合的产物。莉齐·博里德《英国烹饪》一书指出，在 1760~1830 年期间，英国纺织机器的发明、钢铁工业的发展、蒸汽机的改进共同产生了机器时代，机器对国家的整个结构和人民生活影响之大，最突出的一点是越来越多的农民失去土地、流入城市并成为廉价的产业工人。而在城市中，这些产业工人住房条件极差，炊餐器具简陋，又面临着缺少时间、燃料昂贵等问题，不得不放弃原有生活方式、降低生活水平，需要和喜爱那些节省时间和劳力的食品，于是人们一方面选用传统的制作简单、实惠的菜肴，一方面则将机器用于食品生产中，从而产生了食品工业。莉齐·博里德《英国烹饪》指出："虽然各城市的生活水平高低不一，但都普遍依靠现成食品和食品商的服务。不断增长的城市人口的吃饭问题成了食品工业发展的新动力。因为难以大量贮藏和销售易腐食品，所以要求食品工业发展新的贮藏方法。经过多年的试验和失败，脱水食品、罐头食品及冷冻食品终于成功地送上餐桌"。英国西博母·郎特里《贫困——城市生活考察》（1901）一书中曾按照家庭收入分类记载了 19 世纪末、20 世纪初约克郡饮食情况：第一类是每星期的收入低于 26 先令的劳工家庭，基本上以面包、黄油、茶及一些快餐为主，只有星期日的正餐稍微例外；第二类是每星期收入到达或超过 26 先令的中下层家庭，其食物品种明显增多，除了一些传统的菜肴如烧羊肉、约克郡布丁、洋葱酱等外，最突出的是成批生产的食品如罐装肉、罐装鱼和廉价果酱等；第三类是中产阶级家庭，他们有足够的炊具、燃料和做饭的佣人，日常的主要食品是传统菜肴，但制法仍较简单。而新菜肴的试验和发展只限于最富裕的人家。

到了 20 世纪，工业化食品成为英国菜简约风格的重要体现和组成部分，在英国人生活中占据着显著地位，有的英国人自嘲说："英国人只会开罐头。"但是，英国菜简约的烹饪风格和它的突出代表食品工业仍在西方国家产生了不同程度的影响，其中美国受到的影响最大，并进一步发展而产生了更大的震撼力。

2. 美国菜的形成与发展

美国菜主要源于英国菜，但在其发展过程中也受到法国、意大利等国烹饪的影响。美国是一个移民国家，仅有 200 多年的历史。而英国人是美洲大陆上早期移民的主体，他们利用当地的食物原料烹饪出英国风格的菜肴，使得这里的饮食烹饪具有浓厚的英国气息。一位旅行家曾描述他在弗吉尼亚的见闻时说："所有的移民在餐桌上吃饭时都讲着一种古旧的英语。他们的早餐桌上放有咖啡、茶、巧克力、鹿肉馅饼、啤酒、苹果汁。正餐有上等的牛肉，还有鹿肉、火鸡、鹅、水牛肉、羊肉、布丁等。"（《美国百年烹饪录》）此外，由于早期移民的生活条件十分艰苦，原料相对缺乏，主要以栽种的粮食、蔬菜、水果和猎获的火鸡、鹿肉等为食，依料烹饪，也使他们不得不承袭英国菜简单、实惠的传统特色。到18世纪和19世纪，英国、爱尔兰、德国等西方各国的移民大量涌入美国、开发其丰富的资源，使美国人口从300万增加到3 000万，经济日益繁荣，与欧洲的交流更加频繁，于是在饮食烹饪上也融入了更多的风格。如托马斯·杰弗逊就是饮食烹饪大融合的积极实践者。他在任美国总统之前，游历了法国、意大利、荷兰等西方国家，学过荷兰的蛋烘饼制法，并把烘锅带回美国；也将意大利著名的通心粉、法国人吃牛肉配薯条的方法带回美国；甚至最早从法国带回了冰激凌配方，并在一次州议会晚餐上将其介绍进了白宫。由此，美国上层社会的人们醉心于欧洲贵族的生活方式，法国菜成为展示地位的标志，法国厨师深受欢迎。可以说，此时，美国菜深受英国、法国、意大利的多重影响，是积极的学习者。

但是，当20世纪到来以后，这种局面发生了变化。美国从农业社会转型为工业社会，机器加工和科学技术使得美国经济出现了飞速发展，也使得美国菜形成了自己鲜明的特色，即简单、方便、快捷，而最具代表性的就是工业化生产的各种饮料和现代快餐食品、速冻食品等。以饮料为例，"可口可乐"配方发明于1886年的亚特兰大，1891年开始生产、但产量不大，直到20世纪初，作为盛器的玻璃瓶出现瓶盖后，可口可乐得以大规模工业化生产并很快进入欧洲市场，获得青睐。再以现代快餐为例，20世纪50年代，新的科技革命使美国经济再次迅速发展、高度繁荣，一方面，科技和管理革命极大地提高了生产率和劳动者的劳动收入，使人们迫切需要简单、方便、快捷的食品，也渴望并且有条件实现家务劳动包括家庭烹饪的社会化；另一方面，机器加工和科学技术造就了生产自动化，促进了传统手工烹饪在一定程度上向现代工业烹饪转变，也促进了食品加工技术与手段的提高，于是出现了麦当劳、肯德基、哈帝等快餐。它们集现代科学与机器加工技术于一身，以标准化、规模化、工业化手段，制作出简单、方便、快捷的食品，极大地满足了人们需要，因而发展十分迅速。麦当劳从 1955 年第一家快餐厅建立到 1960 年，餐厅增加到 280 家，盈利 5 600 万美元；而 1960 年时的肯德基在美国和加拿大的连锁店已有 400 余家。此时，速冻食品开始大量涌现，人们只需将其加热即可食用；电动搅拌器、绞肉机、榨汁机等小型厨房设备也层出不穷，使手工烹饪变得较为简单、容易。此后，美国成为世界超级大国，这些美国特色浓郁的烹饪成品和机器在美国强大经济实力的支持下进入欧洲，逐渐成为西方饮食烹饪的重要组成部分并产生极大影响，最终使美国菜跻身于当今西餐领导者的行列。

四、中西饮食未来的发展趋势

面对人类交流十分频繁、竞争异常激烈的未来，中西饮食都必须在继承和发扬各自优势、克服不足的同时，利用其他国家和流派的有益经验与科技成果，将饮食科学与艺术完美结合，才能创造出新的辉煌。

（一）发展原则

人类对饮食的需求有极大的共通性，都希望满足自身生理与心理需要，因此世界上不同饮食流派的发展原则也应该是大致相同的，那就是以人为本，以安全、营养和美味为纲，以烹饪技术为目，三位一体。中国和西方饮食的发展原则也应如此。

以人为本，就是注重人的生理与心理需要。这是人类饮食烹饪追求的最高目标。为此，应当注重研究食品安全、营养科学和味觉艺术，以满足不同人的不同需要或同一人在不同情况下的不同需要，从而使安全、营养和美味成为饮食烹饪的纲。有纲必有目，精湛而繁多的烹饪技法是实现食品的安全、营养和美味的基础和保障。这个三位一体的原则，在过去、现在、未来都没有必要，也不可能完全改变，只是在不同的时代、不同的国家，其实现形式和菜点呈现的风格会有不同的变化与发展。

（二）发展方向

无论是中国饮食还是西方饮食，它们的发展方向都应该是在坚持"以人为本，以营养和美味为纲，以烹饪技术为目"原则的基础上，通过具有现代意义的工业烹饪与手工烹饪两种制作方式和异彩纷呈的菜点风格，实现科学化与艺术化的完美统一，满足人们对饮食科学合理、方便省时、愉快有趣的新要求。具体而言，其发展方向至少包括以下两个方面：

1. 现代意义的手工烹饪与工业烹饪完美结合

这一结合主要表现在食品的生产与加工制作上。现代意义的工业烹饪，是指用现代高科技设备和生产技术生产各种食品，其特点是用料定量化、操作标准化、生产规模化，科学卫生，方便快捷。如生产各种快餐食品和方便食品等。工业烹饪主要是满足人的生理需求，但也不能忽视人的心理需求，应在注重科学的基础上辅以艺术，在保证高效稳定的前提下让人们愉快地吃。而现代意义的手工烹饪，是指利用现代科学理论与方法，对传统手工烹饪进行改革式继承与发扬，生产出个性化的特色食品，其特点是个性化、创造性。手工烹饪重在满足人们的心理需要，但也不能忽视人们最基本的生理需要，将在注重艺术性的基础上辅以标准化，力求在特色突出的前提下让人们吃得更科学。

2. 安全营养与美感完美结合

这一结合主要表现在食品的品质与风味特色上。它也是手工烹饪与工业烹饪相结合的必然结果。随着时代的进步、科技的发展和人们生活水平的不断提高，人们更加追求饮食的安全营养与美感，以利于人的健康和快乐。要实现这个目标，除了手工烹饪与工业烹饪相结合之外，运用现代自然科学知识、技术和社会科学知识等则是必不可少的手段。如在原料的选择和配搭上，利用现代农业科学技术、微生物学和营养学等，尽量选择和使用天然、无污染、无公害、安全、优质的绿色食物原料；在食物的加工制作过程中，采取更科学的烹调方法、操作程序，最大限度地减少营养损失，同时规范、合理地使用食品添加剂和各种风味调料，再根据人们的审美心理和美学原则等，制作出安全营养、富有美感的食品。

可以预料，只要真正做到了这两个完美结合，中国与西方饮食都必然会实现饮食科学化与艺术化的完美统一，必然会用异彩纷呈的菜点，满足人们不断出现的各种新要求，创造出更加辉煌、灿烂的未来。

本章特别提示

本章不仅阐述了中西饮食科学的形成及原因，阐述了中西饮食思想、中国传统食物结构及改革、西方饮食科学技术与管理，而且论述了中西饮食历史的特点、主要发展状况及未来趋势，以便使学生能够较为系统地领会中西饮食科学的要义，了解饮食历史进程，更好地运用相关知识设计营养健康饮食，把握饮食发展趋势，顺势而为，促进餐饮食品行业更好地发展。

本章检测

1. 中西饮食科学是怎样形成的？各自的饮食观念及表现是什么？

2. 中国传统结构及《中国居民膳食指南（2016）》的主要内容有哪些？

3. 中西饮食历史的特点及成因是什么？

4. 中西饮食未来发展趋势是什么？对当今餐饮市场进行调研。

5. 运用中西饮食科学的相关知识设计营养健康饮食。

拓展学习

1. （法）萨瓦兰 . 厨房里的哲学家［M］. 南京：译林出版社，2013.

2. 中国营养学会 . 中国居民膳食指南（2016）［M］. 北京：人民卫生出版社，2016.

3. 陈玉伟 . 餐饮企业连锁营运 [M]. 北京：中国物资出版社，2011.

4. 徐兴海，胡付照 . 中国饮食思想史 [M]. 北京：东南大学出版社，2015.

5. 邢颖 . 餐饮产业蓝皮书：中国餐饮产业发展报告（2009 年～ 2019 年）[M]. 北京：社会科学文献出版社，2010~2019.

教学参考建议

1. 本章教学要求

通过本章的教学，要求学生了解中西饮食历史的特点及成因，把握发展趋势，系统、深入地领会中西饮食科学的形成、重要内容，特别是中国传统食物结构及其改革，并且能将相关知识运用于营养健康饮食的设计和餐饮食品行业的发展。

2. 课时分配与教学方式

本章共 6 学时，采取"理论讲授 + 实训"的教学方式。其中，理论讲授 4 学时，实训 2 学时。

第五章

中西馔肴
文化比较

学习目标

1. 了解中国和西方主要风味流派的特点及著名品种。

2. 掌握中国和西方馔肴制作技艺的各自特点及重要内容。

3. 运用中西馔肴制作技艺的相关知识对传统名品进行传承、创新设计。

学习内容和重点及难点

1. 本章的教学内容主要包括两个方面，即中国和西方馔肴制作技艺、中西馔肴的主要风味流派。

2. 学习的重点和难点是中国和西方馔肴制作技艺的特点、中西馔肴主要风味流派的特点与著名品种的传承创新。

本章导读

馔，《辞海》解释为食物。《南史·虞悰传》："豫章王嶷盛馔享宾。"《现代汉语词典》解释为饭食。肴，鱼肉类熟食荤菜。《楚辞·招魂》："肴羞未通。"《礼记·学记》："虽有嘉肴，弗食，不知其旨也。"将馔与肴合起来，是指人们加工制作并食用的饭菜。从这个意义上说，馔肴文化是饮食文化的重要组成部分。中国馔肴，习惯上又称为中餐、中国菜，包括川菜、鲁菜、苏菜、粤菜和其他地方风味菜。西方馔肴，习惯上称为西餐、西菜，包括西方各个国家的风味菜肴，主要为意大利菜、法国菜、英国菜、美国菜以及德国菜、俄罗斯菜、西班牙菜，等等。中西馔肴文化都有悠久历史、丰富内容。本章仅从中西馔肴制作技艺及主要风味流派方面对中西方馔肴文化进行阐述。

第一节　中西馔肴制作技艺

一、中西馔肴制作技艺的特点

中国烹饪、西方烹饪与阿拉伯烹饪并称世界著名的三大风味流派。经过数千年的发展，中西馔肴制作技艺都形成了各自鲜明的特点，进入了艺术的境界和审美范畴。这些特点主要表现在用料、刀工、调味、制熟和装盘等方面。

（一）中国馔肴制作技艺的特点

1. 用料特点

食物原料是烹饪的物质基础，而原料的选择和使用在很大程度上影响着馔肴的风格特色和品质。中国馔肴在用料上主要有如下特点。

（1）用料广博

中国幅员辽阔，物产丰富，食物原料数以千计。对此，意大利传教士利马窦说过："世界上没有别的地方在单独一个国家的范围内可以发现这么多品种的动植物。中国气候条件的广大幅度，可以生长种类繁多的蔬菜，有些最宜于生长在热带国度，有些则生长在北极区，还有的却生长温带……凡是人们为了维持生存和幸福所需的东西，无论是衣食或是奇巧与奢侈，在这个国家的境内都有丰富的生产。"事实正是如此，中国食物原料品种之多，涉及面之广，在世界上没有一个国家能与其相比。此外，中国人开发食物原料之多，也是世界上其他民族所罕见的。林语堂先生在《吾国吾民》中指出：我们中国人凭着特异的嘴巴和牙齿，便从树上吃到陆地，从植物吃到动物，从蚂蚁吃到大象，吃遍了整个生物界。如今，为了保护野生的珍稀动植物和维护人体健康，中国人不再以它们为食，但又利用先进科技对一些珍稀动植物进行人工种植与养殖，并且大量引进国外优质原料，因此，中国的食物原料仍然十分丰富，而且在用料上一直是非常广博的。

（2）物尽其用

面对丰富的食物原料，中国厨师在具体使用时却不浪费，而是精打细算、物尽其用，主要表现为一物多用、废物利用和综合利用。如猪、牛、羊的全身几乎都能制成菜肴，有全猪席、全牛席、全羊席等。仅以猪蹄为料，则可煨可烧，可酱可糟，可冻可醉，可卤可蒸，清代《调鼎集》中就列出20余款猪蹄菜，现在各地则更多。锅巴，本是煮焖锅饭时锅底结成的焦饭，可算作饭的废品，但人们却利用它制作出了美味菜肴。清代李化楠已在《醒园录》中介绍了专门制作而且风味独特的锅巴了，袁枚《随园食单》所记的"白云片"、四川的"锅巴海参"都是使用特制的锅巴作原料制成的。又如豆渣本是废物，但经过厨师的巧手，则制作出高级名菜，如四川的"豆渣烘猪头"。

2. 刀工特点

所谓刀工，是指根据原料属性、构造特点以及菜肴制作的要求，运用不同刀具，使用各种刀法，将原料加工成一定规格形状的操作技艺。中国历来十分注重刀工技艺，主要呈现出以下特点。

（1）切割精工

早在春秋时期，孔子在《论语》中就说："割不正不食。"这实际上是对刀工技艺的要求。到唐代，中国已有刀工专著《砍脍书》。可以说，中国厨师始终把刀工技艺作为一种富有艺术趣味的追求，许多人的切割技艺更是炉火纯青、出神入化。《庖丁解牛》的寓言故事在中国几乎家喻户晓，庖丁神奇而精湛的切割技术令世人仰慕。明代冯梦龙在《古今谈概》也记载了一位操刀高手，其绝技更是让人惊叹："一庖人令一人袒背，俯偻于地，以其背为刀几，取肉二公斤许，运刀细缕之。撤肉而拭其背，无丝毫之伤。"如此以人之背为砧板切肉，必须有精湛的刀工技艺。到近现代，厨师进一步继承并发展了历代的运刀技艺。如重庆"老四川"灯影牛肉的创始人钟易凤所片的大张牛肉片，制成后可透过牛肉片看见灯影，真正是"薄如蝉翼。一只净重1.5千克的北京烤鸭，一般要求在3分钟内片108片，必须大小均匀，薄而不碎，形如柳叶，片片带皮。扬州厨师用嫩豆腐切纤细如发的丝、切怒放的菊花。这些都充分显示出切割的精工。

（2）刀法多样

刀工技艺发展到今天，仅刀法的名称就已达 200 余种。以片为例，有刨花片、鱼鳃片、骨牌片、火夹片、双飞片、灯影片、梳子片、月牙片、象眼片、柳叶片、指甲片、雪花片、凤眼片、斧头片等 10 余种。此外，切块，有菊花块、荔枝块、吉庆块、松果块、旗子块、菱形块、骨牌块、梳子块、滚刀块等；切条，有凤尾条、麦穗条、眉毛条、象牙条、筷子条、一指条等。足见其刀法多样。

3. 调味特点

美食以美味为基础，常通过调味来创造。中国馔肴调味技艺有如下特点。

（1）调味精巧

中国馔肴历来把味作为核心，调味既是烹饪的技术手段，也是烹饪成败的关键，所以有人说中国烹饪艺术的核心是味觉艺术。清代徐珂《清稗类钞》在比较中西饮食时说："西人当谓世界之饮食，大别有三。一我国，二日本，三欧洲。我国食品宜于口，以有味可辨也。日本食品宜于目，以陈设时有色可观也。欧洲食品宜于鼻，以烹饪时有香可闻也。"从欣赏的角度看，中国馔肴制作是一门味觉的艺术，而从创造的角度看，它可以说是一门调味的艺术，馔肴制作的所有工艺环节，最终都是服务和服从于调味的。中国调味技艺的精巧主要表现在十分讲究而且擅长在加热过程中调味，将各种主料、辅料和调料有序有别地汇于一炉，通过精妙微纤的"鼎中之变"，进行有机组合以及"有味使之出，无味使之入"，到达"五味调和"的至高境界，创造出众多美味的菜肴。

（2）味型多变

调味料是味型变化的基础。中国不仅拥有丰富、独特的天然调味料，还有众多品质优良、独具特色的加工性调味料。如汉源花椒、二金条辣椒、郫县豆瓣、保宁醋、山西老陈醋、镇江香醋、南充冬菜、自贡井盐、永川豆豉等。以众多特产的种植和加工调味料为基础，再通过厨师的精心调制，将为数不多而具有基本味的调料利用其化学性质进行巧妙的组合，则变化成了品种多样的复合味型，使中国馔肴在调味上具有了味型多变的特点。而这种味的组合就如同绘画一样，画家运用红、黄、蓝三原色便调出绚丽多彩的各种颜色。据《成都通览》所列"五味用品"及菜点可知，当时仅用来调制麻、辣味的调料就有蒜泥、薤片、姜汁、花椒、胡椒、辣椒末、辣椒油、椒盐、芥末等，再与其他调料相配，则调制出具有不同层次或风格的麻、辣味，如椒麻、麻辣、酸辣、煳辣、椒盐等味；而用来调制香味的调料有陈醋、酒醋、草果、三奈、八角、香油、芝麻酱、藿香、橘皮、甜酒等，再与其他调料混合使用，则调制出具有不同特点的各种香味，如五香、酱香、甜香、香糟等。而如今，用辣椒、花椒与其他调味料组合，调制出的味型则更多，有红油、麻辣、酸辣、煳辣、陈皮、鱼香、怪味、家常、椒麻、椒盐、芥末、蒜泥、姜汁等十余种味型。

4. 制熟技艺的主要特点

中国人的大多数饮食是用火加热制熟，中国馔肴的制熟技艺有以下特点。

（1）用火精妙

中国馔肴十分注重对火候的掌握，在用火上变化万千，常使人们感到难以把握，也因此更体现出中国厨师的用火精妙。比如，对于油温的测试，中国厨师凭借经验，通过观察、手烤等方法，就可迅速判断出油温的大致度数。又如，爆三样中的猪肝、腰花、鸡胗，虽都是动物内脏，但其成熟程度却有相当大的区别，必须用不同火候分别烹饪至半熟或断生，再放入同一锅内烹调成菜。

（2）擅长以油为传热介质的烹饪法

这个特点与用火精妙密切相关。在烹饪方法中，利用水、蒸汽为介质传热的蒸、煮、炖、焖、卤、烩等方法制作菜肴，其掌握火候的难度相对较小；而最难掌握的是以油为传热介质、旺火速成的烹饪方法，因为用火稍有偏差就会严重影响菜品质量，但是这类烹饪方法也是中国最擅长的。最典型的例子是中国使用最多、最有特色的炒法。它是以油为传热介质，要求旺火、快速成菜。如炒虾仁、爆肚仁等，只有准确掌握火候、动作敏捷、手法利落，才能使菜品呈现出鲜、嫩、脆、软的风格特色。而在中国，清代时就已有了表现不同烹饪风格、菜肴质地、口味特色的各种炒法，有生炒、熟炒、生熟炒、炮炒、爆炒、小炒、烹炒、水炒、单炒、杂炒、汤炒、干炒、葱炒等十余种，四川厨师更是擅长小炒，不过油、不换锅，临时对汁、一锅成菜，令人叫绝。

5. 装盘特点

"美食不如美器"，美食佳肴要用恰当、精致的餐具摆放和烘托，才能达到完美的效果。中国馔肴在装盘上有如下特点。

（1）讲究和谐

俗语说：好马须有好鞍配，红花须有绿叶配。一道美食，也需要有一个与之相协调的器具盛装。只有美食与美器完美的结合，才能各显其美，相得益彰。袁枚《随园食单》一书提出，在食与器的搭配时，"宜碗者碗，宜盘者盘，宜大者大，宜小者小，参错其间，方觉生色""大抵物贵者器宜大，物贱者器宜小；煎炒宜盘，汤羹宜碗；煎炒宜铁铜，煨煮宜砂罐"。也就是说，美器之美不仅表现在器物本身的质、形、饰等方面，而且表现在它与菜肴的和谐搭配上。

（2）注重意境

意境，是中国美学体系中非常重要和独特的范畴，是指作品中描绘的生活图景和表现的思想感情融合一致而形成的一种艺术境界。中国的厨师常常通过精雕细琢、刻意拼摆，模仿、再现自然景物和美好生活，在盘中创造出有情有义并且具体生动的特殊图画，形成美妙的意境。在 21 世纪以前，意境美的典型代表主要是冷拼和食品雕刻。如冷拼"鹏程万里"，是先把卤猪舌、卤牛肉、香菇、胡萝卜、菜头等进行切割，在圆盘的上方拼摆成雄鹰，寓意鲲鹏，再把卤猪心、蛋卷、菜松、蛋皮、豆腐干、桃仁等进行切割，在圆盘的下方拼摆成"山峦"和"长城"，寓意"万里"，用它们组成的整幅图画表达的是对人们远大前程的美好祝愿。食品雕刻作品"华夏之魂"，选择中华民族最有象征意义的龙和长城为形象，先在盘中用南瓜、萝卜和青菜叶等堆摆出起伏的"山峦"，用南瓜刻出雄伟壮丽的"长城"，摆在"山峦"上，然后镶上用大红薯整雕出的"龙头"，使"龙"与"长城"融为一体，生动形象地表现出中华民族独特的精神风貌。这样一来，中国馔肴常常表现出"错金镂彩"的风格，有很强的艺术性和文化性，但也容易出现费时、费工的现象，有时甚至为了艺术而艺术，将生、熟原料和能吃与不能吃的原料放在一起，造成卫生与浪费等问题。进入 21世纪初，以大董为代表的意境菜诞生。顾名思义，意境菜是指创制的特别具有意境之美的菜肴。大董意境菜则常用中国绘画的写意技法和中国盆景的拼装技法，在盘中将菜点精心组合与拼装而成，如江雪糖醋小排、董氏烧海参等，不仅摒弃和避免了不良现象与问题，还通过巧妙地处理空白、疏密之间的关系，使菜品造型更加灵动，富有意境，正所谓"虚实相生，无画处皆成妙境"。

（二）西方馔肴制作技艺的特点

1. 用料技艺的特点

（1）选料严格

西餐对原料的选择十分严格，不仅注重原料自身的品质、特点，而且根据成菜特色、烹饪方法来选择原料。常用的动物性原料多取自牛、小牛肉、羊、猪、鸡、鸭、鱼、虾等原料各部位的净肉，如 T 骨牛排、西冷牛排、鸭脯、鸡柳、菲力鱼等，基本上不使用头、蹄、爪、内脏、尾等副产品。只有法国等少数国家例外，如使用鸡冠、鹅肝、牛肾、牛尾等。

（2）讲究新鲜

在西餐中，有许多菜肴是生吃的，因此，对原料新鲜度的要求非常高。例如，各种沙拉，常用生菜、洋葱、黄瓜等生拌而成，同时还用生鸡蛋制作沙拉酱等，必须选择新鲜原料。即使在烹调牛肉时，也常常根据要求，制作成 7～8 分熟、半成熟、2~3 分熟，甚至全生，同样要求牛肉的新鲜度。

（3）奶制品多

在西方，奶制品的种类非常多，有鲜奶、奶油、黄油、奶酪等，而每一类中又有许多不同品种，如奶酪就有上百种之多。奶制品在西餐中的选用非常广泛。鲜奶，除直接饮用外，在烹调中还常用来制作各种少司，也常用于煮鱼、虾或谷物等原料，或拌入肉馅、土豆泥中。在西点制作中，鲜奶也是不可缺的重要原料。奶油，在西餐烹调中常用来增香、增色、增稠或搅打后装饰菜点。黄油，不仅是西餐常用的油脂，还可制作成各种少司，并用于菜肴的增香、保持水分以及增加滑润口感。奶酪，常常直接食用，或者作为开胃菜、沙拉的原料，在热菜的制作中则起到增香、增稠、上色的作用。

2. 刀工技艺的特点

（1）工具众多

西餐的刀工工具很多，常常根据不同的原料、不同的成型要求来选择、使用不同的刀具。如有专门切肉的刀、专门去鱼骨的刀，有专门切蔬菜和水果的刀，还有专门切熟食的刀、专门切面包的刀。根据原料的特点，使用不同的刀具，不仅便于操作者的操作，也使原料成型的规格更加整齐。

（2）成型简单

西餐在原料成型上具有简洁、大方的特点，尤其是动物性原料的成型常常比较大。由于西方人习惯使用刀叉进食，原料在烹调后，食者还要进行第二次刀工分割，因此，许多原料尤其是动物原料在刀工处理上通常呈大块、厚片等形状，如牛扒、菲力鱼、鸡腿、鸭胸等，每块（片）的重量通常在150~250克。

除了以上两点外，随着科技发展及其在烹饪中的运用，使得西餐刀工技艺有了新的特点，即操作的机械化和成型的规格化。西餐已经大量使用现代化的设备来完成原料的成型任务。如常用切片机、切块机等切割蔬菜，使其成型更加统一。

3. 调味技艺的主要特点

（1）重视少司制作

少司是专门制作的调味汁，在西餐中具有3个重要作用：一是丰富菜肴的味道。作为菜肴的重要组成部分，少司可以丰富菜肴的味道，增加人们的食欲。二是增加菜肴的滑润感。少司具有较好的润滑作用，特别可以增加扒、炸、煎、烤等菜肴的滑润性。三是美化菜肴的外观。各种少司具有不同色泽、稠度、形状、特色，与不同菜肴搭配，可以美化菜肴，具有良好的装饰作用。由于少司有着十分重要的作用，因此，西餐非常重视少司的制作。法国菜之所以闻名世界，与法国厨师善于制作少司有密切的关系。

（2）讲究加热后调味

菜肴的调味，一般有加热前调味、加热中调味、加热后调味。制作种类繁多的少司，是西餐重要的调味技术。而西餐少司由厨师单独制作，一般不与主料、配料一同加热，只在装盘时浇在主料上，或者装在少司斗中、与主料一同上桌。因此，在西餐的调味技艺中，更注重、更主要的是加热后调味。

（3）广泛使用酒与香料

西餐的烹调特别着重于动物原料，而动物原料的腥、膻等异味较重，因此，十分强调用酒与香料去异增香。以酒为例，制作鱼虾等浅色肉菜肴，常使用浅色或无色的干白葡萄酒、白兰地酒；制作畜肉等深色肉类，常用香味浓郁的马德拉酒、雪利酒等；制作餐后甜点，常用甘甜、香醇的朗姆酒、利口酒等。

4. 制熟技艺的主要特点

（1）工具多样，设备现代化

西餐的烹饪工具数量、品种以及规格都比较多，而且常常是专用。如有专门用于煎制原料的各种规格尺寸的煎盘，有专门用于制作少司的各种规格尺寸的少司锅，还有专门用于制作基础汤的汤锅。如今，大多数西餐设备的机械化、智能化程度较高，如切片机、粉碎机和万能蒸烤箱等，比较容易操作。依靠这些现代化设备，大大降低了操作中不可控制因素，使菜肴成品容易达到标准化和规格化。

（2）主料、配料、少司通常分别制作

在西餐制作中，主料、配料（配菜）、少司（调味汁）在许多情况下是分别烹制的，而不是一锅成菜。通常的做法是，先将主料、配料（配菜）、少司分别烹调成熟，然后将它们放在一个盘子中组合而成。

（3）擅长以空气传热的烹饪方法

根据传热介质的不同，烹饪方法一般分为以水为传热介质的烹饪方法、以油为传热介质的烹饪方法和以空气为传热介质的烹饪方法等。其中，西餐比较擅长的是以空气传热的烹饪方法，尤其是常见的烤和焗。用烤和焗制作出的特色菜点非常多，如面点类的各种面包、蛋糕等，菜肴类的烤火鸡、烤羊腿、焗鱼等。此外，铁扒也是西餐很有特色的一种烹饪方法。

5. 装盘技艺的主要特点

（1）主次分明，和谐统一

西餐的装盘，强调菜肴中原料的主次关系，主料与配料层次分明，和谐统一。

（2）几何造型，简洁明快

几何造型，主要是利用点、线、面进行造型的方法，也是西餐最常用的装盘方法。几何造型的目的是挖掘几何图形中的形式美，追求简洁、明快的装盘风格。

（3）立体表现，空间发展

西餐摆盘，不仅在平面上表现，也在立体上进行造型。从平面到立体，展示菜肴之美的空间扩大了。这种立体造型的方法，是西餐装盘的常用方法和一大特色。

（4）讲究突破，回归自然

整齐划一、对称有序的装盘，会给人以秩序之感，是创造美的一种手法，但常常缺乏动感。西餐在装盘上常采取各种手段打破这个常规，力图将美感与动感结合起来，使菜肴造型更加鲜活、美妙。此外，西餐在装盘、点缀时喜欢使用天然的花草树木作为点缀物，并且遵从点到为止的装饰理念，目的是回归自然。

二、中国馔肴制作技艺的重要内容

（一）用料技艺

1. 常用的重要原料

食物原料的分类方法有很多种：按原料属性分，有动物性原料、植物性原料、矿物性原料、人工合成原料四类；按原料加工与否分，有鲜活原料、干货原料、复制品原料三类；按原料在菜肴制作中的地位分，有主料、配料、调料三类；按原料的商品种类分，有粮食、蔬菜、家畜肉及制品、干货制品、水产品、果品、调味品等。此外，还有其他分类方法。在此，结合人们的日常生活习惯，仅按照原料商品种类的划分办法，介绍中国馔肴常用的重要原料。

（1）粮食

中国是世界主要产粮国之一，品种繁多，以水稻、玉米、小麦和甘薯为主，其次为小米、高粱、大豆，还有大麦、荞麦、青稞、赤豆、绿豆、扁豆、豌豆、菜豆等。粮食是中国人的主食，又是制作菜肴的主辅料，还可酿制调味品和酒。

（2）蔬菜

中国常用的蔬菜可分为五大类：一是根茎类，有萝卜、莴笋、茭白、竹笋、芦笋、土豆、藕等；二是叶菜类，有大白菜、甘蓝、大葱、韭菜、菠菜、芹菜、苋菜等；三是花菜类，有金针菜、花椰菜等；四是瓜果类，有番茄、茄子、辣椒、黄瓜、南瓜、丝瓜、苦瓜、冬瓜等；五是食用菌，有蘑菇、猴头菇、草菇等。

（3）畜肉

畜肉在中国食物原料中占有重要地位，以猪、牛、羊等家畜及其乳制品为主体，还包括畜肉再制品。其中有许多优良品种，如荣昌猪、金华猪、秦川牛、南阳牛、鲁西黄牛、乌珠穆沁蒙古羊、哈萨克羊、滩羊、成都麻羊等均为优质原料。

（4）禽及禽蛋

中国常用的禽类主要有鸡、鸭、鹅，著名品种有狼山鸡、九斤黄、寿光鸡、麻鸭、中国鹅、狮头鹅等。蛋品有鸡蛋、鸭蛋、鹅蛋、鸽蛋、鹌鹑蛋等。此外，还有很多再制品，如板鸭、风鸡、腊鸭、咸蛋、松花蛋、糟蛋等。

（5）水产品

水产品分为海鲜类与淡水类。中国常用的海鲜原料有小黄鱼、大黄鱼、带鱼、鲳鱼、海鳗、鲅鱼、墨鱼、海虾、鲜贝等；常用的河鲜品有草鱼、鲤鱼、鲢鱼、鳙鱼等"四大淡水鱼"，还有鲫鱼、鳜鱼、鲈鱼、鳊鱼、龟、鳖、虾等。

（6）干货

中国常用的干货原料可分为五类：一是动物性海味干料，有鲍鱼、海参、干贝、鱿鱼等；二类是植物性海味干料，有紫菜、海带、石花等；三是陆生动物性干料，有蹄筋、驼峰等；四是陆生植物性干料，有黄花、玉兰片、莲籽、百合等；五是陆生藻菌类干料，有黑木耳、香菇、口蘑、竹荪等。

（7）调味品

中国烹饪十分重视调味，因此调味品极为丰富，但可以简要地分为液体与固体两大类。液体类调味品有酱油、醋、蚝油等；固体类调味品则有味精、食盐、糖、花椒、辣椒等。

2. 原料的选择

在制作馔肴时，首要任务是选择原料，它直接关系到馔肴制作的成败。清代袁枚《随园食单》说："大抵一席佳肴，司厨之功居其六，买办之功居其四。"

（1）选料的原则

选料至少遵循四个原则：一是根据原料的固有品质来选择。主要看原料的品种、产地、营养素含量以及口味、质感的好坏等。如北京烤鸭要选用北京填鸭，清蒸武昌鱼要选用梁子湖的团头鲂，火腿以金华、宣化所产为上乘等。二是根据原料的纯净度和成熟度来选择。主要看原料的培育时间和上市季节，纯净度和成熟度越高，利用率和使用价值越大。正如谚语所说："冬有鲫花秋有鲤，初春刀鱼仲夏鲥。"三是根据原料的新鲜度来选择。主要看原料存放时间的长短，常常从形态、光泽、水分、重量、质地、气味等方面进行判断。所谓"活水煮活鱼""农家鲜蔬香"。四是根据原料的卫生状况来选择。严格按照国家《食品安全法》的要求选择，凡是受到污染、腐败变质或含有致病菌虫的原料都不能使用。

（2）选料的方法

在对原料进行选择时，主要采用感官检验和理化检验两种方法。所谓感官检验，运用视觉、嗅觉、味觉、触觉和听觉，观察原料的光泽、形态、气味、声响、质感和滋味来判断原料品质的好坏，是最常用的方法；但有时也采用理化检验方法，即运用现代科学技术来检测，如通过仪器、设备、化学检验对原料品质进行判断。

3. 原料的初加工

原料经过筛选后便进入初加工阶段，取出净料，为精细加工作好准备。所谓初加工，是指解冻、去杂、洗涤、涨发、分档、出骨等工艺流程，通常有动物原料初加工、植物原料初加工、分档取料、干货涨发四个方面。具体而言，在动物原料中，禽畜类要经过宰杀、煺毛、去鳞、剥皮、开膛、翻洗、整理内脏等工序，鲜活水产品一般要经过刮鳞、去鳃、褪沙、取内脏、洗涤等工序；植物原料通常经过摘除整理、削剔、洗涤等工序；干货原料的初加工主要是涨发，分为水发、碱发、油发、盐发等。此外，对于动物原料，还常进行分档取料。如使用禽、畜、鱼、火腿等原料时，常根据菜肴成品的需要，依其肌肉组织的不同部位、不同质量采用不同刀法切割，以保证菜肴质量，突出烹饪特色，做到物尽其用。

（二）刀工技艺

对原料进行刀工处理，不仅有利于烹调和造型，也便于人们食用，可以说刀工与菜肴的烹制、造型及人们饮食习惯等有密切关系，所以中国烹饪十分重

视刀工。

1.用刀的基本原则

（1）依料用刀，干净利落

不同的原料有不同的性质、纹路，即使同一种原料也有老嫩之别，因此常根据不同原料选择不同的刀工技艺。如鸡肉应顺纹切，牛肉则需横纹切。若采取相反方法，牛肉难以嚼烂。另外，用刀要轻重适宜，该断则断，该连则连。丁、片、块、条、丝等需切开的，必须一刀两断；而使用花刀法刻花纹的，如鱿鱼、腰花，则要均匀用刀，掌握分寸，不能截然分开，以使菜肴整齐美观。

（2）主次分明，配合得当

一般菜肴大都有主料和辅料的搭配，辅料具有增加美味、美化菜肴的作用，但它在菜肴中只充当辅助的角色，必须服从主料、衬托主料。因此，辅料的形状必须与主料协调，无论是块、丁、条、片，都以小于主料为宜。

（3）规格一致，适合烹调

用刀工切割的原料，不论是何种形状，都要求粗细、厚薄、长短一致，以使烹制出的馔肴色、香、味、形俱佳。而刀工处理则必须服从馔肴烹制所采用的烹饪方法及调味的需要。如炒、爆法使用猛火，时间短、入味快，故原料要切得小、薄。炖、焖法使用中小火，时间较长，原料可切得大和厚些。

（4）合理用料，物尽其用

刀工处理原料时要精打细算，做到大材大用、小材小用，避免浪费，尤其在大料改制小料时常只选用原材料的某些部位，而对其他剩余部分也要合理利用。

2.常用刀法

所谓刀法，是指把原料加工成为烹制菜肴所需要的一定形状的运刀方法。除了按需要使用的灵活刀法如排、拍、旋等，用于食品雕刻的美术刀法如雕、挖等外，经常使用的刀法主要有四种。

（1）直刀法

直刀法是指刀面与砧板成直角的方法，包括切、剁、砍等。切，指刀刃垂直原料，自上而下切割原料的方法，因运刀方向不同而有直切、推切、拉切、锯切、铡切、滚切等。剁，潮汕称"斫"。剁的应用有两个方面：一是把无骨的肉类剁成肉末，二是剁带骨的原料。砍，也称劈。适用于加工形体大而带骨或质地坚硬的原料。砍分为直刀砍和跟刀砍两种。

（2）平刀法

平刀法是指刀面与砧板平行的一种刀法，包括平刀片、推刀片、拉刀片。平刀片，适用于片无骨、软嫩的原料，如豆腐及豆干等，操作时刀面与砧板平行，一刀到底。推刀片，适用于片一些熟的原料以及较嫩脆的原料，如咸菜等，运刀时刀面与砧板平行，左手按住原料，右手握刀，刀刃片进原料后由里向外推动，一推到底。拉刀片，适用于片一些略带韧性的原料，如鱼肉、猪肉、虾等，运刀时刀刃向里，刀面与砧板平行，左手按住原料，右手握刀，片进原料后一拉到底。

（3）斜刀法

斜刀法是指刀身与砧板上的原料成一定角度的一种刀法，包括斜刀片与反刀片两种。斜刀片，适用于片一些质地松软或带脆性、韧性的原料，如鱼、角螺，运刀时左手按住原料，右手握刀，根据菜肴烹制需要取倾斜角度和厚薄程度，刀刃向左手边，一刀一刀片下去。反刀片，常用于片一些较脆的植物原料，如芥蓝头、香菜心，运刀时左手按住原料，右手握刀，刀刃朝外，左手中指背抵住刀身，刀的斜角大小根据菜肴的需要而定。

（4）剞刀法

剞刀法，又称花刀法、混合刀法，是直刀与斜刀配合使用的方法。它主要适用于韧中带脆的原料，如猪腰、肚、鱿鱼等。采用剞刀法加工的原料在成熟后有麦穗、荔枝、凤尾、鱼鳃、梳子、蓑衣、菊花、核桃、卷形等形状。

（三）调味技艺

1. 调味的程序

调味是决定菜肴口味质量的关键。为了取得调味的最佳效果，在菜肴制作过程中，一般分三个阶段进行调味。

（1）加热前调味

加热前调味，可以说是基本的调味。为了使原料有一个基本的味道，常常在加热之前先用调味品把原料浸渍、挂糊上浆。尤其对于一些在加热过程中无法进行调味的菜肴，加热之前的调味就特别重要。如一些油炸菜肴无法在加热过程中调味，通常是预先浸渍、挂糊、上浆，使原料获得所需味型，确定成品的滋味。

（2）加热中的调味

加热中的调味，是最重要的调味。因为大部分菜肴都是在烹饪过程中进行调味，并因此获得所需要的味道。在加热中的调味要注意两个方面，一是调味品的种类和多少，二是投料的时机和先后顺序。大部分菜肴是复合味型，为获得所要求的美味和最佳效果，在调味时，首先要确定味的类型，做好调味上的定性工作；其次是确定投量多少，必须恰到好处，做好调味上的定量工作；最后是按照适当的时间和顺序投入调味料。如鱼香肉丝、麻婆豆腐的调味，主要是在加热过程中完成。

（3）加热后的调味

加热后的调味，也可称为辅助调味，是为了弥补前两个阶段调味的不足，是增加和改善滋味的补充手段，也是适应不同口味需求作出的味的局部改变。一些炸制的菜肴可以带调味料上席，一些冷菜需要酱、醋来蘸食，火锅则要备不同的调味料等，都属于加热后的调味。加热后的调味方法很多，关键是做到锦上添花。

2. 调味原则

（1）遵循调味的基本规律

调味的基本规律主要有三个方面：一是突出本味。在处理调味品与主配料关系时，应以原料鲜美本味为中心，使无味者变得有味，使有味者更美；使味淡者变得浓厚，使味浓者变得清淡；使味美者得以突出美味，使味异者得以消除异味。二是注意时序。调和滋味时，要根据原料的不同时令特征和最佳食用时期，采用不同调味品和调味手段，赋予菜肴不同的口味。三是注重适口。古人言"食无定味，适口者珍"，人的口味常常受地理环境、饮食习惯、嗜好偏爱、性别年龄等影响，菜肴调味也要因人施调，以满足不同的口味要求。

（2）熟练运用调味方法

按烹调加工中原料上味的方式不同，调味方法可分为腌渍调味、分散调味、热渗调味、裹浇调味、粘撒调味、跟碟调味等。在调味时，可以单独使用一种方法，也可以综合使用多种方法，但必须根据调味品的呈味成分与变化以及菜肴成品要求做出相应选择，才能调制出美味可口的菜肴。

（3）调味的基本要领

调味的基本要领主要有三个方面：一是使用的调味品面要广，质要优。调味品种类越多，调制出的口味类型就会越丰富多彩；调味品质量越好，调制的菜肴口味就越纯正。二是调制应适时适量。配制不同味型，不仅需要准确把握不同调味品的用量和比例，还要准确控制其投放时间和顺序。三是调制时工艺要细致得法。不同菜肴的调味需用不同的调味品和调味方法，必须因"菜"施"调"，操作得当。

（四）制熟技艺

1. 火候的掌握

《吕氏春秋·本味》中说"火为之纪，时疾时徐。灭腥去臊除膻，必以其胜，无失其理"，其意思是指烹饪过程中要注意调节和掌握好火候，当用什么火候就用什么火候，不得违背用火的道理。而这个道理的要义便集中体现在一个"纪"字上。"纪，犹节也"，指的是节度、适度，也就是说用火要适度。

（1）火候的构成

火候通常由四个要素构成：一是火力，即燃料释放的热能，有文火、武火、大火、小火、微火等之分。不同的菜肴在制作中使用的火力大小也不同。二是火度，即火力达到的温度。在同样条件下，火度不同，热能供应量也不同，所以必须充分了解炉灶的效能。三是火势，即火焰燃烧范围的大小和向背投射。火势大，炊具受热面大；火势小，炊具受热面也小。四是火时，即火接触炊具时间的长短。不同的菜肴的烹制时间长短也不一样。火候同原料特性、菜品要求有机结合，是厨师高超技艺的表现。

（2）掌握火候的方法

"鼎中之变，精妙微纤"，馈肴烹制的成败得失常常是在刹那之间。陈光新先生把火候的掌握总结为三步：第一步，充分保证热能的供应，即厨师们常说的"烧火、看火与用火"。其中，用火即掌握火力的关键有四：一是根据烹饪方法确定火力，因火成菜；二是大小转换，一气呵成；三是不用"疲火"或"枯火"，而用"刚火"及"劲火"；四是不偏不倚，恰到好处。第二步，善于控制火力。火力大小常有征候，可以通过鉴别油温、调节炉温、巧用传热介质等来把握。第三步，了解热能在原料内部的传递情况及原料受热质变的种种表现。

2. 制熟的主要方法

制熟方法主要指烹饪方法。中国馔肴的烹饪方法到如今已发展至数百种。但传统的烹饪方法概括起来，主要有三大类：一是直接用火熟食的方法。这是最古老的方法，从史前时期沿用至今，包括燔、炙、烧、烤、烘、熏、火煨等法。二是利用介质传热使食物成熟的方法。它又包括三种类型，即水熟法如蒸、煮、烩、炖、汆、焖、扒、煲；油熟法如爆、炒、炸、熘、煎等；物熟法如盐焗、沙炒、泥裹等。三是通过化学反应制作熟食的方法，包括泡、渍、醉、酱、糟、腌等法。而在这三大类烹饪方法中，每一种具体的烹饪法下又派生出许多方法，似母子一般，人们习惯上将前者称为母法、后者称为子法，有的子法数量极多。如烧法，除直接用火的烧法外，还有通过介质传热、使原料成熟的烧法，并且因色泽、调味料、辅料、水分的不同衍生出红烧、白烧、酱烧、干烧、葱烧、软烧、生烧、熟烧、酒烧、家常烧等二十余种。

如今，随着科技的飞速发展，尤其是烹饪能源的多样化，带来了烹饪工具的多样化。一批使用新能源、技术含量高的烹饪工具不断出现，如一些以电能、太阳能等为能源的烹饪工具，在烹饪方法上也有别于传统的烹饪方法。

（五）装盘技艺

中国馔肴在装盘时，往往是根据各种因素选择相应的器具来盛装，立足美食"选"美器，美器必须"配"美食，以表达菜点或筵宴主题为核心，以美观为标准，主要遵循以下原则。

1. 根据菜肴的造型选择配搭器具

中国菜肴的造型变化万千，美不胜收。为了突出菜肴的造型美，就必须选择适当的器具与之搭配。一般情况下，大型餐具象征着气势与容量，小型餐具则体现精致与灵巧，在选择盛器的大小时，尤其是在展示台和大型的高级宴会上使用时，应与想要表达的内涵相结合。如以山水风景造型的花色冷拼"瘦西湖风景"和工艺热菜"双龙戏珠"等菜肴，都必须选择大型器具，只有用足够的空间，才能将扬州瘦西湖的五亭桥、白塔等风光充分展现出来，将龙的威武腾飞的气势表达出来；如果是蝴蝶花色小冷碟之类菜肴，则应选择小巧精致的器具，以充分体现厨师高超的刀工技术与精巧的艺术构思。

2. 根据菜肴的用料选择配搭器具

中国菜肴的原料异常丰富，不同形状、不同类别和贵贱不一的原料有不同的装盘方法，必须选择不同的盛装器具。如整鱼类菜肴，应当选择与鱼之大小相适应的鱼盘。盘小鱼大，鱼身露于盘外，不雅观；鱼小盘大，鱼的特色又得不到充分体现。又如白果炖鸡，常常使用整鸡，而且汤汁很多，则应当选择汤钵或瓦罐盛装，古朴之风扑面而来。一般而言，名贵的菜肴应配名贵器具，像用燕窝、鲍鱼类菜肴，就不能配以档次、质量差的器具，否则，原料的特色就不能得到充分体现；而普通原料，如盛装于高档器具中，也会显得不伦不类。

3. 根据菜肴的色彩选择配搭器具

色彩能给人以视觉上的刺激，进而影响到人的食欲和心境。为菜肴配搭色彩和谐的器具，自然会给菜肴增色不少。一道绿色蔬菜盛放在白色盛器中，给人一种碧绿鲜嫩的感觉，如盛放在绿色的盛器中，就会逊色不少。一道金黄色的软炸鱼排或雪白的珍珠鱼米，如放在黑色盛器中对比烘托，鱼排更加色香诱人，鱼米则更晶莹剔透。有一些盛器饰有各色各样的花边与底纹，必须运用得当，才能起到烘托菜点的作用。

4. 根据菜肴的风味选择配搭器具

不同材质的器具有着不同的象征意义，金器银器象征荣华与富贵，象牙瓷器象征高雅与华丽，紫砂漆器象征古典与传统，玻璃水晶象征浪漫与温馨，铁器粗陶象征粗狂与豪放，竹木石器象征乡情与古朴，纸质与塑料象征廉价与方便，搪瓷不锈钢象征着清洁与卫生等等。因此，必须据菜肴的风味选择配搭不同材质的器具。如以药膳等为主的筵宴，可选用宜兴紫砂陶器，因为紫砂陶器是中国特有的，能烘托出药膳的文化背景；如烧烤菜肴，可选用铸铁与石头为主的盛器；而对于傣家风味食品，则可选用以竹子为主的盛器。

5. 根据筵宴的主题选择配搭器具

盛器造型的一个主要功能就是要点明筵宴与菜点的主题，以引起食用者的联想，增加食欲，达到烘托、渲染气氛的目的。因此，在选择盛器造型时，应根据菜点与筵宴主题的要求来决定。如，将蟹粉豆腐、虾胶制成的菜肴分别盛放在蟹形盛器、虾形盛器中，将蔬菜盛放在大白菜形盛器中，将水果甜羹盛在苹果盅里，等等，都是利用盛器的造型来点明菜点主题，同时能引发食用者联想，提高兴趣。在喜庆宴会上，将菜肴"年年有余"盛装在用椰壳制成的粮仓形盛器中，则表达出筵宴主人期盼来年好收成的愿望。在寿宴中，用桃形小碟盛装冷菜，桃形盅盛放汤羹或甜品等，这些桃形餐具能点出寿宴的主题，渲染出贺寿气氛。

三、西方馔肴制作技艺的重要内容

（一）用料技艺

1. 常用的重要原料

（1）动物性原料类

动物性原料在西方馔肴即西餐中的用量极大，主要有畜禽类、鱼类和水产等。

① 畜类原料

它是西餐最常用的肉类原料，以牛肉为主，其次是小牛肉、羊肉、猪肉等。其中，牛肉，根据部位不同，常分为牛颈脖肉、上脑、牛腩、膝圆、臀肉、肋条肉、胸肉、眼肉、西冷、牛柳等，一般以色泽鲜红而有光泽、质地细致而较紧密、脂肪白色而有光泽、硬度适当者为宜。西冷、牛柳等活动较少的部位，质地细嫩柔软，适合煎、扒等。牛腿部肉等活动较多的部位，肉质较粗而坚硬，但富含胶质，适合炖、煮等长时间加热的方法。小牛肉，也称牛仔肉，指出生后 2 ~ 10 个月期间屠宰而得的牛肉，是西餐中的高级肉类，一般以肉色呈微白色或桃红色、鲜红者为佳，其脂肪极少，肉质十分柔软，味道清淡。小牛肉的小腿骨和肋骨富含胶质且没有异味，特别适合制作高级汤汁。羊肉，有成羊与仔羊两种。仔羊，通常是指出生后一年内宰杀的羊，色泽明红，肉质十分软嫩，几乎没有膻味；成羊，是出生一年以上宰杀的羊，肉色深红，膻味比较重。羊的背部肉、马鞍肉（腰部肉）以及羊腿，是最常使用的部位，通常用于羊扒、煎或者烧烤等。猪肉，以肉质好、呈淡红色而且有光泽者为佳。其背部和腰部的外脊、里脊肉，质地细嫩，常用于烧烤、煎炒、烤等，肩部、大腿等活动比较多的部位纤维比较粗糙但富含胶质，常用于长时间加热的方法，或者用于制作猪肉制品。

②禽类原料

禽类原料也是西餐的重要原料，常见品种有鸡、火鸡、鸭、鹅、鸽等。其中，鸡肉是最常使用的原料，以鸡皮薄、淡黄而有光泽，肉质紧实、脂肪呈黄色为好。由于饲养期不同，鸡肉一般分为三种类型：一是仔鸡：不满3个月，肉质柔软，味道清淡。二是育肥鸡：饲养期一般在3～5个月，肉质紧实，味道浓郁。三是老鸡：饲养期一般在5个月以上，肉质粗老，适合制汤。在西餐中，一般将鸡肉分为鸡腿、鸡胸（翅）、鸡架三个部分来使用，鸡架通常用于做汤。

此外，在西餐中，禽类还根据肉色的不同分为白色肉和红色肉。鸡和火鸡的胸部和翅膀部分的肉，称白色肉，其含脂肪和结缔组织少，烹调时间较短；而鸡、火鸡的腿部肉及鸭、鹅的所有部位肉，称红色肉，其含脂肪和结缔组织较多，烹调时间较长。

③鱼类原料

鱼类原料分为有淡水鱼和海水鱼，各有一些常用品种。在淡水鱼中，西餐常用品种有鲤鱼、鳗鱼、梭子鱼、鲑鱼、真鳟、鳟鱼等。其中，鳗鱼，肉质结实，在欧洲各国的烹饪中比较常见。梭子鱼，肉质鲜美，常用于烤、煮、焖等。鲑鱼，属于洄游鱼类，肉质结实多油，细嫩可口，肉色从粉红到深红都有，可烟熏、腌制、煎、烤等，也可生吃。真鳟，形似鲑鱼，也是洄游鱼类，肉质细嫩，呈淡粉红色，以温煮为佳，可以做冷盘等。鳟鱼，肉质坚实，味美，刺少。在海水鱼中，西餐常用品种有银鱼、鲱鱼、沙丁鱼、鲭鱼、鲷鱼、鳕鱼、海鲈、鳐鱼、金枪鱼以及鳎、鲽、大比目鱼等。其中，鲱鱼，含油脂丰富，在夏季质量最好，适合腌制、烟熏，也可用于烤、焗、扒和制作沙拉等。沙丁鱼，一般而言，"sardine"指小沙丁鱼，而大沙丁鱼为"pilchard"，含脂肪多，特别适合与酸味调味品搭配。鲭鱼，质地肥美，肉色较深，适合于明火烧烤等。鳕鱼，肉质紧实，味道鲜美，新鲜的鳕鱼适合于煮或烤，冷冻的通常用于炸、扒烤等。金枪鱼，种类很多，常见的是黑金枪鱼，个体最大，肉身鲜红，味道鲜美。

④其他水产品

西餐常用的其他水产品有甲壳类、软体类、头足类和腹足类等。在甲壳类水产品，常用的有淡水小龙虾、都柏林湾虾、龙虾、大虾、小虾、中国龙虾以及海蟹等。其中，都柏林湾虾，又称长臂螯虾、小龙虾，产于海水中，有一对长而细的螯。龙虾，主产于大西洋，体型较大，有一对粗大的螯，肉质地鲜美。大虾，体积中等、无螯，常见的有对虾、竹节虾等。海蟹，品种很多，如蜘蛛蟹、可食蟹、兰蟹等，肉质细嫩、鲜美。在软体类水产品中，西餐常用品种有扇贝、牡蛎、贻贝、蛤等。扇贝，肉质细嫩鲜美，干制后称"干贝"。牡蛎，也称蚝，品种很多，常根据产地命名，一般用于生食，也可用于扒、烤、煮、焗等。贻贝，也称为淡菜，常用于沙拉、制汤和水煮。蛤，品种很多，在西餐中运用较广。此外，西餐常用的头足类水产品有鱿鱼、墨鱼、章鱼等，可用于烧、煨、炸、煮等法，也常用于填馅；腹足类水产品中较常用的是蜗牛，一般用于开胃菜。

⑤奶和奶制品类

奶和奶制品是西方烹饪原料中最有特色的一类。从冷菜到热菜及甜点，从制汤到制少司，都大量使用奶和奶制品。常用的奶制品有牛奶、奶油、奶酪。其中，牛奶，根据脂肪含量的不同，分为全脂牛奶、低脂牛奶、撇脂牛奶三种，一般用于少司、汤菜制作和点心制作中。奶油，是淡黄色的半流体，常用的有四种，即普通奶油、配制奶油、浓奶油和酸奶油，广泛用于西餐的各种汤、菜肴和点心制作。奶酪，是牛奶等在凝乳酶的作用下浓缩、凝固后再经自然熟化或人工加工而成的，通常呈白色和黄色的固体状态，味道丰富，香味浓郁，是西餐最具有特色的原料之一，广泛用于菜肴及其少司、点心等的制作中。

（2）植物性原料

西餐常用的植物性原料主要有粮食类、蔬果类。

①粮食类

西餐常用的粮食类原料主要有大米、面粉等。其中，大米主要包括含支链淀粉比较多的粳米与含直链淀粉比较多的籼米。西餐较常用的是米粒较长的籼米类品种，可以作为制作沙拉、布丁、蛋糕等的原料以及咖喱菜肴、炖、烩等菜肴中的配菜，还可以用于增稠汤汁等。面粉，常见的主要有高筋面粉和低筋面粉两种。除制作面点品种外，面粉还用于菜肴的增稠及煎、炸类菜肴的裹料以及酥皮等。

②蔬果类

按照食用部位的不同，西餐常用的蔬菜分为六大类：一是根菜类，包括红菜头、辣根、萝卜等；二是茎菜类，常用的有芦笋、土豆、洋葱；三是叶菜类，常用的有生菜、水田芥、菠菜、酸模、苦苣、卷心菜、葡萄叶等；四是花菜类，常用的有洋蓟、西兰花；五是果菜类，常用的有番茄、甜椒、青豆、菜豆等；六是低等植物类，常见有蘑菇、块菌等菌类。除了蔬菜外，西餐中还常用各种水果，如核果类有桃子、樱桃、李子，浆果类有黑醋栗、红醋栗、蓝莓、黑莓、草莓、柑橘类的橙子、葡萄柚柠檬以及苹果、梨、葡萄、甜瓜，等等。

（3）调味原料

①咸味调料

西餐常用的咸味调料主要有两种：一是食盐，主要的咸味调味原料。二是辣酱油，也称伍斯特酱油或少司，由醋、糖、香辛料等多种原料制作而成，颜色深棕，除了咸味外，还具有香、酸、辣、甜多种味道。

②甜味调料

西餐常用甜味调料主要有两种：一是食糖，最常用的甜味调料。二是饴糖，又称麦芽糖等，有软、硬两种，主要用于糕点的制作。

③酸味调料

西餐常用的酸味调料主要有四种：一是醋，以葡萄酒醋和苹果酒醋比较常见。二是番茄。三是柠檬汁，由柠檬取汁而来，味极酸，具有果实香气，富含维生素。四是酸豆，又名水瓜柳等，味道酸而涩。

④鲜味调料

西餐常用的鲜味调料主要是各种原汤，也称基础汤或鲜汤，根据制作原料的不同，有白色鸡原汤、白色牛原汤、白色鱼原汤与褐色鸡原汤、褐色牛原汤等。

⑤辣味调料

西餐常用的辣味调料主要有五种：一是墨西哥辣椒，也称天椒，原产于墨西哥，味极辣。二是辣味少司，也称美国辣椒汁，以辣椒、番茄以及其他原料制作的调味少司，色泽鲜红，味道比较辣。三是辣椒粉，用辣椒果实制作的调味品。四是芥末酱，由芥末粉、醋等调制而成。五是胡椒，按照颜色不同有白、黑、绿等，白色胡椒味道温和，黑色胡椒味道强烈，绿色胡椒多用于菜肴的装饰。

⑥香味调料

西餐常用的香味调料非常多，主要有香叶、番芫荽、百里香、牛至、番红花、罗勒、肉桂、薄荷、迷迭香、咖喱等众多香料。其中，咖喱非常特别，不是单一原料制作的香料，而是以姜黄、小茴香、香菜、茴香籽、肉豆蔻、小豆蔻、丁香、肉桂、姜、辣椒等多种调料混合而制成的调味品，原产于印度，色泽姜黄，味道香辛而辣，有咖喱酱、咖喱粉等多种形式，主要用于制作牛肉、羊肉、禽类以及蔬菜等。

2. 选料的原则

西餐烹调十分重视突出原料的本味，因此对原料的选择尤其是动物原料的选择和使用有着严格的要求，在选料原则上，除了考虑原料自身品质、特点外，还需考虑以下两个方面。

（1）根据馔肴特点选择

西餐对原料选择的主要原则之一是根据菜肴特点进行选择。如开胃菜，要求菜肴具有开胃和刺激食欲的作用，因此，一般选择新鲜的蔬菜和海鲜来制作，以达到成菜效果。制作蓉汤时，选择含淀粉比较多的蔬菜原料，例如土豆、豌豆等，以使菜肴更容易达到细腻滑爽的特点。而制作主菜时，则一般选择含蛋白质丰富的原料，如畜类、禽类、鱼类等，满足主菜分量大、营养丰富的特点。

（2）根据烹饪方法选择

在西餐中，许多原料尤其是动物原料适合多种烹饪方法，但原料不同部位有很大差异，而各种烹饪方法也有不同特点，因此，常需要根据烹饪方法的不同来选择与之相适应的原料。以牛肉为例，如采用烩、炖等以水为介质且长时间加热的方法，可选择结缔组织含量高、肉质粗老的牛肩等部位的肉；而采用铁扒、烧烤等烹饪方法，则宜选择质地细嫩的牛腰柳肉。

3. 原料的初加工

由于西餐对原料选择较严格，特别注重原料的新鲜度，因此，基本不采用干货涨发，这使得西餐初加工技术简单快速，原料通常在清理后就直接进行刀工处理。

（二）刀工技艺

西餐在对原料进行刀工处理时使用的工具极多，由此降低了刀工技艺的难度。

1. 常用的刀工工具

西餐常因不同原料及规格或刀法采用不同刀具，其常用刀具如下。

（1）厨刀（Chef's knife）

厨刀，是西餐主要的厨刀。一般长约 25 厘米，刀身比较宽，适用于一般的切割，特别是肉类等质地柔韧原料的切割。

（2）沙拉刀 (Salad knife)

沙拉刀，比厨刀的规格小，轻巧灵便，一般长 15 厘米左右，刀身比较窄，适用于切割蔬菜、水果等质地脆嫩的原料。

（3）屠刀 (Butcher knife)

屠刀的刀身重、刀背厚，主要用于分割大块的动物原料。

（4）剔骨刀 (Boning knife)

剔骨刀的刀身窄而硬，刀尖锋利，用于畜肉、禽类原料的剔骨和切片。

（5）片刀 (Slicer)

片刀的刀身窄而长，主要用于切割熟肉类菜肴。

（6）锯齿刀 (Serrated knife)

锯齿刀刀身窄而长，刀刃是锯齿形，适用于切割面包、点心等食品。

（7）蚝刀 (Oyster knife)

蚝刀的刀身很短，坚硬无刃，用于撬开蚝壳等贝壳。

（8）削皮刀 (Vegetable knife)

削皮刀的刀身短，刀身中部有缝隙，刀刃在缝隙的两侧，使用时旋转刀身，就可以削掉水果，蔬菜的外皮。

（9）拍刀（Clapping knife）

拍刀长约 15 厘米、宽约 10 厘米，刀身重，主要用来拍打肉排，使其扁平、质地松软。

（10）擦板（Grater）

擦板，是多用途工具，可将脆性植物原料、奶酪等加工成丝、末、片等形状。

2. 用刀的基本原则

（1）根据原料特点选择刀具

西餐讲究根据原料特点和性质来选择刀具。在切割韧性较强的动物原料时，一般选择较厚重的刀如厨刀；而切细嫩的蔬果时，则选择小巧的刀如沙拉刀。

（2）刀工成型简洁、整齐

与中餐的刀工相比，西餐的刀工处理比较简单，刀法和原料成型的规格相对较少，在刀工技巧上也比中餐稍逊一筹。西餐的刀工成型，一般以条、块、片、丁为主，虽然成型规格较少，但常常整齐一致、干净利落。

3. 常用刀法

西餐常用的刀法与中餐相似，也有直刀法、平刀法、斜刀法。其中，直刀法是运用最为广泛，平刀法、斜刀法运用较少。此外，西餐也很少用剞刀法即混合刀法，但有拍、撬等。从整体而言，西餐常用刀法比中餐数量少、难度小。

（三）调味技艺

西餐在调味时，不仅要使用各种基本的调味料，如咸味、甜味、酸味、鲜味、辣味、香味等调味料，还要使用一些特殊的调味料，如酒和少司等。其中，少司（Sauce），也称沙司，即调味汁，一般是具有丰富味道的黏性液体。在西菜中，有许多菜肴如开胃菜、配菜、主菜甚至甜点，都需要少司来调味和装饰。可以说，少司是西餐调味中最重要、最具特色的原料，而调制少司是西餐调味技艺中最重要的内容。因此，在这里着重介绍少司的构成、类别及品种等内容。

1. 少司的构成

少司，主要由液体原料、增稠原料和调味原料三种原料构成。

（1）液体原料

它是构成少司的基本原料之一，常用的有基础汤、牛奶、液体油脂等。

（2）增稠原料

增稠原料，也称为稠化剂或增稠剂，也是制作少司的基本原料。一般来说，液体原料必须经过稠化产生黏性后才能够成为少司。西餐的增稠原料种类很多，常用的有六种，即油面酱、面粉糊、干面糊、蛋黄奶油芡、水粉芡、面包渣。

（3）调味原料

构成少司的调味原料主要有盐、糖、醋、番茄酱以及各种香料、酒等。

2. 少司的类别及品种

西餐的少司品种丰富，在颜色、味道、黏度、温度、功能、性质等方面各有特色，其分类方式多种多样。如按照颜色分，少司有白色、黄色、棕色、红色等多种。按照温度分，有冷少司、热少司之别。如按功能和性质分，少司则主要分为基础少司、变化少司两大类，每一大类之下又可细分出许多品种。顾名思义，变化少司是以基础少司为依据进行变化而来，每一个基础少司都可对应出许多变化少司，由此出现了多类别、多层级的少司体系。

（1）基础少司

基础少司，是西餐调味的基本和基础，又称为"母少司"。因为几乎所有的变化少司都是以基础少司为原料，经过再加工和调味变化而成。有的基础少司可直接用于菜肴调味，有的则常用于制作变化少司。西餐常见的基础少司有五种，即油醋汁、乳化少司、白色基础少司、褐色基础少司、牛奶少司等。

基础少司的制法各异：醋油汁（Vinaigrette 或 Vinegar and Oil Dressing），又称醋油少司、法国沙拉酱或法国汁，是由色拉油 1 500 克、白醋 500 毫升、食盐 30 克、胡椒粉 10 克混合而成。马乃司少司（Mayonnaise），也称沙拉酱、蛋黄酱，由色拉油 500 克、鲜鸡蛋黄 2 个、精盐 2 克、白醋 15 毫升、柠檬汁 15 毫升以及芥末酱等混合搅拌制成。白色基础少司（Veloute Sauce），是先将融化的黄油 110 克与面粉 110 克煸炒，再加入白色基础汤 2.5 升煮制而成。褐色基础少司（Brown Sauce），是用融化的黄油 125 克与洋葱碎 250 克、胡萝卜和西芹碎 125 克煸炒，再加入褐色基础汤 3 升、番茄酱和番茄碎各 125 克及香料等炖制而成。牛奶少司（Bechamel Sauce），是将融化的黄油 120 克与高筋面粉 120 克煸炒，再加入煮沸的牛奶 2 升、去皮小洋葱 1 个及丁香、香叶和盐、白胡椒粉煮制而成。

（2）变化少司

变化少司，是以基础少司为原料，通过再一次调味变化发展而成。其数量极多，风格各异，各自具有独特的颜色与味道，因此常常直接用于菜肴的调味，使其丰富多彩。

通常而言，西餐常见的五类基础少司都有以它们为基本原料，经过再一次调味而制成的相应类别的变化少司。其中，油醋汁为基础，加不同调味品混合调制而成的变化少司有芥末法国汁、罗勒法国汁、意大利法国汁、浓味法国汁等。如芥末法国汁，是将醋油汁和芥末酱混合即成。以乳化少司中的马乃司少司为基本原料，加入不同调味品等调制而成的变化少司有千岛汁以及路易士汁、奶油马乃司等。千岛汁，是以马乃司少司为基础，加入鸡蛋、洋葱、酸黄瓜、香菜及番茄少司、白醋、辣椒酱、柠檬汁和胡椒粉搅拌均匀即可。此外，以白色基础少司为基础原料，加入不同调料加热调制的变化少司有蛋黄奶油少司、奶油鸡少司、匈牙利少司、贝尔西少司、咖喱少司等。如蛋黄奶油少司，是在白色牛肉少司加入蛋黄、奶油加热并以柠檬汁、盐和胡椒粉调味即成。以褐色基础少司为基础原料，加入不同调料加热调制的变化少司有褐色水粉少司、浓缩的褐色少司、罗伯特少司、马德拉少司等。如马德拉少司，是将浓缩的褐色少司煮制后水分减少、加马德拉酒即成。以牛奶少司为基本原料，再加入不同调料加热调制的变化少司有干达奶酪少司、奶油少司、芥末少司等。干达奶酪少司，是将牛奶少司与干达奶酪、盐、胡椒粉、干芥末混合加热即成。

变化少司一直在不断地发展之中，按照如此规律进一步调制，其品种还在增加。但是，目前在西餐中常见的变化少司则是芥末法国汁、千岛汁、奶油少司、白色鸡少司、白色鱼少司、芥末少司、马德拉少司、干达奶酪少司、咖喱少司和贝尔西少司等。

（四）制熟技艺

1. 制熟工具与设备

西餐在对原料进行刀工处理时使用的工具与设备非常多，常常是根据不同的原料、不同的烹饪方法选择不同的工具或设备。其常用的制熟工具有少司锅（Sauce Pan）、平底煎锅（Sauce Pan）、汤勺系列（Ladle Series）、锅铲系列（Slotted，Perforated，Solid）、肉叉（Fork）、蛋抽（Wire Whip）、过滤器（Colander）、肉槌（Meat Mallet）、抹铲（Spatula）、温度计（Meat Thermometer）等。西餐常见的制熟设备有西餐灶（Range）、条扒炉（Griller）、平扒炉（Griddle）、烤箱（Oven）、焗炉（Broiler）、炸炉（Fryer）、蒸箱（Steam Cooker）等。

2. 制熟方法

西餐的制熟技艺内容较多，但最核心的是对制熟方法的了解和恰当运用。西餐常用的制熟方法即烹饪方法有以下四类。

（1）以水为传热介质的烹饪方法

这类方法适合于烹饪含结缔组织比较多的原料，常用的有以下五种。

①煮 (Boil)

煮，是指在一个标准大气压下，原料在100℃的水或其他液体中加热成熟的方法。根据水温及加热的目的和原料特点，煮分为冷水煮或沸水煮。冷水煮，是将原料直接放在冷水中加热煮制的方法，适于制汤或形状较大的肉类等。沸水煮，是将原料直接放在沸水中加热煮制的方法，适合于形状较小、易熟的肉类及蔬菜、意大利面等。

②余 (Poach)

余，是指在一个标准大气压下，原料在75~95℃的水或其他液体中加热成熟的方法。与煮相比，它的特点是使用的液体数量相对比较少、水温比煮低，适合质地细嫩以及需要保持形态的原料，如鱼片、水波蛋、海鲜以及绿色蔬菜等。

③炖 (Simmer)

炖与煮、余相似，也是在一个标准大气压下，将原料放入水或其他液体中加热成熟的方法。一般来说，炖的水温比余略高、比煮略低，通常在90~100℃之间。

④烧或焖 (Braise)

烧或焖，是将原料用煎或其他方法定型或上色后，放入少量汤汁中加热成熟的方法。

⑤烩 (Stew)

烩，是将原料用煎或其他方法定型或上色后、放入少司或汤汁中加热成熟的方法，与烧或焖的基本工艺流程比较相似，但不同的是原料形状较小，时间较短。

（2）以油为传热介质的烹饪方法

这类方法大多适合含结缔组织较少、肉质细嫩的原料，常用的主要有两种。

①煎 (Pan-fry)

煎，是使用中等油量将原料加热成熟的方法，又有两种常用煎法：一是将原料码味后直接在油中煎熟。二是将原料码味后粘上其他原料，再入油中煎熟，如粘面粉、面糊、鸡蛋等。也可在原料码味后先粘面粉，再粘鸡蛋，最后粘面包屑。

②炸 (Deep fry)

炸，是将原料放在量多的油中加热成熟的方法。炸，与煎的一般工艺流程相似，但其特点是油量大、成品口感大多外酥脆内软嫩。

（3）以空气为传热介质的烹饪方法

这类方法主要通过热空气为传热介质将原料加热成熟，适合含结缔组织比较少、肉质细嫩的原料或部位，西餐常用的主要有两种。

①烤 (Roast)

烤，是将原料放入烤箱，利用四周热辐射和热空气对流，将原料加热成熟。

②焗 (Broil)

焗，与烤类似，也是利用热辐射等将原料加热成熟的方法。但是，与烤不同，使用焗法烹饪时，原料只受到上方热辐射，而没有下方的热辐射，因此，焗也称为"面火烤"。此外，焗的温度高、速度快，特别适合质地细嫩的鱼类、海鲜、禽类等原料以及需要快速成熟或上色的菜肴。

（4）其他传热介质的烹饪方法

这类方法中最典型、最常见的是铁扒 (Grill)。它是将原料直接放在扒炉（条扒或平扒炉）上，利用铁板或铁条的温度以及下面火源的热辐射，直接将原料加热成熟的方法，一般适合形状扁平的原料。

除了对制熟方法的运用之外，西餐制熟技艺的另一个重要内容也是对火候的掌握。而随着时代的发展、科学技术的进步，西餐在制熟过程中大量使用可以人工调节温度、时间的烹调工具和设备，减少了技术上的不可控因素，对火候的掌握已经可以做到比较科学、精确的计量。

（五）装盘技艺

1. 开胃菜的装盘技艺

开胃菜，也称作开胃品、头盘或餐前小食品，是西餐中的第一道菜肴，或主菜前的开胃食品，包括各种小份额的冷开胃菜、热开胃菜和开胃汤等。它的特点是菜肴数量少，菜肴味道清新，色泽鲜艳，开胃和刺激食欲。因此，开胃菜在装盘时应当注意两点：一是控制好装盘的时间、温度和用量，以保持开胃菜的颜色、味道和新鲜品质，防止浪费；二是造型简洁大方，不要过分地装饰。

2. 汤菜的装盘技艺

汤菜，是以基础汤或水为基本原料，通过加入不同的配料和调味原料制作而成的。它可作为开胃菜后的第二道菜，也可以直接作为第一道菜，具有开胃润喉、增进食欲的作用。汤菜在装盘时应注意两点：一是通常使用汤盅或汤盘进行装盘，分量以较小为宜；二是点缀原料的色泽、质地、味道等，应与汤菜相得益彰。

3. 沙拉的装盘技艺

沙拉（Salad），其含义是一种冷菜。传统上，沙拉作为西餐的开胃菜肴，主要由绿叶蔬菜制作而成。如今，沙拉在欧美人饮食中起着越来越重要的作用，甚至可以作为任何一道菜肴，如开胃菜、主菜、甜菜、辅助菜等。沙拉的原料也从过去的单一的绿叶生菜发展为各种畜肉、家禽、水产品、蔬菜、鸡蛋、水果、干果、奶酪，甚至谷物。沙拉装盘时常由四个部分构成，即底菜、主体菜、装饰菜或配菜、少司，一般情况下，四个组成部分都可以明显分辨出来，但是，有时也可以混合在一起，甚至可以省略底菜或装饰菜等。

4. 主菜的装盘技艺

主菜，是西餐中含蛋白质比较多的菜肴，一般由牛肉、猪肉、鸡肉、鱼肉、海鲜等原料制作而成。主菜一般由三个部分组成，即主体菜（以动物原料居多）、配菜（以植物原料居多）、少司，在装盘时应当注意三点：一是突出主体菜，占据盘子的主要部位，但一般不能超过盘子的内边缘；二是根据主体菜的质地、色泽、味道，选择相应的配菜种类和数量，不能喧宾夺主；三是将少司淋在菜上，或者放入少司斗中，与主体菜、配菜一同上桌。

第二节 中西馔肴的风味流派

一、中国馔肴的主要风味流派

中国幅员辽阔，由于自然条件、物产、文化、经济等发展状况的不同，各地形成了众多的地方风味流派，大多具有浓郁的地方特色和烹饪艺术风格，体现着精湛的烹饪技艺，有的还有优美动人的传说或典故。其著名地方风味流派有四川菜、山东菜、江苏菜、广东菜、湖南菜、安徽菜、福建菜、浙江菜以及北京菜、上海菜，等等。这里仅介绍如下最著名和最具代表性的四个地方风味流派。

（一）四川菜

四川菜，即川菜，是中国最具特色的地方风味流派之一，以成都、重庆两地菜肴为代表。川菜发源于古代的巴国和蜀国，经过不断发展，到清朝末年则成为一个体系完整、特色浓郁的地方风味菜，影响遍及海内外，有"味在四川"之誉。20 世纪 80 年代后，川菜厨师更加积极地吸收和借鉴中外烹饪技法，大胆改革创新，使菜肴呈现出多样化、个性化、潮流化的风格，同时筵宴日新月异，饮食市场空前繁荣，在全国各地掀起了烹饪川菜、食用川菜的热潮，川菜的气势和影响力逐渐跃居中国各个地方风味流派之首。

1.四川菜的主要特点

（1）原料特点

四川菜在原料选用上的特点是用料广泛、博采众长。它不仅充分发现与使用本地出产的众多优质烹饪原料，而且大量引进与采用外地、外国的烹饪原料。在优质特产原料中，禽畜类有猪、牛、羊、鸡、鸭，水产类有江团、雅鱼、石爬鱼、青波、岩鲤等，蔬菜类豌豆苗、韭黄、萝卜、芋芳等，山珍野蕨类有虫草、银耳、竹荪、蕺菜、椿芽等，它们为川菜总体上的价廉物美打下了坚实基础。从古至今，四川从外地、外国引进的烹饪原料不胜枚举，而最具影响力的主要有二：一是明末清初从海外引进的辣椒，在四川由单一蔬菜演变为蔬菜与不可缺少的辣味调料，使四川菜点发生了划时代的变化；二是改革开放以后从广东沿海乃至国外引入生猛海鲜，为四川菜点锦上添花，进一步地提升了它的形象。

（2）调味特点

四川菜在调味上的特点是调制精妙，善用麻辣。长期以来，制作者利用四川优质的单一调味品，如自贡井盐、汉源花椒、成都二荆条辣椒、郫县豆瓣等，进行现场味的组合，调制出千变万化的味道，展示了高超、精湛的调味技艺；到20世纪末，一些有识之士又开始大量使用复合或新型调味品，进行分阶段调味，在一定程度上保证了调味质量的稳定，也出现了一些新的味型。如今，川菜的常用味型达24种以上，而且清鲜与醇浓并重。但不可否认的是，在调味上最独到的还是善用麻、辣，涉及麻、辣的常用味型多达13种。如制作者不仅使用各种形态的辣椒及其制品如鲜辣椒、干辣椒、泡辣椒、煳辣壳、辣椒油、豆瓣酱，而且使用胡椒、芥末、姜、葱、蒜等调味，出现了拥有不同层次、不同风格辣味的众多味型，有麻辣味型、鱼香味型、怪味味型、家常味型等。由此，川菜有"一菜一格，百菜百味"和"味在四川"的美誉。

（3）烹法特点

四川菜在方法上的特点是烹法多样、别具一格。它在20世纪80年代以前使用的基本烹饪方法有近30种，到20世纪末，又吸收、借鉴了许多外地、外国的烹饪方法，如煲法、串烤法、脆浆炸法和铁板烧法等，使烹饪方法更加丰富多样。但是，最具特色、最能反映出川菜在制作过程中用火技艺的精绝则是小炒、干煸和干烧。小炒，是将刀工成型的动物原料码味码芡，用旺火、热油炒散，再加配料、烹滋汁，使菜肴成熟。其妙处在于快速成菜。干煸，是川菜独有的烹饪方法，是将刀工处理的原料放入锅中，用中火、少许热油不断翻拨煸炒，使原料脱水、成熟、干香，妙在成品酥软干香。干烧，是四川又一特殊烹饪方法，是将刀工处理的原料放入锅中，加适量汤汁，先用旺火煮沸，再改中小火慢烧，使汤汁逐渐渗透到原料内部，或者黏附于原料之上。

2. 四川菜的著名品种

据不完全统计，四川菜品种有6 000种以上，许多菜品早已成为人所共知的名品。最著名、最具代表性的有宫保鸡丁、回锅肉、麻婆豆腐、水煮牛肉、毛肚火锅、开水白菜等，它们都有独特之处。此外，川菜的著名品种还有樟茶鸭子、清蒸江团、蒜泥白肉、糖醋脆皮鱼、金钱海参、龙抄手、钟水饺、赖汤圆、川北凉粉等。这里仅介绍其中个别传统名品。

回锅肉，是四川菜中最具知名度的菜品之一，在四川几乎是人人爱吃，家家会做。该菜以煮至断生的猪后腿肉与青蒜苗、郫县豆瓣、甜面酱、酱油等烹制而成，肉片形如灯盏窝，香辣味浓，油而不腻。

宫保鸡丁，传说是清代四川总督丁宝桢所创，因其官封太子少保，即宫保，所以人们将丁宝桢所创的这道菜冠以宫保鸡丁之名。该菜选用鸡脯肉、油酥花生仁与干辣椒、花椒、糖、醋、葱、蒜等原料和调料炒制而成，菜肴肉质细嫩，花生酥香，口味鲜美，油而不腻，辣而不燥。

麻婆豆腐，始创于清代同治初年。当时，成都北郊万福桥有一陈兴盛饭铺，主厨掌灶的是店主陈春富之妻陈刘氏。她用鲜豆腐与牛肉、辣椒、花椒、豆瓣酱等烧制的豆腐菜肴，麻、辣、烫、嫩，味美可口，十分受人欢迎，人们越吃越上瘾，名声渐传开。因她脸上有几颗麻子，故称她烹制的这款豆腐菜为麻婆豆腐。

（二）山东菜

山东菜，即鲁菜，产生于齐鲁大地，由济南菜和胶东菜构成。齐鲁大地依山傍海，物产丰富，经济发达，为山东菜的形成和发展提供了良好条件。山东菜在春秋战国时期深受孔子饮食思想的影响，在秦汉至南北朝时期已初具规模和风格，发展到明清则已形成完整而稳定的地方风味体系。20世纪80年代后，改革开放使山东的政治、经济、文化发生了日新月异的变化，餐饮业受到前所未有的重视，成为第三产业的重要支柱，饮食市场空前繁荣，山东厨师不仅挖掘、推出传统鲁菜精品，还借鉴吸收川菜、粤菜、淮扬菜等之长，不断创新发展。

1.山东菜的主要特点

（1）原料特点

山东菜在原料选用上的特点是取材广泛、选料精细。山东是粮食和水产品生产的大省，其产量均位居全国前列，名贵优质的海产品驰名中外；蔬菜和水果种类繁多、品质优良，是"世界三大菜园"之一，其苹果产量也居全国之首。这些得天独厚的条件使鲁菜的选料可以高至山珍海味，低涉瓜果蔬菜，而丰富的原料也为精细选料创造了条件。

（2）调味特点

山东菜在调味上的特点是注重纯正醇浓、精于制汤。山东菜受儒家"温柔敦厚"与中庸的影响，在调味上极重纯正醇浓，咸、鲜、酸、甜、辣各味皆有。如调制酸味时，重酸香，常将醋、糖和香料等一同使用，使酸中有香、较为柔和。调制甜味时，重拔丝、挂霜，将糖熬后使用，使甜味醇正。调制咸味时，常将盐加清水溶化纯净后使用，也特别擅长使用甜面酱、豆瓣酱、虾酱、鱼酱、酱油、豆豉等，使咸味中带有鲜香。而对于鲜味的调制，则多用鲜汤。汤是鲜味之源，用汤调制鲜味的传统在山东由来已久，早在北魏时的《齐民要术》中就有相关记载。如今，精于制汤、用汤已成为山东菜的重要特征，其清汤、奶汤名闻天下，有"汤在山东"之誉。

（3）烹法特点

山东菜在烹饪方法上的特点是独到而讲究。山东菜的烹饪方法以炒、炸、烹、爆、烤、塌为多。其中，以爆、塌两种方法最为独到和考究，被人称绝。爆有油爆、汤爆、火爆、酱爆、葱爆、芫爆等。塌是将鲜软脆嫩的原料加工成一定形状并调味后，或夹以馅心或粘粉挂糊，放入油锅煎上色，控出油后再加汁和调料，以微火煨收汤汁，使原料酥烂柔软，色泽金黄，味道醇厚，如锅塌肉片、锅塌豆腐等。

（4）成品特点

山东菜在成品上的特点是海鲜和面食最受称道。对于各种海产品，山东厨师都能运用多种烹饪方法烹制出众多鲜美的菜肴，如用偏口鱼就可以做出爆鱼丁、汆鱼丸、鱼包三丝等上百个菜肴；而无论小麦、玉米、红薯，还是黄豆、小米等，经过一番加工制作，也都可以成为风味各异的面食品，如煮制的面食有宽心面、麻汁面、福山拉面等，蒸制的面食有高桩馒头、枣糕，以及烧饼、糖酥煎饼等，品种十分丰富，地方特色浓郁。

2. 山东菜的著名品种

在山东风味菜中，最著名、最具代表性的传统品种有糖醋黄河鲤鱼、清蒸加吉鱼、扒原壳鲍鱼、油爆双脆、九转大肠、奶汤蒲菜、奶汤鱼翅、蝴蝶海参等。此外，还有德州扒鸡、奶汤银肺、黄焖甲鱼、三美豆腐、绣球干贝、菊花鸡、酿寿星鸭子、鱼蓉蹄筋、酿荷包鲫鱼、芫爆鱿鱼卷、鸡蓉海参、拔丝苹果、奶汤鸡脯、油爆海螺、清氽蛎子等。

糖醋黄河鲤鱼，是济南历史悠久的传统名菜，"汇泉楼"长期经营。当时"汇泉楼"院内有一鱼池养鲤鱼，顾客可观赏后指鱼定菜。厨师当场将顾客指定的鱼捞出，宰杀治净后剞花刀、裹上芡糊，入油锅炸熟且头尾翘起，浇上熬好醋汁，色泽深红，外焦里嫩，酸甜鲜香，上席后仍发出"吱吱"的响声，颇有一番雅趣。

扒原壳鲍鱼，是山东菜名师杨品三创制的风味名菜。鲍鱼是海味之冠。扒原壳鲍鱼主要选自长岛、胶南等地所产的鲍鱼。制作时先把鲍鱼肉扒制成熟后装入原壳中，使之保持原形，再浇以芡汁，透明发亮，肉质细嫩，味道鲜美。

油爆双脆，作为北方名菜，在古代已有记载。元代倪瓒《云林堂饮食制度集》中最早记载了"腰肚双脆"的菜名；清代袁枚《随园食单》载："滚油炮（爆）炒，加料起锅，以极脆为佳。此北人法也。"油爆双脆选用肚头、硬筋、鸡肫等为主料，配以猪油、淀粉等辅料制成。该菜色泽红白相间，质地脆嫩，清鲜爽滑。

奶汤蒲菜，是济南的传统汤菜名品。济南菜十分讲究清汤和奶汤的调制，清汤色清而鲜，奶汤色白而醇。奶汤蒲菜便是用济南菜中传统的奶汤烧制而成，其汤汁色泽洁白，菜质脆嫩，味清淡鲜醇，是汤菜中的佳品。

（三）江苏菜

江苏菜，即淮扬菜、苏菜，由淮扬、金陵、苏锡、徐海四个地方菜构成，其影响遍及长江中下游广大地区。江苏东临大海，西拥洪泽，南临太湖，长江横贯于中部，运河纵流于南北，素有"鱼米之乡"之称，土壤肥沃，物产丰富，为江苏菜的形成提供了优越的物质条件。江苏菜在春秋战国时就已显示出刀工精湛、名品较多的特点，到明清时期最终发展成特色突出、完整的风味体系。徐珂《清稗类钞·各省特色之肴馔》所列特色突出的 10 个地域中江苏占了 5 个，即江宁、苏州、镇江、扬州、淮安。进入 20 世纪 80 年代后，随着中外饮食和国内饮食的频繁交流，重科学、讲文化、求艺术已成为一种时尚，江苏厨师更注重菜肴与点心结合、中菜与西菜结合，努力创造出具有江南特色的崭新的江苏菜。

1. 江苏菜的主要特点

（1）原料特点

江苏菜在原料选用上的特点是用料广泛、选料精良。江苏地理位置优越，物产丰富，烹饪原料应有尽有。水产品种类多、质量好，鱼鳖虾蟹四季可取，太湖银鱼、南通刀鱼、两淮鳝鱼、镇江鲥鱼、连云港的河蟹等更是其中的名品。可以说，江苏"春有刀鲚夏有鲴鲥，秋有蟹鸭冬有野蔬"，一年四季，水产禽蔬野味不断，使得江苏菜用料广泛，尤其喜用品质精良的鲜活原料。

（2）调味特点

江苏菜在调味上的特点是清鲜适口、醇和宜人。江苏菜特别注重原汁原味，力求使一物呈一味、一菜呈一格，显示出清鲜醇和、咸甜适宜的特征。常用的调味品有淮北海盐、镇江香醋、太仓糟油、苏州红曲、南京抽头秋油、扬州四美三伏酱、玫瑰酱等当地名品，也有厨师精心制作的花椒盐、葱姜汁、红曲水、鸡清汤、老卤、清卤等调味品，同时注重用糖。这样，不仅使菜肴展示出江苏菜的整体风味特色，也呈现出江苏境内各地域的差异，如扬州菜淡雅、苏州菜的味略甜，无锡菜则更趋于甜。

（3）烹法特点

江苏菜在烹饪方法上的特点是烹法多样，操作精细。江苏菜的烹饪方法多种多样，特别擅长炖、焖、煨、焐、蒸、炒、烧等，同时又精于泥煨、叉烤等。在使用焖法时，常常要用专门的焖笼、焖橱。而使用炖法也有讲究：砂锅中的菜肴在旺火上烧沸腾后要移至炭火上慢慢炖焖，有时在砂锅口还要蒙一层皮纸，以防原味外溢，江苏风味的许多名菜都是采用此法炖制的。而江苏菜的制作精细，更突出地表现在最为精细的刀工上，有"刀在扬州"之誉。如一块 2 厘米厚的方干，能批成 30 片的薄片，切丝如发。冷菜制作、拼摆手法要求极高，一个扇面三拼，抽缝、扇面、叠角，寥寥六字，但刀工拼摆难度极大。

（4）成品特点

江苏菜在制成品上的特点是江鲜家禽、花色菜点众多。江苏风味十分擅长烹饪江鲜家禽，制作精细，款式多样，如以鸭为原料，可制成板鸭、八宝鸭、香酥鸭、黄焖鸭及三套鸭等；以鸡为原料，可制成西瓜鸡、叫化鸡等。此外，花色菜点制作也十分讲究，宋明史料已记载扬州使用鲫鱼肉、鲤鱼子或菊苗制的"缕子脍"等，精致小巧的船点更是造型美观、花色繁多，闻名天下。

2. 江苏菜的著名品种

江苏菜的传统名品数不胜数，最著名、最具代表性的品种有大煮干丝、水晶肴蹄、三套鸭、霸王别姬、沛公狗肉、清蒸鲥鱼、盐水鸭、松鼠鳜鱼、夫子庙小吃等。此外，还有将军过桥、清炖蟹粉狮子头、软兜长鱼、雪花蟹斗、拆烩大鱼头、双皮刀鱼、母油全鸭、白汁狗肉、荷花铁雀等。

大煮干丝，是扬州的传统名菜。干丝，是用豆腐干片成的细丝。扬州烹制干丝的方法较多，可烫可煮，可荤可素。烫食的干丝宜细，细到可穿针；煮食的干丝宜稍粗，如火柴棍大小。大煮干丝色泽洁白，质地绵软，汤汁浓厚，味鲜可口。

水晶肴蹄，是镇江、扬州一带的传统名菜。此菜是在古菜"烹猪"和"水晶冷淘"基础上发展起来的。据民间传说，八仙之一的张果老路经镇江，闻了肉香，立即下马大吃肴肉，竟然将赴王母娘娘蟠桃大会的事给忘了，可见其味之美。这道菜肉质鲜红，皮白光洁晶莹，卤冻透明，质地醇酥，油润不腻，滋味鲜香。

三套鸭，是扬州的传统名菜。它是将家鸭、菜鸽、野鸭分别整料出骨，尔后鸭中套鸭，鸽置鸭内，经文火炖制而成。三套鸭乃三禽合食，一菜三味，家鸭鲜肥，野鸭香酥，肉鸽细嫩，再加火腿、香菇、冬笋点缀，使肥、鲜、醇、酥、软、糯融于一菜。逐层品尝，越吃越鲜，越吃越嫩，美不胜收。

霸王别姬，是徐州的传统名菜。菜名取自楚霸王别姬的历史故事，同时该菜使用的主料为甲鱼、鸡，故而菜名又有谐音之意。成菜用品锅盛装，造型古朴大方，肉质酥烂脱骨，汤汁鲜美醇厚。

（四）广东菜

广东菜，即粤菜，主要由广州菜、潮州菜和东江菜组成。广东地处中国南部沿海，境内高山平原鳞次栉比，江河湖泊纵横交错，气候温和，雨量充沛，动植物类的食品源极为丰富。广东菜在秦汉时期已初具轮廓，发展到清朝末年成为特色突出、格局完整而稳定的地方风味体系，而且随着华人的足迹逐渐走向海外。进入 20 世纪 80 年代后，由于广东处于改革开放的前沿，广东菜更是大规模地跨出省界、国界，几乎一度呈现出席卷全国之势。

1. 广东菜的主要特点

（1）原料特点

广东菜在原料选用上的特点是广而精。广东地处南部沿海，四季常青，江河纵横，物产丰富，为广东菜提供了丰富、奇异的原料。对于广东的食物原料，清代屈大均《广东新语》概括道："天下所有之食货，粤东几尽有之；粤东所有之食货，天下未必尽有也。"广东菜取料之广、品种之多、肴馔之奇是有悠久历史的。如今，为了保护野生珍稀动植物和人体健康，广东更多地把注意力放在了用料精细上。

（2）调味特点

广东菜在调味上的特点是注重清而醇。广东常常以生猛海鲜为原料，在调味上讲究清而不淡、鲜而不俗、嫩而不生、油而不腻，既重鲜嫩、滑爽，又兼顾浓醇。一般而言，夏秋力求清淡，冬春偏重浓醇。如八宝鲜莲冬瓜盅，就是夏秋季节人们喜欢的菜肴。冬季和春初，天气较冷，则力求滋补并要味道浓郁，如喜欢"瓦罐山瑞"等味道香浓的菜肴。粤菜的调料也很独特，不同季节和不同菜品要选用不同的调料，而且许多调料曾经是其他地方菜不用或很少用的，如蚝油、柱侯酱、沙茶酱、柠檬汁、鱼露和果皮。

（3）烹法特点

广东菜在烹法上的特点是博采中外技法。由于长期的人口南迁，水陆交通方便，商业十分发达，广东菜广泛吸取了川、鲁、苏、浙等地方菜和西餐烹饪技术精华，将中外烹饪技法融为一体，并结合广东烹饪习惯加以变化，形成了独具一格的烹饪特色。如广东菜中的松子鱼和菊花鱼是由江苏菜中"松鼠桂鱼"演化而来，而果汁肉脯则是借鉴西菜焗的方法制作而成。广东菜有许多独特而擅长的烹饪方法，其中，仅焗法就有多种，包括原汁焗、汤焗、酒焗、盐焗、炉焗等。

（4）成品特点

广东菜在制成品上的特点是点心多而且新。广东点心种类之多，是其他地方少见的。如有常期点心、星期点心、四季点心、席上点心、节日点心、旅行点心、早上点心、午夜中西点心、筵席点心等，名目繁多，精巧雅致，款式常新，保鲜味美，应时适宜。

2.广东菜的著名品种

在广东风味菜中，最著名、最具代表性的传统名品有烤乳猪、烧鹅、东江盐焗鸡、玫瑰酒焗双鸽、虾子扒海参、红烧大群翅等。此外，其著名品种还有甜绉纱肉、马蹄泥、蚝油牛肉、炒河粉、艇仔粥、东江鱼丸、梅菜扣肉、爽口牛肉丸等。

东江盐焗鸡，是东江地区传统名菜。早年在广东惠州一带沿海盐场，为保存熟鸡，便将熟鸡用纱纸包好后放入盐堆腌储。经过腌储的鸡肉鲜香可口，别有风味。后经当地厨师研制，将生鸡现焗现食，滋味更加可口，至今仍然盛名不衰。

虾子扒海参，广东传统名菜，是用海参配以鲜香兼备的虾子烹制而成。成菜后海参滋味浓郁，口感软滑，色、香、味、形俱佳，而且以整参上席，气派非凡。

红烧大群翅，是广东传统名菜。鱼翅是鲨鱼鳍、鳐鱼鳍的干制品，广东人把前脊鳍称头围，后脊鳍称二围，尾鳍称尾勾或三围。头围、二围、三围合称一副群翅。烹制红烧大群翅，需要一定的烹饪技巧和功夫，成菜时三部分鱼翅的翅针按原样整齐排列，质地柔软带爽。如今，为了保护生态，已逐渐减少烹食鱼翅。

二、西方馔肴的主要风味流派

西方馔肴，又称为西餐，是西方各个国家风味菜肴的统称。而由于自然条件、物产、文化、经济发展状况的不同，西方各国形成了不同的风味流派，拥有各自的烹饪特色、艺术风格和著名品种，包括意大利菜、法国菜、美国菜和德国菜、西班牙菜、俄罗斯菜以及英国菜、葡萄牙菜，等等。这里主要介绍最有特色、最具影响力的如下三个风味流派。

（一）意大利菜

意大利菜，是西餐重要代表流派之一，是意大利悠久历史和丰富文化的结晶。早在 2 000 多年前，古罗马人在烹饪上就显现出他们的才华和对饮食的热爱。古罗马人举办的宴会丰富多彩，制作水平相当高，特别在面食制作方面更是在世界领先。值得一提的是，当时的厨师并非奴隶，而是拥有一定社会地位的人，这为当时烹饪的发展提供了有力保障。在哈德连皇帝时期，罗马帝国甚至在帕兰丁山建立了一所厨师学校以发展烹饪技艺。此外，意大利位于欧洲大陆的南部，意大利半岛形如长靴，伸入地中海的腹地，三面临海。优越的地理位置，使得意大利的物产十分丰富，也为意大利菜的发展奠定了坚实物质基础。因此，意大利菜在很早以前就逐渐形成了自己独特的风格，并且在西方世界产生了巨大的影响。

1.意大利菜的主要特点

（1）原料特点

意大利菜在原料选择与使用上的特点是区域特色明显。意大利的物产十分丰富，各地都有许多优质的特色原料。如沙拉米肠，是意大利的著名原料之一，有百种之多，肠身呈深色，布满白色圆点的油脂，味道干香；白松露，仅在意大利北部的埃蒙特地区才有生长，具有特殊浓郁的香味，价格昂贵，是西餐珍贵原料。但是，在公元 1861 年前，意大利并不是统一的国家，而是一直由许多各自为政的不同的小国家组成。在这种独特的背景之下，意大利菜在烹饪原料的选择与使用上便呈现出强烈的地域性，不同地区的烹调多选用当地的特产原料。

（2）调味特点

意大利菜在调味上的特点是大量使用橄榄油与醋，因为意大利盛产优质的橄榄油与醋。橄榄油的质量，决定于橄榄的品质以及生产工艺。位于地中海地区的意大利，橄榄资源丰富，而且压榨橄榄油有着悠久的历史和高超的技术，可以生产出品质上乘的橄榄油。醋的制作，在意大利也具有悠久历史，并且生产了许多品质优异的醋，例如黑醋。而意大利菜肴的调味，在很大程度上依赖橄榄油与醋，许多意大利菜肴的制作都缺少不了橄榄油与醋起到的增香作用。比如意大利最普通和流行的沙拉，就是将橄榄油和醋与各种蔬菜拌和而成；用火腿片或香肠片制作的经典意大利开胃菜，也只需淋上橄榄油增香即可。

（3）烹法特点

意大利菜在烹饪技法上的特点是简洁明快、突出本味。意大利的烹饪原料丰富而鲜美，这使得意大利菜肴无须过多烹制，其味道也非常诱人。以海鲜烹调为例，意大利三面环海，有丰富的海产资源，鱼虾贝类等十分新鲜。由于原材料新鲜，质量上乘，为了充分体现原材料的色、香、味，人们常常采取简单的烹调方法，大多是烧烤、煎炒、油炸、烩或焖等，以突出其本味。如对于各种鱼类原料，有时是切块后用烧烤、煎或粘上面粉后煎制成菜，有时则将整鱼进行烧烤或煮、烩而成。与海鲜一样，意大利的肉类菜肴也倾向于简化各种不必要的操作程序，烹饪方法简单而没有太多的花样。常见的肉类菜肴主要有各种肉扒，大多是利用香草的香味进行烧烤，或用番茄煮、用红葡萄酒烩等。

（4）成品特点

意大利菜在制成品上的特点是面食品种多。意大利面食多而常见，以至于有些人认为面食即为意大利菜肴的代名词。仅意大利面条的品种就有数十种之多，一般可分成两大类：一是面条或面片，二是带馅的面食，如饺子、夹馅面片、夹馅粗通心粉等。烹饪面条的方法很多，除用沸盐水煮熟、食用时与调味汁拌匀外，还可以放在烤炉焗，或者凉拌，等等。而意大利比萨也有数十种，根据加入的馅料不同，风味也有差异。

2.意大利菜的著名品种

意大利菜有许多著名品种。这里按照开胃菜、汤或面饭、主菜、甜品等类型，分类介绍其中的部分名品。

（1）开胃菜类名品

意大利的开胃菜十分众多，通常可根据温度分为两大类，即冷盘和热盘。在食用时，大都把冷食菜肴和热食菜肴分别装盘。近年来，意大利开胃菜的形式有了许多变化，品种也逐渐增多，但其主旨仍然是促进食客的食欲。因此，意大利开胃菜的用量较少，而且十分追求颜色的鲜艳和口味的变化。意大利开胃菜的著名品种有火腿蜜瓜和生牛肉片等。

火腿蜜瓜 (Prosciutto Ham with Melon and Fig)，其制法是选用帕尔马生火腿片放入盘中，加入莫泽雷勒干酪和罗勒香草；蜜瓜去皮、切成厚片，鲜无花果剞成十字花，与蜜瓜分别摆入盘中，撒胡椒碎和柠檬汁即可。

生牛肉片 (Beef Carpaccio)，其制法是将牛柳以保鲜纸卷成长筒形，放入冰箱内，冷藏约 4 小时后取出，切成薄片，铺在盘中，放上生菜、香草、柠檬及帕尔马干酪，淋上橄榄油，撒黑椒碎即可。

（2）汤或面、饭类名品

汤或面、饭常常作为开胃菜之后上桌的第一道菜。意大利的汤很有特色，内容很丰富，通常可分为四大类：其一是杂菜汤，是用大量的蔬菜和意大利粉或米饭煮制而成；其二是鱼虾海鲜汤，这种汤大都用薄面包片做装饰品；其三是清汤；其四是有蔬菜酱和鲜奶油制作的蓉汤。意大利的面食不仅数量多，而且名闻遐迩，仅仅用通心粉制作的面食就有上百种。而米饭主要流行于稻米产区。意大利在汤或面、饭上的著名品种有意大利蔬菜汤、肉酱意大利粉、利梭多饭等。

意大利蔬菜汤（Potage Minestione），其制法是先将土豆、胡萝卜、韭葱、洋葱、卷心菜洗净后切成方片，西芹去筋、切片，番茄去皮、去籽，切成块，四季豆切成段，培根切成小片；再将这些原料入厚底锅煸炒后转入汤锅，加入牛肉清汤熬制 20~30 分钟，加入盐和胡椒粉调味，装入汤盘内，撒上干奶酪粉即可。

肉酱意大利粉（Spaghetti Bolognaise），其制法是先将意大利粉放沸水中，加黄油、盐煮熟后捞出、控去水分，加少许精炼油拌匀；再将洋葱碎、蒜蓉用黄油炒香，加入牛肉炒熟，加番茄酱、胡萝卜碎、西芹碎、番茄碎、香叶、百里香稍炒，加入布朗少司，用小火收稠，加盐、胡椒粉调味，制成肉酱；最后将意大利粉用精炼油略炒，调味后卷放入盘中，上面放肉酱（也可将肉酱与意大利粉一同炒匀），撒芝士粉，放焗炉中将芝士粉焗上色即可。

（3）主菜类名品

主菜，通常是开胃菜后的第二道菜，主要包括鱼类菜肴和肉类菜肴。由于意大利位处地中海，故海鲜品种及烹调方式、菜式变化也比肉类更多。除了肉类和鱼类菜肴外，第二道菜肴还包括煎蛋卷等各种蛋类食品。一般来说，意大利的主菜与其配菜不摆在同一个盘中，而常常单独装盘。鱼类和肉类菜肴常用的配菜有蔬菜沙拉、油炸或烤的薯类、焖或炒的蔬菜等。意大利主菜的著名品种有茄汁猪排、罗马鸡、酥炸海鲜等。

茄汁猪排 (Pork Chops with Tomato and garlic)，制法是先在去骨猪排中加入蒜、盐、胡椒粉、橄榄油混合均匀，腌渍 30 分钟后放入锅中煎至成熟；再将芹菜、胡萝卜、洋葱粒和蒜碎、黑橄榄、绿橄榄用橄榄油炒至蔬菜微软，加干白葡萄酒及汤、番茄汁和阿里根努等调料，制作成少司；最后，将猪排放入盘中，淋上少司，配新鲜蔬菜和意大利面条即可。

罗马鸡（Roman Chicken），制法是先将橄榄油烧热，放入带翅鸡胸煎上色后取出；再将蒜碎、洋葱丝炒软，加胡椒粉、甜椒丝、橄榄和番茄少司炒匀，放入鸡肉，加盐、胡椒粉、马佐莲和鲜汤炖制成熟，装盘后配酥脆面包即可。

酥炸海鲜（Deep Fried Seafood），制法是先将番茄去皮，制成汁，与柠檬汁、盐、胡椒粉一同入锅，慢慢加入橄榄油混合均匀，制成少司；再将鱼肉切成大块，鱿鱼切成圈，虾去掉皮，保留头尾，分别放入面粉中沾匀；节瓜切成条，放入由面粉、水、鸡蛋制作成的面糊中搅拌均匀；最后，将橄榄油加热，放入鱼肉、鱿鱼、虾、节瓜炸成金黄色后捞出，放入盘中，淋上少司和黑醋，用柠檬角、番芫荽装饰即可。

（4）甜品类名品

意大利甜品款式琳琅满目，缤纷多姿，包括糕饼、烘焙美点、雪糕和酒香水果等。其中，最著名的品种有提拉米苏等。

提拉米苏（Tiramisu），制法是先将马士卡彭芝士倒入碗内、搅软成黏稠的奶油状，鲜奶油放入不锈钢盆中，隔冰水搅打至发泡、定型后备用。接着，将蛋黄和糖放入盆中，隔水加热并打匀至色泽乳白、黏稠，加入搅化的马士卡彭芝士、打发泡的鲜奶油和意大利马色拉酒拌匀，制作成芝士奶油蛋黄浆；将意大利浓咖啡和剩下的意大利马色拉酒混合均匀。最后，将意大利手指蛋糕蘸上咖啡酒汁，放入模具底部铺平，淋上少许咖啡酒汁、适量芝士奶油蛋黄浆，然后铺上一层蘸有咖啡酒汁的意大利手指蛋糕，再淋上适量的芝士奶油蛋黄浆，重复这个步骤，直到模具装满后用保鲜膜密封，送入冷冻室内冷冻 4 小时以上取出，撒满无糖的可可粉即成。

（二）法国菜

法国菜，是西餐的重要代表流派之一，也是对意大利菜继承、发扬和创新的杰作。早在公元 3 世纪前后，罗马人高超精湛的烹调技术就对当时法国饮食文化的发展有一定促进作用。而法国菜真正的发展和繁荣是从 17 世纪开始的，这在很大程度上得益于意大利公主嫁入法国王室，将意大利文艺复兴时期盛行的烹调方式、技巧、食谱及华丽餐桌装饰艺术带到了法国，使法国菜获得了一次最好的发展良机。而法国菜的进一步发扬光大，则是在路易十四、十五时代。法国大革命以后，宫廷豪华饮食逐渐走向民间，大量宫廷厨师在巴黎等地开设餐厅，精美菜品和高超技艺以及华丽的就餐风格让人们惊叹，法国菜以其华美、精致、浪漫、品位征服了世界，巴黎成为西方美食中心。近年来，法国菜不断精益求精，将传统与现代相互融合，在菜肴烹调上更讲究风味、个性、天然及装饰和颜色的配合。

1. 法国菜的主要特点

（1）原料特点

法国菜在原料的选择与使用上具有以下三个显著特点：

第一，用料广泛。与中餐相比，西餐选料比较严格，许多原料如动物内脏等副产品是很少用于烹调的。但是，法国菜在原料选择与使用上非常开放和大胆，牛胃、鹅肝、鸡胃、鸡冠等，都可以作为食物原料，制作出味道鲜美的法国菜。

第二，选料新鲜。法国烹饪讲究口味的自然和鲜美，许多原料使用简单方法烹调，甚至无须动火，直接食用。如牛肉，用它制作的牛扒有多种成熟度，法国人较偏爱五成熟左右及以下的牛扒；法国人甚至将生牛肉切碎，制作成圆饼型的鞑靼牛扒，直接食用。不进行过度烹调，是为了避免破坏原料本来的味道。所以，法国菜在用料上十分注重新鲜度，力求将原料最自然、最美好的味道呈现给食客。

第三，奶制品多。在法国烹饪中，奶和奶制品的使用频繁而广泛。如法国的奶酪，闻名于世界，也是法国烹饪的骄傲，种类将近 400 种。不同的奶酪拥有特色不同，用法也各异，有些直接食用，有些制作成少司，还有一些作为菜肴的原料。由于奶酪的广泛使用，使得法国菜肴丰富多彩、香味浓郁。

（2）调味特点

法国菜在调味上具有两个明显的特点，即少司多样，重视用酒。

第一，少司多样。西餐菜肴的最终味道绝大部分取决于少司的味道，因此，少司的制作是西餐调味的关键。一个国家烹调水平的高低，与少司种类的多少有密切关系。法国人最早对少司的制法进行科学总结、归纳，找到了其中的方法和规律，从而制作出大量少司，使法国少司不仅种类最多，而且味道丰富，颜色多样，也使得法国菜异常丰富多彩，被称为西方烹饪之冠。

第二，重视用酒。在法国烹调中，非常注重酒的使用，有人形容说，法国菜"用酒如同用水"。这与法国酒特别是葡萄酒的产量大、风味独特、品种多、品质优有极大的关系。法国菜用酒，既广泛又巧妙。在开胃菜、汤菜、主菜、甜品、少司等的制作中，常常用酒来除异增香。许多法国著名菜品，多使用了酒，如红酒蜗牛、普罗旺斯海鲜汤、红酒煨梨等。在酒的使用上，人们还会根据原料和菜肴的特色选择不同的酒，为菜肴增添无穷魅力。

（3）烹法特点

法国菜在烹饪技法上具有以下两大特点：

第一，传统菜肴制作工序复杂。法国的传统菜肴对品质要求十分严格。因此，在制作过程中，对每一道工序都要求精益求精，尤其是对少司的制作更加认真，选择什么原料，原料之间如何搭配，使用的火候，烹调的时间等都有明确的要求。制作法国少司，不仅原料多，而且工序复杂，花费的时间较长。此外，法国菜讲究配菜的制作，一道菜常常有 3 个以上的配菜，为了突出不同配菜的风味，法国烹饪常常将配菜分别制作，有时甚至采取不同的烹调方法，以求得最佳搭配。

第二，现代菜肴制作讲究简单、健康。现代法国菜起源于 20 世纪 70 年代。新派法国菜在烹调上着重原汁原味、材料新鲜，口味比较清淡。特别在 20 世纪 90 年代后，人们对健康逐渐重视，由米易卡尔倡导的健康法国菜在法国乃至西方十分盛行。这类菜肴采取简单直接的烹调方法，减少油的使用，少司多用原肉汁调制，或者使用新鲜水果、蔬菜、香料制作，非常强调简单、健康。

（4）成品特点

目前，法国菜在制成品上的最大特点是有三种不同的风味流派并存：一是古典法国菜派系。它起源于法国大革命前，是皇胄贵族中流行的菜肴，对烹调的要求十分严格，从选料到最后的装盘都要求完美无缺。二是家常法国菜派系。它源于法国平民的传统烹调方式，选料新鲜，做法简单。三是新派法国菜派系。它起源于 20 世纪 70 年代起，在烹调上注重原汁原味、材料新鲜，口味比较清淡。

此外，法国菜肴在食用时非常注重与酒的搭配。由于酒的风格与菜品的特色各异，因此，法国人认为，要使菜品的风味更加完美和谐，就必须认真选择合适的酒。法国在酒与菜的搭配上，不仅有基本原则做指导，甚至对每一道菜与酒的搭配都有建议。在法国的菜谱上常常标明，甲菜最好搭配 A 酒，乙菜最好搭配 B 酒等，以使酒和菜都达到最佳效果。

2. 法国菜的著名品种

（1）开胃菜类名品

开胃菜，在法国也有冷盘、热盘之分。在传统的法国菜中，鸭肉、牛仔核、鹅肝都是主菜的专用材料，而现在法国的许多头盘也开始使用这些材料，常常与沙拉或水果组成拼盘。法国开胃菜的著名品种有什锦鹅肝冻、尼斯沙拉、法式焗蜗牛等。

什锦鹅肝冻（Pressee De Legumes Au Foiegras），制法是先将胡萝卜、芦笋切条后焯水至熟，根芹切成长片，鹅肝切长条块；把鸡肉胶冻汁加热融化，加入用水泡开的结力冻片搅匀；另将约 100 克的胶冻汁倒入青豆蓉中搅匀。接着，在在方形模具的内壁，依次、逐层地放入青豆蓉、胡萝卜条、芦笋、鹅肝条、四季豆、根芹片和番茄块，每铺放一层，就浇一层结力胶冻汁，直至铺完后进行冷藏。最后，将冷藏的鹅肝冻脱模取出，切厚片，放入盘中，淋上酒醋汁，用香草、番茄等点缀即成。

尼斯沙拉（Salade Nicoise），制法是先将土豆去皮，切成 2.5 厘米大的块，放入冷盐水中煮熟后取出；四季豆煮熟、漂冷后切成 3 厘米的段；番茄去蒂、去皮，切成三角形；金枪鱼切片，青椒、红椒分别去蒂、去籽后切成丝。接着，洋葱碎、芥末酱、红酒醋、橄榄油、盐和胡椒粉调匀，制成法式醋油汁。最后，将主料与醋油汁拌匀后入盘，可加凤尾鱼、蛋角、番茄角、黑橄榄片和番芫荽点缀。

法式焗蜗牛（Baked Snai），制法是先将洋葱、胡萝卜、西芹切块；蜗牛治净、入锅，加洋葱、胡萝卜、西芹、水等，将蜗牛煮至熟软。接着，将50克黄油放入少司锅中加热，加入洋葱碎及蒜蓉炒香，放入蜗牛煸炒，放入干白葡萄酒及香叶、百里香、黑胡椒碎炒至蜗牛入味；将剩余黄油搅拌至松软，加入部分蒜蓉、番芫荽碎、盐搅拌均匀，制作成填馅黄油。最后，将蜗牛放入蜗牛壳内，用填馅黄油将蜗牛壳封严；取一瓷盘，先放适量土豆泥，将蜗牛逐个摆入盘中的土豆泥上，放入焗炉中，用180~200℃烤至蜗牛表面黄油融化出香、上色即可。

（2）汤菜类名品

在传统法国菜中，汤是展示烹饪技艺的重要品种。法国的汤菜种类多，制作技术高超，特别是高级清汤类菜肴，是西餐制汤技术的顶峰。随着时代的发展，在现代法国菜中，汤类发生了很大的变化，虽然在技术上没有太多的突破，但在装饰上却有了发展，盛装的器皿越来越精致，点缀越来越讲究等。法国汤菜最著名的品种有法式洋葱汤、普罗旺斯海鲜汤等。

法式洋葱汤（French Onion Soup），制法是先将洋葱切成细丝、香草切成碎；面包切成厚片，抹上少许的黄油和香草碎，放入150℃的烤炉中烤15分钟至金黄色时取出。接着，将黄油放入厚底锅中加热融化，加入洋葱丝煸炒至出香，变为棕褐色，放入汤锅中，加入牛肉清汤煮制30~40分钟，加入盐和胡椒粉定味。最后，将汤装入汤盅内，表面放2~3片香草味的面包片，撒上芝士粉，放入180℃的烤箱中烤制10~20分钟，使芝士粉变黄、上色后即成。

（3）主菜类名品

法国主菜，是法国烹调技艺精华的体现。除了选择原料广泛以外，在制作方法上也很独到，尤其是在少司的制作和开发上更是引领西餐的潮流。同时，法国特别重视配菜的制作和搭配。在法国主菜中，配菜不仅品种丰富，如土豆就有10多种做法，而且一个主体菜常配多种配菜，以丰富主菜的口味、色泽和质地。法国主菜的著名品种有法式白汁烩鸡、香橙烤鸭等。

法式白汁烩鸡（Fricassée De Volaille àL'Ancienne），制法是先将鸡肉切成块，撒上盐和胡椒粉，放入热的黄油中煎定型，再放入锅中烩制；蘑菇和小洋葱分别用黄油炒香。接着，煎锅内入洋葱碎、黄油炒香，加面粉炒匀，再加鲜鸡汤煮沸，一同倒入烩制锅内，调味后加盖焖煮30分钟至鸡肉熟透。最后，将蛋黄和奶油调匀，倒入烩鸡肉的汤汁煮至浓稠，加入蘑菇和小洋葱同烩入味，用盐和胡椒粉即成少司；将鸡肉装入盘中，淋上少司，用黄油米饭和时令蔬菜装饰即成。

香橙烤鸭（Canetons àl'orange），制法是先将仔鸭去头、脚、颈骨和内脏，洗净后用线捆扎成型，撒上盐和胡椒粉腌渍入味；胡萝卜和洋葱切碎，柠檬皮和橙皮切细丝，焯水后加橙味利乔酒浸泡。其次，煎锅中加油烧热，放入仔鸭煎至鸭肉表皮定型、呈金黄色，将仔鸭腹面向上放入烤盘中，撒上胡萝卜碎、洋葱碎，送入200℃的烤炉中烤约1小时，中途适当地取出淋油，至烤熟后保温备用。接着，锅中加糖和红酒醋熬制成金红色的焦糖汁，加布朗鸭肉汤煮出味，用稀释的淀粉汁调剂浓度，再加入烤鸭的原汁和浸泡后的柠檬皮丝和橙皮丝煮沸且出味，调味成橙汁少司。最后，将仔鸭入烤炉内烤至皮面金红色时取出，剔下鸭肉装入盘中，淋上橙汁少司，配黄油煎薯片，用草莓、猕猴桃、薄荷叶、橙子等装饰即成。

（4）甜品类名品

法国的传统烹饪注重甜品的制作，甜品的种类多、味道丰富，其中有许多成为西餐的经典品种，而现代的法国甜点更加重视甜点的造型，在色泽、形态等方面，给人以美感。法国甜品的著名品种有苹果塔、红酒烩梨、香橙薄饼等。

法式传统苹果塔（Tarte Aux Pommes），制法是先将面粉过筛，放入盐、糖粉、鸡蛋黄和水搅匀，加入化软的小片黄油，和、压成型，至面团光滑、不粘手时将面团用保鲜膜包好，送入冰箱冷藏，制成酥皮面团；将杏仁果酱、苹果白兰地和适量水混匀后煮沸、过滤，制成杏仁少司。其次，将苹果去皮、去核，切成小片，放入热的黄油中炒匀，加糖、水和柠檬汁煮至苹果软熟、呈棕褐色时出锅装盘。接着，在塔模内抹上黄油，取出酥皮面团擀成厚约3毫米的面皮，放入塔模中压紧实，在面皮底部用餐叉叉出无数个小洞，放入冰箱冷藏20分钟。最后，取出塔模，在面皮上放一层锡纸，送入烤炉内烤15分钟后取出，去除锡纸，再放入苹果馅泥压紧实；另将剩余苹果去皮、去核、切成半圆片，排放于苹果泥上呈风车形，表面刷鸡蛋液，入200℃的烤炉内烤约30分钟后取出，刷上杏仁少司即成。

红酒烩梨（Poires Au Vin Rouge），制法是先将红酒、砂糖、肉桂、香子兰香草、橙皮和黑胡椒粒一同放入锅中，加热煮沸，并将红酒汁浓缩至浓稠发亮时即成少司，冷透备用。接着，梨去皮、去核、切成两瓣，放入红酒汁中，加盖后用小火焖煮40分钟至雪梨软熟、呈深褐色时取出、装盘，淋汁即成。

（三）美国菜

美国菜之所以能在众多西方风味流派中脱颖而出，与美国独特的气候、地理和人文风俗有密切关系。美国位于北美洲南部，东临大西洋，西濒太平洋，北接加拿大，南靠墨西哥及墨西哥湾。辽阔的土地，充沛的雨量，肥沃的土壤，众多的河流湖泊，是美国菜形成与发展的物质基础。此外，美国菜的形成与发展，还得益于美国是一个多民族的移民国家。其人口的构成，除来自以英国为主的欧洲移民外，还有来自世界其他地区如非洲、拉美、亚洲等移民，以及美国本土的印第安人。来自不同地区的人带来的是不同的文化和风俗。在这样独特的人文环境下，美国菜呈现出以英国烹饪为基础、融合不同国家烹饪的多姿多彩的风格。

1. 美国菜的主要特点

（1）烹法与调味特点

美国菜用料朴实、简单，制作过程也不复杂，尤其是在烹饪方法上比较简单并且偏重拌、烤、扒等简单迅速的制作方式；调味追求自然、清淡，美国少司的种类比起法国来要少得多。比如沙拉的制作，常常选择蔬菜和水果比较多，制作的过程也非常简单，特别受到人们的欢迎。沙拉在美国菜中占有重要地位，可以作为开胃菜、主菜、副菜、甜菜等。

（2）成品特点

美国菜在制成品上的总体特点是风格多样、时代感强。由于美国是一个多移民国家，不同地区的移民带来了有着不同文化背景的菜式，在饮食上通常采取开放、兼容的思维和态度，因而使得美国菜不仅是各流派并存、风格多样，而且禁锢较少、时代感强。在这些菜肴中，有的来源于法国，比如普罗旺斯式鸡沙拉，这道菜吸收了法国普罗旺斯地区善于使用香料的特点，但以美国人最喜爱的生拌形式（即沙拉）表现出来；有的来自意大利，如脆皮奶酪通心粉，主要原料和做法都源于意大利，而奶酪却使用了产于美国的切德奶酪；还有受到南美影响而创造出的各种辣味菜式，如辣味烤肉饼、辣椒牛肉酱、炖辣味蚕豆等。

美国菜的时代感突出表现在两个方面：一是注重营养。饮食不当容易引起各种慢性疾病，近年来，人们越来越注重自身的健康。美国菜适应着这种趋势，烹饪的菜肴中大量使用了果品和蔬菜，尤其是新鲜水果，以达到更多地摄取维生素等营养素的目的。以苹果为例，用苹果创作的美国特色菜肴就有 20~30 种之多，如苹果炖鸡、苹果泥、苹果蛋糕、苹果饺子、炸苹果片、苹果霜、烤苹果、糖粉苹果条、苹果千层酥、苹果馅饼、糖蜜苹果馅饼、苹果少司等。二是打破传统，创新菜肴。美国菜在沙拉的烹调和使用上，突破了欧洲烹饪中沙拉多在宴席中做辅助角色的传统，而将沙拉大胆地使用在各种场合，作为开胃菜、甜菜、辅助菜甚至主菜。在这种开放思维的引导下，美国为世界创造出了五彩缤纷的新式沙拉。

2. 美国菜的著名品种

在众多的美国菜肴中，最能代表美国菜的特点、最为著名的品种是各式各样的沙拉，如华而道夫沙拉、凯撒沙拉等。

华而道夫沙拉（Waldorf Salad），制法是先将苹果和西芹切成 2.5 厘米的块，加柠檬汁拌匀，核桃仁烤香；马乃司少司加柠檬汁和糖粉调匀。接着，将少司倒入主料中拌匀，再将生菜放入盘中垫底，装入主料，撒上葡萄干即成。凯撒沙拉（Caesar Salad）的制法是，首先将土司面包切成方粒；煎锅中放黄油加热，加入一半蒜蓉炒香，放入面包粒炒至面包粒金黄酥脆，撒少许盐、胡椒粉调味。接着，将培根切碎、煎熟；银鱼柳搅拌成蓉。最后，将剩余蒜蓉及法国芥末、鸡蛋黄、柠檬汁、银鱼柳及橄榄油及辣椒汁、盐、胡椒粉拌匀调味，再放入生菜拌匀，盛入盘中，加培根碎、面包粒、芝士粉，用番芫荽装饰即成。

除了意大利菜、法国菜、美国菜之外，西方国家还有其他著名的风味流派，如德国菜、西班牙菜以及俄罗斯菜等，也有各自的特色和名品。如德国菜，由于气候和地理的原因，它受到许多邻国菜肴的影响，但是又有自己的特点，既不像法国菜那样加工细腻，也不像美国菜那样清淡，而以经济实惠而著称，在原料上较多地使用猪肉，口味重而浓厚，菜肴分量足，土豆是常见的配菜。其著名品种有德式烤猪肘、德式烧猪排、维也纳式牛仔吉利、汉堡牛扒、酸甘蓝菜汤以及各种香肠菜肴等。而西班牙处于地中海地区，四面环海，内陆山峦起伏，气候多样，物产丰富，同时，西班牙在历史上屡受外族入侵，又受不同宗教影响，使得西班牙的菜肴融合了外族特色。从总体上讲，西班牙菜有着明显的地中海特色，善于使用海鲜、橄榄油以及地中海的特色香料，烹法简洁，口味清新自然，菜式丰富多彩。西班牙菜的著名品种较多，最具特色和知名度的是西班牙海鲜饭、西班牙冷汤等。俄罗斯菜，主要指俄罗斯、乌克兰和高加索等地方菜肴。从历史发展来看，俄罗斯的烹饪受西方其他国家影响很大，据资料记载，意大利人 16 世纪将香肠、通心粉和各种面点带入俄罗斯；德国人 17 世纪将德式香肠和水果带入俄罗斯；法国人 18 世纪初期将少司、奶油汤和法国面点带入俄罗斯。可以说，俄罗斯菜是借鉴法国、意大利、德国、奥地利和匈牙利等国的饮食烹饪、结合物产和习俗等融合而成。由于地理位置和气候寒冷的原因，俄罗斯菜在总体上具有油大和味浓的特点，注重以酸奶油调味，菜肴具有多种口味，如酸、甜、咸和微辣等。在俄罗斯菜肴中，以开胃菜冷盘最有名，其中黑鱼子酱更是享有很高的声誉。其他著名的菜肴品种还有俄式炒牛柳、罗宋汤等。

本章特别提示

本章不仅阐述了中国和西方馔肴制作技艺的各自特点及重要内容，而且较为详细地叙述了中国四个风味流派和西方三个主要风味流派在原料、调味、烹饪方法和成品等方面的主要特点及许多著名的传统品种，以便使学生能够较为系统地传承中国和西方馔肴制作技艺及名品，并在此基础上结合新时代的多重饮食消费需求，相互借鉴，不断传承与创新发展。

本章检测

1. 中国和西方馔肴制作技艺各自的特点是什么？

2. 中西馔肴制作过程中的主要技艺有哪些？它们相互之间有何借鉴之处？

3. 四川菜、山东菜、广东菜及江苏菜的主要特点及著名品种有哪些？

4. 意大利菜、法国菜及美国菜的主要特点及名品有哪些？

5. 运用中西馔肴制作技艺的相关知识进行传统名品的传承与创新。

拓展学习

1. 熊四智，杜莉. 举箸醉杯思吾蜀：巴蜀饮食文化纵横 [M]. 成都：四川人民出版社，2001.

2. 孙嘉祥，赵建民. 中国鲁菜文化 [M]. 济南：山东科学技术出版社，2009.

3. 姚学正. 粤菜之味：味道世界的前世今生 [M]. 广州：广东科技出版社，2014.

4. 章仪明. 淮扬饮食文化史 [M]. 青岛：青岛出版社，2001.

5. （美）朱莉亚·查尔德，（法）路易丝塔·波索尔，（法）熙梦·贝克著，蔡静，雷晓琪编. 掌握法国菜的烹饪艺术 [M]. 胡炜，译. 广州：南方日报出版社，2016.

6. （意大利）马里诺 ·安东尼奥. 来吃意大利菜：一场华丽的美食行走 [M]. 北京：电子工业出版社,2016.

教学参考建议

1. 本章教学要求

通过本章的教学，要求学生了解中国和西方主要风味流派的特点及著名品种，系统掌握中国和西方馔肴制作技艺的各自特点及重要内容，相互吸收借鉴、取长补短，更好地进行传承创新，促进中西餐饮食品行业发展。

2. 课时分配与教学方式

本章共6学时，采取"理论讲授 + 实训"的教学方式。其中，理论讲授4学时，实训2学时。

第六章

中西饮品
文化比较

学习目标

1. 了解中国酒、茶与西方酒、咖啡的发展历史、品类及主要鉴赏方法。

2. 掌握中西酒文化、茶与咖啡文化的特点及重要内容。

3. 运用茶馆、酒吧、咖啡馆的相关知识进行餐饮场景创意设计。

学习内容和重点及难点

1. 本章的教学内容主要包括两个方面，即中国和西方酒文化、中国茶文化与西方咖啡文化。

2. 学习的重点和难点是中西酒文化、茶与咖啡文化的特点、重要内容以及中西饮品文化的融合与发展。

本章导读

茶、酒与咖啡是世界上最著名的三大类饮品，已经成为许多人生活上的一种必需，生理上的一种享受，一种精神上的愉悦，或者一种时尚的追求。而它们在中国和西方国家各有侧重，并且起源、产地、品种等不尽相同，同时在长期的饮食消费过程中都形成了独具特色、丰富多彩的饮品文化。本章主要从中西酒文化、中国茶文化与西方咖啡文化进行阐述

第一节 中西酒文化

> 人类自从开始人工酿酒以后，酒在人们的生中就占据了十分重要的地位，并且经过不断的努力，出现了众多品种，也因此有了多种分类方法。如按生产工艺、生产原料、餐饮服务性能以及产地、颜色等分类。目前，世界上公认的较规范的分类法是先依据酒的生产工艺将酒分为酿造酒、蒸馏酒和混配酒三类，再按原料最后按颜色、含糖量等分。所谓酿造酒，又称原汁酒，是指通过酵母的发酵作用生成的酒，特别是酒精度低。蒸馏酒，是指以糖和淀粉为原料，经糖化、发酵、蒸馏而成的酒。混配酒，即混合配制的酒，包括配制酒和混合酒。
>
> 酒作为一种饮品，得到大多数中外人士的满腔热爱。唐代李白在《月下独酌》诗言："天若不爱酒，酒星不在天。地若不爱酒，地应无酒泉。天地既爱酒，爱酒不愧天。"无论是中国还是西方国家，都创造出辉煌灿烂的酒文化。

一、中西酒文化的特点

（一）中国酒文化的特点

由于中国特有的地理环境、物产、原料和生产方式、文化传统等原因，中国酒文化主要具有以下三个方面的特点。

1. 酿酒原料与酒品

在酒的用料与品类上，中国最具特色、最著名的是以粮食为原料酿造的黄酒、白酒，习惯上称作粮食酒。

中国地域广阔，气候温和，有许多良田沃土，极适宜农作物的耕种，农业发达，很早就成为农业大国，五谷类粮食产量大、品种多，人们便大量用粮食酿造出很有中国特色的白酒、黄酒。宋代以前，中国的政治、经济、文化中心在黄河流域，酿酒原料主要取用北方所产的小麦、高粱和粟等；从宋代开始，南方经济快速发展，中国的政治、经济中心南移，酿酒原料则主要取用江南等地大量出产的稻谷。如果把酒分为发酵酒、蒸馏酒和混配酒三大类，在中国历史上，属于发酵酒的黄酒和属于蒸馏酒的白酒用的是五谷杂粮，属于混配酒的露酒、药酒又大多以黄酒或白酒为酒基，都离不开粮食。从当代中国第一届至第五届评选的国家优质酒来看，总共有 114 个品种，仅以粮食为原料酿造的黄酒、白酒就有 69 种，占整个优质酒的 60% 以上。

2. 酿酒工艺

在酒的酿造工艺上，中国主要以粮食为原料，讲究料、水、曲三者统一，采用固态与半固态、复式发酵方法。

五谷杂粮是固体物质，不能直接发酵，必须通过对粮食的浸渍、蒸煮、加入水和酒曲等，使淀粉糊化后再进行糖化、发酵而制成酒，人的创造性劳动基本上起着主导作用。早在两千多年前的周代，人们就已经系统地总结出酿酒的六条原则："秫稻必齐，曲糵必时，湛炽必洁，水泉必香，陶器必良，火齐必得，兼用六物，大酋监之，无有差忒。"即原料要充足，酒曲供应、制作要适时，浸泡、蒸煮要清洁，水质要清冽、无杂质，酿造器具要精良，蒸煮时的火力要适当。中国的酿酒技艺高超而精湛，巧夺天工，各种名酒各得其妙。但无论各种酒的酿造技艺多么千差万别，大都有浸渍、蒸煮、多次投料、固态及半固态发酵等工艺环节和方法，而这正是中国粮食酒酿造技艺的突出特色。

3. 酒文化的核心

在酒文化的核心上，中国人把酒当作工具，意不在酒。

中国文化中重要的组成部分是道家文化。道家思想看重今生，主张通过修炼和服食养生等手段，达到得道成仙的目的；而在目的与手段之间，更看重目的，有"得鱼忘筌""得意忘言"之说。道家认为，酒是服食的重要内容，有助于养生和修炼，是达到羽化成仙目的重要手段和工具，因此道士们常常酿酒、饮酒。但是，饮酒必须适量，否则将伤害身体。李时珍《本草纲目》指出：酒，天之美禄也，"少饮则和气行血，壮神御寒，消愁遣兴；痛饮则伤神耗血，损胃亡精，生痰动火。邵尧夫诗云：'美酒饮教微醉后。'此得饮酒之妙，可谓醉中趣、壶中天者也。"微醉是饮酒的最佳境界。受道家思想的长期影响，许多中国人认为，酒是一种特殊的工具或媒介，不仅能消除忧愁、催生欢乐，而且能激发灵感、创造趣味和美，把酒别称作欢伯等。汉代焦言寿《易林》言："酒为欢伯，除忧来乐。"当代作家高晓声指出，"酒是能帮助我们创造美的"。尽管如此，酒也只是供人使用的工具，中国人虽十分热爱它、经常使用它，但很少注重酒本身，缺少对美酒进行科学而系统的理性分析和品鉴，更在意的是食用后产生的美妙作用，在于"味外之味"，正如欧阳修言，"醉翁之意不在酒，在乎山水之间也""山水之乐，得之心而寓之酒也"，因此留下很多意蕴丰富的饮酒趣事。其中，最有名、最典型的是唐代的饮中八仙：李白斗酒诗百篇，天子呼来不上船；张旭三杯草圣传，挥毫落纸如云烟；焦遂五斗方卓然，高谈雄辩惊四筵。对他们而言，与其说是饮酒，不如说是以酒激发灵感、智慧，拿酒当笔，写诗文作书画，酒中有的是诗情画意。如果让人选择的话，大部分中国人一定很少感兴趣白酒与黄酒的种类、酿造和品鉴方法，而会津津乐道于著名的饮酒趣事。

（二）西方酒文化的特点

由于西方独特的地理环境、物产、原料和生产方式、文化传统等原因，西方酒文化主要具有以下三个方面的特点。

1.酿酒原料与酒品

西方酒最具特色、最著名的是以葡萄为原料酿造的葡萄酒、白兰地等。

西方国家大多以畜牧业或商业为主、农业为辅，许多地方的气候和土壤等不适宜大多数农作物的生长，却十分有利于葡萄的生长，使葡萄的产量和品质首屈一指，因此人们大量地酿造葡萄酒。以被称为西方文明摇篮的古希腊为例，它位于巴尔干半岛南部，三面环海，境内遍布群山和岛屿，大部分地区为贫瘠的坡地，属于地中海型气候，冬季温暖多雨，夏季炎热干燥，河流在夏季常干涸。这一切极不利于一般农作物的生长，许多农作物都难以成活，但葡萄的耐旱能力很强，于是希腊人就大量种植葡萄。另外，形成葡萄酒品质的精华大多存在于深层土壤的矿物质中。肥沃的土壤表层能够使葡萄树容易成活，不必把根扎入土壤深处，因此不能结出优质葡萄；而生长在相对贫瘠土壤中的葡萄树由于把根扎入土壤深处，反而结出了优质果实。在西方最具特色、最著名的酒中，属于发酵酒的葡萄酒和属于蒸馏酒的白兰地，用的几乎是百分之百的葡萄；属于混配酒的开胃酒、利口酒、鸡尾酒等大多以葡萄酒为酒基，甜食酒则是加强型的葡萄酒。在古希腊，大量出产的葡萄酒就与橄榄油一起成为其主要经济命脉。一位学者说："雅典的文明，建立在葡萄酒和橄榄油之上。"从当代葡萄酒生产强国来看，意大利在 2019 年生产葡萄酒 46 135 亿升，产量居世界第一；而葡萄酒产量居世界第二的是法国，2019 年的总产量 43 356 亿升，意、法两国在整个酒类生产中占据绝对主要的地位。

2. 酿酒工艺

在酒的酿造工艺上，西方主要以葡萄为原料，重在讲究以原料为核心、桶和窖为保障，采用液态、单式发酵方法。

西方酿酒常用的葡萄本身富含糖分和酵母，在 12~30℃的温度下便自然发酵，生成酒精，果皮和果肉经过果汁浸泡则释放出葡萄酒的色素和持久的劲力，种子释放出单宁，赋予葡萄酒特有的涩味。这些刚经过酒精发酵的葡萄酒富含单宁酸，不能直接饮用，还需贮藏在橡木桶和酒窖中，逐渐使风味变得成熟、完美后。在葡萄酒的酿造过程中，葡萄起最重要的主导作用，人的劳动则起重要的辅助作用。西方人常说，好酒出自好葡萄。葡萄的品种和质量决定着葡萄酒的品质、特色和主要香型。在西方国家，可以酿酒的葡萄数以千计，但真正能酿造出顶级、名贵葡萄酒的葡萄只有十余个名贵、优质品种而已。酿酒时对葡萄的选择，除了品种，还要看产地和年份，这意味着土壤、气候、产量等方面的差异。相对贫瘠的土壤和适当地限制产量，是葡萄及葡萄酒品质的重要条件和保证。即使同样的葡萄品种，气候不同，所酿酒的品质也不同。用寒冷地区的葡萄酿的酒，品质秀雅；用温暖地区的葡萄酿的酒，酒力较强、酒体丰满。在精心选择葡萄后，葡萄酒的酿造大多进入葡萄去梗破皮、压榨、发酵、培养、装瓶等工艺环节，而橡木桶、酒窖是其中的两个关键。橡木桶是发酵和培养葡萄酒的最经典容器。其木材多孔，外界的氧气缓缓渗入，包括酒精在内的挥发物质部分蒸发，使酒变得更加细腻、芳香；橡木释放出的辛香和单宁酸，给葡萄酒增添华美复合的润饰，使酒质不断成熟、稳定。酒窖是葡萄酒最好的栖身之所，决定着葡萄酒的最终品质。任何好酒都需要经过较长时间的藏酿，葡萄酒在橡木桶中的陈化不是全部过程，要达到最佳饮用状态，更需要继续贮存、陈化。酒窖的理想温度是 10~15℃，湿度是 70% 左右，要求背光、阴凉、通风良好等，因此常常显得阴暗、潮湿。

3. 酒文化的核心

在酒文化的核心上，西方人把酒看作艺术品，意就在酒。

西方文化的重要组成部分是古希腊罗马文化和基督教文化。古罗马诗人贺拉斯说："酒是可爱的，具有火的性格，水的外形。"《圣经》记载道，耶稣基督告诉其门徒，葡萄酒是自己的血，让人们记住他是为了替人们赎罪而死的。在这里，葡萄酒是生命的一部分，是耶稣救世精神的化身。在不少西方人眼里，酒是一种特殊的艺术品，拥有魅力和生命，而葡萄酒更是其中的代表。美国作家威廉·杨格曾经说，一串葡萄是美丽、静止与纯洁的，一旦压榨后，它就变成了一种动物，有了动物的生命。面对这个充满魅力和生命的神圣艺术品，西方人自然会热爱它、饮用它，并且用心去欣赏和玩味。对于西方人而言，醉翁之意就在酒，在酒的"味内之味"。仅以葡萄酒为例，他们把酿造葡萄酒看成是在制作艺术品，许多著名酒庄的酿酒者从小就开始接受严格训练，学习酿酒学和葡萄栽植技术，对酿造葡萄酒有一种荣誉感和热情，对葡萄栽培及酿酒的每一个细节都非常挑剔，一丝不苟、精益求精，按照严格的生产规定分出等级，并且把产地、葡萄品种、年份、装瓶地、分级等内容写在酒标上，旨在保证葡萄酒的品质，维护酒庄的声誉。他们把饮用葡萄酒看成是欣赏艺术品，认为每一种葡萄酒都有自己的温度、味道、和适合自己的杯子、菜肴，只有相互间完美的配搭，只有仔细地观色、闻香、品味，才无愧于美妙的葡萄酒。对于西方人而言，美酒当前，如不懂得怎样品尝和欣赏，不仅辜负了美酒，更有失风雅。如果让他们选择的话，大部分人可能会滔滔不绝地讲述酒的种类、酿造和品鉴方法。

二、中国酒文化

（一）中国酒的起源与历史发展

1. 有关酿酒起源的传说

关于酒的起源，历来传说众多，影响最大、最深入人心的是以下四种：第一，上天造酒说。古代中国人的祖先就有酒是天上"酒星"所造的说法。酒旗星最早见《周礼》一书，《晋书》更有详细的记载："轩辕右角南三星曰酒旗，酒官之旗也，主宴饮食。"第二，猿猴造酒说。此说见于许多典籍的记载。清代李调元在他的著作中记叙道：在海南时，"尝于石岩深处得猿酒，盖猿以稻米杂百花所造，一石六辄有五六升许，味最辣，然极难得"。清代彭贻孙《粤西偶记》也说："粤西平乐等府，山中多猿，善采百花酿酒。"这些证明是猿猴发现了类似"酒"的东西。第三，仪狄造酒说。《战国策》记载："昔者，帝女令仪狄作酒而美，进之禹，禹饮而甘之，遂疏仪狄，绝旨酒，曰：'后世必有以酒亡其国者。'"但是，也有人认为，早在夏禹之前的黄帝、尧、舜，就已经有酒可饮了。第四，杜康造酒说。晋代江统《酒诰》言："有饭不尽，委之空桑，郁结成味，久蓄气芳，本出于代，不由奇方。"如今，在河南、陕西大量流传此说，视杜康为酿酒始祖。

2. 人工酿酒的起源与发展

中国的人工酿酒在数千年漫长历史进程中大致经历了四个重要发展时期。

（1）新石器时代至商周时期

公元前 7 000 年左右的新石器时代至公元前 500 年左右的西周及春秋战国时期，是中国传统酒的启蒙与形成时期。仰韶文化遗址出土的陶器六孔大瓮，证明7 000 年前的中国人已经懂得酿酒技术。大汶口文化遗址出土的陶制酒器，河姆渡文化遗址第二层出土的供调酒用的陶器盉，大溪文化居民村落和墓葬中出土的供酿酒与贮酒用的较大型器具等，都说明新石器时期已开始了人工酿酒。

由于有了火，出现了五谷六畜，加之酒曲的发明，使我国成为世界上最早用曲酿酒的国家，发展到夏商周时期则拥有了较高超的酿酒技术。这主要表现在三个方面：一是用曲酿酒。当时酿酒方式主要有两种，即用酒曲酿酒和用曲蘖酿制醴，或用曲蘖同时酿制酒精饮料。曲法酿酒是中国酿酒的主要方式之一。二是总结出酿酒原则。《礼记·月令》载："仲冬之月，乃命大酋，秫稻必齐，曲蘖必时，湛炽必洁，水泉必香 ，陶器必良，火齐必得，兼用六物，大酋监之，无有差忒。"这概括了古代酿酒技术的精华，是酿酒时应掌握的六大原则。三是酒的品种较多，有"五齐""三酒"之分。"三酒"包括事酒、昔酒、清酒，是根据酿造时间的长短区分的。"五齐"见于《周礼》，是五种用于祭祀的不同规格的酒：泛齐，酒刚熟，有酒滓浮于酒面，酒味淡薄；醴齐，一种汁滓混合的有甜味的浊酒；盎齐，一种熟透的白色浊酒；醍齐，赤黄色的浊酒；沈齐，酒滓下沉而得到的清酒。

在夏商周时期，酿酒业受到重视，得到较大发展，官府还设置了专门酿酒的机构，控制酒的酿造与销售。酒成为帝王及诸侯的享乐品，"肉林酒池"成为奴隶主生活的写照。此时，酒虽有所兴，但并未大兴，因为饮用范围主要还局限于社会的上层，而且常对酒存有戒心，认为它是乱政、亡国、灭室的重要因素。

（2）秦汉至唐宋时期

它是中国传统酒的成熟期，主要表现在拥有了比较系统而完整的酿造技术与理论。北魏贾思勰《齐民要术》记载了许多关于制曲和酿酒方法，如用曲的方法、酸浆的使用、固态及半固态发酵法、九酝春酒法与"曲势"、温度的控制、酿酒的后道处理技术等，是中国历史上第一次对酿酒技术的系统总结。到唐宋时期，传统的酿酒经验总结、升华成酿造理论，传统的黄酒酿酒工艺流程、技术措施及主要的工艺设备基本定型，黄酒酿造进入辉煌时期。成书于北宋末年的《北山酒经》不仅系统总结和阐述了历代酿酒的重要理论，而且指出了宋代酿酒的显著特点和技术进步之处，如酸浆的普遍使用，"酴米""合酵"与微生物的扩大培养技术、投料方法和压榨技术的新发展等，最能完整体现中国黄酒酿造科技精华，在酿酒实践中也最有指导价值。

在这一时期，酒业开始兴旺发达。因东汉至魏晋时战乱纷争不断，统治阶级内的不少失意者和文人墨客借酒浇愁、狂饮无度，饮酒不但盛行于上层，而且早已普及到民间的普通人家，促使了酒业大兴。到唐宋时期，黄酒、果酒、药酒及葡萄酒等各种类别的酒都有了很大发展，各种名优酒品大量涌现，如出现了新丰酒、兰陵美酒、重碧酒、鹅黄酒等品质优良的著名酒品，与此同时，喜欢饮酒的人越来越多，其中李白、杜甫、白居易、苏轼、陆游等著名诗人还留下了无数赞美酒的诗篇和众多饮酒轶事，为中国创造了丰富的酒文化内容。

（3）元明清时期

元明清时期是中国传统酒的提高期。其间由于西域的蒸馏器传入我国，导致了举世闻名的中国白酒的发明。明代李时珍《本草纲目》言："烧酒非古法也，自元时起始创其法。"又有资料提出"烧酒始于金世宗大定年间（1161年）"。

从此，白酒、黄酒、果酒、葡萄酒、药酒五类酒竞相发展，而中国白酒则逐渐深入生活，成为人们普遍接受的饮料佳品，到明代已占领了北方大部分市场，清代时更是成为商品酒的主流。相比之下，黄酒产区日趋萎缩，产量下降。其中的主要原因是蒸馏白酒的酒精度高，刺激性大，香气独特，平民百姓即使花费不多也能满足需要，因而白酒受到广泛喜爱。

此时，出现了众多涉及各类酒酿造技术的文献和大量名酒。这些有关酿酒的文献大多分布于医书、饮食书籍、日用百科全书、笔记等史料中，如元代《饮膳正要》《居家必用事类全集》、明代《天工开物》和《本草纲目》、清代《调鼎集》《胜饮篇》等。其中，《天工开物》记载有制曲酿酒部分，较为宝贵的内容是关于红曲的制造方法和制造技术插图。《调鼎集》较全面地记载了清朝绍兴黄酒的酿造技术等，其"酒谱"下设40多个专题，主要的内容有论水、论米、论麦、制曲、浸米、酒娘、发酵和酒的贮藏、运销、品种、用具等，还罗列了106件酿酒用具，包罗万象。此外，明清笔记和小说中还记载和描述了不少当时的名酒。如《镜花缘》作者借酒保之口列举了70多种酒名，汾酒、绍兴酒等都名列其中。

（4）近现代变革期

在近现代，由于西方科学技术的进入和利用，西方酒类品种及生产方式对中国产生影响，中国的酒逐渐进入变革与繁荣时期。民国时，中国酿酒技术的变革与发展主要表现在三个方面：一是机械化酿酒工厂的建立。如中国最早的葡萄酒厂创办于1892年的山东烟台，最早的啤酒厂和酒精厂也于1900年在哈尔滨建立。二是发酵科学技术研究机构的设立和人才的培养。如1931年正式开工的中央工业试验所的酿造工场是中国最早的酿造科学研究所。该所不仅进行酿酒技术的科学研究，还担负了培养酿酒技术人才的任务。三是酿酒科学研究的兴起。20世纪20～30年代，中国开始对发酵微生物的分离进行鉴定，酿酒技术也得到改良。

中华人民共和国成立后，中国的酿酒技术有了许多突破性发展，突出表现在三个方面：一是黄酒生产技术的发展。如用粳米代替糯米，用机械化和自动化输送原料，对黄酒糖化发酵剂的革新，以及在黄酒的压榨及过滤工艺、灭菌设备的更新、贮藏和包装等方面的显著进步。二是白酒生产技术的发展。其主要特征是围绕提高出酒率、改善酒的品质、变高度酒为低度酒、提高机械化生产水平、降低劳动强度等方面的问题进行了一系列改革。三是啤酒和葡萄酒工业的发展。改革开放后，中国引进了一些现代化的国外啤酒生产设备，啤酒厂的生产规模得到前所未有的扩大，同时葡萄酒的生产、科研、设计以及对外合作等方面都取得了非常可喜的成绩，如今中国的葡萄酒质量已接近或达到国际先进水平。

（二）中国酒的酿制关键

中国的酿酒技艺高超而精湛，不同的酒有不同的酿造方法和诀窍。如关于郎酒的民谣言，"郎酒好，有四宝：美境、郎泉、宝洞、工艺巧"。其巧妙的工艺在于2次投料、8次堆积糖化发酵、9次蒸煮、7次蒸馏、原酒在洞中贮存3年后进行勾兑等。但无论如何，中国酒在酿制工艺环节中最关键因素有三个，即原料、用水和酒曲。俗语言：料为酒之肉，水为酒之血，曲为酒之骨。以这三个关键因素作为基础，加上酿酒师的妙手点化，中国便酿造出众多独具特色的美酒。

1. 酿酒原料

人们在长期的实践中逐渐发现，五谷杂粮与酒的品类、质量密切相关，如用糯米酿造的黄酒味醇厚、品质最好，用高粱酿造的白酒味很香、酒精度和出酒率都比较高；而在白酒中，用玉米酿的甜，大米酿的净，大麦酿的冲。此外，人们还注意到，选用独具特色的土特产原料，对酿造风味独特的名酒至关重要。如四川古蔺的郎酒，最理想的原料是当地出产的古蔺高粱，因为它皮薄壳少、颗粒饱满、淀粉含量大，能酿出高品质的郎酒。

2. 酿酒用水

"美酒必有佳泉"，水的质量直接关系到酒的品质、风格等，为此人们特别注意识水性、知水味、选好水。宋代窦苹《酒谱》载，北魏时期，"魏贾锵有奴，善别水，尝乘舟于黄河中流，以匏瓠接河源水，不过七八升，经宿颜如绛，以酿酒，名昆仑觞，香味妙绝"。到近代以后，绍兴黄酒常常用运水船到鉴湖中心取湖心水来酿造，因为这种水的水质清澈、硬度适宜、含适量盐类，是优质酿造用水。茅台、郎酒则离不开赤水河边甘甜、清冽的泉水。

3. 酒曲

酒曲含有大量的活性微生物与酶类，不仅是糖化发酵剂，而且能赋予酒特殊的风味和品质，是中国酿酒的重要而精妙之处。明代宋应星《天工开物》言："凡酿酒，必资曲药成信，无曲，即佳米珍黍，空造不成。"为得到高质量的酒曲，人们常虔诚地祭拜、精益求精地制作。《齐民要术》载：制曲要选择七月甲寅日，让儿童穿着青衣来和曲、团曲，摊放酒曲的地方要画上阡陌街巷、摆上用面粉捏的曲人和曲王，摊完酒曲后要给曲王供酒脯等食品，并读三遍《祝曲文》。

（三）中国酒的代表作

在中国，最具特色、最有代表性的酒是以粮食为原料酿造的黄酒、白酒。

1. 黄酒

黄酒是中国生产历史悠久的传统酒品，因其颜色黄亮而得名。它以糯米、玉米、黍米和大米等粮谷类为原料，经酒药、麸曲发酵压榨而成。酒性醇和，适于用陶质坛装、泥土封口后长期贮存，越陈越香，属低度发酵的原汁酒。酒精度一般为 12%~18%（V/V）。

（1）黄酒的分类与名品

根据用料、酿造工艺和风味特点的不同，黄酒可分成三种类型：一是江南糯米黄酒。它产于江南地区，是以糯米为原料、以酒药和麸曲为糖化发酵剂酿制而成，以浙江绍兴黄酒为代表。其酒质醇厚，色、香、味都高于一般黄酒。酒精度为 13%~20%（V/V）。二是福建红曲黄酒。它产于福建，是以糯米、粳米为原料，以红曲为糖化发酵剂酿制而成，以福建老酒和龙岩沉缸酒为代表，具有酒味芬芳、醇和柔润的特点。酒精度在 15%（V/V）左右。三是山东黍米黄酒。它是中国北方黄酒的主要品种，最早创制于山东即墨，现在北方各地已广泛生产。以黍米为原料、以麸曲为糖化剂酿制而成，具有酒液浓郁、清香爽口的特点。酒精度在 12%（V/V）左右。黄酒的三个类型都有著名品种，最具代表性的是加饭酒、龙岩沉缸酒、即墨老酒等。

加饭酒，产于浙江绍兴，是绍兴黄酒中的上品。它以糯米为原料，以麦曲、酒母、浆水等为辅助原料，通过浸米蒸饭、糖化发酵酿制而成。加饭酒色泽深黄带红，香气浓郁，味醇厚鲜美，饭后怡畅。

龙岩沉缸酒，产于福建龙岩地区。它以上等糯米为原料，采用淋饭法搭窝操作，待窝内糖液达 3/5 时，加入红曲及米烧酒，3~4 天后再加入所剩的米烧酒，使醪液达到预定的酒精度。添加两次白酒，有利于糖化发酵的进行，并使酒品温和酸度的变化不会过快。最后，静置养胚 50~60 天后榨酒、煎酒、贮存。

（2）黄酒的鉴赏与饮用

黄酒的特点是酒质醇厚幽香，味感谐和鲜美，有一定营养价值，其质量高低是根据色、香、味特点进行评定和鉴赏的。其中，色泽以浅黄澄清（即墨黄酒除外）、无沉淀物者为优，香气以浓郁者为优，味道以醇厚稍甜、无酸涩味者为优。

黄酒的饮用方法主要有三种，而不同的饮用方法还有不同的作用：第一，热饮。将黄酒加温后饮用，滋味更丰富，暖人心肺，且不致伤肠胃。清代梁章钜在《浪迹续谈》中说："凡酒以初温为美，重温则味减，若急切供客，隔火温之，其味虽胜而性较热，于口体非宜。"黄酒的温度一般以 40~50℃ 为好。热饮黄酒能祛寒除湿、活血化瘀，对腰酸背痛、手足麻木和震颤、风湿性关节炎、跌打损伤患者等有一定疗效。第二，冷饮。方法是将酒放入冰箱直接冰镇或在酒中加冰块，后者既能降低酒温，又降低了酒精度。冷饮黄酒可消食化积、镇静，对消化不良、厌食、心跳过速、烦躁等有疗效。第三，其他方法饮用。黄酒还可以与其他食物或药物相组合，产生新的饮法。如将黄酒烧沸后冲蛋花，加红糖，用小火熬片刻后饮用，有补中益气、强健筋骨的疗效，可防止神经衰弱、神思恍惚、头晕耳鸣、失眠健忘、肌骨萎脆等症。将黄酒和荔枝、桂圆、红枣、人参同煮服用，其功效为助阳壮力、滋补气血，对体质虚弱、元气降损、贫血等有疗效。

2. 白酒

白酒是蒸馏酒的一种，是以高粱等粮谷为主要原料，以大曲、小曲或麸曲及酒母为糖化发酵剂，经蒸煮、糖化、发酵、蒸馏、陈酿、勾兑而制成的高度酒。酒精度在 30%（V/V）以上。中国白酒与白兰地、威士忌、伏特加、老姆、金酒并列为世界六大蒸馏酒。

（1）白酒的分类与名品

根据其原料和生产工艺的不同，白酒形成了不同的香型与风格，大致分为五种：一是清香型。其特点是酒气清香芬芳，醇厚绵软，甘润爽口，酒味纯净。以山西杏花村的汾酒为代表，又称汾香型。二是浓香型。其特点是饮时芳香浓郁、甘绵适口，饮后尤香，回味悠长，可概括为"香、甜、浓、净"四个字。以四川泸州老窖特曲为代表，又称泸香型。三是酱香型。其特点是香而不艳，低而不淡，香气幽雅，回味绵长，杯已空而香气犹存。以贵州茅台酒为代表，又称茅香型。四是米香型。特点在于米香清柔，幽雅纯净，入口绵甜，回味怡畅。以桂林的三花酒和全州的湘山酒为代表。五是其他香型。其中，又以分为药香型、凤香型、兼香型、豉香型、特香型等。中国白酒中，生产最多的是浓香型白酒，其次是清香型白酒，其余的生产则较少。白酒的五个类型都有许多著名品种，最具代表性的是有茅台酒、五粮液、泸州老窖酒、郎酒、汾酒、西凤酒、董酒、古井贡酒等。

茅台酒，是酱香型白酒中最著名的代表，因产于贵州省仁怀县茅台镇而得名，驰名中外。茅台产名酒，与其独特的自然条件、赤水河水和优良的高粱作原料密不可分。每年从重阳节开始投料，经9个月完成一个酿酒周期，再贮存三年以上，然后勾兑成产品。茅台酒的特点是色泽晶莹透明，口感醇厚柔和，无烈性刺激感，入口酱香馥郁，回味悠长，饮后余香绵绵，持久不散。

郎酒，也是酱香型白酒中著名的代表，因产于四川省古蔺县二郎滩镇而得名。二郎滩镇地处赤水河中游，附近的高山深谷之中有一清泉，名为"郎泉"。郎酒即取该泉水酿制，故有此名。据资料记载，清代末年，当地百姓发现郎泉水适宜酿酒，开始以小曲酿制出小曲酒和香花酒。1932年，由小曲改用大曲酿酒，取名"四沙郎酒"，酒质尤佳。从此，郎酒声誉鹊起。郎酒采取分两次投料、反复发酵蒸馏、7次取酒的方法，一次生产周期为9个月。每次取酒后，分次、分质贮存，封缸密闭，送入天然岩洞中，待三年后酒质香甜，再将各次酒勾兑制作成品。郎酒清澈透明，酱香浓郁，醇厚净爽，入口舒适，甜香满口，回味悠长。

五粮液，是浓香型白酒中出类拔萃的佳品，产于四川省宜宾市，因选用了高粱、糯米、大米、小麦和玉米五种粮食酿造而得名。它的历史源远流长，与唐代"重碧"酒、宋代"荔枝绿"酒、明代"咂嘛酒"、清代"杂粮酒"等一脉相承。1929年，宜宾县前清举人杨惠泉爱其酒质优点而鄙其名称，更名为"五粮液"。五粮液在酿造过程中，选用清冽优良的岷江江心水以及陈曲和陈年老窖酿造，发酵期在70天以上，并用老熟的陈泥封窖。同时，在分层蒸馏、量窖摘酒、高温量水、低温入窖、滴窖降酸、回酒发酵、双轮底发酵、勾兑调味等一系列工序上都有一套丰富而独到的经验。它无色、清澈透明，香气悠久，味醇厚，入口甘绵，入喉净爽，各味协调，恰到好处。

泸州老窖酒，是浓香型白酒中最著名的代表，产于四川省泸州市。泸州最老的酒窖建于明朝万历年间，至今已被列入全国重点保护文物。泸州老窖酒的主要原料是当地的优质糯高粱，以小麦制曲，选用龙泉井水，采取传统的混蒸连续发酵法酿造。蒸馏得酒后，再用"麻坛"贮存 1～2 年，最后通过细致的评尝和勾兑，达到固定标准。它的酒液晶莹清澈，酒香芬芳飘逸，酒体柔和纯正，酒味协调适度，具有窖香浓郁、清冽甘爽、饮后留香、回味悠长等独特风格。

汾酒，是清香型酒中的上品，因产于山西省汾阳市杏花村而得名。汾酒以晋中平原所产高粱为原料，用大麦、豌豆制成的"青茬曲"为糖化发酵剂，取古井和深井的优质水为酿造用水，采用二次发酵法，即先将蒸透的原料加曲埋入土中的缸内发酵，然后取出蒸馏，得到酒醅，再加曲发酵，将两次蒸馏的酒配合后方为成品。汾酒色泽晶莹透亮，清香雅郁，入口绵柔甘冽，余味净爽，有色、香、味三绝之美。

西凤酒，是凤香型白酒的典型代表，产于陕西省凤翔县西凤酒厂。它以当地特产高粱为原料，用大麦、豌豆制曲，采用续渣发酵法，经过立窖、破窖、顶窖、圆窖、插窖和挑窖等工序酿造、蒸馏得酒，再贮存三年以上，然后进行精心勾兑而成。西凤酒具有醇香秀雅、甘润清爽、诸味协调、尾净悠长的风格，融清香、浓香之优点于一体。

董酒，是药香型的典型代表，产于贵州省遵义市董公寺镇。它采用优质高粱为原料，以大米加入 95 味中草药制成小曲，以小麦加入 40 味中草药制成大曲，采用两小两大、双醅串蒸工艺，即用小曲小窖发酵成酒醅，大曲大窖发酵成香醅，两醅一次串蒸而成原酒，经分级陈贮一年以上、再精心勾兑等而成。董酒无色、清澈透明，香气幽雅舒适，既有大曲酒的浓郁芳香，又有小曲酒的柔绵、醇和、回甜，还有淡雅舒适的药香和爽口的微酸，入口醇和浓郁，饮后甘爽味长。

（2）白酒的鉴赏与饮用

中国白酒的特点是无色透明，质地纯净，醇香浓郁，味感丰富。白酒质量的高低是根据其色泽、香气和滋味等进行评定和鉴赏的。质量优良的白酒，在色泽上应是无色透明，瓶内无悬浮物、无沉淀现象；在香气上应具备本身特有的酒味和醇香，其香气又分为溢香、喷香和留香等；在滋味上应是酒味醇正，各味协调，无强烈的刺激性。

对于白酒的饮用，相对来说比较随意，但仍然有一定的方法。一般而言，首先应"看"。即观察酒的包装、酒液的透明度，了解酒的香型、酒精度及酒的产地、品牌等，由此判断酒是否醇正，并且确定饮用量。其次是"闻"。中国白酒的香型众多，通过闻可以欣赏到不同类型白酒的芳香。再次是"尝"。人的舌头各部位有分工侧重的，如舌尖对甜敏感，两侧对酸敏感，舌后部对苦涩敏感，而整个口腔和喉头对辛辣都很敏感，所以品饮白酒应浅啜，让酒在舌中滋润和匀，充分感受白酒的甜、绵、软、净、香。需要说明的是，由于白酒中含有大量乙醇，少量饮用对人体有一定益处，过量则有害。

（四）酒道与酒中情趣

1. 酒道

几千年来，中国人形成了内容丰富的饮酒之道。《礼记·乐记》言："夫豢豕为酒，非以为祸也，而狱讼益繁，则酒之流生祸也。是故先王为酒礼。壹献之礼，宾主百拜，终日饮酒而不得醉焉。此先王之所以备酒祸也，故酒食者，所以合欢也。"这应该是中国饮酒之道的基本精神，其内容主要包括酒礼与酒德等。其中，饮酒礼仪与习俗因中国地域广大、民族众多而丰富多彩，但其中最重要、最常见的有两个，一是未饮先酹酒，酹，指洒酒于地；二是饮时应干杯，主人端杯敬酒时讲究"先干为敬"，受敬者也如此。

酒德，则指饮酒的道德规范和酒后应有的风度。酒德二字，最早见于《尚书》和《诗经》，其含义是说饮酒者要有德行，不能像商纣王那样，"颠覆厥德，荒湛于酒"。儒家认为，用酒祭祀敬神、养老奉宾都是德行，值得提倡，但反对狂饮烂醉。中国酒德的主要内容包括三个方面：第一，量力而饮。即饮酒不在多少，贵在适量。要正确估计自己的饮酒能力，不作力不从心之饮。忽思慧《饮膳正要》言："少饮为佳，多饮伤神损寿，易人本性，其毒甚也。醉饮过度，丧生之源。"第二，节制有度。即饮酒要自我克制，有十分酒量的最好只喝到六七分，不超过八分，做到饮酒而不乱。《三国志》裴松之注引《管辂别传》，说到管辂自励励人："酒不可极，才不可尽。吾欲持酒以礼，持才以愚，何患之有也？"即力戒贪杯与逞才。明代莫云卿《酗酒戒》言：与友人饮，以"唇齿间沉酒然以甘，肠胃间觉欣然以悦"，超过此限，则立即"覆斛止酒"，即倒扣酒杯，以示不再饮。第三，饮酒不强劝。清代阮葵生的《茶余客话》引陈畿亭言："君子饮酒，率真量情；文士儒雅，概有斯致。夫唯市井仆役，以通为恭敬，以虐为慷慨，以大醉为欢乐，士人亦效斯习，必无礼无义不读书者"。其实，人的酒量各异，强人饮酒，不仅败坏了饮酒的乐趣，还易出事甚至丧命。

2. 酒中情趣

酒的发明，使中国人的生活变得更加丰富多彩，而且渗透到社会生活的各个方面。围绕酒产生的酒俗、酒令、酒诗、酒联以及饮酒所追求的境界，不仅是中国酒文化不可或缺的重要内容，而且为中国人饮酒带来了多姿多彩的情趣。

（1）酒境

酒境，指的是饮酒追求的一种境界。它包括饮酒者对饮酒对象、环境、时令、情致等的取向和选择，以及饮酒后的效果。对许多中国人来说，"醉翁之意不在酒，在乎山水之间也"。也就是说，饮酒行为本身并不重要，重要的是通过这种行为所获得的各种心理感受，以及由此而带来的诸如李白那样的"斗酒诗百篇"的效果和"酒逢知己千杯少"的心理认同。可以说，饮酒境界是对单纯饮酒行为的升华，是中国酒文化特有的表现形式。比如，一二知己、三五良朋相聚，以酒为媒，倾吐心声。此时，非畅饮无以淋漓尽兴，无以遣此郁结。酒，便成为增进朋友情谊的润滑剂。又如，一人独处，持一杯清酒，望月之隐入，四周寂静，清辉如泻，尘心尽滤，物我两化，这更是许多文人"独享世界"的难得境界。所谓"醉翁之意不在酒，在乎山水之间也"。这山水，非独谓名山秀水，也是岁月的山山水水。忧伤岁月已随风而去，只留下杯底浅痕，供品咂回味。酒，成为穿越人生的时空隧道。陶渊明《归去来兮辞》叙述了许多文人士大夫的两种饮酒境界："引壶觞以自酌，眄庭柯以怡颜。"此为饮酒之第一重境界，即忘忧怡颜。"倚南窗以寄傲，审容膝之易安。"此为饮酒之第二重境界，即心安傲世。

（2）酒令

饮酒行令，是中国人独创的饮酒时助兴的一种特有方式，既是一种烘托、融洽饮酒气氛的娱乐活动，又是一种斗智斗巧、提高宴饮品位的文化艺术。酒令的内容涉及诗歌、谜语、对联、投壶、舞蹈、下棋、游戏、猜拳、成语、典故、人名、书名、花名、药名等方面的知识。按照行令的方式分，酒令主要有三类：

第一，雅令。行令方法是：先推一人为令官，或出诗句，或出对子，其他人按首令之意续令，所续必在内容与形式上相符，不然则被罚饮酒。行雅令时，必须引经据典，分韵联吟，当席构思，即席应对，这就要求行酒令者既有文采和才华，又要敏捷和机智，所以它是酒令中最能展示饮者才思的项目。在形式上，雅令有作诗、联句、道名、拆字、改字等多种，因此又可以称为文字令。如说诗令：花面丫头十三四／南朝四百八十四（此为含数字令）；酒不醉人人自醉／醉里挑灯看剑／剑外忽传收蓟北／北燕南飞（此为粘头续尾的词语令）。

第二，通令。通令的行令方法主要为掷骰、抽签、划拳、猜数等。通令运用范围广，一般人均可参与，很容易造成酒宴中热闹的气氛，因此较流行，但有时也显得粗俗、单调、嘈杂。其最常见的行酒令方式主要有两种，一是"猜拳"，二是击鼓传花。

第三，筹令。其方法是把酒令写在酒筹之上，抽到酒筹的人依照筹上酒令的规定饮酒。筹令运用较为便利，但制作要费许多功夫，要做好筹签，刻写上令辞和酒约。筹签有十几签的，也有几十签的。如名士美人令：在三十六枝酒筹上，写上美人西施、神女、卓文君等二十枝美人筹，再写名士范蠡、司马相如、司马迁、曹植等十六枝名士筹，然后分别装在美人筹筒和名士筹筒中，由女士和男士分抽酒筹，抽到范蠡者与抽到西施者先交杯，而后猜拳，以此类推。

此外，诗与酒有着不解之缘，常是诗增酒趣，酒扬诗魂；有酒必有诗，无酒不成诗；酒激发诗的灵感，诗增添酒的神韵。如《诗经》305 篇作品中有 40 多首与酒有关。"酒仙""醉圣"李白现存诗文 1 500 首中写饮酒的达 170 多首，超过16%；杜甫现存诗文 1 400 多首中写饮酒的多达 300 首，超过 21%。宋元明清时，诗酒联姻绵延不断，可说是美酒浇开诗之花、美诗溢出酒之香。

三、西方酒文化

（一）西方酒的起源与历史发展

在西方国家，不同类型的酒有着不同的起源与历史发展。这里，仅阐述西方最具特色、最著名的葡萄酒、啤酒和鸡尾酒的起源与历史发展。

1. 葡萄酒的起源与历史发展

（1）有关葡萄酒起源的传说

在希腊神话传说中有一个与葡萄酒起源相关的著名的酒神传说。相传塞墨勒与众神之王宙斯相爱、怀孕却被害致死，宙斯便把胎儿放入自己的大腿中养育，孩子出生后取名为狄俄尼索斯，希腊语意为"宙斯跛子"；而在后来的罗马神话中称"巴科斯"，意为"再生"。他历尽磨难方才成年，含泪埋葬因决斗死去的好友，没想到友人的墓上长出一株结满紫红色果实的葡萄树。他采下果实榨成汁，喝来甘甜爽口，这就是最初的葡萄酒。他急忙把这玉液琼浆献给奥林匹斯诸神，同时也赐给希腊人民，并且走到哪里就把葡萄的种植与酿酒技术传授到哪里。于是，西方各国都有了葡萄酒的酿造。而希腊人最早受其恩惠，便奉他为酒神，到公元前7世纪左右就出现了祭祀活动，称作酒神节。

（2）人工酿造葡萄酒的起源与历史发展

葡萄酒实际上是新鲜葡萄的果汁经过发酵酿制而成的一种酒精饮料。最早人工酿造葡萄酒的确切时间和地点众说纷纭。多数历史学家认为古代的波斯（即现在的伊朗）是最早酿造葡萄酒的国家。考古学家在伊朗北部扎格罗斯山脉一个石器时代晚期的村落遗址里挖掘出一个公元前5415年的罐子，里面装有残存的葡萄酒和防止葡萄酒变质的树脂，证明人类至少在距今7500年前就已经开始酿造和饮用葡萄酒了。伊朗发现的一幅古代浮雕表现的是古代波斯神话传说中的仙王詹姆希德手捧葡萄酒杯的情形，也间接地证明古代波斯人很早就开始酿造和饮用葡萄酒了。在埃及古墓中发现的大量珍贵文物，如陶罐的碎片、壁画等，记载了古埃及人栽培、采收葡萄和酿造葡萄酒的情景。其中，最著名的是 Phtah-Hotep 墓址中的壁画，距今已有6 000多年的历史。西方学者认为，这是葡萄酒业的开始。

在欧洲，最早开始种植葡萄并酿造葡萄酒的国家是希腊。在希腊克里特岛的青铜时期迈锡尼文化遗迹中出土了大量与葡萄酒有关的文物，充分显示了 3 000 多年前这一地区的葡萄栽培和葡萄酒酿造业已经发展到相当高的程度。此时，葡萄从小亚细亚和埃及传到希腊的克里特岛，又逐渐传遍希腊及其诸海岛，而希腊的葡萄酒则已经出口到埃及、叙利亚、黑海地区、西西里和意大利南部地区。大约在公元前 6 世纪，希腊人把小亚细亚原产的葡萄酒通过马赛港传入高卢（即现在的法国、比利时、意大利等），并将葡萄栽培和葡萄酒酿造技术传给了高卢人。与此同时，罗马人从希腊人那里学会了葡萄栽培和葡萄酒酿造技术，很快在意大利半岛全面推广。到古罗马时代，罗马帝国的葡萄种植已经非常普遍，颁布于公元前 450 年的"罗马法"（即十二木表法 Twelve Tables）规定：若行窃于葡萄园中，将施以严厉惩罚。而随着罗马帝国的扩张，葡萄栽培和葡萄酒酿造技术迅速传遍法国、西班牙、北非以及德国莱茵河流域地区，并形成很大的规模。直至今天，这些地区仍然是葡萄和葡萄酒的重要产区。

到公元 15~16 世纪，葡萄栽培和葡萄酒酿造技术传入南非、澳大利亚、新西兰、日本、朝鲜和美洲等地。1861 年，美国从欧洲引进 20 万株葡萄苗木，在加利福尼亚建立了葡萄园。在美国独立战争时期，一场蔓延整个欧洲的葡萄根瘤蚜病使绝大多数的欧洲葡萄园毁于一旦。然而，在北美地区，用美洲种葡萄做砧木嫁接过的葡萄品种却幸免于难，这使得许多酿造葡萄酒所需的优良葡萄品种得以在美洲大陆保存，以至最终回归欧洲。直到现在，在欧洲，仍然有很大部分用于酿造葡萄酒的葡萄都是以美洲种葡萄做砧木嫁接的。如今，南北美洲都在酿造葡萄酒，阿根廷、美国的加利福尼亚州以及墨西哥均为世界闻名的葡萄酒产区。

随着葡萄种植技术不断推广，葡萄酒酿造技术源源不断地传入了已经开始种植葡萄的地区，一种崭新的葡萄酒文化也逐渐在世界各地蓬勃地发展起来，几乎让世界的每一个角落都充满了甘醇、芬芳的葡萄酒气息。其中，西方葡萄酒文化的璀璨与辉煌尤其让世人瞩目。

2. 啤酒的起源与历史发展

啤酒，是麦芽、啤酒花、水和酵母经发酵而成的含酒精饮品的总称。啤酒既是一种配方简单的天然饮品，也是一种充满了神奇变幻的复合饮品。在比利时、英国、德国等传统啤酒强国，简单的啤酒配方经历了几个世纪的洗礼，至今仍然受到人们的喜爱。

啤酒的起源众说纷纭，始于何时何地已无确凿证据可考，但比较肯定的是，啤酒是伴随着谷物的发芽、发酵而自然产生的。在远古时代，人们将麦子收割后堆放在简陋的粮仓里，一旦遇雨、漏水等就会使麦子受潮并开始发酵，由此产生出一种液体。有人大胆而好奇地品尝了这种液体，觉得它清凉芳香、美味可口，便开始有意让麦子受潮、发酵。这也许就是最原始的啤酒。

啤酒有据可查的历史至少可追溯到公元前 6000 年以前。据考古发现表明，大约公元前 6000 年，生活在美索不达米亚平原上的苏美尔人率先掌握了啤酒酿造技术，他们用大麦、小麦、黑麦等发酵制成原始的啤酒。公元前 4000 年左右，在酿酒的陶器上就有了描绘粮食及国王用金色麦秆作吸管吸取啤酒的情景。公元前 3000 年以后，古埃及人从苏美尔人那里学会了啤酒酿造技术，在埃及古代洞穴的墙壁上有一些象形文字提到发酵工艺。公元前 2000 多年，古希腊人和古罗马人又从埃及人那里学会了啤酒酿造技术，公元前 460 年，希腊的历史学家希罗多德就写有有关啤酒的论著。从此，啤酒便在欧洲大地上广为流行。

不过，古代的啤酒与现在的啤酒有很大区别。古代啤酒生产是家庭作坊式的，原料、香料也不统一。在啤酒漫长的发展过程中，人们不断尝试在其中加进各种原料，如蜂蜜或香料等。早在 1 000 多年前，欧洲有人开始在啤酒酿造中加入啤酒花作为调味料，一直到 8 世纪，德国人开始大量使用啤酒花酿制出带有爽口苦味的啤酒，这才将使用大麦和啤酒花酿制啤酒的方法确定下来。大约 400 多年前，人们才把浓啤酒装入玻璃瓶中，并用软木塞封住瓶口。1613 年，第一家商业啤酒厂在阿姆斯特丹建成。1638 年，美国一位政治家开始大规模地运营啤酒厂。19 世纪中叶，由于加热方法的改进和蒸汽机的出现，以及后来冷冻机的问世和法国科学家巴斯德对啤酒酵母的研究，使啤酒生产走向科学化，并开始了工业化大生产。

如今，世界上有许多国家生产啤酒。其中，德国、英国、比利时是传统的啤酒强国，丹麦、捷克是啤酒强国中的后起之秀，美国和中国则是啤酒产量大国。

3. 鸡尾酒的起源与历史发展

（1）鸡尾酒的起源

鸡尾酒的英文名称是 Cocktail。广义地说，鸡尾酒就是酒与酒或酒与其他饮料、果汁调和而成的混合饮品。狭义而言，是一种以蒸馏酒为酒基，配以果汁、汽水、矿泉水、利口酒等辅助酒水，并配以水果、奶油、冰激凌、果冻、布丁，加上装饰材料调制而成的混合酒。与其他单一的酒水相比，鸡尾酒又是一种色、香、味、形俱佳且充满情调的艺术酒品。而关于鸡尾酒起源以及鸡尾酒名称的来历，一直是众说纷纭，主要有以下四种说法。

第一，源于法国说。虽然鸡尾酒的英文是"Cocktail"，但法国人认为它源于法语词汇"Coquetel"。据说这是产于法国波尔多地区的、过去常被用来调制混合饮料的蒸馏酒的名称。此外，还有一个起源说是与法国贵族有关。

第二，源于英国说。英国人认为，鸡尾酒最迟在 16 世纪伊丽莎白一世时就已在英国盛行了。而鸡尾酒的名称与当时盛行的斗鸡比赛获胜者被授予战利品——雄鸡尾毛有关。斗鸡赛结束，人们向胜利者敬酒并欢呼"On the cock's tail"，久而久之，斗鸡胜利者饮用的混合酒品便被冠名为"Cocktail"了。

第三，源于墨西哥说。墨西哥人认为，"鸡尾酒"一词曾是 1519 年左右住在墨西哥高原地带或新墨西哥、中美等地统治墨西哥人的阿兹特尔克族的土语。在阿兹特尔克族中有一个贵族，他有一个美丽聪明、懂得酒水的女儿叫 Xochitl。贵族让她配制了一种混合酒献给国王，国王品尝后大加赞赏，遂颁布诏令，以她名字为此酒命名。后来，这种酒在传播过程中其音译被渐渐变异为"Cocktail"。此外，又相传很久以前，一艘英国船只停靠在墨西哥的坎佩切港，水手们涌进一家酒吧，看到一名酒保正用一根漂亮的鸡尾形无皮树枝搅拌着一种混合饮料。这饮料色彩美丽、芳香四溢，便好奇地问其名称，酒保误以为是问树枝名字，便回答："考拉德·嘎窖。"在西班牙语中，这便是雄鸡尾巴的意思，如此一来，美妙的混合酒就被称为"鸡尾酒"。

第四，源于美国说。相传很久以前，美国商人克里福特在哈德逊河岸开了一家酒店，他有三件向人炫耀的宝贝：一是一只斗鸡，二是酒窖中世界上最好的酒，三是他美丽的女儿。有一个做水手的小伙子爱上了他的女儿，而克里福特要求他当上船长再来求婚。经过几年的努力，小伙子当上了船长，在迎娶爱尔的婚礼上，克里福特将所有陈年佳酿都拿出，调成极品美酒，又将那只斗鸡美丽的鸡尾羽毛装饰在酒杯杯口上，高呼"鸡尾万岁"。从此，鸡尾酒之名不胫而走。

（2）鸡尾酒的历史发展

人们最早饮用混合酒的历史，可追溯到罗马帝国时代。《味的美学》一书写道：古罗马时，"最好的葡萄酒是酒精很强并且是很浓的。从酒壶中倒进酒杯时，要将这种沉淀物过滤出来，并要当场掺水饮用。即使是酒量最强的人，也要掺水喝。那些喝不掺水葡萄酒的人，都是一些不正常的人"。在当时，喝掺水的葡萄酒是常事，鸡尾酒的名称还未出现，只能当作是鸡尾酒的雏形。

"鸡尾酒"一词首次出现，是在1806年5月13日美国发行的一本杂志上。该杂志称："鸡尾酒是一种任意种类的烈酒、糖、水和苦酒构成的，具有刺激作用的酒类。"从1860开始，美国公司开始大规模生产果汁，使鸡尾酒有了充足的物质保证，不久，人工制冰机的出现又为冷鸡尾酒一年四季的饮用创造了条件，从此，真正意义上的鸡尾酒便正式地诞生了。可以说，混合酒的饮用历史虽然悠久，但现代鸡尾酒的出现也不过100多年的历史。

从鸡尾酒发展的100多年历史来看，美国是当之无愧的世界鸡尾酒中心。自19世纪末至20世纪初，鸡尾酒还只在美国国内流行，当时的鸡尾酒酒精度较高，是专属于美国上流社会男士饮品。在1920年~1933年美国禁酒时期，一纸法令让酒厂关门、酒吧歇业，但人们对美酒的向往却并未因此而改变，于是鸡尾酒发展史上出现了戏剧性的一幕：一方面严加禁酒，另一方面各种新式鸡尾酒暗流涌动、层出不穷，而因为辅料用得更多，酒精度降低，所以女士们也参与了进来，一时间饮用鸡尾酒蔚然成风，面对查询，人们的托词是在喝果汁。因此，禁酒时期成了鸡尾酒发展的黄金时代。第二次世界大战后，美国文化向世界渗透，美国式的消费方式引领世界潮流，鸡尾酒也有了飞跃性发展，成为全世界风行的酒精饮料。在美国，也出现了很多口感清爽、酒精度较低的新品鸡尾酒。20世纪60年代以后，随着女性饮酒人群的增加，鸡尾酒的饮用更加广泛，并进入各种社交场合，由此产生了适合妇女的甜味饮料，改变了最初鸡尾酒饮料只有男人独享的辣味饮料的局面。20世纪70年代，又掀起了热带鸡尾酒热潮。进入80年代，鸡尾酒逐步发展为一种文化、一种时尚生活，成为人们情感交流的载体。

（二）西方酒的代表作

在西方国家，最具特色、最有代表性的酒主要是葡萄酒、啤酒和鸡尾酒。

1. 葡萄酒

（1）葡萄酒的酿制

决定葡萄酒优劣的关键有两个方面：一个是酿酒原料即葡萄的品种和质量，一个是酿造工艺。

①酿酒原料

葡萄在植物分类上属于葡萄科葡萄属。葡萄科共有600余种之多，但世界葡萄总产量的90%以上都是欧亚种这一个种。葡萄品种数以千计，但从使用角度上可分为两大类：一是日常鲜食的葡萄，皮薄、多汁且甜度高；二是酿酒葡萄，通常外皮较厚，水分含量较少，酸、涩味浓烈。因此，酿酒葡萄大都是经过多年培育而成、专门作为酿酒原料的，而且不同的葡萄品种和质量直接决定着酿造出来的葡萄酒的种类和品质。其中，通常用于酿造红葡萄酒的优质葡萄品种有赤霞珠、黑品诺、席拉、梅洛、格连纳什、添普兰尼洛、桑吉奥伟谢等；通常用于酿造葡萄酒的优质葡萄品种有霞多丽、雷司令、森美戎、白萧伟昂等。

赤霞珠（Cabernet Sauvignon），又译作卡本妮萧伟昂，是高贵的红酒葡萄品种之王。原产于法国波尔多地区，因其对各种气候和土地适应力强，世界各国广为种植。其果实颗粒较小，皮厚、颜色深紫，单宁含量特别高，味浓，口感酸涩粗糙，但具有丰富多变的特质，通过橡木桶孕育更能增加其深度和内涵。酿造出来的酒在初期有明显的黑加仑子果香，随着陈放时间的推移，其中的单宁和酸逐渐变得柔和，黑加仑子的果香慢慢消失，形成更多的香与味，如莓类、香草、咖啡等，展现出多层次的口感。赤霞珠可以单独作为原料来酿酒，如美国的银橡树酒阁（Silver Oak Cellars）和罗伯特·蒙达维（Robert Mondavi）酒商酿造的葡萄酒；但是，也常以它为主要原料，再添加其他葡萄品种混合酿酒，增加其芳香和柔顺，如法国的拉菲·罗斯柴尔德庄园（Chafeau Lafite-Rothschild）、意大利的卡斯特林庭园（Castellin Villa）等酿造的葡萄酒。

黑品诺（Pinot Noir），是名贵红酒葡萄品种之后，是法国勃艮第红酒采用的唯一红葡萄品种，可以说是勃艮地的代名词。黑品诺的果皮特别细薄、脆弱，果味充盈而复合，具有草莓、樱桃的芳香，果实的单宁含量不高、果酸甚浓。它在栽培和酿造过程中对温度要求比较严格，栽培环境适宜温和的气候，酿造时发酵需较高的温度以求其迷人的香味，但温度过高则带有闷焦味，温度不够又会使香味平庸而缺乏魅力。许多著名的红葡萄酒，如罗马内—孔蒂酒庄（Domaine de la Romanee-Conti）酿造的罗马内—孔蒂（Romanee-Conti）和拉塔什（La Tache）两款世界顶尖地位的红酒，都是由黑品诺配制而成。

席拉（Syrah），是古典红酒葡萄品种中的王子。原产于法国罗纳河谷北部，适合温和的气候。果实的单宁含量极高，更具藏酿价值。酒色深红近黑，酒香浓郁，丰富多变，年份短时以紫罗兰花香和黑色浆果为主，随着陈放时间变久而慢慢发展成胡椒、焦油及皮草等成熟香味。在酿酒时，席拉可单独酿造，如法国的克罗西·赫尔米塔治（Croies Hermitage）酿造的红葡萄酒，但主要是与其他品种混合酿造，澳大利亚的亨施克（Hens Chke）和法国的罗蒂瑞地（Cote Rotie）红葡萄酒等就是用席拉与其他品种混合配制而成。

霞多丽（Chardonnay），又译作谐同耐，是世界上酿造白葡萄酒的最知名葡萄品种。霞多丽对气候和土地的适应能力很强，因而世界各国广为栽培。用它酿造葡萄酒，在未成熟时果味酸涩寡淡，但藏酿成熟后却香味浓郁，在澳大利亚可以具有热带水果的香味，在法国勃艮地则常是口感清新，具有蜂蜜的香味。另外，霞多丽是少数耐储藏的白葡萄品种，酒劲有力，浅酒龄时颜色浅黄中带绿，果香浓郁而爽口，随着酒龄增加，颜色转变为黄色或金黄色，新鲜的水果味消失而变为多彩多姿的复杂口味，韵味无穷。

雷司令（Riesling），雷司令是世界上酿造白葡萄酒的最好的白葡萄品种之一，原产于德国，甚至可以说是德国酒的代名词。它的品种丰富多样，以产地和藏酿的不同，从无甜味到有甜味，从轻清花香、水果味到油质、蜡质等皆有。雷司令葡萄喜欢冷凉、干燥、日照充足的环境，若气温较高的环境则成熟过快、品质较低、香味减少。在酿造时，雷司令通常只用单一品种，最能显现出其丰富的内涵。在所有的白葡萄酒中，只有雷司令可以藏酿到几十年。

②酿制工艺

葡萄酒常根据酿造原料的不同采用不同的工艺。其酿制工艺虽然较复杂，但环节大同小异，都是将新鲜葡萄去梗、压榨、发酵，取出汁液后藏酿、装瓶即可。

去梗：即是将葡萄果粒从枝梗上取下来，常由去梗器来完成。其原因在于葡萄中的单宁主要存在于枝梗、表皮和种子中，果梗中含有较高的单宁，虽然适当的单宁含量有利于葡萄酒的存放，使葡萄酒的风味稳定，但单宁过高则会使酒产生生硬、苦涩的味道，因此酿制葡萄酒时必须首先去掉葡萄的枝梗。

压榨：将果实中的汁液压榨流出，以利于其发酵。古老的压榨方法是由人赤着脚踩碎葡萄而出汁，如今，绝大多数是采用机器压榨，一台大型的压缩机每小时可以压榨处理 50 吨以上的葡萄。

发酵：将葡萄汁装入发酵缸发酵，就可以得到葡萄酒。这是一个化学过程，通过酵母菌在 12 ~ 30℃的温度下，将葡萄汁中所含的糖分转化成酒精和二氧化碳。要酿造出高品质的酒，发酵非常关键，在控制发酵温度、发酵时间、酵母菌量、糖分含量等方面，酿酒师都会一丝不苟地对待。生产红葡萄酒时，由于需要果皮的红色，所以常常带皮发酵，酿制的酒为红色，单宁含量也较高，有利于贮藏。生产白葡萄酒时，必须去皮、去籽后再行发酵葡萄汁液，而且要经过反复沉淀、过滤使酒澄清。

藏酿、装瓶：新酒在装瓶前需要装入橡木桶或不锈钢罐中，再放进酒窖藏酿，使酒中的有机物进一步转化，风味变得成熟、完美。藏酿时间的长短则根据酒的品种、品质而定。一般来说，红葡萄酒比白葡萄酒需要更长的时间，因为白葡萄酒更注重清爽芳香，红葡萄酒更需要醇和甘霖。当葡萄酒成熟后要离桶、装瓶，用软木塞封口，然后将酒继续贮藏在酒窖中，并且瓶口稍向下、平放在酒架上，使软木塞被酒浸湿而不至于干燥开裂，影响酒的品质。葡萄酒的藏酿和装瓶贮藏都是在酒窖中进行，酒窖是葡萄酒的最佳栖息地，它决定着葡萄酒的最终品质。

在整个葡萄酒的酿制工艺过程中，酿酒师的技术贯穿始终，其高超技艺主要体现在对原料演变过程的最佳时机把握上。当葡萄成熟时，必须及时采摘、精心挑选，然后压榨和取汁，使其直接发酵；而当发酵完成后的酒装入橡木桶藏酿，要定时、准确地查看桶中酒质的变化，一旦发现葡萄酒在桶中藏酿成熟，就要立即装瓶、小心贮藏，同时还要密切注意酒窖的状况，为葡萄酒创造良好的贮藏环境。

（2）葡萄酒的等级与分类

①葡萄酒等级

世界各地区、各国对葡萄酒的等级划分大多有不同标准。如欧盟把葡萄酒分成两类，即餐桌酒（LES VINS DE TABLE）和限定产区优良酒（VQPRD）。意大利把葡萄酒从低到高分为四个等级、呈金字塔结构，分别是日常餐酒 (VDT)、地方餐酒 (IGT)、法定地区酒 (DOC)、保证法定地区酒 (DOCG)，并且对 DOC 酒的区域分布、加糖的政策、商标等都有相应的法律。但是，在世界范围内，最成熟、最受各国认可和效仿的则是法国的葡萄酒分级标准。它从低到高分为四个等级，即日常餐酒（VIN DE TABLE）、地区餐酒（VIN DE PAYS）、优良地区餐酒（VDQS）、法定产区葡萄酒（AOC），具体内容如下。

日常餐酒（VIN DE TABLE），这是最低档的葡萄酒，作日常饮用，其产量占法国葡萄酒的一半。这类酒没有特别的质量要求，只对葡萄品种、酒精含量、酸度进行管理，要符合欧盟关于葡萄酒的最低要求。可以由法国不同地区的葡萄汁勾兑而成，也可以用欧盟国家的葡萄汁勾兑而成，但不能用欧盟以外国家的葡萄汁，酒瓶标签标示为"Vin de Table"。

地区餐酒（VIN DE PAYS），1973 年由法国国家葡萄酒跨业机构 L'ONIVINS 制定颁布，对葡萄品种、产量、酿制方法都有严格规定和质量评定。地区餐酒因所在地区、省份不同而带有地理特色，最初只限于当地消费，但后来的产量占法国葡萄酒的 20%，并以物美价廉的优势出口到世界各国。地区餐酒的标签上可以标明产区，可用标明产区内的葡萄汁勾兑，但仅限于该产区内的葡萄。酒瓶标签标示为"Vin de Pays + 产区名"，法国绝大部分的地区餐酒产自南部地中海沿岸。

优良地区餐酒（VDQS），等级略在 AOC 之下，1949 年由法国国家原产地研究院 INAO 确立。对葡萄园的地理范围、葡萄品种、产量有非常严格的规定，需要专家品尝后才能获得此称号。法国目前只有 2% 的此类酒，并随着 VDQS 晋升为 AOC 葡萄酒而减少。酒瓶标签标示为"Appellation+ 产区名 +Qualite Superieure"。

法定产区葡萄酒（AOC），是法国葡萄酒的最高级别。AOC 在法文里的意思为"原产地控制命名"，须由 INAO 对葡萄园地理位置、葡萄品种、最低酒精含量、最高单位产量、葡萄培植修剪方法、酿酒方法和陈酿方法等进行严格界定，所有 AOC 葡萄酒还要定期接受 INAO 对葡萄酒的品尝和分析。这些非常严格的规定确保了 AOC 级葡萄酒的高质量和来源的真实性，酒瓶标签标示为"Appellation+ 产区名 +Controlee"或者"产区名 + Appellation Controlee"。

②葡萄酒的分类

葡萄酒分类方法也多种多样，可根据酿造原料、酒的颜色、糖分含量、酿造方法及是否含有二氧化碳等来进行分类。但是，最常见分类方法有以下三种。

第一，根据葡萄酒的颜色分类，可分为白葡萄酒、红葡萄酒和桃红葡萄酒。所谓白葡萄酒，是用白葡萄或浅红色果皮的酿酒葡萄酿造出来的葡萄酒，其色泽近似无色，或者浅黄带绿、浅黄、禾秆黄。红葡萄酒，是用皮红、肉白或皮肉皆红的酿酒葡萄酿造出来的葡萄酒，其色泽为天然宝石红、紫红、石榴红等红色。桃红葡萄酒，介于红白葡萄酒之间，是选用皮红、肉白的酿酒葡萄酿造出来的葡萄酒，其色泽为桃红色、玫瑰红或淡红色。

第二，根据葡萄酒中含糖量分类，可分为干葡萄酒、半干葡萄酒、半甜葡萄酒和甜葡萄酒等四种。干葡萄酒，每升葡萄酒中含糖量低于 4 克，品饮时无甜味，酸味明显，又分为干白葡萄酒、干红葡萄酒、干桃红葡萄酒。半干葡萄酒，每升葡萄酒中含糖量在 4~12 克，口感微甜，又分为半干白葡萄酒、半干红葡萄酒、半干桃红葡萄酒。半甜葡萄酒，每升葡萄酒中含糖量在 12~50 克，口感甘甜。甜葡萄酒，每升葡萄酒中含糖量在 50 克以上，口感甘醇浓郁。

第三，根据是否含有二氧化碳分类，可分为静态葡萄酒和起泡葡萄酒两种。其中，静态葡萄酒，是指不含二氧化碳的葡萄酒。起泡葡萄酒，是含有二氧化碳的葡萄酒，产于法国香槟地区的起泡葡萄酒特称为香槟酒，而其他地区所产的起泡葡萄酒则称为葡萄汽酒。

（3）葡萄酒的著名产地

气候、地形及土壤皆适合种植葡萄且葡萄酒产量达到一定水平的地方，就是葡萄酒产地。决定葡萄酒质量好坏有六大因素，即葡萄品种、气候、土壤、湿度、葡萄园管理和酿酒技术。为了栽种好的葡萄，必须具备良好的气候、地形及土壤条件。葡萄是温带植物，热带及寒冷地方无法种植，而排水及日照不佳的地区也无法收获含有适当酸甜度的葡萄。从地图来看，北纬 30°~50°、南纬 20°~40°的范围内适合生产葡萄酒，但并非这个范围内所有国家或地方都生产葡萄酒。由于葡萄酒的发展时间和历史，其产地有所谓"旧世界"与"新世界"之分，前者指欧洲产酒历史悠久的国家，如法国、意大利等，目前全世界的葡萄酒大约有 80% 是欧洲生产的；后者则指美洲和澳洲等新兴产酒国。这里仅介绍法国生产葡萄酒的区域及著名产地。

法国葡萄酒历史悠久，拥有两 2 000 年历史的酿酒工艺，无论从文化、历史，还是从品质和产量上都是首屈一指的产酒国家，其产地命名、监督法规等都为全世界接受和仿效，是最具权威的葡萄酒生产国。许多售价不菲、被投资家追捧的世界名酒大部分是法国酒。在法国，有 2/3 的国土生产葡萄酒，产量仅次于意大利，其产酒地有世界闻名的 11 大产区，包括波尔多（Bordeaux）、勃艮第（Burgundy）、博若莱（Beaujolais）、罗纳河谷（Vallee du Rhone）、普罗旺斯（Provence）、香槟（Champagne）、鲁西荣（Roussillon）、卢瓦河谷（Vallee de la Loire）、萨瓦（Savoie）、阿尔萨斯（Alsace）、西南地区（Sud-ouest），所产葡萄酒各有特色。如波尔多产区的柔顺，勃艮第产区的浑厚，香槟产区的芬芳，等等。

波尔多：位于法国西南部，西临大西洋，海洋性温带气候使这里的天气温和。葡萄在这样的环境中慢慢成熟，全年变化不大的气候有利于酿造复杂而陈年的葡萄酒。该地区主要生产在法定产区管制下的葡萄酒，有 57 种 AOC（Controlled Appellation of Origin）称号的葡萄酒，是法国最大的 AOC 酒产区。在波尔多，有各种不同风味的上乘葡萄酒，如红葡萄酒、干白葡萄酒、甜白葡萄酒、玫瑰红葡萄酒、淡红葡萄酒、起泡葡萄酒等，能满足不同的需求。波尔多最出名的是红葡萄酒，占葡萄酒总产量的 80%，酒色泽亮丽、口感柔顺细雅，极具女性的柔媚气质，因而有"法国葡萄酒王后"的称谓。波尔多的葡萄酒一般要在成熟后饮用效果才好，酒质的特色是品味浓郁、风味沉着。波尔多产区的酿酒师更注重葡萄酒的勾兑，能掌握各种葡萄榨汁发酵后的个性以及未来演变，并加以创造性地勾兑。在考虑到不同类型的葡萄混合后的相互影响之后，酿酒师甚至能预计一瓶酒在今后 10 年、20 年乃至更长时间以后的口味，从而酿造出品质绝佳的葡萄酒。在波尔多地区，有五大葡萄酒产区，最著名的是梅多克（Medoc），是波尔多红酒的代表产地，有拉菲特罗斯德酒庄（Ch.Lafite-Rothschild）、拉图酒庄（Ch.Latour）、摩登罗斯德酒庄（Ch.Mouton-Rothschild）、玛歌酒庄（Ch.Margaux）等四个著名的酒庄，所生产的葡萄酒是全世界最优秀、最昂贵葡萄酒的代表，在酒的标签上都有各酒庄的名字，成为鉴别葡萄酒品质差异的标志。

勃艮第：位于法国东北部，是法国古老的葡萄酒产区，得名来自勃艮第公爵，这里原属于勃艮第大公国。勃艮第产区属大陆性气候，但仍不失为好葡萄产区。勃艮第产区的葡萄酒是法国传统葡萄酒的典范，力道浑厚坚韧，恰与波尔多葡萄酒的丝滑、柔顺相对立，被称为"法国葡萄酒之王"。这里的红葡萄酒源头是教会。早期的西都教会修士沉迷于对葡萄品种的研究与改良，培育了欧洲最好的葡萄品种，也是欧洲传统酿酒灵性的源泉。大约在13世纪，随着西都教会的兴旺，遍及欧洲各地的西都教会修道院的葡萄酒赢得了越来越高的声誉。到15~16世纪，欧洲最好的葡萄酒被认为出产于这些修道院中，而勃艮第地区出产的红酒则被认为是最上等的佳酿。勃艮第的葡萄酒主产区有三个，其中，科多尔（Cote d'Or）省的夜山坡（Cote de Nuits）和波纳山坡（Cote de Beaune）是勃艮第最重要的葡萄酒产地，以红葡萄酒为主，也生产部分白葡萄酒。

香槟产区：香槟，来自法文"Champagne"的音译。香槟省位于巴黎东北部约200千米，是法国最北部的葡萄酒产地。寒冷的气候以及较短的生长季节使得葡萄的成熟略显缓慢，但葡萄的香味因而更为精致，酿出的酒的丹宁含量也较低。特殊的气候环境造就了整体风格优雅细致的香槟酒，这是其他国家或产区难以比拟的。香槟酒，是将勾兑好的葡萄酒加入发酵糖浆在瓶内进行第二次发酵产生气泡的结果。由于原产地命名的原因，只有香槟产区生产的起泡葡萄酒才能称为"香槟酒"，其他地区产的此类葡萄酒只能叫"起泡葡萄酒"，而香槟就是"起泡酒之王"。在欢庆的时刻，总少不了香槟激射的泡沫、金色的液体和袭人的芳香中挥散出的祥和气氛。香槟的主产区也有三个：最有名的香槟酒玛姆（Mumm）就产于其中的兰斯山区（La Montagne de Reims）。

（4）葡萄酒的著名品种

葡萄酒名品繁多，产于许多国家，但是，最著名的是法国、意大利等，而且大多产于各大产区的著名酒庄。仅以法国波尔多为例，其生产红葡萄酒名品的有拉菲特罗斯德酒庄（Ch.Lafite-Rothschild）、拉图酒庄（Ch.Latour）、玛歌酒庄（Ch.Margaux）、布里翁高地酒庄（Ch.Haut-Brion）等所产的波尔多四大名酒等；其生产红葡萄酒名品的有迪金酒庄（Ch.d'Youem）、卡尔邦女酒庄（Ch.Carbonnieux）等所产。

拉菲·罗斯柴尔德酒庄，是位于法国波尔多地区的世界顶级酒庄，简称拉菲。该酒庄酿制的拉菲葡萄酒则是享誉世界的法国波尔多葡萄酒之一，特别受到中国消费者厚爱。拉菲庄园建于 17 世纪，是极其静谧而有序的一等酒庄。它的葡萄园面积有 235 英亩（1 英亩 =4 048.7 平方米），栽培的葡萄品种为 70% 的赤霞珠、20% 的梅洛、10% 的卡本尼弗兰克。由于 20 世纪 60~70 年代之交的年景连续平凡，其名声曾经一落千丈。1974 年，罗斯德（Baron Eric de Rothschild）接管酒庄后，咨询酿酒专家，重组酿酒队伍，进一步改进酿制工艺，增加新设备等，使拉菲酒又恢复了昔日的典雅和神韵，色泽更深、香味更丰富浓郁。1982 年、1983 年、1988 年、1990 年、1995 年、1996 年都是近期的最佳年份，都有各具特色的优质酒。

拉图酒庄，名字源于其原有的方形石塔，那是中世纪防御盗贼抢掠的堡垒。葡萄园的面积为 107.5 英亩，始建于 16 世纪，位于地势较高的碎石岸上，能够俯瞰波尔多地区的吉伦特河口。其主要栽培的葡萄品种中，80% 是赤霞珠，年产红葡萄酒 20 000 箱，使用新木桶藏酿。博蒙（Beaumont）家族拥有拉图酒庄的历史长达 300 年之久，后几经易手，至 1993 年被工业家弗朗索瓦·品诺尔（Francois Pinault）购得。一直以来，拉图红酒被一流葡萄酒评论家评为波尔多红酒中的顶尖者，酒质浓重、酸味稳定浓郁，和黑加仑子、黑樱桃到甘草、月桂叶等一系列香味结合，相得益彰，是特别耐藏的波尔多红酒，特佳年份（1945 年和 1947 年）藏酿的酒在 50 年后仍然极具劲度和活力。1949 年、1959 年、1961 年、1962 年、1966 年、1970 年、1975 年、1978 年、1982 年、1990 年、1994 年、1996 年酿制的都是超级好酒。

迪金酒庄，位于澳大利亚米杜拉地区，它在英国波尔多统治时期的 1153 年开始由英国国王管辖，1453 年回到法国人手里。1847 年，由于用偶然出现的珍珠葡萄酿制出让世人惊叹的甜白葡萄酒，使得该酒庄顿时成为明星酒庄。1855 年，在波尔多干甜白葡萄分类体系中，迪金跃然成为一等高级甜白葡萄酒的唯一皇冠所有者，并且把这一殊荣保持至今。它现有葡萄园面积 250 英亩，栽培的葡萄品种中 80% 是森美戎。在生产葡萄和酿造葡萄酒的过程中，大部分仍用传统方法，在细节上下功夫，对葡萄的产量和品质管理很严，在收成不好的年份所酿的酒都不以酒庄的标签出售，所以，酒的年产量差异较大。迪金的甜白葡萄酒色泽金黄，清澈透明，香气十分复合，细腻甘稠，风格优雅无比，实是甜白葡萄酒的完美经典。近期的最佳年份为 1989 年、1993 年、1997 年。

（5）葡萄酒的鉴赏

鉴赏优质葡萄酒是一件令人身心愉悦的事，手握着无色透明的高脚郁金香酒杯，斟上 1/3 杯葡萄酒，对着光亮观察葡萄酒的色泽，再从聚拢香味的郁金香杯口闻一闻醇醇的酒香，最后慢慢品酌，只有将所有的嗅觉器官和味觉器官都调动起来，才能真正鉴赏和品味出这有生命的艺术品。

①观色

葡萄酒的鉴赏，必须从眼睛开始，因为葡萄酒的外观是其健康程度、品质特性及酿造程度的一个重要指标。在一个无色透明的高脚郁金香杯中，倒入约 1/3 杯葡萄酒，手握住酒杯的杯底或杯脚，倾斜 45°，迎着光亮，对着白色的背景，就可以很好地观察葡萄酒的外观和颜色。好酒应清澈明亮，如色泽晦暗甚至有些浑浊则不是优质的酒。白葡萄酒的颜色从近乎无色到深金黄色都有，其深浅常常与气候、藏酿时间、葡萄品种和酿酒方法有关，如寒凉地区的白葡萄酒颜色通常比暖和气候的要浅一些，藏酿时间长的则颜色越深。红葡萄酒则几乎包含了所有红色，其色度随红酒藏酿而变化，新酒通常为深红色。另外，将酒杯倾斜或摇动后，还要观察红葡萄酒的挂杯现象，如果挂在酒杯内壁的酒流越多，下降速度越慢，说明酒精、甘油、还原糖的含量越高。对于起泡葡萄酒则必须观察其起泡状况，包括起泡的大小、数量和更新速度等。

②闻香

闻香全靠鼻子的嗅觉。紧握杯脚，摇动酒杯，让葡萄酒在杯中转动，释放出它具有的各种香气，接着将鼻子探入杯中轻闻几下，就可嗅出葡萄酒中的果香、花香，尤其是要嗅出特别的芳香味和诱人的美酒香气。通常而言，新酒会释放出酿制葡萄的特有异香，而经过藏酿的葡萄酒则会散发出其浓浓的醇香。

③品味

品味是由口腔进行的，主要是体验葡萄酒对口腔的刺激及入口的质感。深啜一口酒，同时吸入空气，让酒液在口中转动、到达口腔的各个部位，让舌头上的味蕾能充分分辨甜、酸、苦、咸四种主要味道。酒在口中也能感知一些触觉特质。根据葡萄酒种类、质地的不同，可带给人柔顺、圆润、丰厚、架构十足、粗糙、芳醇、活泼、苦涩、辛烈、未成熟等口感。通过味觉鉴别，能够进一步证实葡萄酒醇不醇、陈不陈、爽不爽，了解酒的酸甜度、浓度和酒的构成等。

2. 啤酒

（1）啤酒的酿制

①原料

酿造啤酒所用的原料较多，除了水之外，最主要的是麦芽、啤酒花、酵母。

麦芽，是将大麦浸水后发芽而成，也是啤酒酿造最早使用的粮食原料，用量仅少于水。可全用麦芽酿造啤酒，也可加大米、玉米酿造出风味各异的啤酒。

啤酒花，英文"Hop"，拉丁学名叫蛇麻，是一种多年生缠绕草本植物，属桑科葎草属，叶子呈心状卵形、叶面粗糙，常有3~5个裂片，主枝按顺时针方向右旋攀缘而上，只有雌株才能结出花体。啤酒花的果实是一种圆锥形球果，其芳香味和苦涩味主要来自植物中的香精油和其中蛇麻腺松脂所含的阿尔法酸，可调节麦芽甜度，起到防腐剂和自然清净剂的作用。由于不同的酿造目的，啤酒花又可分为"滋苦型酒花"和"滋香型酒花"两种。大多数啤酒花只要量和组合适度就能达到上述的双重效果。

酵母，自然界存在很多种，但不是所有的酵母都可以用来酿造啤酒。科学家们把对啤酒发酵有利的酵母称为啤酒酵母，在啤酒生产中酵母需要经过纯粹的培养才能获得。啤酒酵母能把麦芽糖转化成酒精、二氧化碳和其他副产品，赋予啤酒一种独特风味。啤酒酵母主要有两类：一是上发酵酵母，比较适应温暖环境，在发酵过程的后期浓集于啤酒液上部。另一种是下发酵酵母，较适应低温环境，在发酵阶段沉入发酵罐底部。它们各自都有许多品种，每一品种都使其发酵的啤酒在风味、酒体和香味等方面显示出独特性。

②工艺

啤酒的酿造工艺在环节上相对较多，首先是制作麦芽，其次是制取麦芽汁，然后经过加热糖化、发酵、过滤、包装而成。

制作麦芽：原料大麦经初选、精选、分级及除去杂物和干瘪麦粒后，放入浸麦槽内浸泡两天，然后将体积已膨胀了1.5倍的大麦送到低温及湿度适宜的发芽箱内通风发芽。5~7天后，麦芽进入干燥炉烘干，待水分降至3.5%、除去麦根后即成成品麦芽。成品麦芽经一段时间的存储，便进入酿酒车间。

制取麦芽汁：先将麦芽碾碎，注入65℃以上的热水混合成糊状物，装入麦芽汁桶中。此时的麦芽汁呈金黄色，有点甜。

加热糖化与发酵：先将麦芽汁过滤、流入酿造罐中煮沸，同时添加啤酒花，通常煮 1.5~3 小时。然后，将麦芽汁中的啤酒花、蛋白质过滤掉，冷却至发酵温度后输送至初级发酵罐中，加入一定量的新鲜酵母，发酵 5~10 天即成啤酒。但是，这种啤酒被称为"清"啤酒，还需要注入后熟罐，进一步净化和老化 1 ~ 2 周或更长时间成为熟啤酒。

过滤、包装：熟啤酒还要经过过滤和包装，包括瓶装、罐装和桶装等。在包装过程中，还需要给啤酒注入二氧化碳，或加入一定量的活性酶、酵母和糖水。

（2）啤酒的分类

啤酒是当今世界各国销量最大的低酒精度饮料，品种繁多，分类方法多样。

第一，按颜色分类，可分为淡色啤酒、浓色啤酒和黑色啤酒。其中，淡色啤酒，俗称黄啤酒，根据深浅不同，又分为三类：一是淡黄色啤酒。酒液呈淡黄色，香气突出，口味优雅，清亮透明。二是金黄色啤酒。呈金黄色，口味清爽，香气突出。三是棕黄色啤酒。酒液大多是褐黄色、草黄色，口味稍苦，略带焦香。浓色啤酒，其颜色呈棕红色或红褐色，原料为特殊麦芽，口味醇厚，苦味较小。黑色啤酒，其酒液颜色呈深红色，因大多数红里透黑，故称黑色啤酒。

第二，按麦汁浓度分类，可以分为低浓度啤酒、中浓度啤酒和高浓度啤酒。其中，低浓度啤酒的原麦汁浓度为 7~8，酒精含量在 2% 左右。中浓度啤酒的原麦汁浓度在 11~12，酒精含量 3.1%~3.8%。高浓度啤酒的原麦汁浓度在 14~20，酒精含量在 4.9%~5.6%，属于高级啤酒。

第三，按是否经过杀菌处理分类，可分为鲜啤酒、熟啤酒。鲜啤酒，又称生啤，是指在生产中未经杀菌的啤酒、但在可以饮用的卫生标准之内，口味鲜美，营养价值较高，但酒龄短，不宜长期存放，适于当地销售。熟啤酒是经过杀菌的啤酒，酒龄长，稳定性强，适于远销，但口味稍差，酒液颜色变深。

第四，按风味分类，可分为爱尔啤酒（Ale）、黑啤酒（Stout）、淡啤酒（Lager）、荞麦啤酒（Bock Beer）和扎啤等。爱尔啤酒，是用焙烤过的麦芽和其他麦芽类的原料制成，比普通啤酒质浓，酒体丰满，味道较苦，有强烈的啤酒花味，颜色较黑，酒精含量为 4.5%，大多产于英国。黑啤酒，比爱尔啤酒颜色更黑，麦芽味重、较甜，啤酒花较多、香味极浓。酒精含量为 3%~7.5%，具有滋补作用，主要产于爱尔兰和英国。淡啤酒，主要原料为麦芽，有时加入玉米、稻米酿制，酒质清淡，富有气泡，因其采用低温下发酵，色澄清，味不甜，有时酒精含量也较高。该酒因常贮藏于酒窖中使其老熟，又称窖藏啤酒。美国多生产此类啤酒。荞麦啤酒，也称波克啤酒，因最初在德国的 Eimbock 地区酿成而得名，是一种荞麦制的黑啤酒，质浓味甜，通常比一般的啤酒黑而甜，含酒精度高，冬天制而春天喝。扎啤，即是高级桶装的鲜啤酒。"扎"来自于英文的"JAR"，即广口杯子。这种啤酒的出现被认为是啤酒消费史上的一次革命，因其中仍有酵母菌生存，所以口味淡雅清爽，啤酒花香味浓，更有利于开胃健脾。这种啤酒在生产线上采取全封闭灌装，在售酒器售酒时即充入二氧化碳，显示了二氧化碳含量及最佳制冷效果。也就是说在任何条件下，啤酒都保持在 10℃，因此非常适口。

此外，还有许多分类方法。如按照包装容器分类，有瓶装啤酒、罐装啤酒和桶装啤酒等。根据消费对象分类，有普通型啤酒、无酒精或低酒精啤酒、无糖或低糖啤酒等。按照原料或生产工艺方面的某些改变而成的独特风味进行分类，有纯生啤酒、全麦芽啤酒、小麦啤酒等。如纯生啤酒是在生产工艺中不经热处理灭菌，就能达到一定的生物稳定性的啤酒。全麦芽啤酒，全部以麦芽为原料酿制。

（3）啤酒的著名品种

西方许多国家都有著名啤酒品种，这里仅简要列出部分啤酒生产国的名品。

德国啤酒随着流行时尚的变化，开始从浓烈厚重型向清淡苦味型转变，著名品种有多特蒙德（Dortmund）、卢云堡（Lowenbrau）、慕尼黑（Munchen）、贝克（Berker's）等。其中，贝克啤酒起源于 16 世纪的布来梅古城，其酿酒技术优良，1874 年，德皇费列德历克三世曾给贝克啤酒颁发了金奖。1876 年，在美国费城举行的国庆 100 周年世界博览会上，贝克啤酒获"欧洲最佳啤酒一等奖"。今天，德国贝克啤酒风行全球 140 多个国家，高居德国啤酒出口量的第一位。

美国是世界啤酒第一生产大国，出产的啤酒口感清淡，苦味较少，富含碳酸。近年来，更是朝着开胃型清凉饮料方面发展。著名品种有百威（Budweiser）、蓝带（Pobst Blue Ribbon）、美乐（Miller）等。百威啤酒的生产商现已是一家多元化跨国公司、世界最大的酿酒商。百威啤酒引以为自豪的是只采用质量最佳的纯天然材料，以严谨的工艺通过自然发酵、低温储藏而酿成，选料严、要求高，位于同行业之首。

丹麦是啤酒著名生产国之一，著名品种有嘉士伯（Carlsberg）、特伯

（Tuborg）等。其中，嘉士伯啤酒厂是 1847 年在丹麦首都哥本哈根创立的，迄今已有 150 多年的历史，是世界上规模最大的啤酒酿造厂之一。嘉士伯啤酒早在 1868 年就传入英国，后来成为最早行销国际市场的啤酒品牌。

（4）啤酒的鉴赏和饮用

①啤酒的鉴赏

对于啤酒的鉴赏，主要包括色、香、味的鉴赏，有以下三个方面：

第一，外观。对啤酒外观的评估应在开瓶前，包括颜色与泡沫。可把一瓶未开启的啤酒对着光线来观察其顶端大气泡的模样，由此也可鉴别该啤酒是否振荡过，否则开启时会喷涌。同样，还要检查瓶中后熟啤酒的瓶底沉淀物，是否是薄薄而密集的一层，如果是呈朦胧和模糊状，则表明该啤酒近来曾遭到激烈震动，需要 1～2 天的竖立放置。倒出啤酒后，不同的品种会产生特定的泡沫层，应让其静置片刻，一杯好的全麦芽啤酒一般在 1 分钟内至少还应保持一半泡沫层。而啤酒的颜色则是随着啤酒形式的微妙变化而变化的。

第二，香味。它包括啤酒中麦芽和其他谷物的芳香和啤酒花带来的香味，常可描述成坚果味道、甜味、谷物味和麦芽味等。来自谷物发酵的芳香味叫做酯味，有一种成熟水果发出的香味，如香蕉、梨、苹果、葡萄干和红醋栗的香味。而啤酒花带给啤酒的香味称为酒花香味或酒花味道，只是在啤酒刚倒出来的时候能辨别出，很快就会消失。酒花的香味并非在每一种风格的啤酒中都能体现出来，而且不同的酒花带给啤酒的香味也是不同的。

第三，口感与风味、回味等。啤酒的口感是指对酒体的感觉。受啤酒中蛋白质和糊精的影响，其口感会明显有浓淡之分。一杯经过完美调和的啤酒，应在麦芽甜度和酒花苦味之间达到平衡，从而产生和谐的风味。在大多数情况下，回味好的啤酒通常能够调和与消除啤酒花的苦味。

②啤酒的饮用

在西方国家，对于啤酒的饮用十分讲究，特别注重以下三个方面。

第一，啤酒的饮用温度。适宜的温度可以使啤酒的各种成分平衡协调，达到最佳口感。冰镇啤酒的最佳饮用温度在 8~10℃。啤酒的冰点为 −1.5℃，冰冻后的啤酒口味不好且营养成分丧失较多、瓶子易爆裂，所以啤酒不能冷冻保存。

第二，啤酒的盛器。啤酒杯的种类很多，而且有些著名的啤酒生产商还自行设计并提供充分展示个性的杯子。只有用适当的啤酒盛器，才能最大限度地从工艺啤酒中得到感官享受。就像啤酒的种类越来越多一样，啤酒杯也从过去最简单的大啤酒杯和中世纪的陶制啤酒壶，发展到几乎不同风味的啤酒就有不同啤酒杯的地步。其中，具有代表性的啤酒杯有笛形、高脚酒杯形、郁金香花形、张开的郁金香花形、心形、有把手的大酒杯形、无柄平底玻璃杯形、矮脚小口酒杯形、直边平底玻璃杯形、皮尔森啤酒杯形、波纹边酒吧马克杯形、酒吧调酒品脱杯形、陶制啤酒杯形和中间膨胀品脱杯形。如笛形细长酒杯，最适合盛水果风味的啤酒和有葡萄酒香味的啤酒，高高的杯形使多泡啤酒的细泡缓缓上升，并使啤酒香味集中，扑鼻而来。波纹边酒吧马克杯，比较大，易于啤酒散发出英国酒花的花草芳香和水果、麦芽香，而且杯上的波纹让人更容易握住杯子，不会滑落等。

第三，啤酒的斟酒方法。开启瓶装啤酒时不要剧烈摇，倒酒时，酒瓶与酒杯呈直角，啤酒应当顺杯壁注入，至泡沫升至杯口为止。一般而言，一杯啤酒，泡沫约占 1/4 杯，酒液约占 3/4 杯、为 120~180 毫升，如果少于此将会影响品尝啤酒的香味、滋味及味觉。

3. 鸡尾酒

（1）鸡尾酒的制作

①鸡尾酒的基本组成

鸡尾酒是由基酒配合其他酒水与辅料调制而成的混合饮品，而必不可少的材料有基酒、辅料及装饰物。其中，基酒，是指鸡尾酒中最主要的一种酒即最基本或最基础的酒，也是调制鸡尾酒最主要的材料。很多酒都可以用于鸡尾酒的调制，并无一定之规，但通常涉及较多的有六大类酒品，统称为"六大基酒"，即白兰地、威士忌、金酒、朗姆酒、伏特加、龙舌兰酒。辅料，是指调制鸡尾酒的辅助原料。可用于调制鸡尾酒的辅料很多，主要包括其他酒类、汽水、果汁、糖浆等。装饰物是鸡尾酒一个重要的角色，能够赋予鸡尾酒艳丽的色彩并提高其艺术品位。可用于鸡尾酒装饰的材料很多，常用的有蔬果、花草和调味原料，还有实用材料，如酒签、吸管、调酒棒、酒针等既实用，又能装饰。

②鸡尾酒的调制方法

调制鸡尾酒有严格的程序。先按配方备齐酒水，再准备好调酒用具，然后可以开始调酒。调酒要遵循标准动作，包括取瓶、传瓶、示瓶、开瓶、量酒、调制。调制鸡尾酒，通常有四种方法，即摇混法、搅拌法、调和法和掺对法。调制时，可以只用一种方法，也可以将各种方法组合使用。

（2）鸡尾酒的分类

如今，鸡尾酒大致有 3 000 种之多，其分类方法多种多样，但是，最常见、最主要的分类方法有以下两种。

第一，按照鸡尾酒的材料分类，可以分为两种：一是直接饮料（Straight Drinks），即使用单一材料调制的鸡尾酒，常常以原味呈现。二是混合饮料（Mix Drinks），即混合多种材料调制的鸡尾酒，口味繁多，风格千变万化。

第二，按照鸡尾酒的酒精成分、饮用时间、冷热口味分类，可分为六种：一是短饮料（Short Drinks）。酒量约 60 毫升，不加冰，10~20 分钟内不变味。其酒精浓度较高，适合餐前饮。二是长饮料（Long Drinks）。放置 30 分钟不会影响风味，加冰，用高脚杯，适合餐时或餐后饮用。三是硬性饮料（Alcohol Drinks）。含酒精成分较高的鸡尾酒。四是软性饮料（Non-Alcohol Drinks）。不含酒精或只加少许酒的柠檬汁、橙汁等调制饮品。五是冷饮料（Cold Drinks）。温度在 5~6℃的鸡尾酒。六是热饮料（Hot Drinks）。温度控制在 60~80℃之间的鸡尾酒。

（3）鸡尾酒的名品

鸡尾酒品种繁多，其中有不少著名品种。这里以"六大基酒"为序，简要介绍其中非常有代表性的鸡尾酒名品。

①以金酒为基酒的名品

红粉佳人：1911 年，伦敦上演了"红粉佳人"这出戏，在首演成功的庆祝酒会上，调酒师调制了这款酒献给女主角海则尔·多思，并将其命名为"红粉佳人"。点用此酒的人以女性居多，但其实此酒的酒精度很高。它是由以金酒为主，加入蛋清、柠檬汁及石榴糖浆调制而成，口味中甜，呈漂亮的粉红色。

金汤力：其名称来源于酒中调配的两种材料，即金酒和汤尼水。口味香辣，因加入了冰块而使其风格冰爽、刺激。此酒为开胃酒，淡淡的口味让人无法抗拒。

②以威士忌为基酒的名品

曼哈顿：据说这款酒是英国前首相丘吉尔的母亲杰妮发明的。杰妮生于美国，是纽约社交界的名人。她在曼哈顿俱乐部举行宴会，支持总统候选人，就是用这款鸡尾酒招待客人，此酒也由此而得名。它是由黑麦威士忌、甜苦艾酒、苦味液、野樱桃酒味糖水樱桃、柠檬皮调制而成，口味甜辣适中，而晶莹剔透的酒液辉映着酒吧的灯光，仿佛就是纽约夜景的写照。

爱尔兰咖啡：在寒冷的冬季，当横跨大西洋的飞机快到爱尔兰机场时，飞机上为乘客们提供了这款鸡尾酒，让乘客倍感温暖，此酒也因而得名。这款酒是由爱尔兰威士忌、砂糖、浓热咖啡、鲜奶油调配而成，口味甜辣适中。

③以白兰地为基酒的名品

亚历山大：英国国王爱德华七世做皇太子时，与丹麦国王的长女亚历山德拉结了婚，此酒是他献给亚历山德拉的结婚纪念酒，便因此得名。这款酒是由白兰地、可可酒、鲜奶油调制而成，略带甜味。它也是一款餐后酒，在酒店或饭店，若无特别叮嘱，餐后侍者一般都会上此酒。

边车：边车是挎斗三轮摩托的别称。据说，这款鸡尾酒就是在第一次世界大战中由一位巴黎的常骑挎斗摩托的法军大尉创造的，因而得名。还有一种说法，认为它是由巴黎哈丽兹·纽约酒吧的专业调酒师于 1933 年创制的。这款酒由白兰地、橘香酒、柠檬汁调制而成，口味甜辣适中。

④以伏特加为基酒的名品

血腥玛丽：16 世纪中叶，英国女王玛丽一世心狠手辣，曾杀戮了很多新教徒，得到"血腥玛丽"的绰号。这款酒颜色血红，使人联想到血和屠杀，故以"血腥玛丽"命名。它是由伏特加、番茄汁、柠檬汁、柠檬片、盐、胡椒、香芹盐、塔巴斯哥辣酱油、伍斯特辣酱油等配制而成，辣度中等。

螺丝刀：曾经在伊朗油田工作的美国人为了克服暑热，在工地上因陋就简，用工具袋中的螺丝刀为搅拌器，将以伏特加和橘子汁混合而成降温饮料，此酒便有了这个有趣的名字。它是由伏特加、橘子汁调配而成，口味甜辣适中，饮用时往往会错误地感觉只是一杯橘汁饮料，容易喝多，故又有"女性杀手"之别名。

⑤以朗姆酒为基酒的名品

自由古巴："古巴自由万岁"是古巴人民在西班牙统治下争取独立的口号。在 1898 年美国与西班牙战争中，在哈瓦那登陆的一个美军少尉在酒吧要了朗姆酒，他看到坐在对面的战友们在喝可乐，便突发奇想，把可乐加入了朗姆酒中，并举杯高呼："古巴自由万岁！"从此，便诞生了这款鸡尾酒。此酒是由淡味朗姆酒、酸橙汁、可乐配制而成，口味甜辣适中。

蓝色夏威夷：此酒使用蓝色柑香酒调和出绚丽的蓝色，让人联想到夏威夷碧蓝的海水，因而得名。它是由白色朗姆酒、蓝色柑香酒、菠萝汁、柠檬汁调配而成，略带甜味，是一款热带鸡尾酒，具有浓郁的夏威夷风情。

⑥以龙舌兰酒为基酒的名品

斗牛士：这是一款表现拉丁激情的热带鸡尾酒。因为墨西哥盛行斗牛运动，此款鸡尾酒又采用了墨西哥特产的龙舌兰酒为基酒，故得此名。此酒是由龙舌兰酒、菠萝汁、酸橙汁调配而成，为中等甜度。

玛格瑞特：此酒曾获 1949 年全美鸡尾酒大赛冠军。其创制者是洛杉矶的简·杜雷萨，玛格瑞特是他已故恋人的名字。1926 年，简·杜雷萨与恋人外出打猎，恋人不幸中流弹身亡，死在他的怀中。为了纪念玛格瑞特，他便将自己的获奖作品以她的名字命名。据说，玛格瑞特生前喜欢吃咸的食物，故在酒中加了盐。此酒是以龙舌兰酒、橘香酒、酸橙酒、盐调配而成，为中等辣度。

除"六大基酒"外，还有不少鸡尾酒名品是以其他酒为基酒的。例如，天使之吻，是由咖啡甜酒、鲜奶油配制而成；红眼，是由番茄汁和啤酒调配而成。

（4）鸡尾酒的鉴赏

鸡尾酒是一种充满了浪漫情韵的艺术酒品，不同于单饮的酒品，更带有人们主观的审美情趣和情感色彩。因此，品味鸡尾酒也是一种极富情趣的审美过程，常需要按照一定步骤和程序进行，这不仅有关社会礼仪，而且也影响到对酒品口味、气味的品尝，但通常而言，品尝鸡尾酒也有三个步骤，即观色、闻香、品味。

第一，观色。观察鸡尾酒的颜色。每一款鸡尾酒都有特定颜色，观色可判断其配方分量是否准确。如果颜色不对，表明配方或调制方法有误，需要重新调制。

第二，闻香。闻鸡尾酒的香气。每一种鸡尾酒都有其香味，首先是基酒的香味，其次是辅料的香味。闻香时，不能直接端起酒杯闻，而应使用酒吧匙。

第三，品尝。主要是对鸡尾酒味道的品尝，需要小口慢饮细品，入口后稍微含一下，让芳香在口中散开，再慢慢吞下。只有细品，才能充分领略鸡尾酒的美妙之处，也才能在品味鸡尾酒的气氛中感觉特殊的韵味。

（三）酒吧

酒吧，是西方人饮酒的主要而特定场所。这个词源于古希腊语，原意是指木栅栏。传说公元前 776 年，古希腊人在奥林匹克山区举办第一次正式的古代奥林匹克运动会时，运动员很多，但附近却没有提供酒水的固定场所，组织者就临时用木栅栏围建了一个提供酒水饮料的小场地。于是，世界上第一间酒吧由此诞生。酒吧在早期的欧洲，只是出售酒品的柜台，后来，随着酿酒业的发展则从饭店和餐馆中分离出来，成为专门出售酒水和供客人饮酒的地方。在酒吧，人们会发现，自己执着的、自以为是的经验和无谓的桎梏都被彻底地、温柔地、疯狂地颠覆了，取而代之的是一种幸福和愉悦的回归，灵魂幽幽然回到启程的地方、回到梦想的天堂。这便是现代意义上的酒吧功能和作用的解读。

1. 酒吧的分类

在西方国家，酒吧的数量和种类都非常多，其分类方法也较多，但是，比较常见和主要的分类方法有以下三种。

（1）根据酒吧形式进行分类

根据酒吧形式进行分类，可以分为主酒吧、酒廊、服务酒吧、多功能酒吧等。其中，主酒吧，大多数装饰美观、典雅、别致，设备完善，并备有足够可靠的柜吧凳、酒水、载杯以及调酒器具等，种类齐全，摆设得体，特点突出。许多主酒吧都具有各自风格的表演乐队，或向客人提供飞镖游戏。来这里消费的客人大多是享受音乐、美酒以及无拘无束的人际交流所带来的乐趣，因此，这种酒吧对调酒师的业务技术和文化素质要求较高，对装修的档次和风格也有较高要求。酒廊，在饭店大堂和歌舞厅最为多见，装饰风格朴素大方，以经营饮料为主，另外还提供一些美点小吃。服务酒吧，是一种设置在餐厅里的酒吧，服务对象以用餐客人为主。其装修别致，具有情调，调酒师不仅要有较高的调酒技术，还必须具有餐酒保管和服务知识。多功能酒吧，大多设置在综合娱乐场所，不仅能为在午餐、晚餐时用餐的客人提供酒水服务，还能为赏乐、蹦迪、唱歌、健身等不同需求的客人提供种类齐全、风格迥异的酒水及服务。这一类酒吧综合了主酒吧、酒廊、服务酒吧的特点和服务职能。

（2）根据酒吧性质进行分类

根据酒吧性质进行分类，可以分为文化酒吧、商业酒吧、主题酒吧等。文化酒吧的特点是清净、富有个性。它面积小，分布在相对有文化背景的街区，客人相对单一，具有很强的针对性和生命力，往往会成为该地区的一个亮点。商业酒吧的特点是热烈和大众化。它大多集中在闹市区，面积大，有很好的商业管理和商业操作模式，会更流行、更占据主流地位，多元化吸引客人。现在比较流行的书吧、网吧、休闲吧等均可以称为主题酒吧。其特点是主题突出，提供特色服务，客人主要是来享受主题和服务，而酒水消费则其次。

（3）按照酒吧历史与风格进行分类

按照酒吧发展历史及装饰风格进行分类，可以分为古典酒吧与现代酒吧。古典酒吧，以英国为首的欧洲小酒馆为代表，其特点是小型、古老、质朴，往往具有家庭经营的风格。在古典酒吧里，装饰十分质朴，甚至没有刻意装饰，当时只是供人们劳累之余来此喝上一杯，并相互交流信息。由于历史的沉淀，这种古老的小酒馆闪烁出特有的文化气息，而更让现代都市的人们流连忘返。现代酒吧以美国的装修风格、现代的休闲酒吧为代表。它与古典酒吧形成对照，大型、新颖，其装饰、装修不惜采用一切现代元素，充分运用光、色、声的效果，为人们创造一个如梦如幻的休闲场所。于是，人们来这里更多的不再是喝一杯，而是寻求一种全新的生活方式。现代酒吧让人放松、让人忘却，也许正是如此，才让人着迷。而现代酒吧中的各种主题酒吧，更以其鲜明的主题和服务对象而备受人们喜爱。

2. 酒吧的设计原则

不同的酒吧具有不同的风格、情调，其装饰的手法也各有不同，但装饰的内容都包括内部空间设计、门厅设计、吧台设计以及氛围营造等方面。

（1）酒吧的内部空间设计

空间设计是酒吧设计的基本内容，通常由结构和材料构成空间，采光和照明展示空间，装饰和装修美化空间。酒吧应以其空间的开阔容纳人，以其空间的布置感染人，从而满足顾客的精神需求。在酒吧的空间设计中，最核心的问题是必须针对酒吧经营的特点、中心意图以及目标客人的需求来进行空间布局。

第一，在选择空间形式时，必须考虑空间的功能、使用要求、希望带来的精神享受和氛围，使三者协调一致。不同的空间形式具有不同风格和特点，带给人不同的空间感受。严谨规整的几何型空间如方形、圆形、八角形等，给人端庄、平稳、肃静的感觉，不规则的空间形式给人以随意、自然、流畅、无拘无束的感觉；封闭式空间以内向、安定、隔世、宁静的气氛吸引客人，开放式空间则给人以自由、流畅、爽朗的气氛；高耸的空间使人感到崇高、肃穆、神秘，低矮的空间使人感到温暖、亲切、富于人情味。如果是为高层次、高消费的客人设计高雅型酒吧，其空间结构应以方形为主，采用宽敞及高耸的空间布局；如以寻求刺激、放松和娱乐为特色的酒吧，应特别注重舞池位置及其大小，并将其列为空间布局的重点；以会谈、聚会、约会为目的的温馨型酒吧，其空间设计应以圆形或弧形为主，天棚低矮一些，人均占有空间可以略小，尽量体现出空间的随意性。

第二，在对空间形式进行处理时，也需要根据不同空间的功能、使用要求，尤其是希望带来的精神享受和氛围等因素，采用不同的处理方法。比如，对于一个较高的空间，可以通过安装镜子、使用吊灯等手段使空间在感觉上变得低矮而亲切；而对于一个低矮的空间，则可以通过使用垂直线条，使人在视觉上感觉舒展、开阔。在设计酒吧的空间时，比例和尺度尤为重要。客人不多而显得空荡的大门厅会使客人无所适从；而人多拥挤的空间，则会使客人感到烦躁。如果将门厅空间分割成适度的小空间，形成相对稳定的区域，不仅可提高空间的实际利用效果，而且会使客人感到舒适、亲切。

良好的空间结构和布局，是表现空间艺术的关键。当空间结构和布局的设计完成以后，便可以通过装修和装饰来美化空间。而酒吧的装修、装饰，都应以空间结构为主，从空间布局出发，使墙面的位置和虚实、隔断的高低、天棚的升降、地面的起伏、色彩的运用和材料质感等的设计，都以空间结构和布局作为依据，创造出富有特色的空间形象。

（2）酒吧的门厅设计

最规范的门厅，应当从主入口起就直接延伸到酒吧内部，让客人一进门就可以马上看到吧台、操作台，通常具有交通、服务和休息三种功能，是多功能的共享空间，也是客人对酒吧产生第一印象的重要空间和形成酒吧格调的关键点。门厅是酒吧的脸面，首先映入客人眼帘，客人对酒吧气氛的感受及定位往往是在门厅得到的，因此，门厅是酒吧必须进行重点装饰和陈设的地方，必须具有一种先声夺人的宣传效果和强烈的吸引力。

门厅的装修、装饰设计应当美观、高雅，需要注意三个方面：一是在线条和色彩的使用上应当大方、简洁，不宜太复杂，要有一种温馨、热情的氛围。二是在灯光的使用上，无论是何种格调的门厅，宜采用明亮、舒适的灯光，形成明亮的空间感，产生一种凝聚的心理效果。三是在各种物品的陈设上应以方便交通为依据。门厅是重要的"交通枢纽"，人流频繁，不宜让客人过多地在此停留，所以一些技艺精湛、精雕细刻、需要细加欣赏的艺术品不宜在此处陈设，而应当采用大效果、观赏性的艺术品；绿色植物宜选用与酒吧格调、门厅大小、装饰色彩相适应者，且不宜过大，以免妨碍人行走；沙发作为门厅中的主要家具，可以放置于门厅的中心或一侧，也可以根据柱子的位置自由设置，但其形状和大小要以不妨碍交通为前提。此外，与门厅相协调并同样重要的是外部招牌及标志的设置，它是吸引目标客人的一个重要方面，应根据目标客人的特殊心理进行精心设计。

（3）酒吧的吧台设计

①吧台的形式

吧台是一个酒吧的核心，酒吧中的所有设施和服务大都围绕吧台来展开。因酒吧空间形式、结构特点各异，吧台的样式也各不相同，但主要有三种基本形式：

第一，两端封闭的直线型吧台。这是最为常见的吧台，可突入室内，也可以凹入房间的一端。直线型吧台的长度没有固定的尺寸，一般认为一个服务人员有效控制的最长吧台长度是 3 米。如果吧台太长，就要增加服务人员。

第二，马蹄形吧台。又称为"U"形吧台。吧台伸入室内，两端抵住墙壁，在"U"形吧台的中间可以设置一个岛形储藏室用来存入用品和冰箱。"U"形吧台由于具有更长的台面，所以一般应安排 3 个或更多的操作点。

第三，环形吧台或中空的方形吧台。这种吧台的中部有一个"岛"，供陈列酒类和储存物品用，其好处是不仅能够充分展示酒类，也能为服务人员提供较大的空间。但这种吧台在提供服务时难度增大，若只安排一个服务人员，则必须照看 4 个或多个区域，常常会导致服务区域不能在有效的控制范围之中。此外，吧台还有半圆、椭圆、波浪形等多种形式。

②吧台的设计原则及细节

吧台的设计要因地制宜，至少应当遵循三个原则：

第一，视觉显著。客人进入酒吧时，首先要能看到吧台的位置，感觉到吧台的存在。因为吧台是酒吧的中心和标志，客人需要尽快知道他们所享受的饮品及服务是从哪儿发出的。所以，一般来说，吧台应在显著位置，如正对入口处等。

第二，方便服务。吧台的设置，必须保证对酒吧中坐在任何一个角度的客人都能提供快捷的服务，同时也应当便于服务人员服务走动。

第三，空间布局合理。要尽量使有限的空间多容纳客人，又不至于使客人感到拥挤和杂乱，同时还要满足目标客人对环境的特殊要求。酒吧入口的右侧比较容易吸引客人的目光，理想的设置是将吧台放在这一位置，当然必须与门口有一定距离，以免酒吧空间显得拥挤。酒吧入口的左侧，要留有一定的自由空间，以利于服务人员为客人提供服务。这一点往往被一些忽视，以至于经常出现服务人员与客人争抢空间的现象，导致服务人员由于拥挤而将酒水洒落。

除了遵循原则外，吧台设计时还必须注意 4 个细节：

第一，酒吧是由前吧、中心吧即操作台及后吧 3 部分组成的。前吧的高度为1~1.2 米，但这并非是标准高度，应当随调酒师的平均身高而调整。

第二，前吧下方的中心吧即是操作台，一般高度为 76 厘米，但应据调酒师的身高而定，通常应当在调酒师手腕处，这样调酒师操作起来才比较省力。

第三，后吧起着贮藏、陈列的作用，通常高度为 1.75 米以上，但顶部不可高于调酒师伸手可及处，下层一般为 1.10 米左右，或与前吧吧台等高。后吧上层的橱柜通常陈列酒具、酒杯及酒瓶，一般多为各种烈酒；下层橱柜存放红葡萄酒及其他酒吧用品，安装在下层的冷藏柜则用作冷藏白葡萄酒、啤酒以及水果等。

第四，前吧至后吧的距离，即服务人员的工作通道一般为 1 米左右，且吧台不可有其他设备向通道突出，以免影响服务人员的走动。通道顶部应装有吸塑板或橡皮板，以保证酒吧服务人员的安全；通道的地面铺设塑料、橡胶垫板等，以减少服务人员因长时间站立而产生的疲劳。

（4）酒吧的氛围营造

第一，在陈设上。酒吧的陈设分为两种类型，一种是满足实用功能所必需的，如家具、窗帘、灯具等；另一种是不具备实用功能而只是满足审美需要即精神需要、只起装饰作用的艺术品，如壁画、盆景、工艺美术品等。用具备实用功能的物体以及仅有审美功能的艺术品装饰酒吧，是营造酒吧气氛最直接、最有效的手段，也最能体现酒吧的定位及性质。如果是文化色彩比较浓厚的个性酒吧，在陈设上大多使用民俗用品、器具，如古旧家具、陶瓷器皿等来体现风格，营造气氛。

第二，在色彩上。高雅、恰当的配色可以创造出美丽的色彩环境和富有诗意的气氛。在酒吧环境的色彩设计中，应该有鲜明、丰富、和谐、统一的特点。鲜明的色彩可以给人强烈的刺激，引人注目；丰富的色彩可以带给人充实、持久的感觉，而单调的色彩则容易使人厌倦。在设计时，应处理好相似色和互补色的搭配问题，相似色如紫与红、紫与蓝、绿与黄，互补色如红与绿、蓝与橙，将这些色彩有秩序地排列，可以得到十分和谐的效果。此外，还应注意所经营的产品、装饰品和容器色彩的相互作用，因为色彩也能对味觉产生影响，如柠檬色会使人产生酸酸的感觉，粉红色使人产生甜甜的感觉，深绿色或蓝色使人产生清凉感。

第三，在光线上。光线也是营造酒吧氛围应当考虑的重要因素之一，同样能够决定酒吧的氛围与情调。酒吧使用的光线种类很多，常见的有白炽光、烛光以及彩光等，不同的光源可以为酒吧制造出不同的情调效果。就光源而言，白炽光的颜色较好、光线柔和，它的光色与人类祖先夜晚长期使用的篝火火焰十分接近，使用光线明亮的白炽光，不仅可以让食品饮料看起来最自然，而且可以营造热烈亲切的气氛，使客人容易表达朋友间的良好意愿。烛光也是酒吧使用较多的光线。这种光线对外具有疏离感，对内则具有凝聚感，宜于营造亲切的、其乐融融的气氛。同时，食品、饮品及顾客在这种光线下看起来也格外漂亮。烛光适用于朋友聚会、恋人约会、节日盛会等。彩色光线会影响人的面部、衣着、室内布置和商品的表现效果。如偏红色的光线对家具、设施和绝大多数饮料和食品是有利的，桃红色、乳白色和琥珀色光线可用来增加热烈亲切的气氛。恰当利用彩光，可以为酒吧创造出特殊的气氛和效果。需要强调的是，在不同性质的场合与环境，人们的行为特点和心理需求不同，对光线和亮度的要求也不同，应使用亮度可以调节的各种灯具。如在酒吧的门厅，可用霓虹灯，以吸引过往行人注意；在吧台内操作区，其灯光应比其他区明亮，以便于调酒师工作并吸引客人；在鸡尾酒大厅，要求光线充足，伴随着欢愉、轻松的背景音乐，洋溢着生动活泼、轻松异常的气氛，以满足在此种环境中人们的交往。

第二节 中国茶与西方咖啡文化

酒、咖啡与茶，同属于世界三大饮品。中国是茶的发祥地，是世界上最早发现茶树和利用茶树的国家，形成了独特而丰富多彩的茶文化，并将茶文化传播到世界各地。咖啡原产于非洲，到如今，欧洲也几乎不产咖啡，但是，西方人却把这个外来饮品用得出神入化，形成了十分独特的咖啡文化，堪与中国茶文化并驾齐驱。

一、中国茶与西方咖啡文化的特点

一位西方哲人说过："告诉我，你吃什么；我会告诉你，你是什么！"在中国和西方，茶或咖啡已不只是普通饮料，更像一个载体，承载了各自国家、地区、民族的性格、风貌与情感，承载了其文化思想、人生志趣，拥有了独特文化内涵。

（一）中国茶文化的特点

中国的茶文化内容丰富、特点突出，除原料、制作工艺和饮用方法等有自己的特点外，最值得关注和称道的是中国人对茶的功用的认识以及茶道。

1.茶的功用

中国人认为，茶不仅能够提神醒脑，而且是修身养性的佳品。

茶起源于中国，是中国人最爱的饮品。最初的茶是大众化的，属于普通百姓，重在喝、重在实用，主要采用提神、解渴式的粗犷饮法。唐代封演的《封氏闻见录》说，开元中，泰山灵岩寺的和尚学习禅宗，"务于不床，又不夕食，皆许其饮茶，人自怀夹，到处煮饮，从此转相仿效，遂成风俗"，许多城市都开店卖茶，过往行人投钱取饮。但是，当众多文人学士参与后，茶就因其清新淡雅受到极大青睐。他们把悠然洒脱的生活情趣和清静无为等思想融入茶中，形成了浅酌、细品式的精巧饮茶法，重在品味、重在审美。他们认为，茶是修身养性的佳品，可以寄托情感、志趣等。宋代苏轼在《叶嘉传》中，以茶的苦味比喻贤士劝谏皇帝而不被采纳的苦闷，写茶"不喜城邑，惟乐山居"，纯洁无瑕，是"清白之士"，为世人所尊崇。明代屠隆《考槃茶事》批评了两种饮茶情形：一是"使佳茗而饮非其人，犹汲泉以灌蒿莱，罪莫大焉"；二是"有其人而未识其趣，一吸而尽，不暇辨味，俗莫甚焉"。可以说，中国人尤其是古代文人学士是在品茶的清淡甘苦中融入了个人的人生际遇、情感与志趣。因此，他们把品茶乃至烹茶当作了显示高雅素养、表现自我的艺术审美活动，不仅严格要求茶叶的色、香、味、形，要求茶具的色彩、式样、质地，更讲究茶室、茶寮的清幽、雅致、古朴，看重烹茶、品茶人的人品。明代陆树声在《茶寮记》中，指出烹茶、品茶的关键有七点，其中人品应"与茶品相得"，茶候要求"凉台静室、明窗曲几、僧寮道院、松风竹月"，茶侣则为"翰卿墨客、淄流羽士、逸老散人"。正是在考究的烹茶与饮茶中，在茶水清淡的滋味里，集中地承载着中国文人悠然潇洒的生活情趣和朴实古雅、宁静致远的品德修养，承载着中国传统的中庸之道和清静无为等思想。日本人冈仓天心《说茶》指出："在乳白色瓷器中的液体琥珀里，精于茶道的人将品尝到孔子的惬意的宁静，老子的犀利淋漓，以及释迦牟尼那缥缈的风韵。"

2. 茶道

滕军《日本茶道文化概论》言："茶道是发源于中国、开花结果于日本的高层次的生活文化。"但是，日本茶道讲究和、敬、清、寂，并通过繁杂琐碎、严格讲究的规定化程式演化成类似于宗教形式的文化现象，而中国茶道却不相同。

关于中国的茶道，有众多的说法。庄晚芳先生在《茶文化浅议》中归纳为"廉、美、和、敬"。廉，指推行清廉，勤俭育德；美，指共尝美味，共闻清香，共叙友情，康乐长寿；和，指德重茶礼，和诚相处；敬，指敬爱人民，助人为乐，器净水甘。姚国坤先生在《从传统饮茶风俗谈中国茶德》中则归纳为

"理、敬、清、融"四个字。台湾的范增平先生在《台湾茶文化论》中指出：中国"茶艺的根本精神，乃在于和、俭、静、洁。"余悦先生在《中国茶韵》中说"以'中和之道''自然之性''清雅之境''明伦之礼'来理解阐释'茶道'二字。" 然而，无论如何，都表明中国茶道深受道家之"道"、儒家之"和"、佛教之"茶禅一味"的影响，其核心和真正的内涵始终是追求自然清雅，较少烦琐礼仪和程式。

（二）西方咖啡文化的特点

西方的咖啡文化也有丰富的内容，除了在咖啡的原料、制作工艺和饮用方法等方面有自己的特点外，更重要的特点是西方人对咖啡功用的认识。西方人认为，咖啡没有茶的冷静、理性和儒、佛、道等哲学思想，但是香醇浓郁，咖啡的功用除了提神醒脑外，还包括以下两个方面的重要内容。

1. 创作灵感、浪漫情调的源泉

咖啡起源于非洲的埃塞俄比亚高原，最初作为饮品，与其提神醒脑的作用密切相关。后来，咖啡经阿拉伯帝国、土耳其奥斯曼帝国传入欧洲。1669 年，土耳其驻法国大使参见路易十四，献上正统的土耳其咖啡。于是，这香醇、浓郁、甘美的饮品立刻征服了法国国王和贵族，使他们趋之若鹜。而当时的法国几乎是整个欧洲的老师，一言一行都被效仿。到路易十五时，咖啡俨然是欧洲上流社会的象征。随着时间流逝，在整个西方世界，这种风味隽永的饮品逐渐成为人们的最爱，并且从上流社会的雅好扩展为百姓生活的必需，形成了"不可一日无此君"的局面。在他们眼里，咖啡不仅能消除疲劳，提神醒脑，而且是创作灵感的源泉、优雅品位的体现，是一种能够浪漫温馨情调、文化内涵丰富的奇特饮品。有人说，巴尔扎克的《人间喜剧》是蘸着咖啡写出来的。因为他一生大约喝了五万杯又苦又浓的咖啡。他对咖啡的认识更赋有诗意，"咖啡泻到人的胃里，把全身都动员起来。人的思想列成纵队开路，有如三军的先锋。回忆扛着旗帜，跑步前进，率领队伍投入战斗。逻辑犹如炮兵，带着辎重车辆和炮弹，隆隆而过。高明的见解好似狙击手，参加作战。这场战役始终倾泻着黑色的液体，有如一个真正的战场，笼罩在黑色的硝烟之中"，这似乎是文化艺术名人成为咖啡忠实拥趸的理由。

2. 充满个性化的人文色彩

随着咖啡的传播和普及，人类的文明史、文化史甚至人类的历史都在这神奇的饮料刺激下，悄然地发生改变。西方人认为，咖啡早已不再是单纯满足人们生理和生活需求的一种物质载体，而是已经凝聚着更深层次的精神内涵，视咖啡如人生；饮用咖啡不但是一种消费行为，更包含一种社会理念、一种生活方式，品味不同的咖啡犹如品味不同的人生。

法国著名外交家塔列兰在谈及咖啡时说："烹制得最理想的咖啡，应该黑得像魔鬼、烫得像地狱、纯洁得像天使、甜蜜得像爱情。"这可能代表了大多数西方人的心声。也有人指出："假如说从一粒沙子可以看到一个世界，那么从一颗咖啡豆看一个世界，事实上是精彩得多和丰富得多，从咖啡豆衍生而来的世界是充满人文色彩的。"而同样的咖啡，在不同的国家烹制、饮用，又蕴藏了不同的性格、情感和文化内涵。在意大利，人们最喜欢把深度烘焙的咖啡豆用咖啡压缩机冲泡成有焦味的浓稠咖啡，站在吧台边一饮而尽，其中暗含的是意大利人乐天随意的性格。在法国，在寒气逼人的清晨，人们选择适宜杯子，精心烹制出混合着牛奶的咖啡，然后双手捧杯，闻着扑鼻浓香，热热地吞下一口，是享受生活的最好写照。巴黎的咖啡直接源于路易十四的宫廷，由烘焙成褐色的咖啡豆制成，清淡而圆润，与贵族的风雅和艺术家、哲学家的气质及思想紧密相连，更具有浪漫和不可言喻的情调，以至于一些人认为，"在巴黎喝咖啡"是浪漫、高雅的贵族式生活的代名词。而美国人常常把整壶的咖啡煮好、保温，非常清淡，并且选择马克杯，以便上班或做家务时随时能够加牛奶、糖饮用。在美国，咖啡是人们生活的一部分、一种习惯，讲究快速实用，是大众文化、平民文化的形象代表。

二、中国茶文化

（一）茶的起源与历史发展

1. 茶的起源

中国是茶的发源地这一论点已为世界所公认。据报道，世界上已发现的茶树共有 4 个系 37 个种、3 个变种，共 40 种，几乎全部产于中国的南部、西部地区。

其中，以云南南部的普洱及西双版纳地区分布最多、最广，拥有 4 个系 32 个种、2 个变种，共 24 种。因此，这一地区为世界茶树原产地，有着古地质学与古植物学的依据。中国也是最早发现、利用、栽培、加工茶叶的国家，并且是从发现野生茶树到利用茶、咀嚼茶树的鲜叶开始的。关于饮茶的起源假说，归纳起来主要有以下有三种。

一是祭品起源说。认为茶最早是作为祭品用的，后来，有人尝食后发现食而无害，才由祭品转为菜食、再为药用，最终成为饮料。

二是食用起源说。认为羹汤中留有固体原料的食叶法是其初始形态，因此，同羹汤有勾芡的汤和清汤一样，茶也有两种，从清汤式演变出的饮汁法至少在三国时代的吴国（公元 222—280 年）就已经存在，被称为茗茶，是煎茶之祖。

三是药用起源说。《神农本草经》言："神农尝百草，日遇七十二毒，得荼而解之。"这里的"荼"，即后来的"茶"字。唐朝陆羽《茶经》更是以此为依据提出"茶之为饮，发乎神农"。由此，关于茶与药的关系以及茶与神农氏的关系一直充满着种种神秘和传说。据考证，《神农本草经》是后人假托神农氏之名所作，成书时间不晚于西汉时期。这说明中华民族祖先在那时已认识到茶的医药功能。然而，茶的发现和开始利用，应看作是整个神农部落时代的历史活动，而神农氏是中国母系社会向父系社会转变的代表，至少已有六七千年甚至上万年的历史。

2. 茶的历史发展

茶从发现、利用到成为人们普遍喜爱的饮料，经历了漫长的岁月。在漫漫的历史长河中，中国茶的发展大致经历了四个重要的时期。

（1）上古至汉魏南北朝时期

上古时期，茶主要作为药用，有神农氏尝百草中毒、因服用茶叶而得救的传说。而将茶叶作为饮料使用，则应该是在春秋战国时期的巴蜀地区。清代顾炎武《日知录》中考证后指出："自秦人取蜀而后，始有茗饮之事。"因此，人们常说"巴蜀是中国茶业或茶文化的摇篮"。

秦汉以后，茶叶在巴蜀颇为兴盛，且逐渐向东扩展，走向全国。西汉王褒在《僮约》中写到"烹茶尽具"和"武阳买茶"等字句，说明当时蜀中饮茶已成风尚，出现了茶叶市场。不仅如此，茶的饮用和生产也在此时传到了湘、鄂、赣等毗邻地区。如湖南茶陵是西汉时设置的县，唐以前写作"荼陵"。《路史》引《衡州围经》载："荼陵者，所谓山谷生茶茗也。"即是以其地出茶而命名县的。魏晋南北朝时期，荆楚和江南的茶叶生产有了较大发展。《广雅》言："荆巴间采茶作饼"。"荆、巴"并提，表明三国时荆楚一带的茶叶生产制作技术已基本与巴蜀相当。《桐君录》言："西阳、武昌、晋陵皆出好茗。"晋陵是今常州的古名，其茶出宜兴，表明东晋和南朝时长江下游宜兴一带的茶叶也开始著名起来。

（2）唐宋时期

唐代时，中国茶业有了迅猛发展，主要表现在三个方面：一是茶叶产地遍布全国各地。陆羽《茶经》就列举了许多产茶的州县，所谓"八道四十三州"，划分了我国八大茶叶产区。从地域分布看，产茶区覆盖了今四川、陕西、湖北、云南、广西、贵州、湖南、广东、福建、江西、浙江、江苏、安徽、河南等14个省区，其北边伸展到了河南道的海州（今江苏连云港），即是说，唐代茶叶产地达到了与中国近代茶区几乎相当的局面。二是茶叶生产和贸易蓬勃发展。《膳夫经手录》载："今关西、山东，闾阎村落皆吃之，累日不食犹得，不得一日无茶。"中原和西北少数民族地区都已嗜茶成俗，于是南方茶叶的生产和全国茶叶贸易便蓬勃发展起来。仅以当时的浮梁为例，《元和郡县图志》上说："浮梁每岁出茶七百万驮，税十五余贯。"而中国一些少数民族习惯于饮茶后，先通过使者，后来直接通过商人，开创了中国历史上长期存在的茶马交易。三是茶政、茶学和茶文化逐渐产生与发展。唐代中期以后，由于茶叶生产、贸易发展成为一种大宗生产和大宗贸易，征收茶叶赋税逐渐成为一种定制。同时，茶学和茶文化逐渐产生，出现了大批有关茶的专著，如陆羽《茶经》、皎然《茶诀》、温庭筠《采茶录》等；许多人开始享用茶叶，茶宴、茶集和茶会从一般的待客礼仪，演化为以茶会集同人朋友、迎来送往、商讨议事等有目的、有主题的处事联谊活动。

到宋代，中国的茶业出现了较大的变革与发展，主要集中在两个方面：一是随气候的由暖变寒，中国茶区北限南移，南方茶业获得了明显发展。宋代常年气温一度较唐代暖期要低2～3℃，北部特别是临界地区茶园的茶树大批冻死或推迟萌芽、结果，直接导致了宋朝贡焙南移建瓯。而贡焙承担着专门生产御茶的任务，无论是选用的原料和制作工艺都要求最好和最讲究，因此有力地推动和促进了闽南以至中国整个南方茶叶生产的发展，《太平寰宇记》所记述的南方茶叶产地不就比《茶经》多出许多。第二，为适应大众饮茶的需要，茶叶生产开始由团饼向散茶逐渐转变。此时，大众加入饮茶的行列，且需要价格低廉、煮饮方便的茶叶，于是，在过去团、饼工艺基础上，蒸而不碎，碎而不拍，蒸青和蒸青末茶逐步发展起来，从传统的生产团饼为主改变为生产散茶为主。这种转变主要还在汉族地区，西北少数民族地区却仍然保留了生产、消费团饼的习惯。此外，由于各地饮茶习俗的更加普及，城镇茶馆林立，茶馆文化得到了较大的发展。

（3）明清时期

在这一时期，中国茶叶全面发展，首先表现在各地名茶品种的繁多上。黄一正在《事物绀珠》（1591 年）中辑录的"今茶名"就有（雅州）雷鸣茶、仙人掌茶、虎丘茶、天池茶、罗茶、阳羡茶、六安茶等 97 种之多。其次，还表现在制茶技术革新上。在制茶上，普遍改蒸青为炒青，促进了芽茶和叶茶的普遍推广，也使炒青等一类制茶工艺达到了炉火纯青的程度。再次，表现在促进和推动了各种茶类的发展上。除绿茶外，此时的黑茶、花茶、青茶和红茶也有很大发展。据文献记载，黑茶，四川在明洪武初年便有生产，后随茶马交易不断扩大，至万历年间，湖南许多地区也开始产黑茶，至清代后期，黑茶更发展为湖南安化的一种特产。随茶叶外贸发展的需要，红茶由福建很快传到江西、浙江、安徽、湖南、湖北、云南和四川等省，在福建还形成工夫、小种、白毫、紫毫等许多名品。

此时，中国茶叶已经走出国门，尤其是大量传到西方国家。1559 年，威尼斯作家拉马席的《中国茶》和《航海旅行记》都记载了中国茶叶传播。后来，到过中国和日本的传教士和旅行家不断地把中国这种"药草汁液"的饮俗、效用著之于书报杂志，使西方人对茶产生了种钦羡之感。1610 年，荷兰东印度公司促进了茶叶和饮茶在欧洲乃至世界范围内风靡，且使茶叶最终成为中国与西方贸易的主要物产。

（4）近现代时期

20 世纪初，中国政府的腐败无能导致中国茶叶科学技术及经验得不到总结、发扬和利用，茶叶生产在帝国主义排挤和操纵下日趋衰败。直到中华人民共和国成立后，中国茶叶生产进入了恢复和繁荣时期。从 1950~1970 年，茶园面积平均年增加 7.3%，茶叶产量平均年增加 5.9%，还因地制宜、综合治理了大批低产茶园，实行科学种茶，培训茶叶科技人员，推动了茶叶生产大发展。此外，中国茶文化也得到迅猛发展，对世界影响也越来越大。1982年，杭州成立了第一个以弘扬茶文化为宗旨的社会团体——"茶人之家"；1993年，"中国国际茶文化研究会"在湖州成立。各地茶艺馆越办越多，各省各市及主产茶的县纷纷举办"茶叶节""茶文化节"等，如福建武夷市的岩茶节，云南的普洱茶节，浙江新昌、泰顺和湖北英山及河南信阳的茶叶节等，都以茶为载体，促进全面的经济贸易发展。

（二）茶的分类与名品

1. 茶的分类

茶叶，是以茶树的树叶为原料，经过制造、加工而成，品种繁多，分类方法多种多样，如根据茶叶出口需要来划分，则分为绿茶、红茶、乌龙茶、白茶、花茶、紧压茶和速溶茶七大类。但是，最主要、最为流行的分类方法有以下两种。

（1）根据制作方法进行分类

根据不同的制作方法（主要是发酵程度）来分类，通常分为不发酵茶、半发酵茶、全发酵茶、后发酵茶。不发酵茶，主要是绿茶，有龙井、碧螺春、珠茶、眉茶和一般绿茶等。半发酵茶，又分轻发酵茶及重发酵茶。前者的发酵程度为15%~20%，有白茶、文山包种茶、铁观音、明德茶等；后者的发酵程度为60%~70%，有乌龙茶等。全发酵茶，主要有红茶，如小叶红茶、阿萨姆红茶（大叶种）等，其发酵程度为95%。后发酵茶的发酵程度为80%，有普洱茶等。

（2）根据茶水颜色进行分类

根据茶水颜色分类，有绿茶、白茶、黄茶、青茶、红茶、黑茶六大类。绿茶，是未经发酵的茶，茶叶和茶水皆为黄绿色，是用烘焙法制成。白茶，是轻度发酵茶，是利用有许多白毛的茶叶芯芽制作而成的。茶叶较白，茶水呈淡黄色。黄茶，是轻度发酵的茶，茶叶外观略带黄色，泡出来的茶水也呈淡黄色，这是一个间于绿茶与青茶之间的类型。青茶，是半发酵茶，一般称为乌龙茶，虽然茶叶并不是青色，但新制成的粗茶外观为略带褐色系的绿色，中国人称这种颜色为青色。红茶，是完全发酵茶，茶叶和茶水皆呈红褐色。黑茶，属后发酵茶，茶叶的颜色为黑褐色或暗绿色，茶水呈黄褐色或红褐色。

2. 茶的著名品种

中国茶的品种数以千计，名品众多，这里仅按六大类别分别介绍 1～2 个最具知名度和影响力的品种。

（1）绿茶类名品

西湖龙井，是中国最著名和最具影响力的绿茶，产于浙江省杭州市郊西湖乡龙井村一带。龙井产茶在唐代就有记载，宋代已经闻名。苏东坡品茗诗中"白云山下雨旗新"形容的就是这种茶形如彩旗的特点，清代乾隆皇帝称其为"黄金芽""无双品"。龙井茶因出产于狮峰、龙井、五云山和虎跑山 4 个不同地方而有"狮、龙、云、虎"的品种区别，而以狮峰、龙井品质最佳。龙井茶色翠、香郁、味醇、形美，被称为"四绝"。其叶扁，形如雀舌，光滑、色翠、整齐。特别是清明前采摘的"明前茶"、谷雨前采摘的"雨前茶"，叶芽更为细嫩，冲泡后嫩匀成朵，叶似彩旗，芽形若枪，交相辉映，所以又叫"旗枪"。其汤色明亮，滋味甘美。

洞庭碧螺春，是中国著名的绿茶之一，产于太湖洞庭东山和西山。因其形状卷曲如螺，初采地在碧螺峰，采制时间又在春天而得名。相传已有 1 300 多年的历史。其品质特点是色泽碧绿，外形紧细、卷曲、白毫多；香气浓郁，滋味醇和。其茶汤碧绿清澈，爽口、回甘。不管用滚水或温水冲泡，叶片皆能迅速沉底，即使杯中先冲了水后再放茶叶，茶叶也照样会全部下沉，展叶吐翠。炒制工艺要求高，需要做到"干而不焦，脆而不碎，青而不腥，细而不断"。

（2）红茶类名品

祁门红茶，是中国著名的红茶精品，产于安徽祁门县的山区，简称"祁红"，曾于 1915 年在巴拿马万国博览会上获得金质奖。祁门茶叶，在唐代就已出名，但是据史料记载，清代光绪年前盛产的是绿茶，光绪元年（公元 1875 年），黟县人余干臣从福建罢官回籍经商，创设茶庄，仿照"闽红"制法制作红茶，由于茶价高、销路好，当地人纷纷改制，逐渐形成"祁门红茶"。此外，祁门胡元龙对祁门红茶创制与发展也有贡献。祁门红茶条索紧细秀长，汤色红艳明亮，香气既酷似果香又带兰花香，清鲜而且持久。不仅可以单独泡饮，也可加入牛奶调饮。祁门茶区的江西"浮梁工夫红茶"是"祁红"中的佼佼者，以"香高、味醇、形美、色艳"四绝驰名于世。

（3）青茶（即乌龙茶）类名品

武夷岩茶，是中国乌龙茶中之极品，产于闽北武夷山上岩缝之中。它在唐代就已成为民间馈赠佳品，宋、元时期被列为"贡品"，元代时在武夷山设立了"焙局""御茶园"，到清康熙年间，武夷岩茶开始远销西欧、北美和南洋诸国，当时的欧洲人曾把它作为中国茶叶的总称。武夷岩茶条形壮结、匀整，色泽绿褐鲜润，茶性和而不寒，久藏不坏，香久益清，味久益醇。主要品种有武夷水仙、武夷奇种、大红袍等，多随茶树产地、生态、形状或色香味特征取名。其中，"大红袍"最为名贵。传说明代一上京赴考的举人路过武夷山时突然腹痛难忍，巧遇一和尚取所藏名茶冲泡后给他喝，病痛即止。他考中状元之后，前来致谢和尚，问得茶叶出处，便脱下大红袍绕茶丛三圈，将其披在茶树上，于是有了"大红袍"之名。

铁观音，是中国乌龙茶之上品，产于福建省安溪县内。铁观音的特点是茶条索紧结，外形头似蜻蜓，尾似蝌蚪，色泽乌润砂绿。将它泡于杯中，常常呈现出"绿叶红镶边"的景象，有天然的兰花香，滋味纯浓。用小巧的工夫茶具品饮，先闻香，后尝味，顿觉满口生香，回味无穷。近年来，在人们发现乌龙茶有健身美容的功效后，铁观音更加风靡日本和东南亚。

（4）黄茶类名品

君山银针，是中国黄茶珍品，产于洞庭湖中的青螺岛上。因其茶芽外形很像一根根银针而得名。君山茶在唐朝就已生产、出名，五代时已被列为贡茶，以后历代相袭。它的特点是全由芽头制成，茶芽头苗壮、长短大小均匀，茶芽内面呈金黄色，外层满布白毫且显露完整，色泽鲜亮，香气高爽。冲泡时可从明亮的杏黄色茶汤中看到根根银针直立向上，几番飞舞之后团聚一起立于杯底，其汤色橙黄、滋味甘醇，虽久置而味不变。君山银针的采制要求很高，采摘茶叶的时间只能在清明节前后 7 ~ 10 天内，还规定了九种情况下不能采摘，即雨天、风霜天、虫伤、细瘦、弯曲、空心、茶芽开口、茶芽发紫、不合尺寸等。

（5）黑茶类名品

普洱茶，是黑茶的代表，产于云南省普洱市（旧称思茅）一带。普洱茶历史悠久，南宋李石的《续博物志》记载，唐代时，西藏等地已饮用普洱茶。清代时，普洱府即现代普洱市周围所产茶叶通常都运至普洱府集中加工后再运销康藏各地。普洱茶是用优良的云南大叶种新鲜茶叶经杀青后揉捻、晒干的晒青茶为原料，再进行泼水堆积发酵（即沤堆）等特殊工艺加工制成。其成品条索粗壮肥大，色泽乌润或褐红，滋味醇厚回甘，并具独特陈香和多重保健功能。

（6）花茶类名品

苏州茉莉花茶，是中国茉莉花茶中的佳品，产于江苏省苏州。据史料记载，苏州在宋代时已栽种茉莉花，并以它作为制茶的原料。1860年时，苏州茉莉花茶已盛销于东北、华北一带。它以所用茶胚、配花量、窨次、产花季节的不同而有浓淡之别，其头花所窨者香气较淡，"优花"窨者香气最浓。其主要茶胚为烘青，甚至还有以龙井、碧螺春、毛峰为茶胚窨制的高级花茶。与同类花茶相比，苏州茉莉花茶属清香型，香气清芬鲜灵，茶味醇和含香，汤色黄绿澄明。

（三）茶具与茶的烹饮及鉴赏

1. 茶具

茶具，主要是指烹煮、冲泡和饮用茶的器具。中国的茶具种类繁多，造型优美，极具特色，实用价值与艺术价值兼备。仅按材质分，就有陶制茶具、瓷制茶具、金属茶具、漆制茶具、竹木茶具、搪瓷茶具、玉石茶具和玻璃茶具等。这里介绍其中最具特色、使用量较大的三大类茶具及其名品。

（1）陶制茶具

陶制茶具历史悠久，但当以宜兴制作的紫砂陶茶具为上乘。宜兴的紫砂茶具与众不同，其里外都不敷釉，采用当地黏力强而抗烧的紫泥、红泥、团山泥抟制焙烧而成。由于成陶火温较高，烧结密致，胎质细腻，既不渗漏，又有肉眼看不见的气孔，用来烹茶、泡茶，既不夺茶之真香，又无熟汤气，能较长时间保持茶叶的色、香、味，若经久使用，还能吸附茶汁，蕴蓄茶味。而且紫砂茶具传热不快，不致烫手，即使冷热剧变，也不会破裂，而热天盛茶，也不易酸馊。此外，紫砂茶具还有造型简练大方、色调纯朴古雅的特点，外形有似竹节、莲藕、松段和仿商周古铜器等多种多样的形状，目前已有数百种之多。

（2）瓷制茶具

我国的瓷制茶具产生于陶器之后，按产品又分为白瓷茶具、青瓷茶具、黑瓷茶具、青花瓷茶具等类别，而每一个类别中都有许多著名品种。而白瓷茶具以色白如玉而得名，产地甚多，有江西景德镇、湖南醴陵、四川大邑、河北唐山、安徽祁门等。青瓷茶具主要产于浙江、四川等地。其中，浙江龙泉青瓷以造型古朴挺健，釉色翠青如玉著称于世，是瓷器百花园中的一枝奇葩，被人们誉为"瓷器之花"。黑瓷茶具主产于浙江、四川、福建等地。在宋代斗茶之风盛行，斗茶者们认为黑瓷茶盏最适宜用来斗茶。宋代蔡襄《茶录》载："茶色白（茶汤色），宜黑盏，建安（今福建）所造者绀黑，纹如兔毫，其坯微厚，熁之久热难冷，最为要用。出他处者，或薄或色紫，皆不及也。其青白盏，斗试家自不用。"黑瓷茶具中最著名的是兔毫茶盏，古朴雅致，瓷质厚重，保温较好，很受斗茶行家珍爱。

（3）金属茶具

金属茶具是用金、银、铜、锡制作的茶具。尤其是用锡做的贮茶器，常常是小口长颈，圆筒状的盖，密封效果好，因此防潮、防氧化、避光、防异味性能都好，具有很大的优越性。至于用金属制作烹茶用具，一般评价都不高，但在唐朝宫廷中曾较长时间采用。在陕西省法门寺地宫出土了一套晚唐僖宗皇帝李儇少年时使用的银质鎏金烹茶用具，共计 11 种 12 件。这是迄今见到的最高级、最珍贵的古茶具实物，反映了唐代皇室饮茶器具十分豪华。

2. 茶的烹饮方法

茶的烹饮方法随时代发展而不断变化，大致形成了两大类四小类。两大类是煮茶法和泡茶法。自汉至唐，饮茶以煮茶法为主；自五代以后，饮茶以泡茶法为主。四小类则是从煮、泡中分别分解出煎茶、点茶法，不同时代崇尚不同的方法，汉魏六朝尚煮茶法，隋唐尚煎茶法，五代两宋尚点茶法，元朝以后尚泡茶法。

（1）古代的烹饮方法

①煮茶法

所谓煮茶法，是指茶入水烹煮后饮用的方法，也是我国唐代最普遍的饮茶法。陆羽《茶经》有著名的"三沸"说：先将饼茶研碎，然后开始煮水。待锅中之水泛起鱼眼似的水泡时，加入茶末，煮至二沸时出现沫饽（沫为细小茶花，饽为大茶花，皆为茶之精华），则将沫饽舀出，继续烧煮茶与水至三沸，再将二沸时盛出之沫饽浇入锅中，称为"救沸""育华"。待煮至均匀，茶汤便好了。烹茶的水与茶，视人数多寡而定。茶汤煮好，均匀地斟入每人的碗中，有雨露均施、同分甘苦之意。到了唐代，饮茶以陆羽式煎茶为主，但煮茶旧习依然难改，而且常常加入盐、葱、姜、桂等佐料。陆羽《茶经·五之煮》载："或用葱、姜、枣、橘皮、茱萸、薄荷之等，煮之百沸，或扬令滑，或煮去沫，斯沟渠间弃水耳，而习俗不已。"

②煎茶法

煎茶法是指陆羽在《茶经》里所创造、记载的一种烹饮方法，在唐朝中晚期很流行。其茶主要用饼茶，经炙烤、碾罗成末，待锅中水初沸时则投茶末，搅匀后沸腾则止。煎茶法的主要程序有备器、选水、取火、候汤、炙茶、碾茶、罗茶、煎茶（投茶、搅拌）、酌茶等，煎制的时间比煮熬时间要短一些。

③点茶法

点茶法是宋元时期盛行的一种烹饮方法，是将茶碾成细末，置茶盏中，以沸水点冲，先注少量沸水调膏，然后量茶注汤，边注边用茶筅击拂。从蔡襄《茶录》、宋徽宗《大观茶论》等书看来，点茶法的主要程序有备器、洗茶、炙茶、碾茶、磨茶、罗茶、择水、取火、候汤、熁盏、点茶（调膏、击拂）。宋代陶谷《清异录·荈茗录》"生成盏"条记："沙门福全生于金乡，长于茶海，能注汤幻茶，成一句诗。并点四瓯，共一绝句，泛乎汤表。"其"茶百戏"条记："近世有下汤运匕，别施妙诀，使汤纹水脉成物象者，禽兽虫鱼花草之属，纤巧如画。"注汤幻茶成诗成画，称为茶白戏、水丹青，宋代称"分茶"。点茶是分茶的基础，所以点茶法的起始当不会晚于五代。

④泡茶法

泡茶法是明清时期盛行的一种烹饮方法，是将茶置茶壶或茶盏中、以沸水冲泡的简便方法。明朝朱元璋罢贡团饼茶，遂使散茶（叶茶、草茶）独盛，茶风也为之一变。陈师《茶考》载："杭俗烹茶，用细茗置茶瓯，以沸汤点之，名为撮泡。"但当时更普遍的还是壶泡，即置茶于茶壶中，以沸水冲泡，再分到茶盏（瓯、杯）中饮用。据张源《茶录》、许次行《茶疏》等书，壶泡的主要程序有备器、择水、取火、候汤、投茶、冲泡、酾茶等。现今流行于闽、粤、台地区的工夫茶则是典型的壶泡法。

（2）现代饮茶方法

现代人的饮茶法较随意的，但也根据不同的茶类，使用不同饮用方法。

①绿茶的饮用方法

绿茶品种和喜爱饮用的人众多，其品饮方法也较多，这里主要介绍三种：

第一，玻璃杯泡饮法。适于品饮细嫩的名贵绿茶，以便充分欣赏名茶的外形、内质。根据茶条的松紧程度不同，可以采用两种不同的冲泡法：一是对于外形紧结重实的名茶如龙井、碧螺春等，可用"上投法"。即先将85~90℃开水冲入干净的茶杯中，然后取茶投入，一般不需加盖。此时，茶叶徐徐下沉并逐渐展开叶片，一芽一叶似枪如旗，茶香缕缕，茶汤或黄绿碧清或乳白微绿。待茶汤凉至适口，小口品啜、缓慢吞咽，让舌头味蕾与茶汤充分接触、细细品味。此谓一开茶，着重品尝茶的头开鲜味与茶香。待饮至杯中茶汤尚余 1/3 时再续加开水二三次，谓之二开茶、三开茶。如若泡饮茶叶肥壮的名茶，二开茶汤正浓，饮后舌本回甘，余味无穷。二是对于茶条松展的名茶如六安瓜片、黄山毛峰等，则常用"中投法"，即先取茶入杯，再冲入 90℃开水至杯容量的 1/3，稍停两分钟，待干茶吸水伸展后再冲水至满。此时，茶叶或徘徊飘舞下沉，或游移于沉浮之间，观其茶形动态，别具茶趣。

第二，瓷杯泡饮法。适于泡饮中高档绿茶，重在适口、品味或解渴，可取"中投法"或"下投法"。即茶置杯中，用 95~100℃初开沸水冲泡，盖上杯盖，不仅防止香气散逸，而且保持水温，以利茶身展开，加速下沉杯底，待 3~5 分钟后开盖，嗅茶香，尝茶味，视茶汤浓淡程度，饮至三开即可。

第三，茶壶泡饮法。一般不宜泡饮细嫩名茶，最适于冲泡中低档绿茶，因为这类茶叶中多纤维素，耐冲泡，茶味也浓。泡茶时，先取茶入壶，用 100℃初开沸水冲泡至满，3~5 分钟后即可酌入杯中品饮。饮茶人多时，用壶泡法较好，因为这时最重要的不在欣赏茶趣而在解渴，或饮茶叙谈。

②红茶饮用方法

红茶饮用方法众多，依据不同的标准，主要可以分为四种类型：第一，根据红茶的花色品种，有工夫饮法和快速饮法两种。工夫饮法重在品，通过缓缓斟饮、细细品啜，领略茶的清香、醇味和真趣。快速饮法重在既方便又清洁卫生。第二，按使用的茶具不同，分为杯饮法和壶饮法。第三，按茶汤浸出方式的不同，可分为冲泡法和煮饮法。第四，根据茶汤的调味与否，分为清饮法和调饮法两种。其中，清饮法，是中国大多数地方饮用的红茶方法，工夫饮法就属于清饮。它是在茶汤中不加任何调味品，使茶叶发挥固有的香味。清饮时，一杯好茶在手，静品默赏，细评慢饮，最能进入一种忘我的精神境界。所以，中国人多喜欢清饮，特别是名特优茶，一定要通过清饮才能领略其独特风味，享受到饮茶奇趣。调饮法，是指在茶汤中加入各种调料以佐汤味的一种方法。所加调料的种类和数量，随饮用者的口味而异，较常见的是糖、牛奶、柠檬片、咖啡、蜂蜜或香槟酒等。

③乌龙茶的饮用方法

对于乌龙茶的饮用，有一套较系统的方法，讲究茶具、冲泡方法和斟品方法的配合。乌龙茶冲泡常用的精致茶具称为"四宝"：玉书碨，一般是扁形的薄瓷壶，能容水四两；潮汕烘炉，用白铁制成，小巧玲珑；孟臣罐，多出自宜兴，以紫砂壶最为名贵，造型独特、吸水力甚好，能使香味持久不散。若琛瓯，是白色小瓷杯，容水 3~4 毫升，多用景德镇等地产品。

乌龙茶的传统方法是先将沸水把茶壶、茶盘、茶杯等淋洗一遍，在泡饮过程中还要不断淋洗，使茶具保持清洁，有相当的热度。然后，把茶叶按粗细分开，先放碎末填壶底，再盖上粗条，把中小叶排在最上面，以免碎末堵塞壶内口，阻碍茶汤顺畅流出。接着，用开水冲茶，循边缘粗粗冲入，形成圈子，以免冲破"茶胆"。冲水时要使壶内茶叶打滚。当水刚漫过茶叶时立即倒掉，称为"茶洗"，即把茶叶表面尘污洗去，使茶之真味得以充分体现。茶洗过后，立即冲进第二次水，水量约九成即可。盖上壶盖，再用沸水淋壶身，使茶盘中的积水涨到壶的中部，叫"内外夹攻"。只有如此，茶叶的精美真味才能浸泡出来。泡茶的时间也很重要，一般 2~3 分钟。时间太短则茶香出不来，时间太长又影响茶的鲜味。

斟茶的传统方法是：用拇、食、中三指操作。食指轻压壶顶盖珠，中、拇二指紧夹壶后把手。开始斟茶时，茶汤轮流注入每只杯中，每杯先倒入一半，周而复始，逐渐加至八成，使每杯茶汤气味均匀，叫"关公巡城"。行茶时应先斟边缘，而后集中于杯子中间，并将罐底最浓部分均匀地斟入各杯中，最后点点滴下，此谓"韩信点兵"。在整个冲茶、斟茶过程中讲究"高冲低行"，即开水冲入罐时应自高处冲下，促使茶叶散香；而斟茶时应低行，以免失香散味。茶水一经冲入杯内，即应趁热啜饮，此谓"喝烧茶"，稍停则色味大逊。

品饮乌龙茶也别具一格。首先，拿茶杯从鼻端慢慢移到嘴边，趁热闻香，再尝其味。武夷岩茶冲泡后香气浓郁悠长，滋味醇厚回甘，茶水橙黄清澈；铁现音茶冲泡后香气高雅如兰花，滋味浓厚而微带蜂蜜的甜香，且十分耐泡。闻香时不必把茶杯久置鼻端，而是慢慢地由远及近、由近及远，来回往复。

④花茶的饮用方法

花茶是诗一般的茶叶，融茶味之美、鲜花之香于一体。其中，茶叶滋味为茶汤的味本，花香为茶汤滋味之精神，二者巧妙地融合，相得益彰。花茶泡饮方法，以能维护香气和显示茶胚特质美为原则。对于冲泡茶胚特别细嫩的花茶，如茉莉毛峰、茉莉银毫等特高级名茶，因茶胚本身具有艺术欣赏价值，宜用透明玻璃茶杯，冲泡时置杯于茶盘内，取花茶2~3克入杯，用初沸开水稍凉至90℃左右冲泡，随即加上杯盖，以防香气散失。然后，手托茶盘，透过玻璃杯璧观察茶在水中上下飘舞、沉浮及形态变化，称为"目品"。冲泡3分钟后，揭开杯盖一侧闻香，称为"鼻品"。茶汤稍凉适口时小口喝入并在口中略微停留，以口吸气、鼻呼气相配合，使茶汤与舌之味蕾充分接触，品尝茶味和汤中香气后再咽下，综合欣赏花茶特有的茶味、香韵，谓之"口品"。对于中低档花茶，一般采用白瓷茶壶冲泡，因壶中水多，保温较好，有利于充分溶出茶味。视茶壶大小和饮茶人数、口味浓淡，取适量茶叶入壶，用100℃初沸水冲入壶中，加壶盖5分钟后即可斟入茶杯饮用。这种共泡分饮法，一则方便、卫生，二则易于融洽气氛、增添情谊。

四川茶馆泡饮花茶很有地方特色，茶具采用盖碗茶，一套三件头包括茶碗、茶盖、茶托，敞口式茶碗口大，便于注水和观察碗中茶景；反碟式的茶碗盖，既可掩盖茶汤香气，又可用以拨动碗中浮面茶叶、花干，不使饮入口中；茶托用于托放茶碗，使饮茶时不致烫手。边呷饮花茶，边摆"龙门阵"，悠然自得。

⑤紧压茶的饮用方法

紧压茶的饮用方法，与其他众多的饮用方法相比，至少有三点不同：一是饮用时先要将紧压成块的茶叶捣碎；二是不宜冲泡，要用烹煮法才能使茶汁浸出；三是烹煮时，大多加有佐料，采用调饮方式喝茶。中国生产的紧压茶大多为砖茶。由于砖茶与散茶不同，甚为坚实，用开水冲泡难以浸出茶汁，所以必须先将砖茶捣碎，放在铁锅或铝壶内烹煮，有时还要不断搅拌，才能使茶汁充分浸出。

3. 茶的冲泡关键

茶的冲泡关键除了茶叶的品质外，还包括用水、器具和冲泡技术。同样质量的茶叶，如用水不同或技术不一，泡出来的茶汤就会有不同的效果。

（1）泡茶用水

好茶须用好水，有"龙井茶，虎跑水""蒙顶山上茶，扬子江心水"之说。水质的好坏直接影响茶汤之色、香、味，尤其对茶汤滋味影响更大。古人十分注重泡茶用水的选择，归纳起来有三点：一是水要甘而洁；二是水要活而清鲜；三是贮水要得法。泡茶用水究竟用何种水好，陆羽《茶经》言："其水，用山水上，江水中，井水下。"天然水中，泉水是比较清净的，杂质、污染少，透明度高，水质最好。如中国五大名泉的镇江中冷泉、无锡惠山泉、苏州观音泉、杭州虎跑泉和济南趵突泉的水，当属好水。但是，由于水源和流经途径不同，其溶解物、含盐量与硬度等均有很大差异，所以并不是所有泉水都是优质的。泡茶用水，采用溪水、河水与江水等流动的水也不逊色。如今，人们泡茶用的主要是自来水，一般说来，凡是达到国家饮用水卫生标准的自来水都适合泡茶。

（2）泡茶器具

泡好茶，还必须选好茶具。冲泡不同的茶叶，需要选用不同质地的器具。如西湖龙井、君山银针、洞庭碧螺春，宜选用无色透明玻璃杯最为理想；冲泡乌龙茶，宜用紫砂茶具。而如今常用的保温杯，只适合泡乌龙茶或红茶，不宜泡绿茶。其实，中国茶具繁多，有不同材质、造型及纹饰，而选用茶具，不仅要根据茶叶品类来选，还应根据各地饮茶习俗、环境及饮茶者的审美情趣等确定，遵循"因茶制宜、因地制宜、因人制宜"等三个原则。

（3）泡茶技术

好的泡茶技术主要表现在三个方面：一是准确掌握茶叶用量。每次用量多少并无统一标准，主要根据茶叶种类、茶具大小、茶与水的比例、消费者饮用习惯而定。二是准确控制水温。泡茶烧水，要大火急沸，以刚煮沸起泡为宜，如水沸腾过久即"水老"，溶于水中的二氧化碳挥发殆尽，茶叶之鲜味将丧失。泡茶水温的掌握，主要依茶叶的种类而定。如绿茶，一般不能用100℃的沸水冲泡，而应用80~90℃为宜(水温达到沸点后再冷却至所要的温度)。茶叶愈嫩绿，冲泡水温愈低，茶汤才鲜活明亮、滋味爽口。三是准确把握时间和次数。茶叶冲泡时间和次数，与茶叶种类、水温、茶叶用量、饮茶习惯等都有关系。据测试，茶叶冲泡第一次时可溶性物质能浸出 50%~55%，第二次能浸出 30% 左右，第三次能浸出 10%，第四次则所剩无几。所以，泡茶一般以冲泡三次为宜。此外，水温的高低和茶用量的多寡也影响冲泡时间之长短。水温高、用茶多，冲泡时间要短；反之则冲泡时间要长。但是，最重要的是以适合饮用者之口味为主。

4. 茶的鉴赏

茶的鉴赏常常包含茶叶、茶具、茶汤的观赏，茶味的品评沉醉，以及对茶境茶俗的追求流连。鲁迅说："有好的茶喝，会喝好茶，是一种清福。不过要享这清福，首先必须有功夫，其次是练习出来的特别感觉。"这"特别感觉"就是指品茶的文化修养。一般而言，茶的鉴赏主要有三个内容：

一是审议名称。中国茶常以茶的产地、特点、典故或纪念先人古事等来命名。许多茶名充满诗情画意，让人浮想联翩。如"庐山云雾"，让人联想到庐山白云缭绕、云山雾罩的美丽景致。

二是观察形色。茶的形状是千姿百态的，有扁形的、针形的、卷曲的，有颗粒形的、方形的、圆形的。而不同形状的茶，有相同的色泽，也有相异的色泽，黄、黑、红、绿等都有。茶的形状，在茶的冲泡过程中会发生变化。一些名茶，嫩度高，加工考究，芽形成朵，在茶汤中亭亭玉立，婀娜多姿；更有甚者，因其芽头肥壮，芽叶在茶水中上下沉浮，犹如刀枪林立。茶叶的颜色，在茶的冲泡过程中也千变万化。对这些变化产生影响的因素很多，包括茶叶的质地、产地，冲泡时间长短，水质和茶具的不同等。而这些都是赏茶的魅力之所在。

三是闻香品味。品汤味和闻茶香是赏茶的精华。嗅茶香是赏茶中最难的一环，主要包括三个方面：首先是干嗅，先嗅干茶，有甜香、焦香、清香等香型；其次是热嗅，开汤后有栗子香、果味香、清香等扑鼻而来；最后是冷嗅，茶汤较凉时仔细去闻，可以嗅到被芳香物掩盖着的其他气味。正确运用鼻子和喉部，有助于欣赏、鉴别茶叶和香气。茶汤的滋主要取决于茶叶品类及品质的高低。如毛峰、云雾茶，其茶汤滋味鲜醇爽口，味醇而不淡，回味甘甜；碧螺春、毛尖等滋味鲜甜爽口，味清和，回味清爽生津；大叶种所制红茶，滋味浓烈，刺激性强。要欣赏好茶汤滋味，应充分运用舌头各感觉器官，尤其是敏感的舌尖味蕾。

（四）茶馆风情

中国茶馆与中国人的生活紧密相连。有人说，要想了解中国人，了解中国文化，就必须坐茶馆，其中一个重要的原因是茶馆有着中国特色浓郁的风情。

1. 社会生活和历史的缩影

中国的茶馆是社会生活和历史的缩影，是各色人等鲜活表演的舞台，上演着种种生活气息浓郁的戏剧。清代徐珂《清稗类钞》记载京城的茶馆时说，"八旗人士，虽官至三、四品，亦厕身其间，并提鸟笼，曳长裾，就广坐，作茗憩，与圉人走卒杂坐谈话，不以为忤也"。这是综合性的老式大茶馆。老舍先生经常出入其间，不仅发现了生活中的典型人物和环境，更从他们的喜怒哀乐中，从茶馆的兴盛与衰落中，看到了人间的世态炎凉和时代的兴衰变迁，写下了举世闻名的话剧《茶馆》。茶馆的另一类是小茶馆，三教九流、七十二行常常各据其一。如有的茶馆聚集着生意人，有的是算命先生、占卜者的固定场所，有的是养鸟人俱乐部，等等。在这些茶馆里上演着形形色色的历史剧和生活剧。

2. 民间法庭和文艺舞台

中国茶馆也是民间法庭和文艺表演舞台，上演着公案剧、地方戏曲、歌舞和说书等。旧时茶馆有"吃讲茶"的特殊功能。所谓"吃讲茶"，就是发生纠纷的双方在"中人"（调解人）的参与下，到茶馆吃茶讲理，由双方进行申辩，调解人从中评判。经过一番激烈的唇枪舌剑和评判调解，理亏的一方负责全部茶钱，但如果双方各有不是、愿意和解，就各自承担一半。许多地方的茶馆与剧场、书场合为一体。如北京古老的吉祥戏园又称吉祥茶园，天乐茶园、广和茶楼又是剧场。这种兼作剧场的茶园或茶楼，常靠一壁墙的中间建一戏台，台前平地称为池，三面环以楼廊，作为观众席，设置茶桌、茶椅，供观众边喝茶边看戏。有人说："戏曲是用茶汁浇灌起来的一门艺术。"不少戏曲名角是从茶馆里开始唱红的。如到上海说书的艺人通常总要到茶楼说几场；四川茶馆常有说评书、散打和弹扬琴的。

3. 休闲、交际的场所

中国的茶馆还是休闲、交际场所。中国人进茶馆，主观上想登台表演的毕竟是少数，大多数是为了看表演、为了休息身心。在成都，有一家茶馆名字叫轻松驿站。它可谓一语中的，道出了中国茶馆的另一种主要功能，即茶馆是让人们放松心情、短暂休息的地方。明末张岱的《陶庵梦忆》记载说，"崇祯癸酉，有好事者开茶馆。泉实玉带，茶实兰雪；汤以旋煮，无老汤；器以时涤，无秽器"，使许多文人雅士"为爱清香频入座，欣同知己细谈心"，十分轻松愉快。而如今，最具代表性的是成都的露天茶馆。竹制椅子，带扶手和靠背，高低适度，颇具农家风味，有一种返璞归真的感觉；竹篾编成的坐垫，柔软舒适。方形小茶桌，高矮恰到好处，伸手自如。茶具多为三件头，茶船可以固定茶碗，便于端放；茶碗大小适当，便于换水；茶盖阻挡茶叶，便于饮用。如此舒适、方便环境，正适合平日辛苦操劳的人们聚集在一起，围着茶桌，或下棋打牌，或遨游书海，或谈天说地，或交流沟通，最大限度地放松自己，暂时忘记烦恼与羁绊，"偷得浮生半日闲"这一切就像一位茶文化专家所说："原来个个具体的事物、人、茶、器具、环境，这时都以最温柔的方式达到最大限度的相互渗透，浑然一体，犹如鱼在水中因自由自在而忘却了水，人在空气中自由呼吸而忘却了空气一样。"因此，许多茶馆里挂着这样的对联："忙里偷闲，吃碗茶去；苦中作乐，拿杆烟来。"

此外，茶馆还是信息交流中心和集散地，并且能够提供多方面的审美对象：在风景名胜地品茗，可欣赏自然之美；在建筑特色和装潢风格鲜明的茶馆中品茶，可领略建筑之美；在富有文化特色的茶馆中品茶，可享受格调之美；在精彩的茶艺表演中，可欣赏茶艺之美；而从茶叶本身和茶具上，可享受到茶的色、香、味、形之和茶具的色泽与造型之美。许多茶馆不仅为人们提供品茗的文化氛围，而且提供精美的菜食、茶点、茶肴，把菜点文化与茶文化交融在一起。

三、西方咖啡文化

（一）咖啡的起源与历史发展

1. 咖啡的起源

历史学家认为，咖啡树早在公元前就可能已经在东非的埃塞俄比亚高原或阿拉伯半岛南部的某处茁壮而神秘地生长着。但是，人们真正发现咖啡却是在公元 6 世纪。据黎巴嫩人奈洛尼《不知睡眠的修道院》载，公元 6 世纪的埃塞俄比亚高原上，有一位牧羊人卡尔代（Kaldi）在新草场放羊，意外地发现山羊追逐嬉戏、无比兴奋，到深夜也无法入睡。他发现羊群是因为吃了某种红色果实，便亲自试吃，很快感到身体轻松舒爽、精神异常兴奋。修道院的人得知后采它煮汤汁，给做晚礼拜者饮用，防止瞌睡，效果非常显著。这种汤汁就是早期咖啡。事实上，牧羊人发现咖啡的故事有许多版本，但无疑都是关于咖啡的最古老传说。

2. 咖啡的历史发展

咖啡的发展历史其实就是咖啡的传播过程，一般可以分为四个阶段。

（1）初传阿拉伯半岛

咖啡豆自从被人发现可食用后，最先在阿拉伯半岛开始传播。据考证，早在公元 800 年，阿拉伯半岛南部的也门就已经有了用于贸易的人工种植的咖啡树。世界上第一杯咖啡无疑是阿拉伯人熬煮出来的，被誉为"阿拉伯酒"，咖啡在阿拉伯半岛被当作伊斯兰教徒提神醒脑、补充精力或治疗疾病的特殊药饮。到公元 15 世纪左右，咖啡已成为大众饮料，在阿拉伯半岛南部广为传播，并被到麦加朝圣的穆斯林带回家乡，开始在整个阿拉伯国家迅速传播，很快又陆续传播到中亚和波斯。于是，世界上第一个咖啡馆在 15 世纪的奥斯曼帝国首都君士坦丁堡诞生，而且很快就演变成人们聚会、聊天的场所，这一传统保持至今。

（2）扩散至亚洲大陆

早在 14 世纪，登陆阿拉伯半岛的欧洲人就意识到生产和买卖咖啡有很高的利润，尝试将咖啡幼苗偷运出阿拉伯半岛，而最早从事咖啡贸易的是荷兰人。当时，咖啡在阿拉伯被视为珍品受到保护，只允许剥去外壳或经过蒸、煮而不可能再发芽的咖啡豆出口。一位名叫巴巴·布丹的人将七粒咖啡豆固定在肚子上，躲避了检查，到达印度并在印度种植成功。到 17 世纪早期，更多的荷兰人、德国人、法国人、意大利人将咖啡推销到其海外殖民地。1699 年，荷兰人扎维德克伦把一株咖啡树苗带到了爪哇岛，很快，咖啡的种植被推广到印度尼西亚的苏门答腊岛和西里伯斯岛。如今，印尼成为世界上排名第四的咖啡生产和出口国。

（3）流芳欧洲大陆

1615 年，威尼斯商人将咖啡带至欧洲大陆，从此揭开了咖啡历史上崭新的一页。虽然咖啡不能在寒冷的欧洲大陆大量种植，但作为一种饮料却给欧洲历史带来极大的影响。最初，意大利神职人员称咖啡是"撒旦的杰作"，建议教皇将这种饮料逐出意大利，经大主教克雷门八世亲自品尝认可后才平息这一场纠纷。1645年，欧洲的第一个咖啡馆在威尼斯出现。1650年，一个犹太商人在牛津大学开设英国的第一家咖啡馆后，咖啡馆在英国就如雨后春笋般冒出来，并赢得"便士"大学的美称，因为只需支付1便士进入咖啡馆，就可以听到学者、诗人甚至是政治家的演讲和评论。咖啡馆成了交流思想的好场所，任何人在这里都可以畅所欲言。1689年，巴黎首家咖啡馆一开张，就吸引了大批艺术家和政治家在此聚会，据说哲学家伏尔泰、法国革命领袖丹东和马拉都是这家咖啡馆的常客。

（4）远播美洲非洲

1714年，荷兰人将一株咖啡树苗送给法国国王路易十四。因为法国的气候不适宜咖啡树的成长，路易十四专门修建了世界上第一个温室，才使它终于存活下来并且开花结果。为了在合适的地方大量种植咖啡树，法国人选择了其殖民地加勒比小岛马提尼克。如今，加勒比海国家已成为世界上咖啡的主要产地之一。接着，巴西人劝说法属圭亚那总督夫人在花束中暗藏咖啡种子，巧妙地将咖啡输入到南美洲，于是，巴西从1729年开始大面积种植咖啡，并逐渐成为世界上最大的咖啡生产国。1730年，英国人把咖啡引进牙买加——现在著名的蓝山混合咖啡的故乡。19世纪80年代，英国的种植园主在肯尼亚开创咖啡业，标志着咖啡这个神奇的植物，经过漫长的传播过程后又回到了自己的故乡。1825年，美国开始在夏威夷种植咖啡。从此，这里成为美国唯一的咖啡种植基地。

（二）咖啡的制作

咖啡的制作，主要取决于两个方面的因素：一是用于制作咖啡的原料即咖啡豆的品种和质量，二是制作咖啡的工艺。

1.咖啡的制作原料

咖啡的制作原料是咖啡树的果实咖啡豆，它直接决定着制作的咖啡的品质。咖啡树是茜草科植物类的一员，有500多个种类、6 000个品种，其中大多数是热带树木和灌木。咖啡豆为核果，直径大约为1.5厘米，最初由绿变黄，成熟后转为红色、似樱桃，也被称为"咖啡樱桃"。需要说明的是，人们常常把制作咖啡饮品的原料——咖啡豆也简称为"咖啡"。优质咖啡豆的生长源于有适合的气候和地理条件，咖啡用量巨大的欧洲却几乎不出产咖啡豆，世界著名产地主要集中在美洲、非洲和亚洲部分地区。这里简要介绍三个著名产地及名品。

（1）埃塞俄比亚哈拉咖啡豆

埃塞俄比亚是全世界咖啡的原产地和故乡，是世界上咖啡生产的重要国之一。虽然现在埃塞俄比亚咖啡的产量不是世界级的，但其质量和特色却不容置疑，被人们誉为"旷野的咖啡"，给人一种原始的体验。埃塞俄比亚的哈拉（Harrar）咖啡豆是该国所有咖啡中生长地域海拔最高的一种，可分为长咖啡豆、短咖啡豆和单咖啡豆三种。其中，长咖啡豆最受欢迎，质量也最好，有着柔软的口感，带有原野气息的酒香，且略呈酸味，味道厚重浓郁。

（2）牙买加蓝山咖啡豆

牙买加的咖啡豆产量不高，但所产的蓝山咖啡豆却可以卖到世界上最高价格。它是世界上最上乘、最著名、最昂贵的咖啡，是咖啡中的王者和极品，也是咖啡消费者心中的最高境界，一般都作为单品饮用。牙买加蓝山咖啡，因产于牙买加的蓝山山区而得名，产量极少，不是所有的蓝山地区出产的咖啡都被冠以"蓝山咖啡"标志出口。蓝山出产的咖啡有两个等级，即"高山咖啡"（High Mountain）和"蓝山咖啡"（Blue Mountain）。只有种植在海拔 609 米以上的蓝山地区的咖啡才能被授权使用"牙买加蓝山咖啡"标志。而"高山咖啡"，其生长高度低于蓝山咖啡，品质及味道也不及蓝山咖啡。牙买加蓝山山区独特的地理环境和气候造就了蓝山咖啡的不同凡响，酸度恰到好处，口味清爽而雅致，有淡淡甜味和绝佳醇度，非常滑润爽口，同时还存有无与伦比的浓烈香味，在近两个世纪以来一直是世界各地咖啡鉴赏家最满意的上品。

（3）巴西波旁桑托斯咖啡豆

巴西是世界上最大的咖啡生产国，产量、出口量、人均消费量长期居世界榜首，被誉为"咖啡王国"。巴西咖啡业采取的是价格策略，以量计价，以价取胜，影响了咖啡的精心培育，导致咖啡产量虽高、品种繁多，但大多质量却有缺憾、特优品不多。因此，巴西所产的咖啡大多数需要用来混合其他国家的咖啡，但也有例外。巴西波旁桑托斯咖啡，就是世界上最著名的优质品，因其由圣保罗地区的桑托斯港出口而得名。这里出口的咖啡被认为是最好的巴西咖啡，不仅可以与其他种类的咖啡豆混合制成综合咖啡，也可以用来直接煎熬、制作单品咖啡。桑托斯咖啡的口味温和而滑润、低酸性、醇度适中、有淡淡的甜味，适合普通程度的烘焙和用最大众化的冲调，是制作意大利浓缩咖啡和各种花式咖啡的最好原料。

此外，咖啡豆的著名产地和品种还有许多。如哥伦比亚，是世界上第二大咖啡生产国，主要品种有哥伦比亚特级咖啡（Supremo）和 MAM 咖啡等。墨西哥，以科特佩（Coatepec）咖啡、华图司科（Huatusco）咖啡和欧瑞扎巴（Orizaba）咖啡最为出名。印度尼西亚，已成为世界重要的咖啡生产和出口国，最著名的是苏门答腊的高级曼特宁咖啡、爪哇岛的阿拉伯咖啡。也门，所产的摩卡咖啡是世界上最古老的咖啡之一，据说当年第一次被带到欧洲的就是这种咖啡。

2. 咖啡的制作工艺

咖啡的制作工艺，虽因制作原料和咖啡品种的不同有所差异，但基本环节是一致的，即咖啡豆采摘、初加工、烘焙、研磨、冲调或贮存。

咖啡豆的采摘：传统的非洲和阿拉伯地区的农民们，总是等到咖啡果实熟透、坠落在地上才去收获，而经过长期的实践证明，这种方法会破坏咖啡豆的品质。咖啡树的果实一定要适时地采摘，才能确保加工出来的咖啡豆具有上乘的品质。

咖啡豆的初加工：主要是去除包裹在咖啡豆外表的外膜、内果皮、果肉及果壳，制成生咖啡豆，通常有两种方法。第一，干燥处理法。这种方法比较简单，将采摘的咖啡果实晾晒 2 ~ 3 周，自然干燥至水分含有率为 11% ~ 12% 时，果实变得十分干燥、呈黑色，再用脱壳机脱去咖啡豆外表之物。采用此法制成的咖啡豆微酸中略带苦味，而且易受气候影响，混入杂质。随着机械化的程度越来越高，完全采用日晒干燥的地区已很少，大多以机械干燥为主。第二，水洗处理法。用果肉去除机去除咖啡豆外的果壳和果肉后放进流水水槽，漂洗并去除浮于水面的脱离了咖啡豆的果肉，然后把咖啡豆放进发酵槽中浸泡半天至一天后取出去除咖啡豆表面上的胶质，用水清洗后晾晒几天，用干燥机干燥，待水分含有率剩下 12%~14% 时再用脱壳机脱去内果皮和银皮，制成咖啡生豆。采用此法制成的咖啡豆色泽漂亮、杂质较少，但如果在发酵时处理不当会产生异味。

咖啡豆的烘焙：烘焙就是将生咖啡豆进行加温，炒透、炒均匀且不焦煳，使其呈现出独特的色、香、味。它是冲泡可口美味咖啡的关键之一，咖啡的味道有80%是取决于烘焙，如咖啡豆仅带有几种不同的芳香成分，经烘焙后其芳香成分就可能增加到数百种。其烘焙方法多种多样，如依据所用热源的强弱可以分为小火、中火、强火三类，依据烘焙程度的强弱可分为轻度、中度、深度三类。一般来说，烘焙越浅则酸味越强，烘焙越深则苦味越重，略带点柑橘味的咖啡可称为咖啡极品。而对于烘焙方法的选择，常常是因地制宜、因人而异。

咖啡豆的研磨：研磨咖啡最好是在准备烹煮咖啡之前，因为时间过早会损失其香味或因贮存不当而串味。研磨后的咖啡风味最多只能保持数天。咖啡豆研磨的粗细对于烹制一杯好咖啡极为关键，常常要根据烹煮的方式来确定。通常情况下，咖啡烹煮时间越短，则需要咖啡研磨得越细，反之亦然。咖啡粉中水溶性物质的萃取有它最佳的时间，如果咖啡粉过细、烹制时间又长，造成过度萃取，咖啡就可能会非常浓、非常苦，失去特有香味；反之，则萃取不足，咖啡淡而无味。

咖啡的冲调：冲调方法没有最好的，只有最适合的，但常见的方法有六种，即滤纸式、滤布式、虹吸式、水滴式、滴滤法、活塞壶法，不同的冲调方法满足着不同需求。如滤纸式，是典型的家庭方法，实用且简便易行，在冲泡时利用滤纸过滤掉所有的咖啡渣，即可得到清澈香醇的咖啡。虹吸式，是利用蒸汽压力原理，使被加热的水由下面的烧杯经由虹吸管和滤布向上流升，再与上面杯中的咖啡粉混合，将咖啡粉中的成分完全提炼出来，经过提炼的咖啡液在移去火源后便再度流回下杯而成。活塞壶法，操作也非常简单，先将壶预热，放入烘磨好的咖啡（每杯大约5克），加入热水搅动，待浸泡4~5分钟后推下带网眼的不锈钢活塞，使咖啡末和液体分离，倒出咖啡液。

咖啡的贮存：咖啡豆或磨制好的咖啡粉通常不是一次饮用量，剩余部分必须贮存，需要注意防潮、防氧化、防串味，将其放入密封的容器并入冰箱独立冷藏。

（三）咖啡的分类与名品

1. 咖啡的分类

咖啡作为世界三大饮料之一，类别众多。但是，如按照产生的历史和风格划分，则主要有三个类型。

（1）单品咖啡

它是世界上最早产生和饮用的传统咖啡，由一种咖啡原料单独制作而成。它最大限度地保持和发挥着单一咖啡豆独有的特点与风味，成熟优雅，常常需要人们耐心细致地鉴赏和品味。

（2）花色咖啡

它是由多种咖啡原料或其他原料混合制成的。随着社会发展，单品咖啡虽然成熟优雅但已不能满足人们对咖啡日趋加深的心理和生理的需求，加上不同区域的文化及生活习性，促使人们渐渐发明和创造出一些新的咖啡制作和饮用方式，将多种原料的混合使用制作出的咖啡在口味、形式、色泽都发生极大变化。这类新式咖啡被称为"花色咖啡"，充分体现了咖啡文化的人性化，满足了不同人群的不同嗜好。可以说，它的诞生是咖啡与艺术、咖啡与时尚的完美结合，使人们不仅能享受咖啡的特有风味，更能体会到艺术的情趣、生活的乐趣及时尚的妙趣。

（3）速溶咖啡

速溶咖啡，是指将咖啡原料用现代特殊的生产工艺加工处理成粉末并通过加水就能够迅速溶解、冲调而成的咖啡。20世纪30年代，雀巢公司受巴西政府的委托，为其过剩的咖啡寻找保存方法，于1938年成功地开发出新的咖啡生产工艺并在瑞士投产，速溶咖啡亦由此诞生，很快地在法国、美国、英国及其他国家进行销售。自速溶咖啡诞生以来，恢复炒磨咖啡的风味和口感一直是速溶咖啡生产者不断努力的方向，并逐步发展了"喷雾干燥咖啡""凝聚增香咖啡""冻干咖啡"等三代速溶咖啡产品。可以说，以雀巢咖啡为代表的速溶咖啡的诞生，在咖啡制作与饮用上具有十分重要的意义，使更多人能够快速方便地享用咖啡。

2. 咖啡的著名品种

就咖啡的三大类型而言，每一类咖啡都有自己的著名品种。

单品咖啡和速溶咖啡的名品较为单纯。单品咖啡的名品基本上是以其单独采用的优质咖啡豆命名，如蓝山咖啡、哥伦比亚咖啡等，都是用蓝山咖啡豆、哥伦比亚咖啡豆制作并得名的。速溶咖啡最著名的品种非雀巢咖啡莫属。如今，雀巢咖啡在180多个国家都有销售，全球消费者每一秒钟就饮用5 800杯。

比较而言，花色咖啡的著名品种十分众多，最为丰富多彩。其经典名品有卡布奇诺咖啡、拿铁咖啡、摩卡咖啡、绿茶咖啡、勃艮第咖啡、地中海咖啡、欧蕾咖啡，等等，制法和风味各异。如卡布奇诺咖啡相传是 20 世纪初期意大利人发明，其传统制法是用半杯意大利浓缩咖啡和半杯打成泡沫状的牛奶混合，再撒上可可粉或肉桂粉即成，因这时的咖啡颜色和形态就像圣芳济教会修士身着的深褐色外衣上覆的头巾（Cappuccino，音译卡布奇诺）一样而得名。卡布奇诺咖啡的风味有着甜中带苦却又始终如一的味道，常被年轻人用于爱情上。拿铁咖啡，是意大利浓缩咖啡与牛奶的经典混合，因为牛奶的温润调味使得咖啡变得更加柔滑香甜、甘美浓郁，是意大利人早餐最常饮用的咖啡。摩卡咖啡，由意大利浓缩咖啡、热牛奶、热巧克力各三分之一混合而成。绿茶咖啡，是在咖啡表面放一勺鲜奶油、撒一些绿茶粉末即成，是具有东方风味的花式咖啡。

（四）咖啡器具与咖啡的鉴赏

1. 咖啡器具

（1）咖啡制作工具

由于咖啡豆的采摘、初加工及烘焙大多由咖啡生产商完成，咖啡豆的研磨和咖啡的冲调由餐饮店铺和家庭自己完成，主要使用以下两种制作工具：

一是专业的咖啡制作工具。只适合在专业的咖啡经营场所使用，主要是咖啡机。它通常用 10 个左右的标准大气压，迫使 90℃左右的热水穿过 10 克左右的研细、经过挤压的咖啡粉，汲取咖啡粉中的咖啡脂等芳香物质，并充分溶解于水后流入杯中，整个过程在 18~28 秒内完成。

二是家用的咖啡制作工具。与前者相比，这里工具只是在形制和咖啡的制作分量上较小而已，主要包括磨豆机、咖啡机和咖啡壶等。磨豆机，有手动和自动之分，以手动式磨豆机最为普及。咖啡机，主要有普通咖啡机和浓缩咖啡机之分。前者一般是全自动、容量小，操作简便、价格便宜，但制作品种单一且效果不够理想。后者分手动和自动两种，性价比高，尤以蒸汽加压浓缩咖啡机最为流行。咖啡壶，是传统设备，最受欢迎的摩卡咖啡壶制作效果不次于自动咖啡机。

（2）咖啡盛器

咖啡盛器主要是咖啡杯，品种众多、材质各异、造型优美。从咖啡杯的尺寸可以大致判断一杯咖啡的浓烈程度。咖啡杯的尺寸，一般分为三种：一是100毫升以下的小型咖啡杯，多半用来盛装意式或单品咖啡，虽然几乎一口就能饮尽，但香醇余味与温度却最能持久萦绕；二是200毫升左右的咖啡杯最为常见，清淡的美式咖啡多选择这样的杯子，有足够的空间，可以自行调配；三是300毫升以上的马克杯或法式欧蕾专用牛奶咖啡杯，足以包容它香甜多样的口感。此外，咖啡杯的材质选择也各有不同，但常用的是瓷杯，有利于诠释咖啡的细致香醇。

2. 咖啡的鉴赏

咖啡的鉴赏，常常通过观色、闻香、品味进行。但是，由于咖啡香醇浓郁，具有百般的滋味，因此常用一些特别的术语来描述它的特殊品质，主要如下：

气味（Aroma），是指调理后咖啡所散发出来的气息与香味，通常具有特异性和综合性，包括焦糖味、炭烤味、巧克力味、果香味、草味、麦芽味、香辛味等。

酸度（Acidity），指所有生长在高原上的咖啡所具有的酸辛、强烈的特质。与普通的苦味、发酸不同，咖啡的酸度是指促使咖啡发挥提振心神、涤清味觉等功能的一种清新、活泼的特质。

醇度（Body），指饮用调理后的咖啡，在舌头上留有的口感。醇度的变化可分为清淡如水到淡薄、中等、高等、脂状，甚至某些印尼的咖啡如糖浆般浓稠。

苦味（Bitter），苦味是咖啡所特有的一种品性，尤其在烘焙中，苦味经刻意营造，能充分体现出来。

清淡味（Bland），生长在低海拔的咖啡，口感通常相当清淡、无味。咖啡粉分量不足而水太多，亦会造成同样的清淡效果。

咸味（Briny），通常用来形容辛香并富有泥土气息的印尼咖啡。

独特性（Exotic），形容咖啡具有独树一帜的芳香与特殊气息，如花卉、水果、香料般的甜美特质。

风味（Flavor），是香气、酸度、醇度的整体印象，形容对比咖啡的整体感觉。

芳醇（Mellow），用来形容低至中酸度、平衡性佳的咖啡。

温和（Mild），表示某些咖啡具有调和、细致的风味。生长于高原的拉丁美洲高级咖啡，通常被形容为质地温和。

柔润（Soft），形容印尼咖啡中的低酸度咖啡，亦可以形容为芳醇或香甜。

发酸（Sour），一种感觉区主要位于舌后侧的味觉，是浅色烘焙咖啡的特点。

香辛（Spicy），指一种令人联想到某种特定香料的风味或气味。某些高原咖啡（尤其是陈年咖啡），蕴含小豆蔻般香甜的气味。

浓烈（Strong），形容经深色烘焙的咖啡所具有的独特的强烈风味。

香甜（Sweet），非常接近水果味的一种味觉，以哥斯达黎加的咖啡最为典范。

狂野（Wild），指咖啡具有的极端的口味特性。

葡萄酒味（Winy），指令人感受到葡萄酒般的迷人风味，它是水果般的酸度与咖啡滑润的醇度所营造出来的对比特殊风味，以肯尼亚咖啡最为典范。

（五）咖啡馆

1. 咖啡馆风情

西方一位艺术家说："我不在家里，就在咖啡馆。不在咖啡馆，就在去咖啡馆的路上。"咖啡馆与西方人的生活密不可分，其独特风情主要体现在两个方面。

（1）社会生活和历史的缩影

在西方国家，咖啡馆是社会生活和历史的缩影，是各色人活动的中心和表演的舞台。综合性的大咖啡馆里聚集着形形色色的人，充满浓郁的生活气息，这一点与中国综合性茶馆相同。启蒙主义学者孟德斯鸠说："这里人们无论白天和黑夜都可以跟所有阶级的客人共同坐在一起。"一个历史学家形象地描述咖啡馆里的情形："围着咖啡桌，高贵和低贱，容克贵族和农民，绅士和雇工，基督徒和犹太人挨在一起，喝同一个壶里煮的咖啡。"但是，深入想来，它们也有不同之处，咖啡馆几乎不具备调解纠纷的功能，却有着更强烈的政治性、历史性。

可以说，从17世纪中叶欧陆第一家咖啡馆诞生开始，咖啡馆就一直是充满风云变幻的政治历史大舞台。到18世纪，西方则进入"政治咖啡馆"的高峰时代。

其代表之一是巴黎的福耶咖啡馆。它是共和领袖常去的民主政治圣地和法国大革命的出发点和指挥所，也是拿破仑开创法国历史新篇章的起点。巴尔扎克总结说：当时的咖啡馆是比法兰西议会大厦还重要的"大众议会"，它影响的不仅是法国的政治而且是整个欧洲的未来。

从 19 世纪到 20 世纪 50 年代以前，西方则是"文化咖啡馆"的主要时代。那时，那种各色人物云集混杂的大咖啡馆已渐渐过时，涌现出大量专业化的特色咖啡馆，如音乐咖啡馆、文学咖啡馆、牌艺咖啡馆、画廊咖啡馆等，更有了异常浓郁的文化艺术气息。以艺术而言，维也纳的布哈特音乐咖啡馆极有影响力，每周举行三次音乐公演，最受欢迎的是舒伯特的爱情小夜曲和咖啡馆乐队自己的即兴演奏。1819 年后，老约翰·斯特劳斯加入"多瑙河畔的年轻人"咖啡馆的乐队，开始了维也纳圆舞曲时代。以文学而言，最著名、最具主导性的是巴黎和维也纳的"文学咖啡馆"。在巴黎，塞纳河右岸的数家咖啡馆典雅华贵，是名声远扬的文学家们的聚集地；左岸的一些咖啡馆更多书卷气，是尚未成名或名气不大的文学人士眷恋之地，也是各种异端思想和前卫意识的发源地。在维也纳，咖啡中心和绅士咖啡馆分别拥有不同时代的文学思想。据张耀文先生《打开咖啡馆的门》一书介绍，咖啡中心曾是第一次世界大战前中欧文学和哲学的心脏，忠实常客有心理小说家施尼支勒、弗洛伊德及唯美主义诗人团体的作家们。著名的咖啡馆作家阿登伯格在此成名，开启了著名的"咖啡馆文学时代"。而绅士咖啡馆则是第一次世界大战结束后在咖啡中心对面新建的，充满了生机与活力，常客有现代文学奠基人卡夫卡，还有为开创欧洲现代文学新时代做出极大贡献的凡尔法、茨威格、霍特等。

（2）休闲、交流的场所与心灵家园

西方的咖啡馆，除了是人们生活的政治历史舞台外，也是休闲、交流的场所和许多人心灵的家园。作家斯泰芳·茨威格是咖啡馆的常客，他指出："咖啡馆是一个真正民主的俱乐部，谁只要花一杯便宜的咖啡的钱，就可以坐在这里几个小时，阅读平时很昂贵的报刊，查阅各种百科全书和词典，工作、写作，或者跟同行交流。"在风格各异的咖啡馆或露天咖啡座，点一杯咖啡，与三五好友悠然地讨论时事、交流信息，或是独自一人自在地欣赏街景、过往行人，是西方人最常选择的休闲方式之一。但是，许多人去咖啡馆，不只是短暂地休息身体，更是为了休息心灵、放松心情，对咖啡馆寄托了深厚而丰富的情怀。咖啡馆作家阿登伯格诗歌言："你如果心情忧郁，不管为了什么，去咖啡馆！深恋的情人失约，你孤独一人，形影相吊，去咖啡馆！你跋涉太多，鞋子破了，去咖啡馆！你所得仅仅四百法郎，却愿意豪放地花五百，去咖啡馆！你是一个小小的官员，却总梦想当一个名医，去咖啡馆！你觉得一切都不如所愿，去咖啡馆！"因此，当维也纳著名的格林斯坦咖啡馆将被拆毁时，作家卡尔·克劳斯在《被拆毁的文学》中悲愤地说："作家们被他们从最后一片乐土驱赶到了街上，创作上的知己和精神联系被粗暴地割断了，未来的文学面临着一个无家可归的时代。"这些作家和文学青年对咖啡馆的依恋，不仅是为了喝咖啡，而且为了获得创作乐土、温暖的"家"。

2. 咖啡馆的分类与设计

（1）咖啡馆的分类

咖啡馆几乎遍及西方国家的大街小巷，数量众多，规模和风格各异，分类方法也多种多样，但是主要的分类方法有以下两种。

①按照经营规模和方式进行分类

按照经营规模和方式进行分类，可以将经营咖啡的饮食环境分为咖啡厅、咖啡车、咖啡吧或咖啡亭等。

咖啡厅：规模较大，分室内、室外两种。室内装饰典雅、宁静，空间开阔却不乏私密之处；室外则充满各个城市的风情，可以欣赏景物和来往的人群，享受明媚阳光、清新空气。咖啡厅除提供咖啡外，通常还提供丰盛的早餐和快餐，环境幽雅、舒适，往往是人们休闲或与朋友聚会的首选。

咖啡车：规模较小，具有流动性、灵活性，能最大限度地满足流动人群的需要。因此，咖啡车的装饰往往鲜艳夺目，容易引起人们的注目。咖啡车不仅供应咖啡，而且销售午餐食品、甜食、小吃，甚至供应书籍和咖啡豆。

咖啡吧或咖啡亭：规模小、不具有流动性，但选址灵活，而且在操作和管理上比咖啡厅和咖啡车更为容易，所需物品也一目了然。

②根据经营历史与风格进行分类

根据经营历史与风格分类，咖啡馆可分为古典咖啡馆与现代咖啡馆两大类。

古典咖啡馆：指拥有比较悠久的历史与怀旧气氛的咖啡馆。它们主要集中在欧洲大陆，虽装修貌不惊人，但是几乎家家都有着悠久而生动的历史，或与某位名人息息相关，或与某个事件紧密相连，或是某一画派或某一名著诞生的摇篮，等等。这些咖啡馆往往浸透着欧洲悠久而深厚的文化传统，因而让人流连忘返。

现代咖啡馆：指出现在现代社会并且拥有现代风格、气氛和现代经营方式的咖啡馆。它们主要集中在美国，在装修、装饰上往往显得非常现代甚至有些光怪陆离，在经营方式上采取连锁经营来迅速拓展，一扫欧洲古典咖啡馆的怀旧气氛和独立经营的风格，而成为现代人聚会、休闲的场所。

（2）咖啡馆的设计原则

咖啡馆具有多重功能，它不仅是提供以咖啡为主的饮品及食品的场所，也是提供休闲、交流甚至工作的理想场地。因此，咖啡馆的设计就必须兼及两个方面：一是针对实用功能的一般设计，二是针对情趣、享受等功能的气氛营造。

①咖啡馆的一般设计原则

所谓咖啡馆的一般设计原则，即从咖啡馆作为休闲、交际、进餐场所的实用功能出发所必须遵循的原则。它与餐厅的一般设计有着相似之处，在空间设计与内部设计上必须考虑整体布局及实用功能。

第一，空间设计原则。

咖啡馆的空间布局应根据实际情况合理利用建筑空间，并与咖啡馆的定位相吻合。在空间设计中应遵循组合性、实用性、技术性等原则。

组合性原则：是指用多种形式的空间形态进行组合，以便为咖啡馆带来层次感和流动感。在整体布局中，大中有小，小中见大，既避免了空间形态的单一、乏味，又可广泛适应各种人群的需要。空间间隔可以用固定的间隔，如装饰矮墙、绿色植物等；也可以是虚拟空间的间隔，如以不同的地面色彩、质地而营造出虚拟的空间环境，利用照明及色彩的变幻虚拟出不同的空间感等。

实用性原则：是指满足咖啡馆功能性特点的需要。空间大小的分割、各种不同空间形式的组合，都应从实用性出发，做到既实用又合理。例如在间隔空间时，就必须考虑合理利用空间，既不让客人感觉局促，又不浪费有效面积，并留有让人感觉舒适、方便的通道等。

技术性原则：是指咖啡馆的空间设计必须符合物质和技术的要求，合理地运用物质和技术手段，创造舒适的空间环境。如声音、光线、空调等都是营造咖啡馆空间、创造舒适环境的重要手段。

第二，内部设计原则

所谓内部设计，是指对咖啡馆内部整体的规划、设计和对具体部位的构想，目的是为人们创造出功能合理、舒适、美观的进餐环境。在内部设计中，应遵循创新性、流动性和可变性、合理性以及人性化的原则。

创新性原则：设计最忌千篇一律，因袭前人，即使是功能性的设计，也要求具有创新意识，使内部环境与众不同，让人耳目一新。例如，可以巧妙利用镜子创造纵深感、神秘感；用人造景窗丰富视觉效果等。

流动性和可变性原则：从消费者的习惯出发，咖啡馆装饰应具有流动性，使内部空间可变、流动而不杂乱。特别是带有楼梯的空间，要以顺畅的动感引导客人上楼。如让藤蔓植物攀缘楼梯，或楼梯呈现优美的弧线，都会给人愉悦的感觉。

合理性原则：内部空间的合理性，是指解决好门厅、从门厅进入内部的通道、收银台、送餐通道、餐桌等之间的尺度、比例。

人性化原则：在内部设计中必须更多地考虑客人的感觉，提供更舒适的进餐区位，更利于客人之间的私密性交谈等。只有以人为本的设计，才能真正体现咖啡馆作为人们生活的第三空间的特殊性。

②咖啡馆氛围的营造原则

咖啡馆要达到吸引人并使人们想经常光顾的设计效果，除了其完善的实用性功能外，氛围的设计及营造极为重要，通常需要从以下四个方面进行。

第一，根据顾客喜好来营造

营造咖啡馆气氛的首要原则是让咖啡馆有家的温馨，且闲适、自由。咖啡馆只有被顾客喜欢，视为家频繁进出，才能算设计成功。这一原则，看似简单，做起来却很难。它既是在设计时就必须考虑的因素，但又不是一朝一夕就能完成的，需要在咖啡馆的经营中逐步积淀而成。这也正是老牌咖啡馆吸引人的魅力所在。

第二，通过主题来营造

确立一个主题，以此主题为基调进行气氛营造，这是咖啡馆吸引顾客及具有独特文化气质的必要手段。以古典雅韵为基调，常选择温暖而深厚的色彩、典雅的编织品、古典的灯饰家具；以艺术为主题，常选择以画展来保持咖啡馆持久的魅力，经常更换画的内容，将渲染不同气氛的色彩涂抹在墙上，配上随意摆放的小桌、温柔的背景音乐等；如以家的温馨为基调，那么白色的墙壁、老式的家具，像祖母起居室一样布置的风格，都会给人一种温暖的家的感觉。

第三，用装饰品或天然植物来营造

用于营造咖啡馆气氛的装饰品有两大类：一是实用性饰品，包括窗帘、桌布、餐巾、餐具摆设等；二是装饰性工艺品，包括各种墙饰及绘画、瓶花、各种风格的工艺品等。在咖啡馆中，棉织品、毛织品等使用广泛，覆盖面积大，是营造咖啡馆气氛不可小视的因素。棉织品等具有独特的形态、色彩与手感，往往让人感觉温馨、柔美，使用得当，可提升咖啡馆的品位，并具有很强的亲和力。绿色植物和五颜六色的鲜花，也是一种美化环境、烘托气氛的装饰品，还可以起到间隔固定空间的作用。餐桌上摆放小形瓶插，可调剂色彩、烘托气氛或体现特定主题等。

第四，用灯光和色彩来营造

灯光，能很好地烘托气氛，并且是体现色彩、装饰品等各种审美要素的必要条件。要营造咖啡馆的气氛，应考虑灯光的照明方式及色彩两个方面。就照明方式而言，根据照明的角度可分为一般照明、局部照明、混合照明；根据活动的角度又可分为直接照明、半直接照明、漫射照明、半间接照明、间接照明等。而灯光的色彩有冷暖之分，暖色的照明光能营造一种温暖、华贵、热烈、欢乐的气氛；而冷色的照明光则会有凉爽、朴素、安宁、深幽的气氛。营造咖啡馆气氛，可根据其主题和目标顾客的喜好选择照明方式和灯光色彩，以便点明咖啡馆主题。

色彩，对于人的心理具有特殊的刺激作用，红色会让人感觉热烈、温暖；

蓝色给人以宁静、清冷；黄色则让人感觉明朗、温馨等。其搭配方式有同类色搭配、邻近色搭配、对比色组合搭配、有色彩与无色彩搭配等。在咖啡馆装饰中，色彩搭配恰当，不仅可改善空间、丰富造型，而且可在营造氛围中发挥重要的作用。

本章特别提示

本章不仅阐述了中国和西方酒文化、茶文化与咖啡文化的特点及重要内容，而且较为详细地叙述了中国酒与茶，西方酒与咖啡的发展历史、类别、著名品种及主要制作与鉴赏方法，叙述了茶馆、咖啡馆各自的风情及设计原则等，以便使学生能够较为系统地了解和传承中西饮品文化，并不断融合发展。

本章检测

1. 中国和西方酒文化、茶与咖啡文化的特点及重要内容是什么？

2. 中国酒与茶的类别、著名品种及主要鉴赏方法有哪些？

3. 西方酒与咖啡的类别、著名品种及主要鉴赏方法有哪些？

4. 运用茶馆、酒吧、咖啡馆的相关知识进行餐饮场景创意设计。

拓展学习

1.（法国）米歇尔·爱德华等.品味与鉴赏[M].上海：上海文化艺术出版社,1998.

2.（美）马丁·M.派格勒，等.咖啡厅设计[M].大连：大连理工大学出版社,2001.

3. 侯吉建.如何开一家成功的咖啡店[M].北京：机械工业出版社，2005.

4. 陈宗懋.中国茶经[M].上海：上海文化出版社，1992.

5. 朱宝镛，章克昌，等.中国酒经[M].上海：上海文化出版社，2000.

6. 杨铭铎.饮食美学及其餐饮产品创新[M].北京：科学出版社，2008.

教学参考建议

1. 本章教学要求

通过本章的教学，要求学生了解中国酒、茶与西方酒、咖啡的发展历史、品类及主要鉴赏方法，了解茶馆与咖啡馆的不同风情及设计原则，系统掌握中西酒文化、茶与咖啡文化的特点及重要内容，相互吸收借鉴，更好地促进中西饮品文化的融合与发展。

2. 课时分配与教学方式

本章共 6 学时，采取"理论讲授 + 实训"的教学方式。其中，理论讲授 4 学时，实训 2 学时。

参考文献

1. 萧帆. 中国烹饪百科全书 [M]. 北京：中国大百科全书出版社，1992.

2. 任百尊. 中国食经 [M]. 上海：上海文化出版社，1999.

3. 陈宗懋. 中国茶经 [M]. 上海：上海文化出版社，1992.

4. 朱宝镛，章克昌. 中国酒经 [M]. 上海：上海文化出版社，2000.

5. 熊四智，唐文. 中国烹饪概论 [M]. 北京：中国商业出版社，1998.

6. 陈光新. 烹饪概论 [M]. 北京：高等教育出版社，1998.

7. 邱庞同. 中国菜肴史 [M]. 青岛：青岛出版社，2001.

8. 唐祈. 中华民族风俗辞典 [M]. 南昌：江西教育出版社，1988.

9 钟敬文. 民俗学概论 [M]. 上海：上海文艺出版社，1998.

10. 雷绍锋. 中国风俗与礼仪 [M]. 武汉：湖北人民出版社，1995.

11. 金正昆. 社交礼仪教程 [M]. 北京：中国人民大学出版社，1998.

12. 王仁湘. 饮食与中国文化 [M]. 北京：人民出版社，1993.

13. 王学泰. 中国饮食文化 [M]. 北京：中华书局，1983.

14. 王子辉. 中国饮食文化研究 [M]. 西安：陕西人民出版社，1997.

15. 熊四智. 中国人的饮食奥秘 [M]. 郑州：河南人民出版社，1992.

16. 杨东涛，陈孝信，等. 中国饮食美学 [M]. 北京：中国轻工出版社，1997.

17. 杜莉. 川菜文化概论 [M]. 成都：四川大学出版社，2003.

18. 范增平. 中华茶艺学 [M]. 台北：台湾出版社，2001.

19. 谢定源. 新概念中华名菜丛书 [M]. 上海：上海辞书出版社，2004.

20. 张法. 中西美学与文化精神 [M]. 北京：北京大学出版社，1994.

21. 启良. 西方文化概论 [M]. 广州：花城出版社，2000.

22. 祝西莹，徐淑霞. 中西文化概论 [M]. 北京：中国轻工业出版社，2005.

23. 姜守明，洪霞. 西方文化史 [M]. 北京：科学出版社，2004.

24. 赵林. 西方宗教文化 [M]. 武汉：长江文艺出版社，1997.

25.（德）马勒茨克. 跨文化交流 [M]. 北京：北京大学出版社，2001.

26.（美）卡罗琳·考斯梅尔. 味觉 [M]. 北京：中国友谊出版公司，2001.

27.（法）布里亚·萨瓦兰. 厨房里的哲学家 [M] 译林出版社，2013.

28.（法）傅立叶. 傅立叶选集 [M]. 北京：商务印书馆，1997.

29.（美）美国烹饪学院. 特色餐饮服务 [M]. 大连：大连理工大学出版社，2002.

30.（美）鲍伯·里宾斯基，凯茜·里宾斯基. 专业酒水 [M]. 大连：大连理工大学出版社，2002.

31.（美）韦恩·吉斯伦. 专业烹饪 [M]. 大连：大连理工大学出版社，2002.

32.（澳大利亚）格汉姆·布朗等. 餐饮服务手册 [M]. 沈阳：辽宁科学技术出版社，1998.

33.（英）埃·唐纳德. 现代西方礼仪 [M]. 上海：上海翻译出版公司，1986.

34.（法）让·塞尔. 西方礼节与习俗 [M]. 上海：上海人民出版社，1987.

35. 高福进. 西方人的习俗礼仪与文化 [M]. 上海：社会辞书出版社，2003.

36. 康志杰. 基督教的礼仪节日 [M]. 北京：宗教出版社，2000.

37.（日）服部幸应. 西餐礼仪 [M]. 昆明：云南人民出版社，2004.

38.（美）休·约翰逊. 酒的故事 [M]. 西安：陕西师范大学出版社，2004.

39.（法）德尼兹·加亚尔等. 欧洲史 [M]. 海口：海南出版社，2000.

40.（英）莉齐·博里德. 英国烹饪 [M]. 北京：中国商业出版社，1988.

41.（美）G.C. 佩肯等. 美国烹饪 [M]. 北京：中国商业出版社，1988.

42.（法）斯科托姐妹. 法国菜点之苑 [M]. 上海：上海译文出版社，1997.

43.（美）卡罗尔等. 餐厅与酒吧服务 [M]. 杭州：浙江摄影出版社，1991.

44. 高海薇. 西餐烹调工艺 [M]. 北京：高等教育出版社，2005.

44. 王大佑. 现代西餐烹调教程 [M]. 沈阳：辽宁科学技术出版社，2002.

46. 王汉明. 意大利菜品尝与烹制 [M]. 上海：上海科学技术出版社，2003.

47. 王汉明. 法国菜品尝与烹制 [M]. 上海：上海科学技术出版社，2003.

48.（英）Michael Edwards. 红葡萄酒鉴赏手册 [M]. 上海：上海科学技术出版社，2001.

49.（英）Godfrey Spence. 白葡萄酒鉴赏手册 [M]. 上海：上海科学技术出版社，2001.

50.（英）Stephen Snyder. 啤酒鉴赏手册 [M]. 上海：上海科学技术出版社，2002.

51.（英）Jane Pettigrew. 茶鉴赏手册 [M]. 上海：上海科学技术出版社，2002.

52.（英）Jon Thorn. 咖啡鉴赏手册 [M]. 上海：上海科学技术出版社，2000.

53.（日）稻保幸. 鸡尾酒 [M]. 北京：中国建材出版社，2003.

54. 陈尧帝. 新调酒手册 [M]. 广州：南方日报出版社，2003.

55.（德）克劳士·提勒多曼. 咖啡馆里的欧洲文化 [M]. 北京：团结出版社，2005.

56. 侯吉建. 如何开一家成功的咖啡店 [M]. 北京：机械工业出版社，2005.

57. 乐加龙. 餐饮酒吧装饰 [M]. 杭州：浙江科学技术出版社，1995.

58. 黄浏英. 主题餐厅设计与管理 [M]. 沈阳：辽宁科学技术出版社，1995.

59.（美）马丁·M. 佩格勒. 娱乐餐饮空间 [M]. 南昌：江西科学技术出版社，2003.

60.（西班牙）蒙特兹. 咖啡厅设计名师经典 [M]. 昆明：云南科学技术出版社，2002.